高等职业教育“互联网+”新形态一体化系列教材

“十四五”职业教育国家规划教材

机床夹具设计与实践

（第2版）

主　编 ◎ 张江华　史琼艳

副主编 ◎ 吴新平　顾惠斌

参　编 ◎ 邹华杰　蔡福海　刘　伟

主　审 ◎ 吴正勇

華中科技大學出版社

http://press.hust.edu.cn

中国 · 武汉

内 容 简 介

本书分为4个项目，以“项目驱动”将工程实际课题、工程实践与理论课程融为一体，以项目教学为主线构建教学计划，主要讲述钻床夹具、车床夹具、铣床夹具的设计，着重阐述机床夹具设计的思路与方法。本书不但注重学生专业能力的培养，而且将学生的社会能力、方法能力等非专业能力的培养有机地融入项目和专业教学实践中，把综合能力的培养贯穿于教学的全过程，充分体现培养学生科学文化素养、服务学生专业学习和终身发展的功能，把不断提高高等职业学校学生的综合素质和职业能力作为编写目标，突出实用性，体现先进性，增强适应性，贯穿职业性。

本书可作为高等职业院校机械类专业的教材，也可作为机械工程技术人员的自学参考书。

图书在版编目(CIP)数据

机床夹具设计与实践/张江华，史琼艳主编. —2版. —武汉：华中科技大学出版社，2024.7(2025.1重印)

ISBN 978-7-5772-0773-5

Ⅰ.①机… Ⅱ.①张… ②史… Ⅲ.①机床夹具-设计-高等职业教育-教材 Ⅳ.①TG750.2

中国国家版本馆CIP数据核字(2024)第076747号

机床夹具设计与实践(第2版)
Jichuang Jiaju Sheji yu Shijian (Di-er Ban)

张江华　史琼艳　主编

策划编辑：张　毅
责任编辑：郭星星
封面设计：廖亚萍
责任监印：朱　玢
出版发行：华中科技大学出版社(中国·武汉)　　电话：(027)81321913
武汉市东湖新技术开发区华工科技园　　邮编：430223
录　　排：武汉正风天下文化发展有限公司
印　　刷：武汉市洪林印务有限公司
开　　本：787mm×1092mm　1/16
印　　张：17.5
字　　数：437千字
版　　次：2025年1月第2版第2次印刷
定　　价：59.80元

前言 QIANYAN

教育、科技、人才是全面建设社会主义现代化国家的基础性、战略性支撑。必须坚持科技是第一生产力、人才是第一资源、创新是第一动力，深入实施科教兴国战略、人才强国战略、创新驱动发展战略，开辟发展新领域新赛道，不断塑造发展新动能新优势。

当前，我国正处于转变经济发展方式、走新型工业化道路的关键时期，这对技术技能型人才的知识、能力和素质提出了新要求。而传统的人才培养模式重视技能，弱化素质与人格的培养，忽视学生自主学习能力的培养和学生的学习质量。另外，当今人才市场供需结构性矛盾突出，企业招不到心仪的综合素质过硬的人才。因此，转变教育教学观念，满足学生自主学习、选择新需求，提高学生的学习质量，改变当前毕业生综合素质不高、职业迁移能力不强、发展后劲不足的现状，是高职院校教材改革面临的紧迫问题。

编者根据教育部"十四五"职业教育国家规划教材建设要求，在总结多年来机床夹具设计教学的基础上编写了本书。第 2 版教材在原教材"任务驱动、行动导向、成果展示"的编写逻辑基础上，基于对学情、目标和重难点的分析，创设了符合机床夹具设计的教学流程的编写逻辑。通过任务驱动，结合在线课程建设的各种资源（授课 PPT、微课、动画）引导学生自主探究、小组合作完成课前预学（利用在线课程资源推送学习资料，学生自主学习，利用职教云平台、微课、动画初步探究机床夹具设计原理等知识，构建概念）、课中研学（采用"行动导向"，将素质观测点融入"探究、构思"等任务开展机床夹具设计技能训练，培养综合素质）、课后深学（学生完成拓展训练任务，实现知识与能力迁移）三个步骤及六个进阶式的学习过程，最终完成任务。

本次修订，书中融入课程思政内容，积极引导学生树立正确的人生观、世界观、价值观。

本书由常州机电职业技术学院张江华与史琼艳主编并统稿，由常州机电职业技术学院机械工程学院吴正勇主审。本书项目 1 由史琼艳、张江华共同编写，项目 2 由张江华编写，项目 3 由史琼艳编写，项目 4 由吴新平、顾惠斌共同编写，邹华杰、蔡福海、刘伟参与了部分章节的编写。

本书在编写过程中参阅了一些国内外同类书籍，在此特向有关作者表示衷心感谢！

由于编者水平有限，谬误、欠妥之处在所难免，恳请读者批评指正。

编　者

目录 MULU

项目1

机床夹具的组成和分类

教学目标

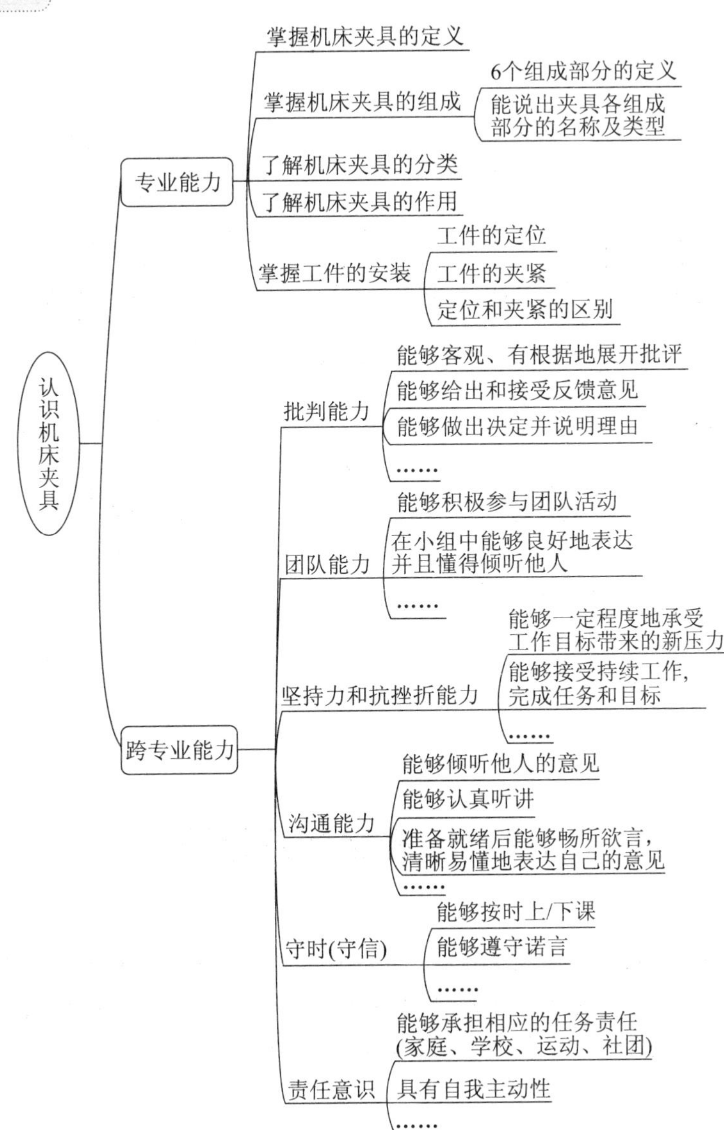
认识机床夹具
专业能力
掌握机床夹具的定义
掌握机床夹具的组成
6个组成部分的定义
能说出夹具各组成部分的名称及类型
了解机床夹具的分类
了解机床夹具的作用
掌握工件的安装
工件的定位
工件的夹紧
定位和夹紧的区别
跨专业能力
批判能力
能够客观、有根据地展开批评
能够给出和接受反馈意见
能够做出决定并说明理由
……
团队能力
能够积极参与团队活动
在小组中能够良好地表达并且懂得倾听他人
……
坚持力和抗挫折能力
能够一定程度地承受工作目标带来的新压力
能够接受持续工作，完成任务和目标
……
沟通能力
能够倾听他人的意见
能够认真听讲
准备就绪后能够畅所欲言，清晰易懂地表达自己的意见
……
守时(守信)
能够按时上/下课
能够遵守诺言
……
责任意识
能够承担相应的任务责任(家庭、学校、运动、社团)
具有自我主动性
……

模块1 任务引入

1-1 任务发出：钻削工件图

如图 1.1 所示，加工法兰零件，在本工序中需钻 ϕ10 mm 的径向孔，工件材料为 45 钢，批量 $N=2000$ 件。

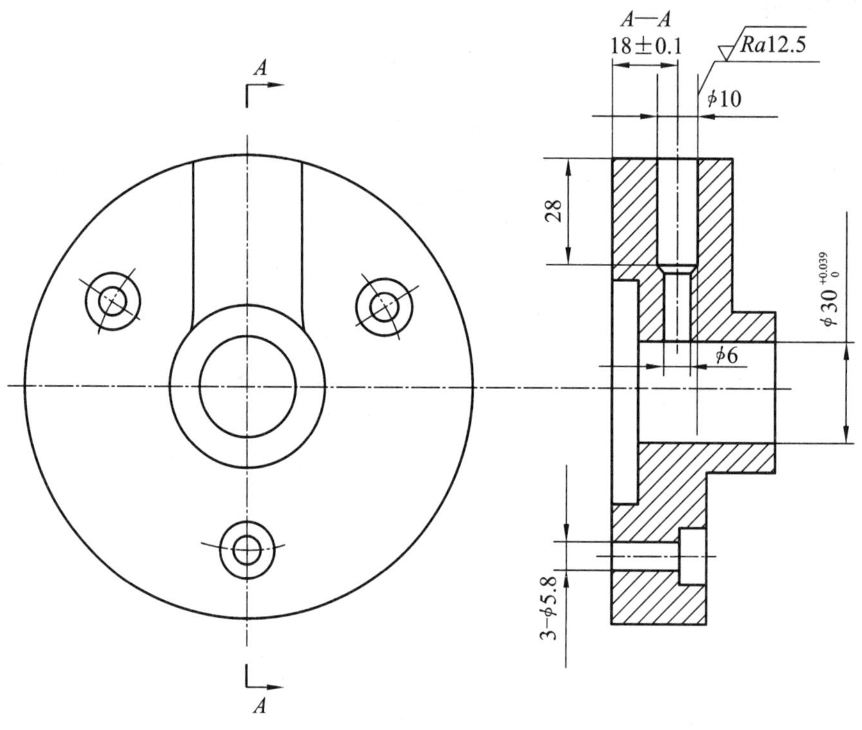

图 1.1 法兰钻径向孔工序图

1-2 任务目标及描述

从图 1.1 中可以看出，应满足 ϕ10 mm 孔的轴线到端面距离为(18±0.1) mm。可以按划线找正的方式定位，在钻床上用平口钳进行装夹，但效率较低，精度难以保证。如果采用专用机床夹具，能够直接装夹工件而无须找正，达到工件的加工要求。

模块2 任务资讯

2-1 任务相关理论知识

一、概述

微课：夹具概述

1. 工件的安装

在机械加工过程中，为了保证工件各加工表面的尺寸、几何形状及相互位置精度，必须将工件正确地安装到机床上。工件的安装一般包括定位和夹紧两个过程：首先应使工件相对于机床及刀具占有一个正确的位置，这就是工件的定位；然后将工件固定在这一既定的位置上，使这一位置在整个切削过程中保持不变，这就是工件的夹紧。整个过程称为工件的装夹。在机床上装夹工件所使用的工艺装备称为机床夹具(简称夹具)。

完成了定位的工件未必是被夹紧的，同样，被夹紧的工件未必就一定是定好位的。定位和夹紧不能混为一谈，既不能用定位代替夹紧，也不能用夹紧代替定位。

工件的安装一般有两种形式：

1) 直接找正或按划线找正安装

将工件直接安放在机床工作台或者通用夹具上，按工件某一表面或事先划好的线，用划针或其他量具找正，以确定工件在机床上的正确位置，然后夹紧工件。

例如，对于图1.2(a)所示的工件的加工，可将工件直接放置在牛头刨床的工作台上，在牛头刀夹上安装一个百分表或划针，通过牛头滑枕前后运动找正被加工工件的左侧 A 面，如图1.2(a)所示，找正后再夹紧工件进行刨槽加工。

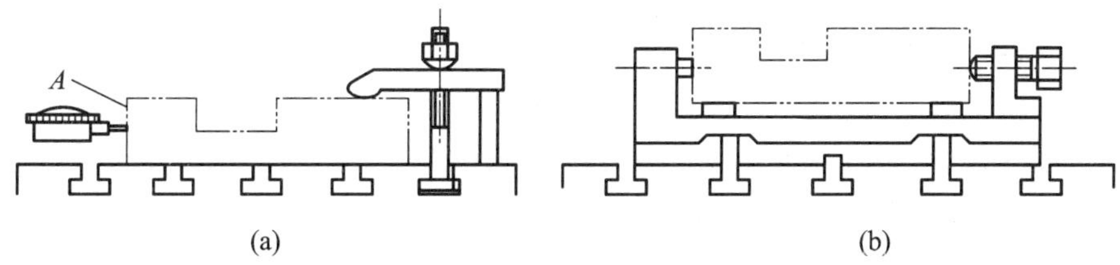

图1.2 工件的两种装夹方法

这种安装方法简单，不需要专门的工艺装备，通用性好，但生产率低，找正精度低，对工人的技术水平要求高，适用于单件小批量生产。

2) 采用专用夹具安装

在生产批量较大或不便于使用通用夹具安装工件的情况下，为了保证加工精度、提高生产率和减轻操作者劳动强度，常使用专用夹具安装工件。通常，使用专用夹具不需要对工件划线和找正，工件安放在夹具中定位即可获得一个正确的加工位置。

例如，对于图 1.2(a)所示的工件的加工，将工件装夹到专用刨槽夹具中[见图 1.2(b)]，即可实现工件在加工时的准确位置。由于夹具装夹法的装夹效率高、操作简便和易于保证加工精度，故该方法多在成批或大量生产中采用。

2. 机床夹具的组成

一般而言，机床夹具由以下几部分组成。

1）定位装置

定位装置的作用是确定工件在夹具中的正确位置，它由一系列定位元件组成。定位元件是一系列标准化元件（也可根据需要设计非标准定位元件），如定位块、定位心轴、V 形块、支承钉等。

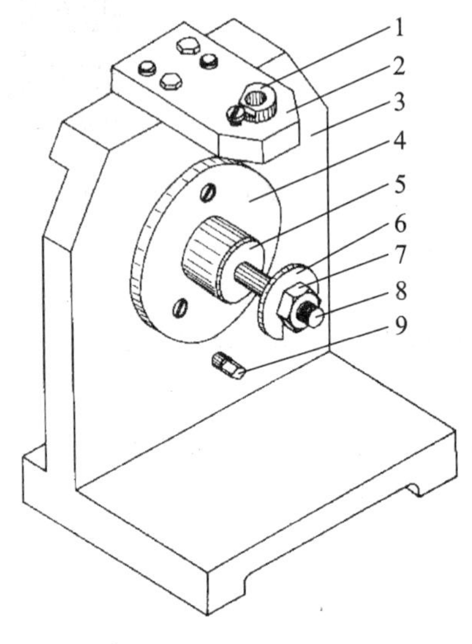

图 1.3　后盖钻床夹具

1—钻套；2—钻模板；3—夹具体；4—支承板；5—圆柱销；6—开口垫圈；7—螺母；8—螺杆；9—菱形销

对于图 1.1 所示的法兰钻孔任务，其钻床夹具如图 1.3 所示。夹具上的圆柱销 5、菱形销 9 和支承板 4 都是定位元件。

2）夹紧装置

夹紧装置的作用是将工件压紧夹牢，保证工件在加工过程中受到外力（切削力等）作用时不离开已经占据的正确位置。

例如，图 1.3 中的螺杆 8（与圆柱销合成一个零件）、螺母 7 和开口垫圈 6 组成夹紧装置。

3）对刀或导向装置

对刀或导向装置用以确定刀具与工件加工表面的正确位置。对刀装置可以用于调整刀具的正确位置，如铣床夹具的对刀块；也可以用于引导刀具，如钻床夹具的钻套、镗床夹具的镗套。对刀装置由对刀元件组成，其中大部分已经标准化，有时也需要设计一些非标准元件。

例如，图 1.3 中的钻套 1 和钻模板 2 组成的导向装置，确定了钻头轴线相对于定位元件的正确位置。

4）对定装置（连接元件）

对定装置用于机床与夹具的对定，确保夹具与机床之间有正确的相互位置。对定装置与选用的机床有关，不同的机床夹具与机床对定的方法各不相同。在设计夹具的对定装置时，要参考机床相关结构与尺寸，以确定夹具与其对定部分的结构和尺寸。

例如，图 1.3 中的夹具体 3 的底面为安装基面，保证了钻套 1 的轴线垂直于钻床工作台。因此，夹具体可兼做连接元件。车床夹具上的过渡盘、铣床夹具上的定位键都是连接元件。

5）其他装置

其他装置有分度装置、靠模装置、护油装置、辅助装置等。

6）夹具体

夹具体是夹具的基础件，夹具所有装置和元件均安装在夹具体上，除此之外，夹具体还要承受工件的全部重量、切削力、离心力、冲击力等。因此，夹具体是一个比较重要的零件。

例如，图 1.3 中的元件 3，通过它将夹具的所有元件连接成一个整体。

夹具的这六个组成部分并非一定完整，有时根据具体情况有所增减，但是，定位装置是必不可少的。

二、机床夹具的分类及作用

1. 机床夹具的分类

微课：夹具分类

机床夹具的种类繁多，可以从不同的角度对机床夹具进行分类。

1）按夹具的使用特点分类

（1）通用夹具。

通用夹具具有较大的通用性，不需要进行特殊调整就可安装工件，如三爪自定心卡盘[见图1.4(a)]、四爪单动卡盘[见图1.4(b)]、万能分度头(见图1.5)、回转工作台、机床用平口虎钳(见图1.6)等。通用夹具多数情况下用于夹紧工件，此时还需要对工件进行直接找正或划线找正。多数通用夹具已成为机床附件。

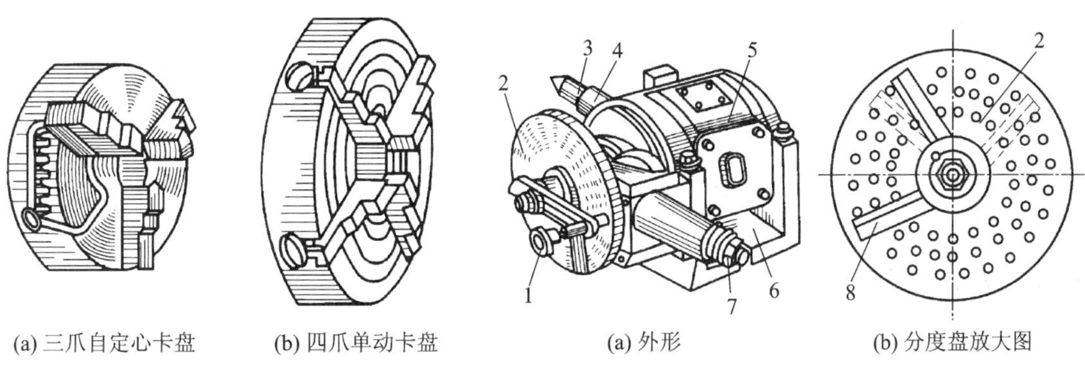

(a) 三爪自定心卡盘　(b) 四爪单动卡盘

图1.4　卡盘

(a) 外形　(b) 分度盘放大图

图1.5　万能分度头

1—手柄；2—分度盘；3—顶尖；4—主轴；5—回转体；6—基座；7—侧轴；8—分度叉

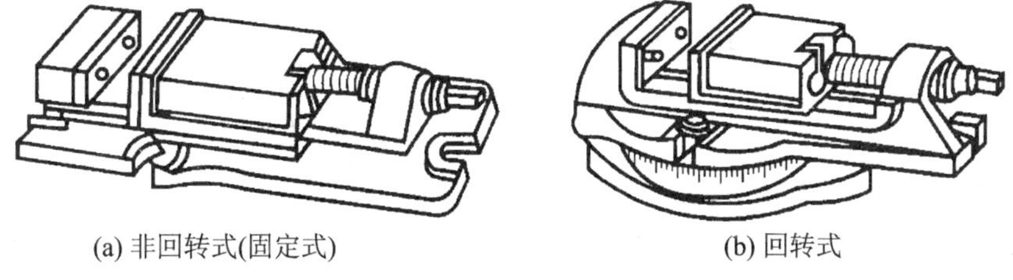

(a) 非回转式(固定式)　(b) 回转式

图1.6　机床用平口虎钳

通用夹具主要用于单件和中小批量生产，装夹形状比较简单和加工精度要求不太高的工件。在大批量生产中，对于形状复杂或加工精度要求较高的工件，往往由于操作麻烦和装夹效率低而很少采用这类夹具。

（2）专用夹具。

专用夹具是为某一零件的某道工序而专门设计、制造的夹具。其加工对象针对性强，是本书讨论的重点。

专用夹具具有如下特点：

① 能保证加工精度，并使加工质量稳定；

② 能缩短辅助时间，提高生产率；

③ 能减轻工人劳动强度；

④ 扩大了机床的工艺范围。

同时，专用夹具也存在一些缺点：

① 使用范围窄，只适用于一个零件的一道工序；

② 设计制造周期长；

③ 夹具制造精度高，且对零件上道工序的加工质量要求高。

(3) 可调夹具。

可调夹具分为通用可调夹具和成组可调夹具。这两种夹具都是根据夹具结构多次使用的原理而设计的，对于不同尺寸或种类的工件，只需在通用的夹具体上调整或更换个别定位元件或夹紧元件便可使用。

(4) 组合夹具。

组合夹具是在夹具零、部件标准化的基础上发展起来的一种适应多品种、小批量生产的新型夹具。它是由一套结构和尺寸已经规格化、系列化的通用元件、合件和部件构成，它们包括基础件、支承件、定位件、导向件、夹紧件、紧固件、辅助件、合件和部件等。这些通用元件、合件和部件是由专业工厂生产供应的，使用单位可根据被加工工件的加工要求，很快地组装出所需要的夹具。夹具使用完毕后，可以将各组成元件、合件等拆开，清洗后入库，以备下次组合使用。由于这类夹具具有缩短生产准备周期，减少专用夹具的品种、数量，减小专用夹具的存放面积等优点，且组装后可达到较高的精度，故在加工批量较大的生产条件下也是适用的。

(5) 随行夹具。

随行夹具是一种用于流水加工或流水装配线的夹具，是组合机床及流水线、自动线设计的重要内容之一。它主要完成工件在夹具上的定位，并承担沿流水线输送工件的任务。一般加工流水线所用的随行夹具运行至机床上后还需要连同工件一起在该工位上定位，以使工件在机床上获得正确的位置，即工件在随行夹具上定位，随行夹具在机床上定位。

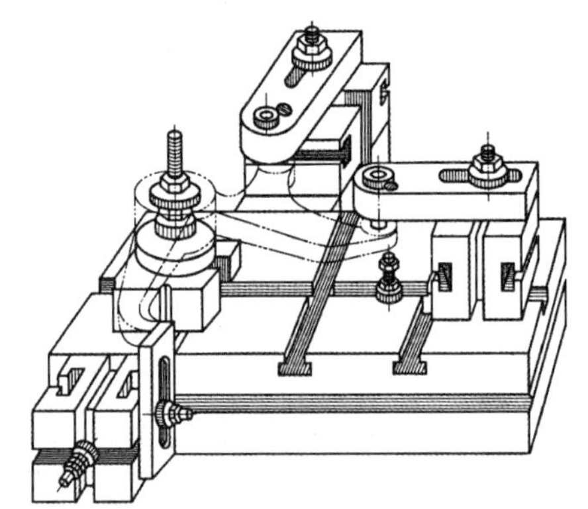

图1.7 双臂曲柄钻孔组合夹具

图1.7所示的双臂曲柄钻孔组合夹具，是由有关元件组装成的组合夹具的一个示例。

2) 按夹具上的动力源分类

(1) 手动夹具。

此类夹具是以操作工人手臂之力作为动力源，通过夹紧机构来夹紧工件的。为了尽量减轻工人的操作强度，保证工件夹紧的可靠性，此类夹具的夹紧机构必须具有增力和自锁作用。手动夹具一般采用结构简单的螺旋或偏心压板机构，制造方便，但使用时的工作效率较低。

(2) 气动夹具。

此类夹具是用压缩空气作为动力源，通过管道、气阀、气缸等元件来产生夹紧工件的夹紧力的。当需要较大的夹紧力时，常在气缸和夹紧元件之间增设斜楔式、铰链式或杠杆式扩力机构。因气动夹具夹紧动作迅速、夹紧力稳定、操作方便，故其在机械加工中得到广泛应用。

（3）液压夹具。

此类夹具是用压力油作为动力源，通过管道、液压阀、液压缸等元件来产生夹紧工件的夹紧力的。液压夹具具有气动夹具的各种优点，而夹紧动作则更为平稳。采用较高油压的液压夹具，一般不用增力机构即可直接夹紧工件，因而结构简单、体积较小。

（4）电动夹具。

此类夹具是以电动机的扭力作为动力源，通过减速器来产生夹紧工件的夹紧力的。此种夹具的传动部分常采用齿轮减速装置，因此显得结构比较复杂，夹紧动作比气动夹具和液压夹具的缓慢。

（5）磁力夹具。

此类夹具是以电磁铁或永久磁铁产生的磁力作为动力源来直接夹紧工件的，一般用于切削力较小的精加工，如车床上的电磁吸盘、平面磨床的磁力工作台等。现已设计制造出强力磁盘，正逐步推广应用到切削力较大的加工中去。

（6）真空夹具。

此类夹具是利用真空泵或以压缩空气为动力源的抽气嘴筒，使夹具的内腔产生真空，依靠四周大气的压力将工件压紧的。这类夹具的夹紧力较小，故一般仅适用于本身刚度很低的工件，如磨削加工不导磁的薄形工件等。

（7）切削力、离心力夹具。

切削力、离心力夹具，是一种不需要专门动力装置的机动夹紧夹具。这类夹具通常利用机床的运动或切削加工过程中产生的离心力或切削力来夹紧工件。

3）按夹具使用的机床分类

按夹具使用的机床分类，可将夹具分为车床夹具、铣床夹具、钻床夹具、镗床夹具、齿轮机床夹具、数控机床夹具、自动机床夹具、自动线随行夹具等。

2. 夹具的作用

通过上述夹具装夹的实例和各类夹具的性能及特点可以看出，机床夹具有如下主要作用。

1）易于保证加工精度，并使一批工件的加工精度稳定

由于工件在夹具中的定位，以及夹具在机床上的定位都由专门的元件保证，夹具相对于刀具的位置又可通过对刀及引导元件调整，因此可以较容易地保证工件在该工序中的加工精度。此外，采用夹具装夹法加工，工件的定位不再受划线、找正等主客观因素的影响，故加工一批工件时，其加工精度也比较稳定。

2）缩短辅助时间，提高劳动生产率，降低生产成本

工件在夹具中的装夹和工位转换、夹具在机床上的安装等，都可通过专门的元件或装置迅速完成。此外，还可以不同程度地采用高效率的多件、多位、快速、联动等夹紧方式，因而可以缩短辅助时间，提高劳动生产率，降低生产成本。

3）减轻工人操作强度，降低对工人的技术要求

因为在工件加工中采用了夹具，取消了复杂的划线、找正工作，又可采用增力、机动等夹紧机构，装夹工件方便省力，故可降低工人操作强度及对工人技术等级的要求。

4）扩大机床的工艺范围，实现一机多能

根据加工机床的成形运动，附以不同类型的夹具，即可扩大机床的工艺范围。例如，在车床的溜板上或在摇臂钻床的工作台上装上镗模，就可以进行箱体的镗孔加工。

5）减少生产准备时间，缩短新产品试制周期

对于多品种的小批量生产，在加工时大量应用通用、可调、成组和组合夹具，可以不再花费大量的时间去设计和制造专用夹具，从而减少了生产准备时间。同理，试制新产品时，同样可以显著缩短试制周期。

3. 机床夹具的发展趋势

机床夹具是机械加工中不可缺少的部件，在机床技术向高速、高效、精密、复合、智能、环保方向发展的带动下，夹具技术正朝着高精度、高效率、模块化、组合化、柔性化方向发展。

1）高精度

随着机床加工精度的提高，为了降低定位误差，提高加工精度，对机床夹具的制造精度的要求更高。高精度机床夹具的定位孔距精度高达±5 μm，夹具支承面的垂直度达到0.01 mm/300 mm，平行度高达0.01 mm/500 mm；精密平口钳的平行度和垂直度均在5 μm以内，夹具重复安装的定位精度高达±5 μm，重复定位精度高达2～5 μm。机床夹具的精度已提高到微米级。

2）高效率

为了提高机床的生产效率，双面、四面和多件装夹的夹具产品越来越多。为了减少工件的安装时间，各种自动定心夹紧、精密平口钳、杠杆夹紧、凸轮夹紧、气动和液压夹紧等，具有快速夹紧功能的部件不断地推陈出新。新型的电控永磁夹具，夹紧和松开工件只需1～2 s，夹具结构简化，为机床进行多工位、多面和多件加工创造了条件。夹具在机床上的安装与调整时间仅为1min左右。

3）模块化、组合化

机床夹具元件的模块化是实现组合化的基础。模块化设计为夹具的计算机辅助设计与组装奠定了基础，应用CAD技术可建立元件库、典型夹具库、标准件库，方便对夹具进行优化设计。

4）柔性化（通用性、经济性）

机床夹具的通用性直接影响其经济性。采用模块、组合式的夹具系统，一次性投资比较大，只有夹具系统实现可重组性、可重构性及可扩展性，扩大应用范围，提高夹具利用率，才能体现好的经济性。

2-2 课程思政案例

中华人民共和国成立70多年来，中国人民自力更生、砥砺奋进，“中国制造”取得了非凡成就。回首来时路，新中国的制造业在一穷二白中艰难起步，到如今上天入地举世瞩目，皆得益于诸多伟大的“第一个”，它们承载着初心，也传承着使命。

课程思政案例

模块3 拓展提高与练习

图1.8所示为圆轴铣槽铣床夹具，试分析该夹具的各个组成部分，说出序号标注的零件所起的作用。

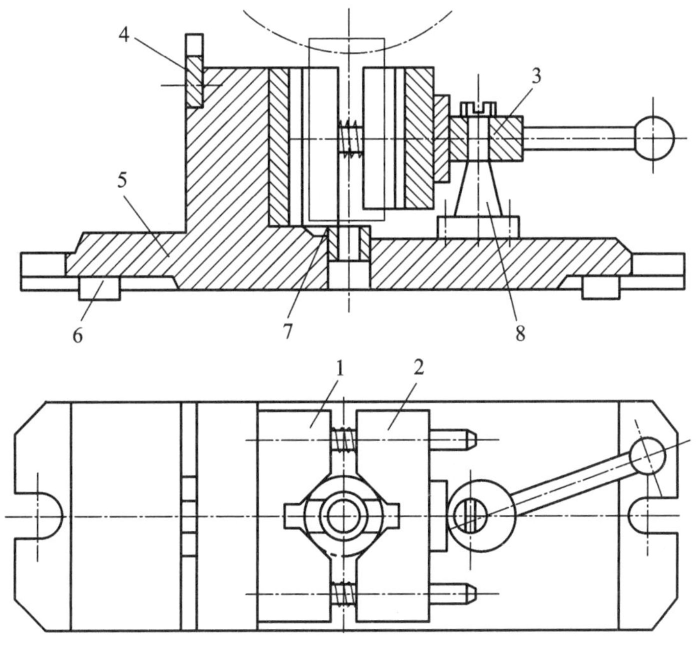

图1.8 圆轴铣槽铣床夹具

1,2—V形块；3—偏心轮；4—对刀块；5—夹具体；6—定位键；7—支承套；8—支架

模块4 教学设计参考

项目：

每一位学生都必须掌握机床夹具的组成和分类。

说明：(1)此部分为“掌握机床夹具的组成和分类”。

(2)完整的单元包含机床夹具的定义、机床夹具的组成、机床夹具的分类和作用、工件的安装等内容。

学习项目 1:机床夹具的组成和分类			教学意图(训练职业行动能力)				
学习模块 1.1:法兰零件分析			学习内容	跨专业能力		专业能力	
				方法/学习能力	社会/个人能力	理论	实践
行动学习阶段	教师和学生活动 (具体实施)	课堂教学方法		学生能:	学生能:	学生能:	学生能:
导入	1. 任务发出 制定法兰零件加工工艺						
信息获取/分析	2. 任务分析 (1) 学生观察零件图,请学生分析这个项目应该考虑哪些问题。每人一张彩纸,先独立画出分析图(思维导图),经过讨论后将小组统一稿贴于白板上。 (2) 请某一组学生讲述,其他组补充。教师可适当引导,让方案更明确,以便学生能较清晰地做后面的工作。不需指正,允许带着错误进行以后环节(目标内容:选择设备、夹具、刀具、量具,确定切削用量、加工工艺步骤,实施加工)	思维导图、小组讨论、组间互审	零件图纸	• 独立思考 • 能把信息清楚地传递给对方 • 能对零件进行描述 • 能倾听别人的讲解 • 能发现有效的学习方法 • 能碰到问题查阅相关资料 • 会做笔记	• 能收集相关信息 • 能运用相关工具书 • 能够与他人协作并共同完成一项任务	会分析零件的特征	列出法兰零件工艺相关内容

续表

学习项目 1:机床夹具的组成和分类			教学意图(训练职业行动能力)				
学习模块 1.1:法兰零件分析			学习内容	跨专业能力		专业能力	
				方法/学习能力	社会/个人能力	理论	实践
行动学习阶段	教师和学生活动(具体实施)	课堂教学方法		学生能:	学生能:	学生能:	学生能:
计划	3. 根据分析的内容制订详细的实施方案 (1) 学生利用已有的知识独立编制零件加工过程。 (2) 小组讨论、修改,达成共识。 (3) 学生根据整理的加工步骤选择加工方式、工具和量具。 (4) 每组将达成共识的加工步骤用图画的形式展示出来。 (5) 请学生离开座位,去其他组观看,自由交流	小组合作、自由交流、交流沟通、可视化	法兰零件加工工艺	• 能与他人协作完成计划的制订 • 能倾听他人的意见和建议 • 有学习新方法、新技术、新知识的能力 • 有运用新技术、新工艺的意识	• 能够与他人协作并共同完成一项任务 • 能够与他人交流沟通 • 能够应用可视化的方法	• 能按规定格式编制计划 • 能按照标准机械加工工艺卡片填写相关内容 • 能按零件的批量选择加工方式	• 分析加工工具、量具和加工方式 • 了解加工内容,掌握加工过程 • 编制零件加工工艺
决策	4. 学生评选方案 (1) 抽 2 组上台讲述本组的方案,时间为 3 分钟,其他组各抽 2 人,组成评审组,负责提问或提出建议。 (2) 需提前 5 分钟确定名单,以便同组人对其进行指导 (学生评选方案的过程中,教师不进行指导)	讨论法、组间互审	法兰零件加工工艺	• 会修改计划 • 能优化计划 • 能够用简单的语言或方式总结归纳	• 能够与他人协作并共同完成一项任务 • 能够倾听他人的意见 • 能够接受他人的批评	能合理设计法兰零件加工工艺过程	能编写法兰零件工艺过程卡片
实施、检查	5. 完善方案,并形成工艺过程卡片						

续表

学习项目1:机床夹具的组成和分类			教学意图(训练职业行动能力)				
学习模块1.2:法兰零件钻夹具分析			学习内容	跨专业能力		专业能力	
				方法/学习能力	社会/个人能力	理论	实践
行动学习阶段	教师和学生活动（具体实施）	课堂教学方法		学生能:	学生能:	学生能:	学生能:
导入	1. 任务发出 制定在钻夹具上安装法兰零件的装夹工艺,以保证加工要求	提问					
信息获取/分析	2. 任务分析 (1) 学生独立思考。请学生分析钻孔工序有哪些加工要求。每人一张彩纸,先独立写出关键词,然后进行讨论,最后形成小组统一结论。 (2) 请某一组学生讲述,其他组补充	单独工作、小组交流、关键词卡片	工序的加工要求	• 能专注投入工作 • 能和同学一起分工协作 • 可以根据要点写出关键词 • 可以合理利用时间	• 能认真执行计划 • 能规范、合理地执行加工操作方法	分析工序的加工要求	用关键词写出工序的加工要求
	3. 信息获取 (1) 学生独立学习夹具的定义、工件的安装,阅读、分析内容并做标记,写出关键词。 (2) 交流、复述阅读内容。 (3) 请学生根据学习内容分析在法兰零件钻孔工序中如何将工件安装在夹具上。小组讨论,得出结论。 (4) 每组将达成共识的结论用图画的形式展示出来。 (5) 请学生离开座位,去其他组观看,自由交流	独立学习、分析内容、交流复述、做标记、小组讨论、可视化展现	夹具的定义、工件的安装	• 能够与他人协作并共同完成一项任务 • 能够倾听他人的意见 • 能够接受他人的批评 • 能够做出决定并说明理由 • 能够专注于任务并且目标明确地实施	• 能与他人协作完成计划的制订 • 能独立思考 • 能把信息清楚地传递给对方 • 能够提出各种不同的建议并相互比较	夹具的定义、工件的安装	能分析在法兰零件钻孔工序中如何将工件安装在夹具上

续表

<table>
<tr><td colspan="3">学习项目 1:机床夹具的组成和分类</td><td colspan="5">教学意图(训练职业行动能力)</td></tr>
<tr><td colspan="3" rowspan="2">学习模块 1.2:法兰零件钻夹具分析</td><td rowspan="3">学习内容</td><td colspan="2">跨专业能力</td><td colspan="2">专业能力</td></tr>
<tr><td>方法/学习能力</td><td>社会/个人能力</td><td>理论</td><td>实践</td></tr>
<tr><td>行动学习阶段</td><td>教师和学生活动
(具体实施)</td><td>课堂教学方法</td><td>学生能:</td><td>学生能:</td><td>学生能:</td><td>学生能:</td></tr>
<tr><td>信息获取/分析</td><td>4. 信息获取
(1) 学生独立学习机床夹具的组成,阅读、分析内容并做标记,写出关键词,灵活地交流、复述。
(2) 请学生根据阅读内容分析法兰零件钻孔夹具中各零件属于夹具的哪个组成部分。小组讨论,得出结论。
(3) 请某一组学生讲述,其他组补充。
(4) 教师总结</td><td>自主学习、分析内容、做标记、自由交流</td><td>机床夹具的组成</td><td>• 能够与他人协作并共同完成一项任务
• 能够倾听他人的意见
• 能够接受他人的批评
• 能够做出决定并说明理由
• 能够专注于任务并且目标明确地实施</td><td>• 能与他人协作完成计划的制订
• 独立思考
• 能把信息清楚地传递给对方
• 能够提出各种不同的建议并相互比较</td><td>掌握机床夹具的组成</td><td>能分析法兰零件钻孔夹具中各零件属于夹具哪个组成部分</td></tr>
<tr><td>决策</td><td>5. 信息获取
(1) 学生独立学习机床夹具的分类和作用,阅读、分析内容并做标记,写出关键词,灵活地交流、复述。
(2) 根据学习内容完成练习</td><td>自主学习、分析内容、做标记、自由交流</td><td>机床夹具的分类和作用</td><td>• 具有正确的事物判断能力
• 专心听讲</td><td>能够接受新知识并运用</td><td>掌握机床夹具的分类和作用</td><td>会分析法兰零件钻孔夹具各组成部分的作用</td></tr>
<tr><td>实施、检查</td><td>6. 内容总结
(1) 学生单独对项目内容进行总结。
(2) 小组讨论交流。
(3) 以小组为单位画出项目内容的思维导图。
(4) 请学生离开座位,去其他组观看,自由交流。
(5) 教师总结</td><td>单独工作、小组合作、自由交流、交流沟通、思维导图</td><td></td><td>• 能够用简单的语言或方式总结归纳
• 能熟练地应用思维导图
• 具有一定的分析能力</td><td>• 能够与他人协作并共同完成一项任务
• 能够倾听他人的意见
• 能够接受他人的批评</td><td></td><td>能根据夹具图说出各零件的名称及作用</td></tr>
<tr><td>评价</td><td>7. 评价与反思
小组讨论,完成课堂记录表</td><td>小组讨论</td><td></td><td>能够与他人协作并共同完成一项任务</td><td>能进行合理的评价</td><td></td><td></td></tr>
</table>

项目2 钻床夹具设计

教学目标

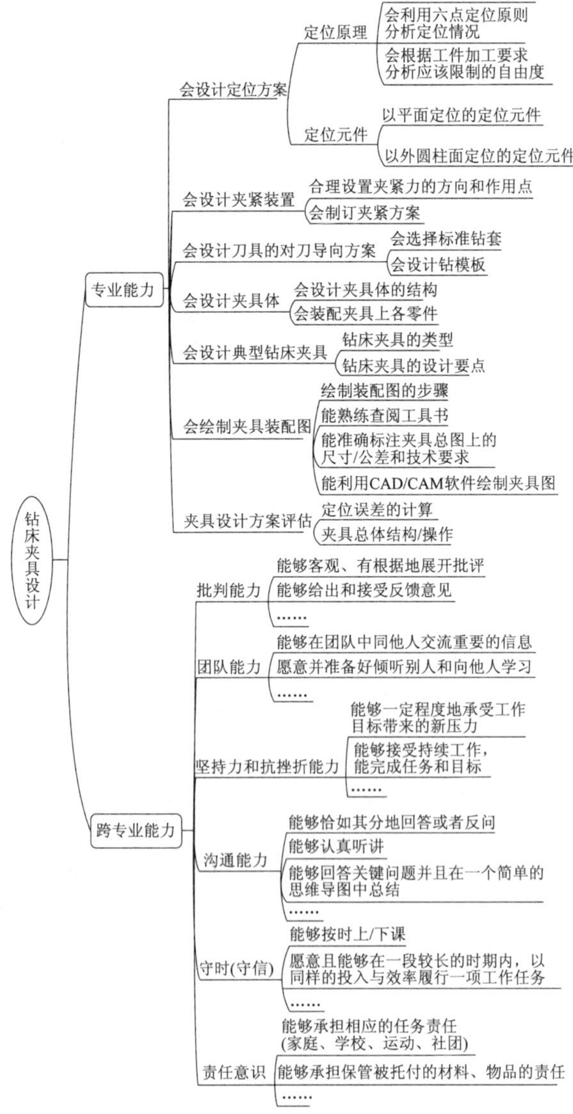
钻床夹具设计
专业能力
会设计定位方案
定位原理
理解并掌握六个自由度
会利用六点定位原则分析定位情况
会根据工件加工要求分析应该限制的自由度
定位元件
以平面定位的定位元件
以外圆柱面定位的定位元件
会设计夹紧装置
合理设置夹紧力的方向和作用点
会制订夹紧方案
会设计刀具的对刀导向方案
会选择标准钻套
会设计钻模板
会设计夹具体
会设计夹具体的结构
会装配夹具上各零件
会设计典型钻床夹具
钻床夹具的类型
钻床夹具的设计要点
会绘制夹具装配图
绘制装配图的步骤
能熟练查阅工具书
能准确标注夹具总图上的尺寸/公差和技术要求
能利用CAD/CAM软件绘制夹具图
夹具设计方案评估
定位误差的计算
夹具总体结构/操作
跨专业能力
批判能力
能够客观、有根据地展开批评
能够给出和接受反馈意见
……
团队能力
能够在团队中同他人交流重要的信息
愿意并准备好倾听别人和向他人学习
……
坚持力和抗挫折能力
能够一定程度地承受工作目标带来的新压力
能够接受持续工作，能完成任务和目标
……
沟通能力
能够恰如其分地回答或者反问
能够认真听讲
能够回答关键问题并且在一个简单的思维导图中总结
……
守时(守信)
能够按时上/下课
愿意且能够在一段较长的时期内，以同样的投入与效率履行一项工作任务
……
责任意识
能够承担相应的任务责任(家庭、学校、运动、社团)
能够承担保管被托付的材料、物品的责任
……

模块 1 任务引入

1-1 任务发出:钻削工件图

如图 2.1 所示,加工销轴零件,在本工序中需钻 $\phi 6$ mm 的孔,工件材料为 45 钢,批量 $N=2000$ 件。

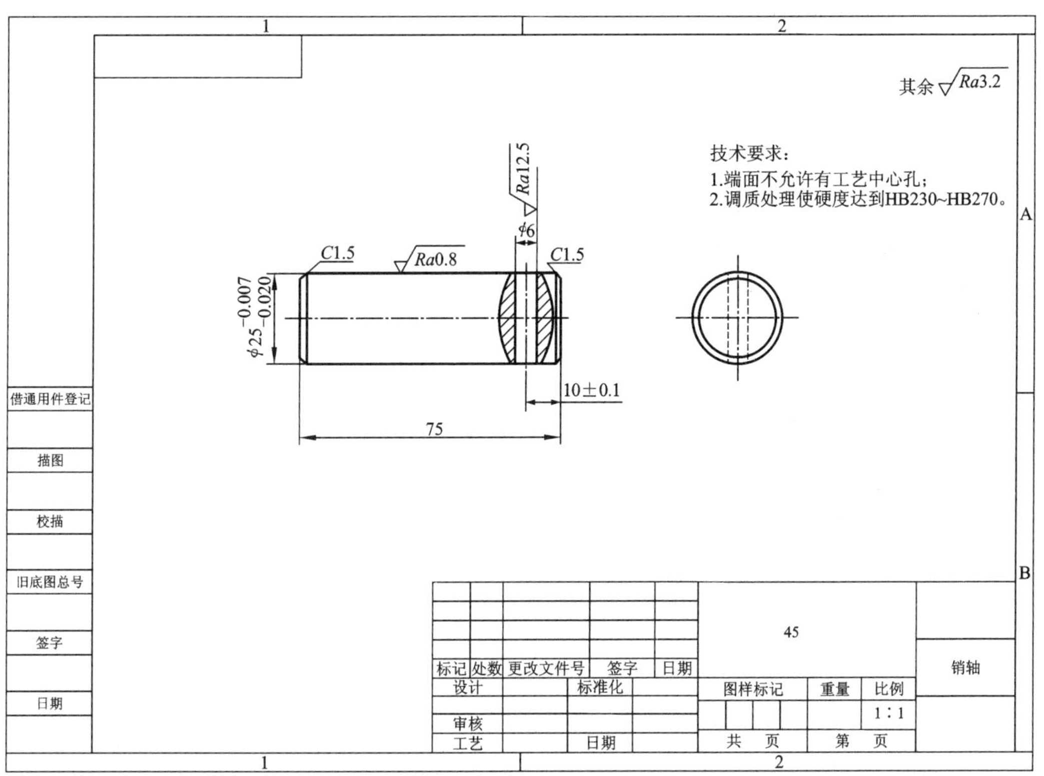

图 2.1 销轴零件图

1-2 任务目标及描述

一、零件分析

由销轴零件图可以看出，应满足 $\phi6$ mm 孔的轴线到端面的距离为（10±0.1）mm。可以按划线找正的方法进行定位，在钻床上用平口钳进行装夹，但效率较低，精度难以保证。如果采用专用机床夹具，能够直接装夹工件而无须找正，达到工件的加工要求。

二、工艺过程卡片

<table>
<tr><td colspan="2" rowspan="2">常州机电职业技术学院</td><td colspan="4" rowspan="2">机械加工工艺过程卡片</td><td>产品型号</td><td></td><td>零件图号</td><td colspan="2">01</td><td colspan="2">共 1 页</td></tr>
<tr><td>产品名称</td><td></td><td>零件名称</td><td colspan="2">销轴</td><td colspan="2">第 1 页</td></tr>
<tr><td colspan="2">材料牌号</td><td>45</td><td colspan="2">毛坯种类</td><td>棒料</td><td>毛坯外形尺寸</td><td>$\phi30$ mm×800 mm</td><td>毛坯件数</td><td></td><td>每台件数</td><td colspan="2"></td></tr>
<tr><td rowspan="2">工序号</td><td rowspan="2">工序名称</td><td colspan="4" rowspan="2">工序内容</td><td rowspan="2">车间</td><td rowspan="2">设备</td><td colspan="3" rowspan="2">工艺装备</td><td colspan="2">工时</td></tr>
<tr><td>准终</td><td>单件</td></tr>
<tr><td>1</td><td>落料</td><td colspan="4">$\phi30$ mm×800 mm（10 件）</td><td>机械</td><td>锯床</td><td colspan="3">1000 mm 钢板尺</td><td></td><td></td></tr>
<tr><td>2</td><td>热处理</td><td colspan="4">调质处理使硬度达到 HB230～HB270</td><td>热处理</td><td></td><td colspan="3"></td><td></td><td></td></tr>
<tr><td>3</td><td>车</td><td colspan="4">车外圆、两端面及倒角，其中外圆留 0.2 mm 磨量</td><td>机械</td><td>CA6140</td><td colspan="3">0～125 mm 游标卡尺等</td><td></td><td></td></tr>
<tr><td>4</td><td>磨</td><td colspan="4">磨外圆到规定尺寸</td><td>机械</td><td>MG1050A</td><td colspan="3">0～25 mm 外径千分尺等</td><td></td><td></td></tr>
<tr><td>5</td><td>钳</td><td colspan="4">钻 $\phi6$ mm 孔，去毛刺</td><td>机械</td><td>Z516</td><td colspan="3">专用钻床夹具、$\phi6$ mm 钻头、0～125 mm 游标卡尺等</td><td></td><td></td></tr>
<tr><td>6</td><td>检验</td><td colspan="4">按照图纸检查各部分的尺寸及要求</td><td></td><td></td><td colspan="3"></td><td></td><td></td></tr>
<tr><td>7</td><td>入库</td><td colspan="4">清洗，加工表面涂防锈油</td><td></td><td></td><td colspan="3"></td><td></td><td></td></tr>
<tr><td></td><td></td><td colspan="4"></td><td></td><td></td><td colspan="3"></td><td></td><td></td></tr>
<tr><td colspan="2">编制</td><td colspan="2"></td><td>校对</td><td></td><td>标准</td><td></td><td>会签</td><td colspan="2"></td><td>审核</td><td></td></tr>
</table>

常州机电职业技术学院	机械加工工序卡片	产品型号		零(部)件图号	01	
		产品名称		零(部)件名称	销轴	

施工车间	工序号	工序名称	
机械	05	钳	
材料牌号	同时加工件数	冷却液	
45		切削油	
设备名称	设备型号	设备编号	
台式钻床	Z512		
夹具编号	夹具名称	工序工时	
zcjj00	专用钻床夹具	准终	单件
工位器编号	工位器名称		

工步号	工步内容	工艺装备			主轴转速/(r/min)	切削速度/(m/min)	走刀量/(mm/r)	吃刀深度/mm	走刀次数	工时定额	
		刃具	量具	辅具						机动	辅助
1	钻孔时保证尺寸 $\phi6$ mm 及尺寸(10±0.1) mm,去毛刺	$\phi6$ mm 麻花钻	游标卡尺		460	8.67	手动	3	1		

										编制(日期)	审核(日期)	会签(日期)	标准化(日期)	
标志	处数	更改文件号	签字	日期	标志	处数	更改文件号	签字	日期					

模块2

任务资讯

2-1 任务相关理论知识

一、基准及定位副

基准种类很多，这里仅讨论夹具设计中直接涉及的基准。

在工件加工工序图中，用来确定本工序加工表面位置的基准，称为工序基准。可通过工序图上标注的加工尺寸与几何公差来确定工序基准。

定位基准是在加工过程中用于定位的基准。定位基准的选择是定位设计的一个关键问题。工件的定位基准一旦被确定，则定位方案也基本上确定了。

需要注意的是，当工件以回转面（圆柱面、圆锥面、球面等）与定位元件接触（或配合）时，工件上的回转面称为定位基面，其轴线称为定位基准。如图2.2(a)所示，工件以圆孔在心轴上定位，工件的内孔表面称为定位基面，其轴线称为定位基准。与此对应，心轴的圆柱面称为限位基面，其轴线称为限位基准。如图2.2(b)所示，工件以平面与定位元件接触时，工件上实际存在的面是定位基面，它的理想状态（平面度误差为零）是定位基准。

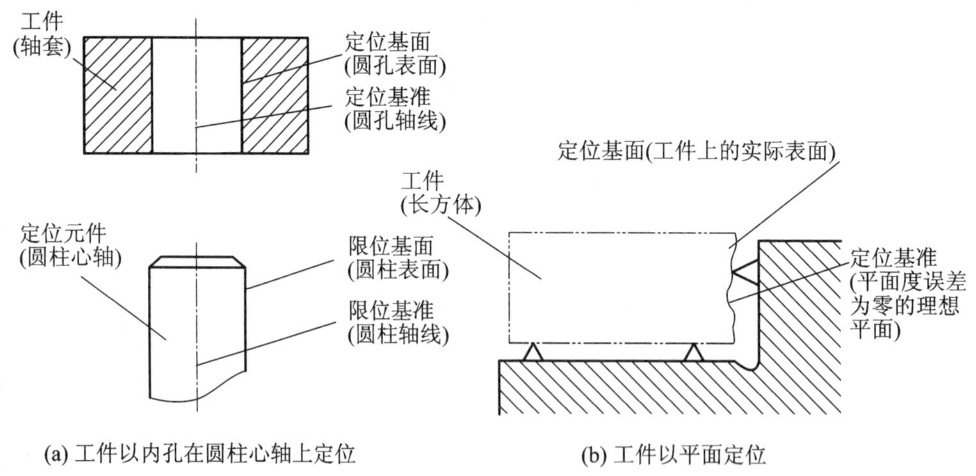

(a) 工件以内孔在圆柱心轴上定位　　(b) 工件以平面定位

图2.2　定位基准与限位基准

工件在夹具中定位时，理论上定位基准与限位基准应该重合，定位基面与限位基面应该接触。当工件有几个定位基面时，限制自由度最多的定位基面称为主要定位面，相应的限位基面称为主要限位面。工件上的定位基面和与之相接触（或配合）的定位元件的限位基面合称为定位副。

微课：工件的自由度与六点定位原理

二、工件定位的基本原理

1. 工件的自由度

一个尚未定位的工件，其空间位置是不确定的。这种位置的不确定性可描述如下。如图 2.3 所示，一个未定位的自由物体（双点画线所表示的长方体），在空间直角坐标系中有六种运动的可能性，其中三种是移动，即能沿 Ox、Oy、Oz 三个坐标轴移动，三种是转动，即能绕 Ox、Oy、Oz 三个坐标轴转动。习惯上把这种运动的可能性称为自由度。因此，空间任一自由物体共有六个自由度。

图 2.3 所示为未定位工件的六个自由度，同时还规定如下。

(1) 沿 Ox 轴移动，用 $\vec{x}$ 表示。

(2) 沿 Oy 轴移动，用 $\vec{y}$ 表示。

(3) 沿 Oz 轴移动，用 $\vec{z}$ 表示。

(4) 绕 Ox 轴转动，用 $\overset{\curvearrowright}{x}$ 表示。

(5) 绕 Oy 轴转动，用 $\overset{\curvearrowright}{y}$ 表示。

(6) 绕 Oz 轴转动，用 $\overset{\curvearrowright}{z}$ 表示。

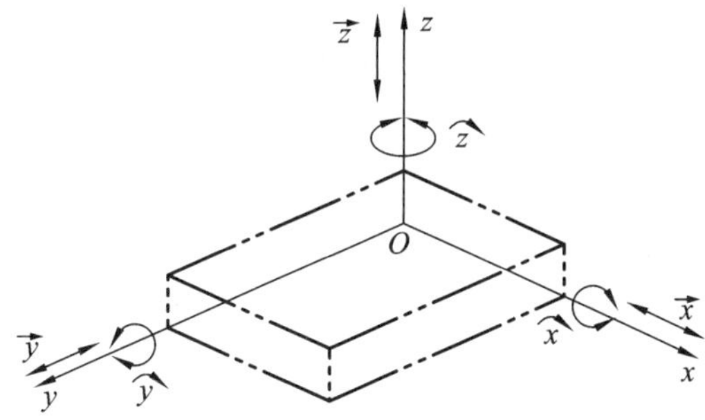

图 2.3　未定位工件的六个自由度

2. 六点定位原则

微课：六点定位原理

定位，就是限制自由度。如果工件的六个自由度都加以限制了，工件在空间的位置就完全确定下来了。工件要进行正确定位，首先要限制工件的自由度。设空间有一固定点，长方体的底面与该点保持接触，那么长方体沿 z 轴的移动自由度 $\vec{z}$ 即被限制了。

动画：六点定位

分析工件定位时，通常是用一个支承点限制工件的一个自由度。用合理设置的六个支承点，限制工件的六个自由度，使工件在夹具中的位置完全确定，这就是“六点定位原则”，简称“六点定则”。

例如对于长方体工件，欲使其完全定位，可以在其底面设置三个不共线的支承点 1、2、3［见图 2.4(a)］，限制工件的三个自由度 $\overset{\curvearrowright}{x}$、$\overset{\curvearrowright}{y}$、$\vec{z}$；侧面设置两个支承点 4、5，限制了两个自由度 $\vec{x}$、$\overset{\curvearrowright}{z}$；后面设置一个支承点 6，限制自由度 $\vec{y}$。于是共限制了工件的六个自由度，实现了完全定位。在具体的夹具中，支承点是由定位元件来体现的。在图 2.4(b) 中设置了六个支承钉，每个支承钉与工件的接触面很小，可将其视为支承点。

(a)　(b)

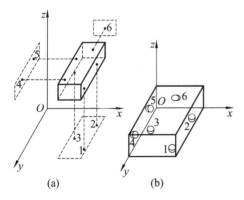

图 2.4　长方体工件定位时支承点的分布

工件的六个自由度是否一定要全部被限制，或者只限制其中的某几个，需要根据工件的加工要求而定。

工件在坐标系中的定位不存在反方向定位的问题，即工件在一个方向上定位了，我们则认为工件在其反方向也获得了定位。

工件定位的表示方法如图2.5所示。

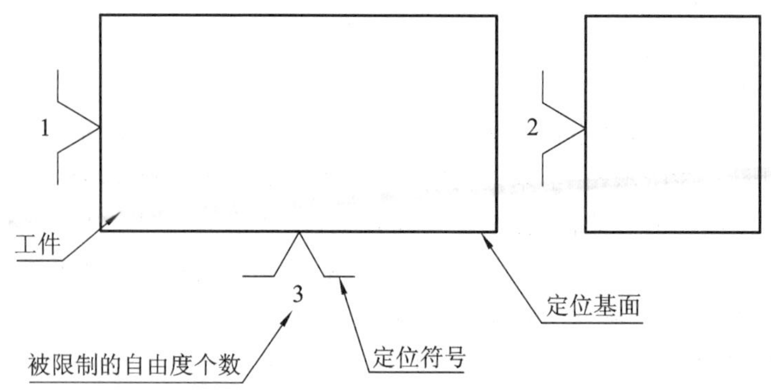

图2.5 工件定位的表示方法

3. 应用六点定位原则时需要注意的五个主要问题

(1) 支承点分布必须适当，否则六个支承点限制不了工件的六个自由度。例如，底面布置的三个支承点不能在一条直线上，且三个支承点所形成的三角形的面积越大越好；侧面上的两个支承点的连线不能垂直于底面三个支承点所形成的平面，且两点连线越长越好。

(2) 工件的定位是以工件定位面与夹具定位元件的工作面保持接触或配合来实现的。一旦工件定位面与定位元件工作面脱离接触或配合，就丧失了定位作用。

(3) 工件定位后，还要用夹紧装置将工件紧固，因此要区分定位和夹紧的不同概念。

(4) 定位支承点所限制的自由度的名称，通常可按定位接触处的形态确定，其特点如表2.1所示。

(5) 有时定位点的数量与其布置不一定如表2.1所述的那样明显直观，如自动定心定位。

表2.1 典型单一定位基准的定位特点

定位接触形态	限制自由度的个数	自由度类别	特点
长圆锥面接触	5	三个沿坐标轴方向的自由度，两个绕坐标轴方向的自由度	可作主要定位基准
长圆柱面接触	4	两个沿坐标轴方向的自由度，两个绕坐标轴方向的自由度	
大平面接触	3	一个沿坐标轴方向的自由度，两个绕坐标轴方向的自由度	
短圆柱面接触	2	两个沿坐标轴方向的自由度	不可作主要定位基准，只能与主要定位基准组合定位
线接触	2	一个沿坐标轴方向的自由度，一个绕坐标轴方向的自由度	
点接触	1	一个沿坐标轴方向的自由度或一个绕坐标轴方向的自由度	

三、限制工件自由度与加工要求的关系

1. 定位方式

微课：定位方式

工件定位时，影响加工精度要求的自由度必须限制，不影响加工精度要求的自由度可以限制，也可以不限制，视具体情况而定。按照工件加工要求确定工件必须限制的自由度，是工件定位时应解决的首要问题。

微课：限制工件自由度与加工要求的关系

1）完全定位

工件的六个自由度全部被限制的定位，称为完全定位。当工件在 x、y、z 三个坐标轴方向上均有尺寸要求或位置精度要求时，一般采用这种定位方式，如图 2.6(a)所示。

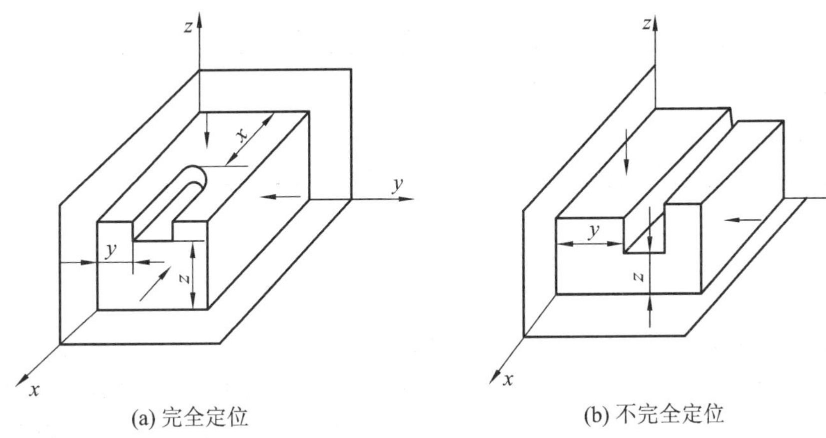

(a) 完全定位　　(b) 不完全定位

图 2.6　工件的定位方式

动画：完全定位

2）不完全定位

根据工件的加工要求，并不需要限制工件的全部自由度，这样的定位称为不完全定位，如图 2.6(b)所示。

动画：不完全定位

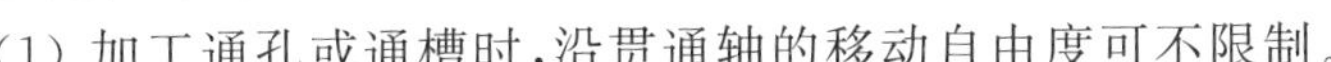
（1）加工通孔或通槽时，沿贯通轴的移动自由度可不限制。

（2）毛坯(本工序加工前)是轴对称时，绕对称轴的转动自由度可不限制。

（3）加工贯通的平面时，除可不限制沿两个贯通轴的移动自由度外，绕垂直加工面的轴的转动自由度也可不限制。

动画：欠定位

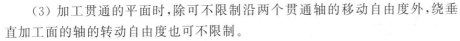

3）欠定位

根据工件的加工要求，应该限制的自由度没有完全被限制的定位，称为欠定位。欠定位无法保证加工要求，是绝不允许的。

动画：过定位

4）过定位

夹具上的两个或两个以上的定位元件，重复限制工件的同一个或几个自由度的现象，称为过定位。

图 2.7(a)所示为连杆加工大头孔时工件在夹具中的定位情况，连杆的定位基准为端面、小头孔及一侧面，夹具上的定位元件为支承板、长圆柱销及一挡销。根据定位原理，支承板与连杆端面接触，相当于三点定位，限制 $\widehat{x}$、$\widehat{y}$、$\vec{z}$ 三个自由度；长圆柱销与连杆大头孔配合，相当于四点定位，限制 $\vec{x}$、$\vec{y}$、$\widehat{x}$、$\widehat{y}$ 四个自由度；挡销与连杆侧面接触，限制一个自由度 $\widehat{z}$。这

样，三个定位元件相当于八个定位支承点，共限制了六个自由度，其中，$\widehat{x}$、$\widehat{y}$被重复限制，属于重复定位。若工件小头孔与端面有较大的垂直度误差，且长圆柱销与工件小头孔的配合间隙很小，则会产生连杆小头孔套入长圆柱销后连杆端面与支承板不完全接触的情况，如图 2.7(b)所示。当施加夹紧力 **W** 迫使它们接触后，则会造成长圆柱销或连杆的弯曲变形，如图 2.7(c)所示，进而降低了加工后大头孔与小头孔间的位置精度。

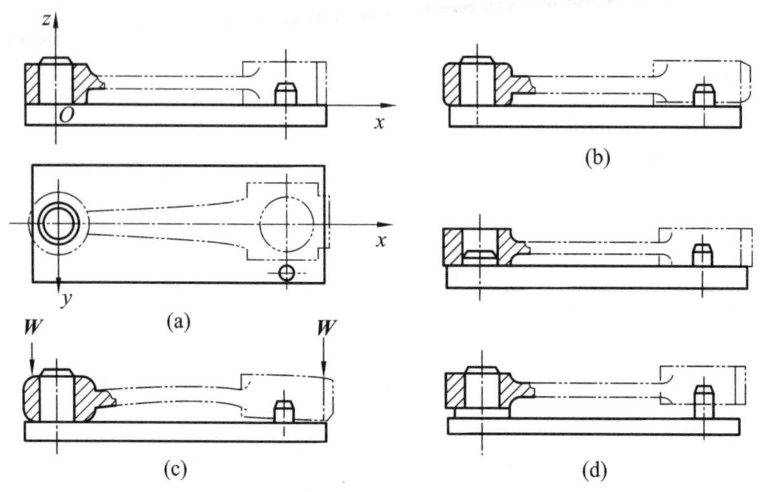

图 2.7　连杆加工大头孔时工件在夹具中的定位

图 2.8(a)所示为加工轴承座时工件在夹具中的定位情况。工件的定位基准为底面及两孔的中心线，夹具上的定位元件为支承板 1 及两短圆柱销 2、3。根据定位原理，支承板相当于三个支承点，限制$\widehat{x}$、$\widehat{y}$、$\vec{z}$三个自由度；短圆柱销 2 相当于两个支承点，限制$\vec{x}$、$\vec{y}$两个自由度；另一短圆柱销 3 也相当于两个支承点，限制$\vec{x}$、$\vec{y}$两个自由度。因此，共限制了五个自由度，其中$\vec{x}$、$\vec{y}$被重复限制，属于重复定位。在这样的定位情况下，当工件两孔中心距与夹具上的两短圆柱销中心距的误差较大时，就会产生有的工件装不上去的现象。

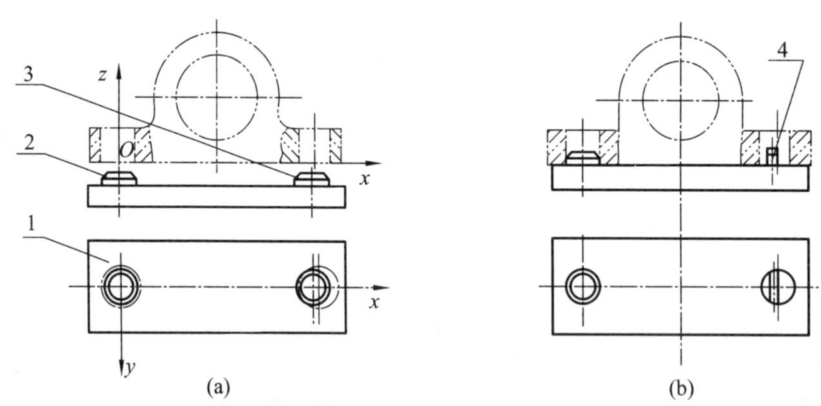

图 2.8　加工轴承座时工件在夹具中的定位情况

1—支承板；2，3—短圆柱销；4—削边销

过定位会造成工件定位不稳定，降低加工精度，使工件或定位元件产生变形，甚至使工件无法安装和加工。因此，一般情况下应尽量避免。

在某些情况下，过定位不仅被允许，而且是必要的。此时应当采取适当的措施提高定位基准之间及定位元件之间的位置精度，以免产生干涉。

消除过定位及其干涉一般有两个途径：其一是提高工件定位基面之间及夹具定位元件工作表面之间的位置精度，以减少或消除过定位引起的干涉；其二是改变定位元件的结构，使定位元件的重复限制自由度的部分不起定位作用。通常可采取下列措施来消除过定位。

(1) 减小接触面积(见图 2.9)。

(2) 修改定位元件形状，以减少定位支承点。

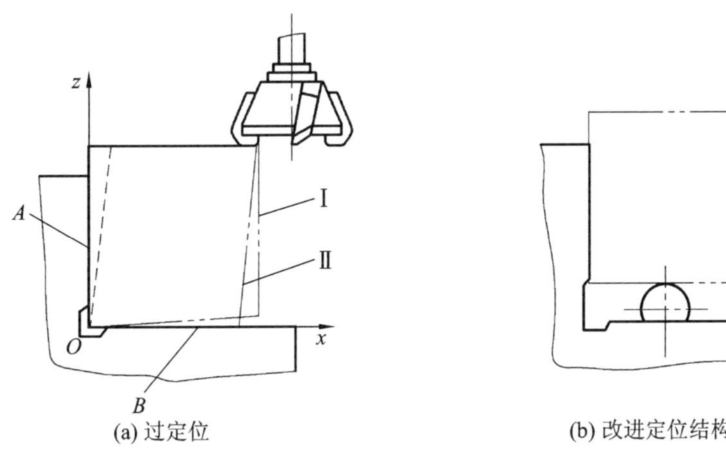

(a) 过定位　　(b) 改进定位结构

图 2.9　过定位及其消除方法示例

如图 2.7(d)所示，将长圆柱销改为短圆柱销，使其失去限制 $\overset{\curvearrowright}{x}$、$\overset{\curvearrowright}{y}$ 两个自由度的作用，以保证加工时大头孔与端面的垂直度；或者将支承板改成小的支承环，使其只起限制自由度 $\vec{z}$ 的作用，以保证加工时大头孔与小头孔之间的平行度。

又如图 2.8(b)所示，将短圆柱销 3 改为削边销 4，使它失去限制自由度 $\vec{x}$ 的作用，从而保证所有工件都能套在两定位销上。

(3) 提高工件定位基准之间以及定位元件工作表面之间的位置精度。

(4) 设法使过定位的定位元件能在干涉方向上浮动，以减少实际支承点的数目。

(5) 拆除过定位元件。

2. 工件的加工要求与夹具的关系

工件有很多加工要求，但是并非所有的加工要求都由夹具保证。

如图 2.10 所示，轴类零件有以下加工要求：

(1) 直径(d)；

(2) 总长(L)；

(3) 键槽长度(l)；

(4) 键槽宽度(b)；

(5) 键槽深度(h)；

(6) 键槽相对于基准 A 的对称度。

在以上众多加工要求中，哪些加工要求是由铣键槽的夹具保证的？具体分析如下。

(1) 直径(d)：由车工工序保证，与铣键槽的夹具无关。

(2) 总长(L)：由车工工序保证，与铣键槽的夹具无关。

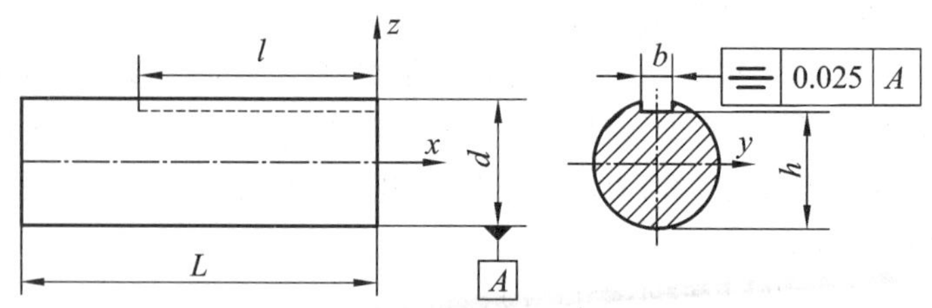

图 2.10　键槽加工示意图

(3) 键槽长度(l)：与铣键槽的夹具有关。

(4) 键槽宽度(b)：与铣键槽的夹具无关，与铣刀尺寸有关。

(5) 键槽深度(h)：与铣键槽的夹具有关。

(6) 键槽相对于基准 A 的对称度：与铣键槽的夹具有关。

与夹具有关的加工要求有三项，它们是键槽长度(l)、键槽深度(h)和键槽相对于基准 A 的对称度。那么夹具是如何保证这三项加工要求的呢？

还得从限制自由度入手：

(1) 要确保键槽长度(l)，必须限制自由度 $\vec{x}$；

(2) 要确保键槽深度(h)，必须限制自由度 $\vec{z}$、$\widehat{y}$；

(3) 要确保对称度，必须限制自由度 $\vec{y}$、$\widehat{z}$。

而这些自由度是如何被限制的呢？

首先看一看铣键槽这道工序所使用的夹具。如图 2.11 所示，该夹具主要由定位元件、对刀元件、对定元件组成(其他元件和机构与讨论的问题无关，故未画出)。

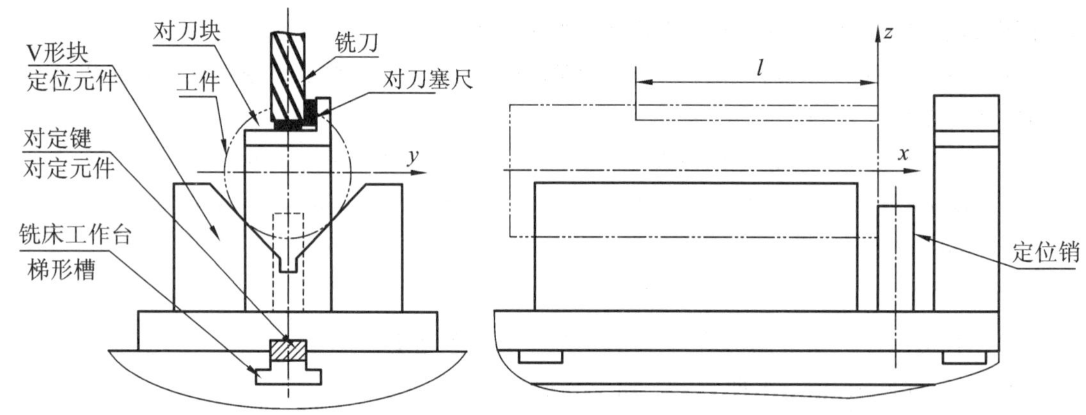

图 2.11　加工键槽夹具示意图

(1) 工件在 V 形块中定位，限制了工件的四个自由度 $\vec{z}$、$\widehat{z}$、$\vec{y}$、$\widehat{y}$。

(2) 工件端面与定位销定位，限制了工件的自由度 $\vec{x}$。至此，需要限制的五个自由度已被限制，无一遗漏。

(3) 铣刀中心线在对刀块侧面和对刀塞尺的作用下与 V 形块对称中心面重合。

(4) 铣刀下端面与对刀块和对刀塞尺接触，保证了铣刀下端面至工件外圆柱下母线的距离始终不变。

(5) 夹具上的对定键在机床的中央梯形槽中对定，保证了 V 形块中心线与机床进给运动方向平行。

由此可知,本工序由夹具保证的加工要求由刀具、夹具、机床、工件之间的正确的相互位置加以保证,这就是夹具保证加工要求的原理。

(1) 工件在夹具中获得一个正确的位置——由夹具上的定位装置加以保证。

(2) 夹具在机床上的正确位置——由夹具上的对定装置加以保证。

(3) 工件与刀具之间的正确位置——由夹具上的对刀装置加以保证。

刀具、夹具、机床和工件构成工艺系统,一个正确的工艺系统要求各要素之间具有正确的相互位置及较高的精度,只有这样才能加工出合格的零件,而这一切要得以实现,必须依靠夹具。因为定位装置、对定装置和对刀装置都安装在夹具上,所以,只有设计制造出合格的夹具,才能加工出合格的零件。

以上加工零件的方法叫作调整法,即在批量生产中,调整好工件、刀具、机床、夹具之间的相互位置关系并给予一定的精度,在以后的加工过程中这一相互位置关系始终保持不变的加工方法称为调整法。这是学习机床夹具设计必须确立的一个指导思想,即机床夹具设计是建立在调整法加工的基础之上的。

还有一个重要的概念——起始基准,即夹具定位元件工作表面的基准。如:

(1) 工件以平面在夹具的定位支承板上定位,这时的起始基准是定位支承板工作表面所在的理想几何平面。

(2) 工件以内圆柱表面在夹具的定位心轴上定位,这时的起始基准是定位心轴工作表面所在的基准,即该心轴的轴线。

(3) 工件以外圆柱表面在夹具的 V 形块上定位,这时的起始基准是 V 形块工作表面(两斜面)假想圆的中心线。

需要注意的是,定位基准在工件上,而起始基准在夹具的定位元件上。在设计夹具时要遵循的一个重要原则是"基准重合原则",它的含义是工件的定位基准与其设计基准重合,同时工件的定位基准与夹具的起始基准重合,这样可以获得较高的定位精度,从而确保加工质量。

3. 根据加工要求分析工件应该限制的自由度

动画:钻孔工序与限制自由度的关系

工件定位时,其自由度可分为两种:一种是影响加工要求的自由度,称为第一种自由度;另一种是不影响加工要求的自由度,称为第二种自由度。第一种自由度都必须严格限制,第二种自由度由具体的加工情况决定。

分析自由度的方法如下:

(1) 找出该工序所有的第一种自由度。

① 根据工序图,明确该工序的加工要求(包括工序尺寸和位置精度)与相应的工序基准。

② 建立空间直角坐标系,如图 2.12 所示。

③ 依次找出影响各项加工要求的自由度。

④ 把影响所有加工要求的自由度累计起来,便得到该工序所有的第一种自由度。

(2) 找出第二种自由度。从六个自由度中减去第一种自由度,剩下的都是第二种自由度。

(3) 根据具体的加工情况,判断哪些第二种自由度需要限制。

(4) 把所有的第一种自由度与需要限制的第二种自由度加起来,便是该工序需要限制的全部自由度。

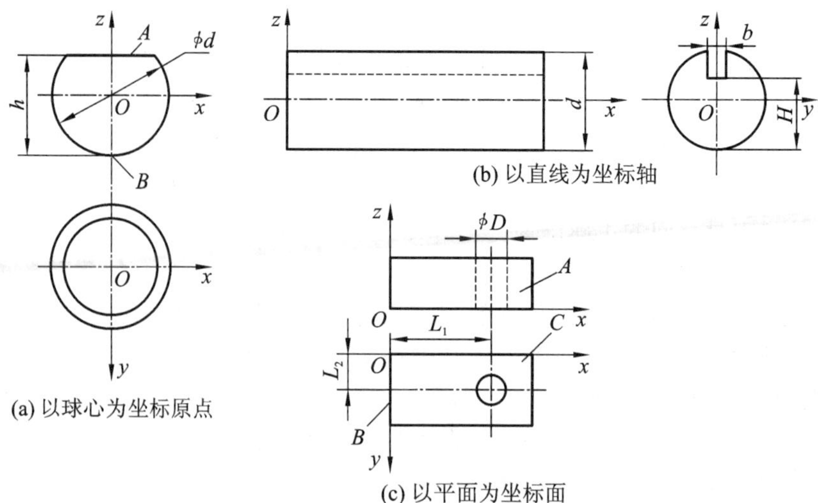

(a) 以球心为坐标原点　(b) 以直线为坐标轴　(c) 以平面为坐标面

图 2.12　不同类型的零件的空间直角坐标系的建立

表 2.2 所示为满足加工要求必须限制的自由度。

表 2.2　满足加工要求必须限制的自由度

工序简图	加工要求	必须限制的自由度
	（1）尺寸 A； （2）加工面与底面的平行度	$\vec{z}$、$\widehat{x}$、$\widehat{y}$
	（1）尺寸 A； （2）加工面与下母线面的平行度	$\vec{z}$、$\widehat{x}$
	（1）尺寸 A； （2）尺寸 B； （3）尺寸 L； （4）槽侧面与 N 面的平行度； （5）槽底面与 M 面的平行度	$\vec{x}$、$\vec{y}$、$\vec{z}$、$\widehat{x}$、$\widehat{y}$、$\widehat{z}$

续表

工序简图	加工要求		必须限制的自由度
加工面(键槽)；L；A；O；x；y；z	(1) 尺寸 A； (2) 尺寸 L； (3) 槽与圆柱轴线平行并对称		$\vec{x}$、$\vec{y}$、$\vec{z}$、$\overset{\curvearrowright}{x}$、$\overset{\curvearrowright}{z}$
加工面(圆孔)；B；L；O；x；y；z	(1) 尺寸 B； (2) 尺寸 L； (3) 孔轴线与底面的垂直度	通孔	$\vec{x}$、$\vec{z}$、$\overset{\curvearrowright}{x}$、$\overset{\curvearrowright}{y}$、$\overset{\curvearrowright}{z}$
		不通孔	$\vec{x}$、$\vec{y}$、$\vec{z}$、$\overset{\curvearrowright}{x}$、$\overset{\curvearrowright}{y}$、$\overset{\curvearrowright}{z}$
加工面(圆孔)；O；x；y；z	(1) 孔与外圆柱面的同轴度； (2) 孔轴线与底面的垂直度	通孔	$\vec{x}$、$\vec{y}$、$\overset{\curvearrowright}{x}$、$\overset{\curvearrowright}{y}$
		不通孔	$\vec{x}$、$\vec{y}$、$\vec{z}$、$\overset{\curvearrowright}{x}$、$\overset{\curvearrowright}{y}$
加工面(两圆孔)；R；R；O；x；y；z	(1) 尺寸 R； (2) 以圆柱轴线为对称轴，两孔对称； (3) 两孔轴线与底面的垂直度	通孔	$\vec{x}$、$\vec{y}$、$\overset{\curvearrowright}{x}$、$\overset{\curvearrowright}{y}$
		不通孔	$\vec{x}$、$\vec{y}$、$\vec{z}$、$\overset{\curvearrowright}{x}$、$\overset{\curvearrowright}{y}$

动画：大 V 形块＋支承钉（不完全定位）

动画：小 V 形块＋支承钉（不完全定位）

动画：固定销＋小 V 形块（不完全定位）

动画：圆柱销＋小 V 形块（欠定位）

动画：盘类六个支承点

动画：轴类六个支承点

动画：长方体六个支承点

四、定位方案的设计

微课：组合定位的概念

1. 定位基准的选择

1）定位设计的基本原则

（1）遵循基准重合原则，使定位基准与工序基准重合。在多工序加工时还应遵循基准统一原则。

（2）合理选择主要定位基准。主要定位基准应有较大的支承面以及较高的精度。

（3）便于工件的装夹和加工，并使夹具的结构简单。

2）对定位元件的基本要求

（1）足够的精度。

由于定位误差的基准位移误差与定位元件的定位表面直接有关，因此，定位元件的定位表面应有足够的精度，以保证工件的加工精度。通常，定位元件的定位表面还应有较小的表面粗糙度。

（2）足够的强度和刚度。

定位元件不仅限制工件的自由度，还要支承工件、承受夹紧力和切削力，因此应有足够的强度和刚度，以免使用中发生变形和损坏。

（3）耐磨性好。

工件的装卸会磨损定位元件的限位表面，导致定位精度下降。定位精度下降到一定程度，定位元件必须更换。为了延长定位元件的更换周期，提高夹具的使用寿命，定位元件应有较好的耐磨性。

（4）应协调好与有关元件的关系。

在定位设计时，还应处理、协调好定位元件与夹具体、夹紧装置、对刀导向元件的关系，有时定位元件还需留出排屑空间，以方便刀具进行切削加工。

（5）良好的结构工艺性。

定位元件的结构应力求简单、合理，便于加工、装配和更换。

3）定位符号和夹紧符号的标注

在选定了定位基准及确定了夹紧力的方向和作用点后，应在工序图上标注定位符号和夹紧符号。图2.13所示为典型零件的定位符号和夹紧符号的标注。

2. 定位方法与定位元件

定位元件的设计包括定位元件的结构、形状、尺寸及布置形式等的设计。工件的定位设计主要取决于工件的加工要求和工件定位基准的形状、尺寸、精度等，故在设计定位元件时要注意分析定位基准的形态。

1）以平面定位的定位元件

微课：以平面定位的定位元件

工件以平面作为定位基准时，所用的定位元件一般可分为基本支承和辅助支承两类。基本支承用来限制工件的自由度，具有独立定位的作用；辅助支承用来加强工件的支承刚性，没有限制工件自由度的作用。

（1）基本支承。

基本支承有固定支承、可调支承和自位支承三种形式，它们的尺寸结构已系列化、标准化，可在夹具设计手册中查用。

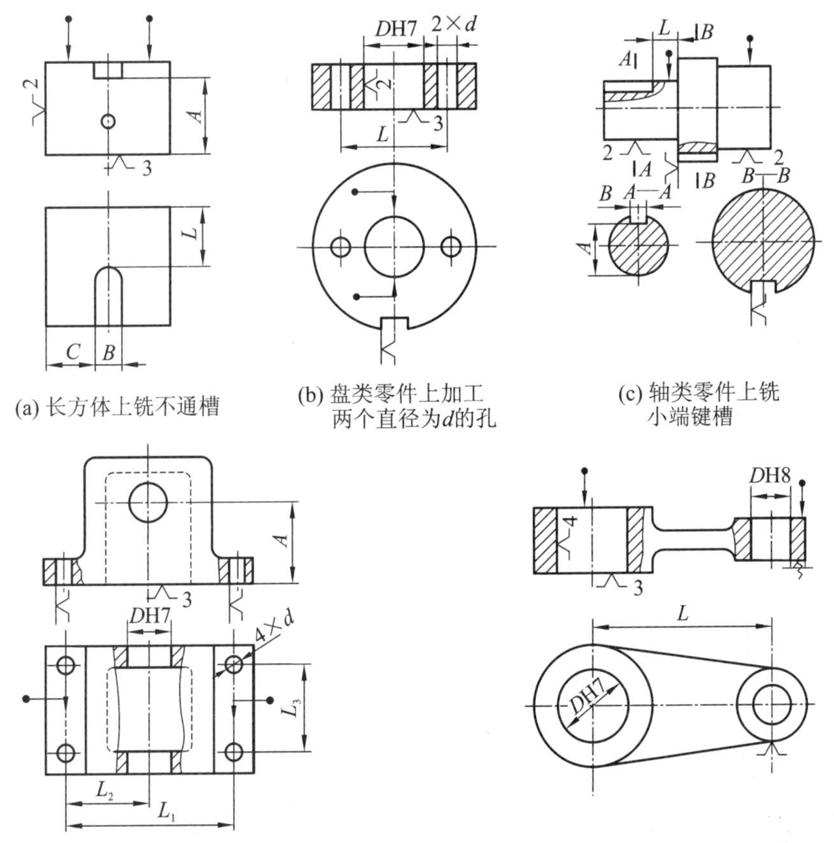

(a) 长方体上铣不通槽　(b) 盘类零件上加工两个直径为d的孔　(c) 轴类零件上铣小端键槽

(d) 箱体类零件上镗直径为DH7的孔　(e) 杠杆类零件钻小端直径为DH8的孔

图 2.13　典型零件的定位符号和夹紧符号的标注

① 固定支承。

使用时高度不变的支承为固定支承，它有支承钉和支承板两种形式。

a. 支承钉。

支承钉一般用于工件的三点支承或侧面支承。

如图 2.14 所示，图(a)为平头支承钉，适用于已加工表面的定位；图(b)为圆顶支承钉，可减小定位误差，适用于毛坯面的定位，但支承钉容易磨损和压伤工件基准面；图(c)为网纹顶支承钉，常用于有较大摩擦力的侧面定位，但不便于清除切屑；图(d)为带衬套的支承钉，在批量大、磨损快时使用，便于拆卸和更换。一个支承钉只限制一个自由度。

支承钉与夹具体的配合可采用 H7/r6 或 H7/n6。

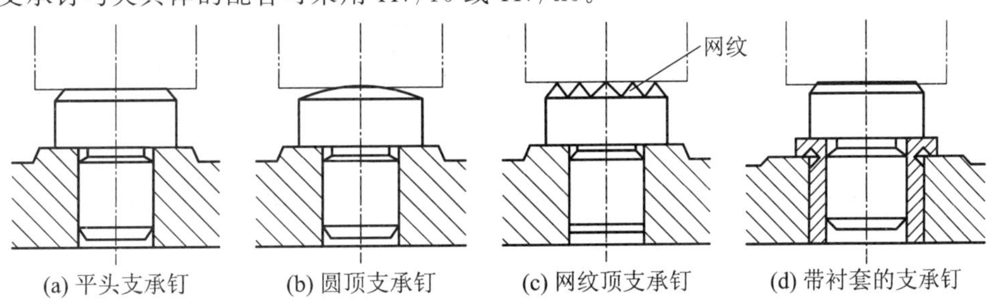

(a) 平头支承钉　(b) 圆顶支承钉　(c) 网纹顶支承钉　(d) 带衬套的支承钉

图 2.14　常用的支承钉

b. 支承板。

支承板有较大的支承面积，工件定位稳定，故一般用作精基准面较大时的定位元件。

例如，图2.15(a)所示的平板式支承板，结构简单、紧凑，但不易清除落入沉头螺钉孔内的切屑，适用于底面定位；图2.15(b)所示的斜槽式支承板，在支承面上开两个斜槽，用于固定螺钉，既容易清除切屑，又使结构紧凑，适用于底面定位。

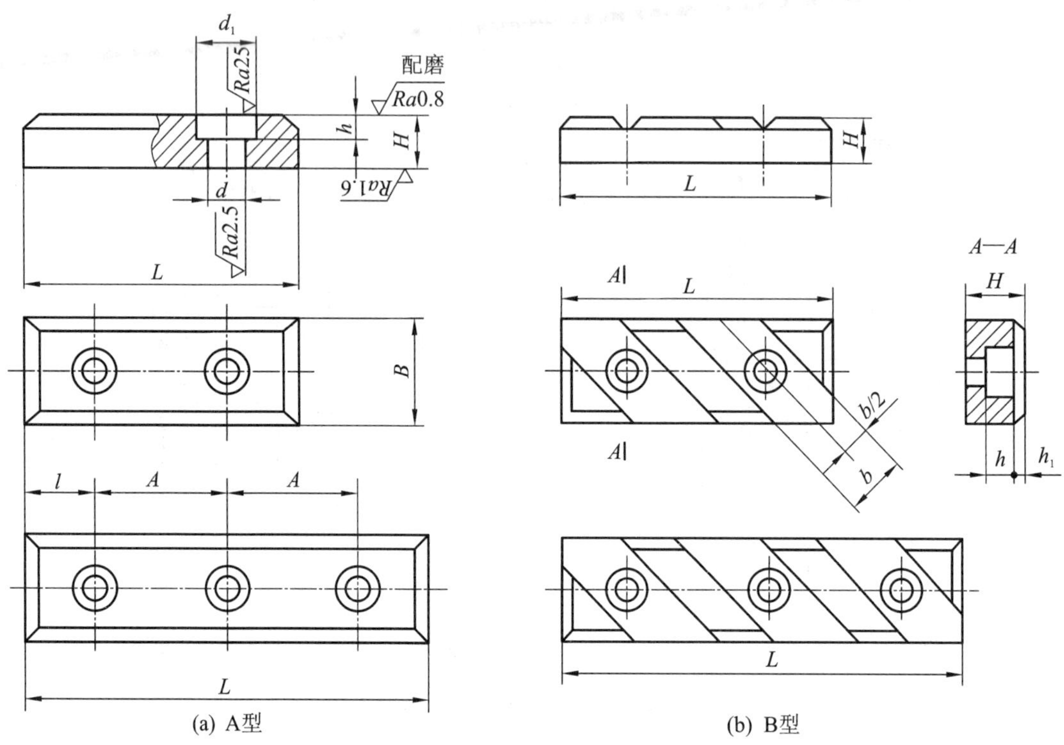

图 2.15　支承板

当要求几个支承钉或支承板在装配后等高时，可采用装配后一次磨削法，以保证它们的限位基面在同一平面内。

工件以平面定位时，除采用上面介绍的标准支承钉和支承板之外，还可根据工件定位平面形状的不同，设计相应的非标准支承板，如图2.16所示。

动画：环形支承板

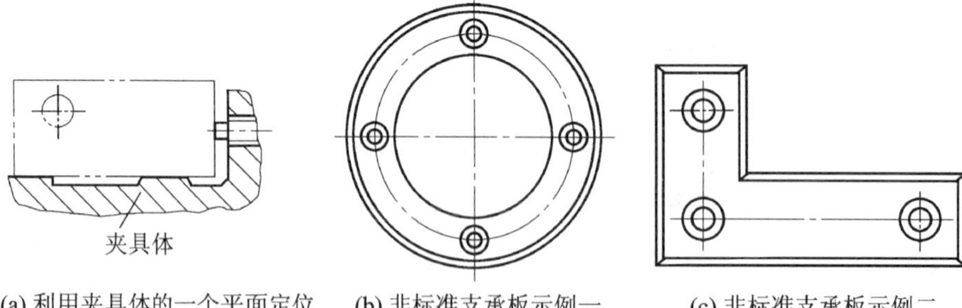

图 2.16　其他定位方法和元件

② 可调支承。

支承点高度可以在一定范围内调整的支承称为可调支承。图2.17所示为几种常见的可调支承，主要用于工件表面不平整或工件毛坯尺寸变化较大时，也可以用作成组夹具的调整元件。

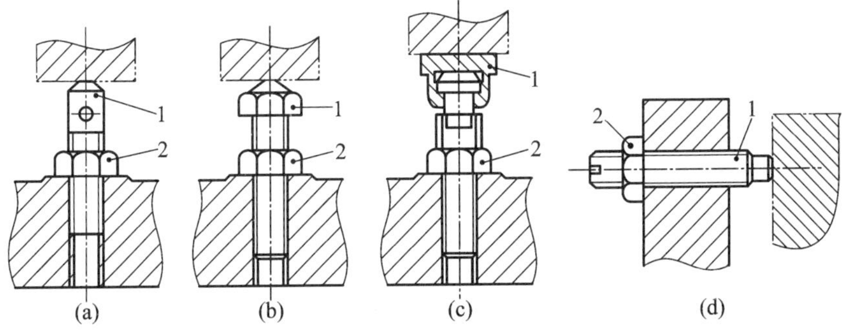

图2.17 几种常见的可调支承

1—可调支承钉；2—螺母

③ 自位支承。

自位支承又称浮动支承，在工件的定位过程中，其支承点的高度可以自动调整，以适应工件表面的变化。图2.18所示为几种常见的自位支承。自位支承只起一个定位作用，只限制一个自由度。自位支承可提高工件的刚度，常用于毛坯表面、断面表面、阶梯表面，以及有角度误差的平面或刚性不足的场合的定位。

动画：球形浮动支承

动画：摆动式浮动支承

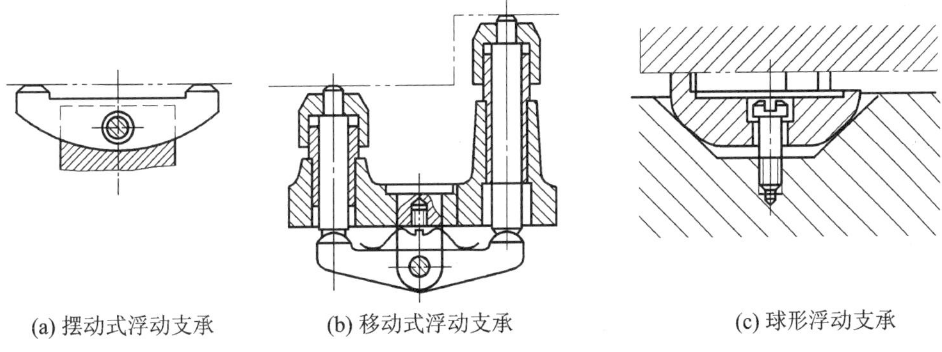

图2.18 几种常见的自位支承

(2) 辅助支承。

辅助支承是在工件实现定位后才参与支承的定位元件，它不起定位作用，只提高工件加工时的刚度或起辅助定位作用。

如图2.19所示，工件以内孔及端面定位来钻右端小孔。若右端不设支承，工件装夹后，右臂为一悬臂，刚性差。若在A点设置固定支承，则属于过定位，有可能破坏左端定位。在这种情况下，宜在右端设置辅助支承。工件定位时，辅助支承是浮动的(或可调的)，待工件夹紧后再把辅助支承固定，以承受切削力。

微课：以外圆柱面定位的定位元件

动画：辅助支承

2) 以外圆柱面定位的定位元件

工件以外圆柱面作为定位基面时，工件的定位基准为中心要素。

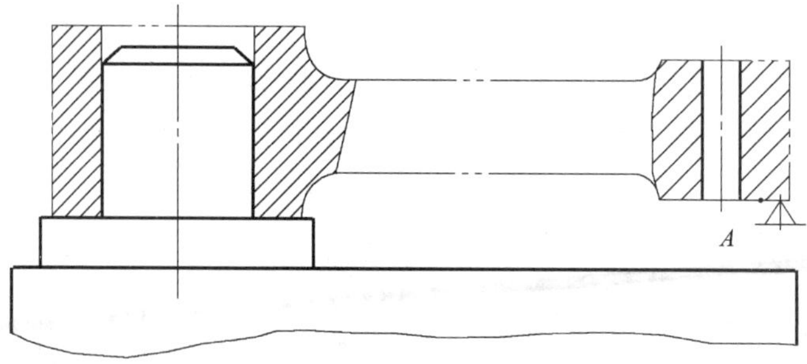

图 2.19　辅助支承的应用

（1）V 形块。

V 形块用销及螺钉紧固在夹具体上，工件外圆中心对中于两斜面的对称轴线，故对中性好，安装方便。根据与工件的接触母线的长度，V 形块可分为短 V 形块和长 V 形块。

V 形块的结构形式如图 2.20 所示，其中图 2.20(a)所示为用于精基准的短 V 形块，图 2.20(b)所示为用于粗基准、阶梯轴的长 V 形块，图 2.20(c)所示为用于精基准的长 V 形块，图 2.20(d)所示为用于工件较长且定位基面直径较大的场合的 V 形块。V 形块定位基准面镶淬硬垫片或硬质合金，便于其磨损后更换。

图 2.21 所示为两种常用 V 形块。

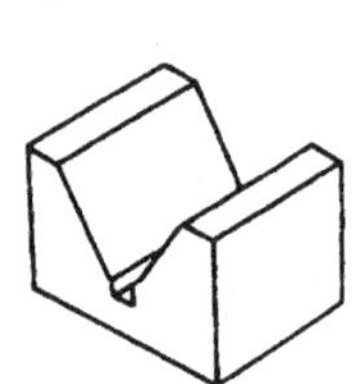

(a) 精基准定位用短V形块

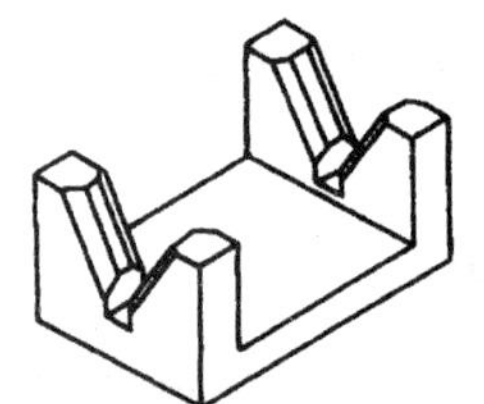

(b) 粗基准、阶梯轴定位用V形块

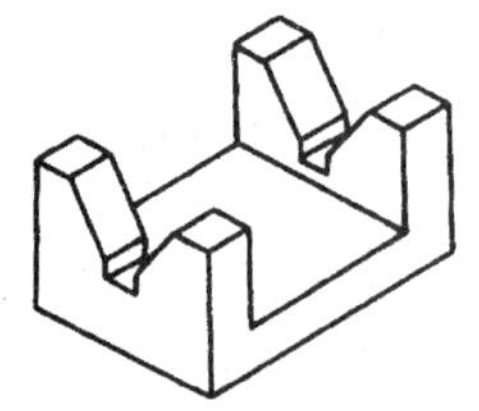

(c) 精基准定位用长V形块

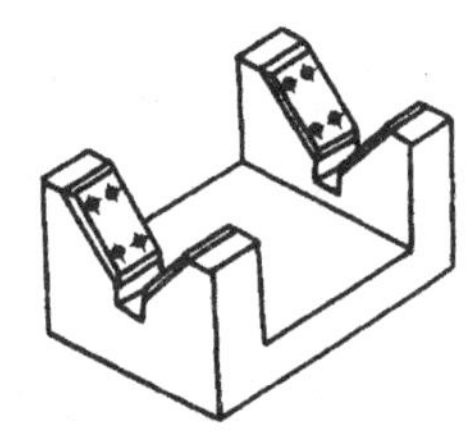

(d) 定位直径与长度较大的工件时所用V形块

图 2.20　V 形块的结构形式

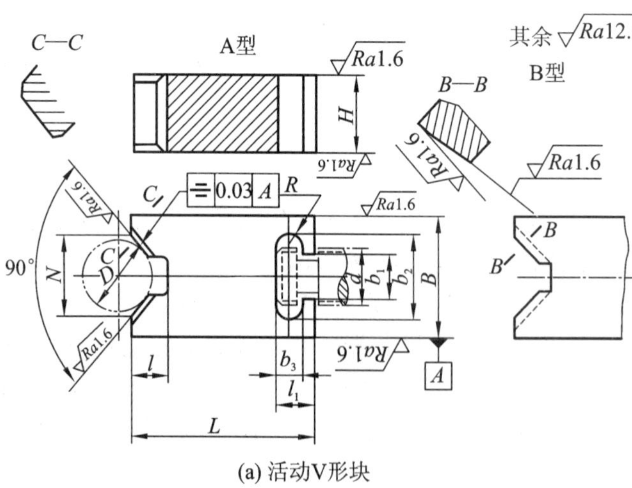

(a) 活动V形块

动画：活动V形块的应用

图 2.21　两种常用 V 形块

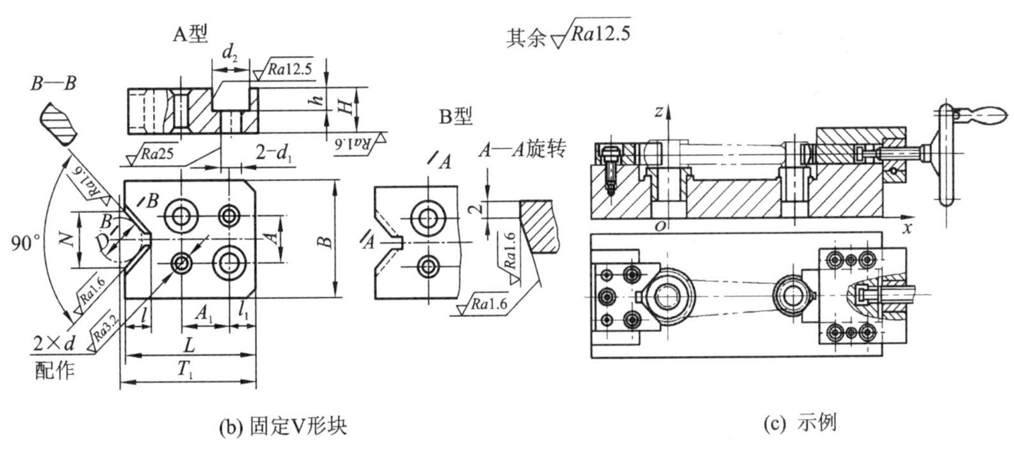

(b) 固定V形块 (c) 示例

续图 2.21

(2) 定位套。

动画：定位套定位

图 2.22 所示为几种常用的定位套。定位套定位是定心定位，其定位情况与圆柱孔的定位情况相似。为了限制工件沿轴向的自由度，定位套常与端面联合定位。当将端面作为主要限位面时，应控制定位套的长度，以免夹紧时工件产生不允许的变形。

定位套结构简单，容易制造，但定心精度不高，故适用于精定位基面。

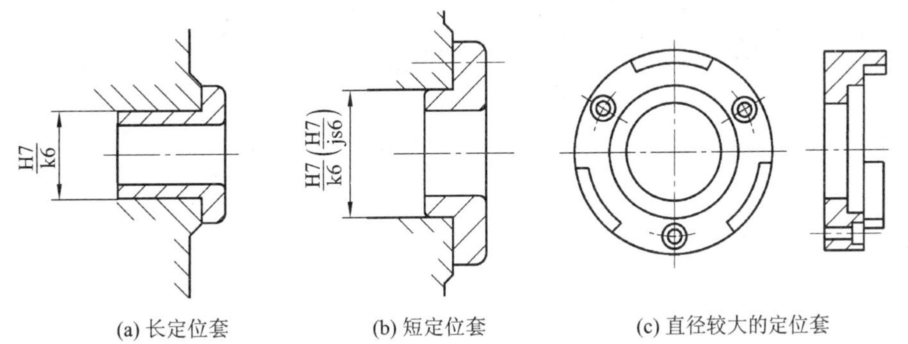

(a) 长定位套 (b) 短定位套 (c) 直径较大的定位套

图 2.22 几种常用的定位套

(3) 半圆套。

动画：半圆套定位

当工件尺寸较大、用圆柱孔定位不方便时，可将圆柱孔改成两半，下半孔用于定位，上半孔用于夹紧工件。这种定位方式主要用于大型轴类零件以及不便于轴向装夹的零件，如图 2.23所示。

3) 以圆柱孔定位的定位元件

微课：以圆柱孔定位的定位元件

工件以圆柱孔的定位大都属于定心定位(定位基准为孔的轴线)，常用的定位元件有定位销、圆锥销、圆柱心轴、圆锥心轴等。圆柱孔定位还经常与平面定位联合使用。

(1) 定位销。

图 2.24 所示为几种常用的圆柱定位销，考虑加工要求和装夹简便性，其工作部分的直径 d 通常按 g5、g6、f6 或 f7 制造。图 2.24(d)所示为带衬套的可换式圆柱定位销，这种定位销与衬套的配合采用间隙配合，故其位置精度较固定式定位销的低，一般用于大批量生

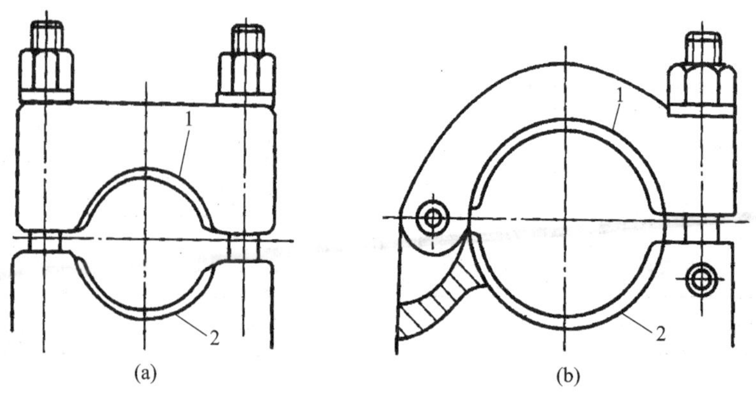

图 2.23 半圆套

1—上半圆套；2—下半圆套

产中。

为便于工件顺利装入，定位销的头部应有 15°倒角。

短圆柱定位销限制工件的两个自由度，长圆柱定位销限制工件的四个自由度。

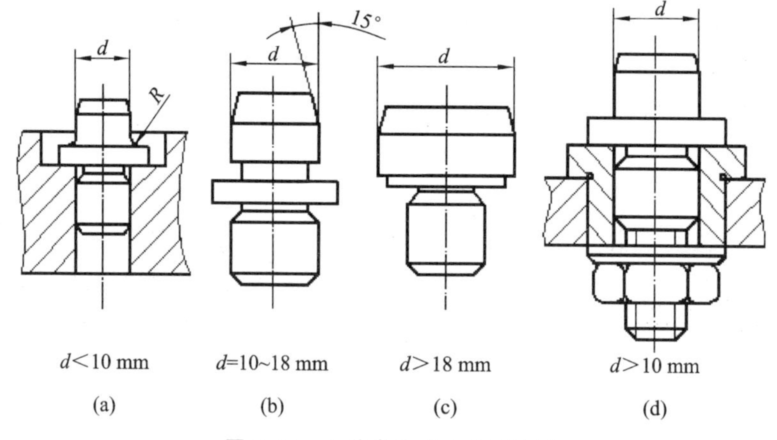

图 2.24 几种常用的圆柱定位销

（2）圆锥销。

加工套筒、空心轴等工件时，经常用到圆锥销，如图 2.25 所示。图 2.25(a)所示的圆锥销用于粗基准，图 2.25(b)所示的圆锥销用于精基准。圆锥销限制了工件的三个移动自由度 $\vec{x}$、$\vec{y}$、$\vec{z}$。

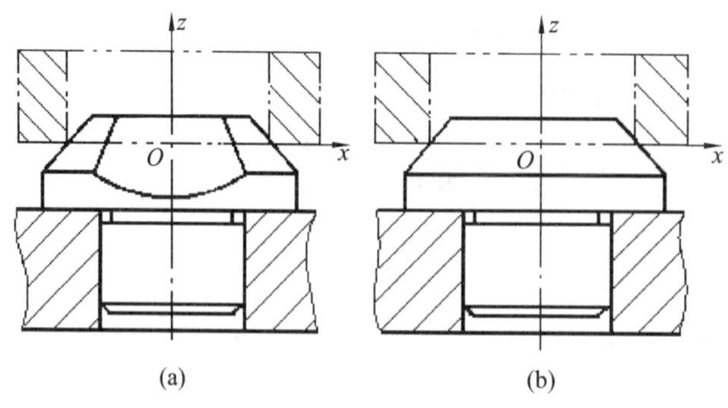

图 2.25 圆锥销

工件在单个圆锥销上定位时容易倾斜，所以圆锥销一般与其他定位元件组合定位，如图 2.26所示。

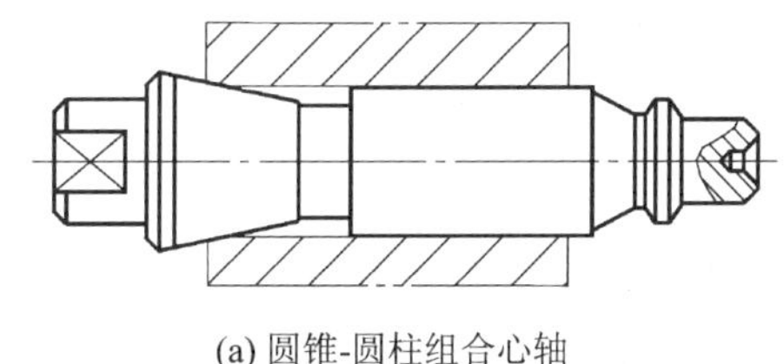

(a) 圆锥-圆柱组合心轴

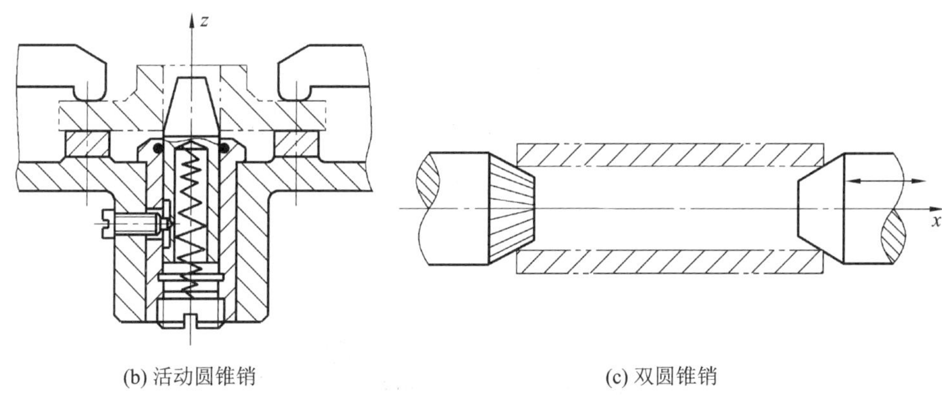

(b) 活动圆锥销

(c) 双圆锥销

图 2.26 圆锥销与其他元件组合定位

(3) 定位心轴。

定位心轴主要用于套筒类和空心盘类工件的车、铣、磨及齿轮加工。常见的定位心轴有圆柱心轴和圆锥心轴等。

① 圆柱心轴。

图 2.27(a)所示为间隙配合圆柱心轴，其定位精度不高，但装卸工件较方便；图 2.27(b)所示为过盈配合圆柱心轴，常用于对定心精度要求高的场合；图 2.27(c)所示为花键心轴，用于以花键孔为定位基准的场合。当工件孔的长径比 $L/D>1$ 时，工作部分可略带锥度。

短圆柱心轴限制工件的两个自由度，长圆柱心轴限制工件的四个自由度。

② 圆锥心轴。

图 2.28 所示为以工件上的圆锥孔在圆锥心轴上定位的情形。这类定位方式是圆锥面与圆锥面接触，要求圆锥孔和圆锥心轴的锥度相同，接触良好，因此定心精度与角向定位精度均较高，而轴向定位精度取决于工件圆锥孔和圆锥心轴的尺寸精度。圆锥心轴限制工件的五个自由度，即除绕轴线转动的自由度没被限制之外，其余自由度均已被限制。

4) 以特殊表面定位的定位元件

除了以平面和内、外圆柱表面定位外，还经常遇到以特殊表面定位的情况。

微课：以特殊表面定位的定位元件

(1) 工件以导轨面定位。

图 2.29 所示是三种燕尾形导轨定位形式。图 2.29(a)所示为镶有圆柱定位块的结构；图 2.29(b)所示为圆柱定位块位置通过修配 A、B 平面来达到较高的精度；图 2.29(c)所示为采用小斜面定位块，其结构简单。为了减小过定位的影响，工件的定位基面需要经过配合制造(或配磨)。

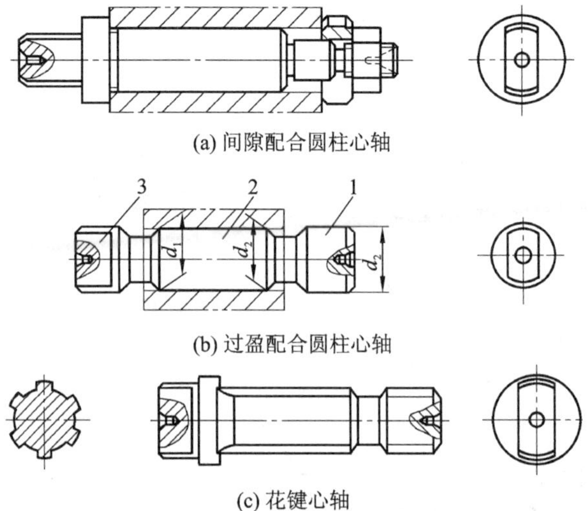

(a) 间隙配合圆柱心轴

(b) 过盈配合圆柱心轴

(c) 花键心轴

图 2.27　几种常见的圆柱心轴

1—引导部分；2—工作部分；3—传动部分

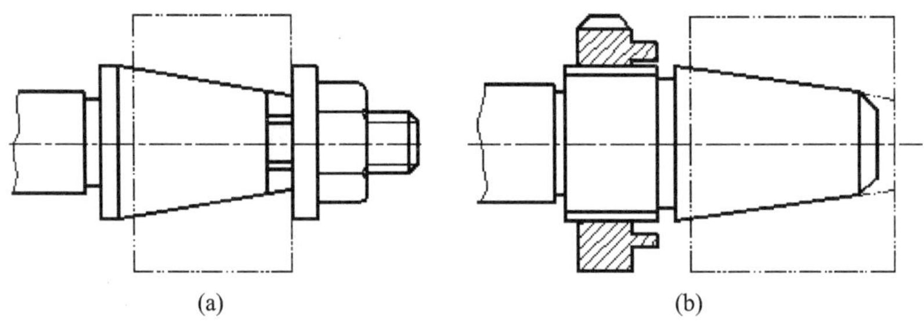

(a)　(b)

图 2.28　以工件上的圆锥孔在圆锥心轴上定位的情形

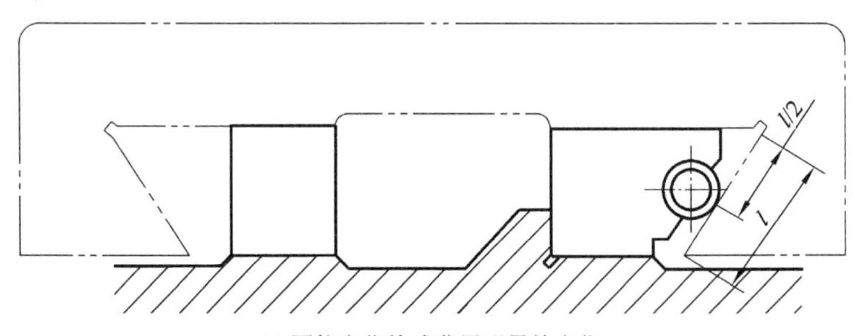

(a) 圆柱定位块式燕尾形导轨定位

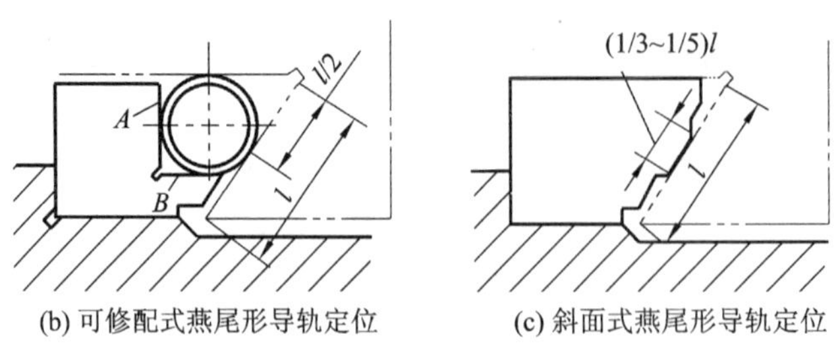

(b) 可修配式燕尾形导轨定位　(c) 斜面式燕尾形导轨定位

图 2.29　燕尾形导轨定位形式

（2）工件以齿形表面定位。

图 2.30 所示为以齿形表面定位的例子。定位元件是三个滚柱。自动定心盘 1 通过滚柱 3 对齿轮 4 进行中心定位。齿面与滚柱的最佳接触点 A,B,…均应位于分度圆上。

（3）工件以其他特殊表面定位。

如图 2.31(a)所示，心轴上有键 4，可以使工件的键槽定位，限制工件绕轴线的转动自由度。如图 2.31(b)所示，工件以螺纹孔定位，心轴体 1 上的螺纹限制工件的自由度。图 2.31(c)所示为花键心轴，用于花键孔的定位。

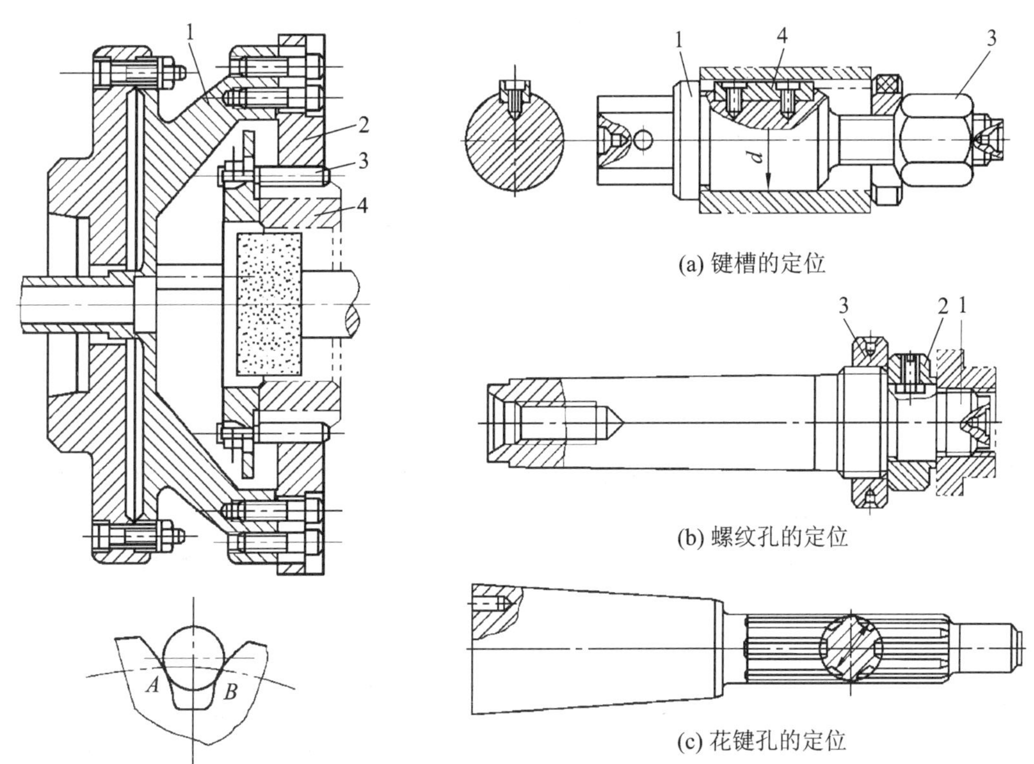

(a) 键槽的定位

(b) 螺纹孔的定位

(c) 花键孔的定位

图 2.30　以齿形表面定位

1—自动定心盘；2—卡爪；3—滚柱；4—齿轮

图 2.31　工件以其他特殊表面定位

1—心轴体；2—压环；3—夹紧螺母；4—键

5）一面两孔定位

如图 2.32 所示，要钻连杆盖上的四个定位销孔。按照加工要求，用平面 A 及直径为 $\phi 12^{+0.027}_{0}$ mm 的两个螺栓孔定位。这种“一面两孔”的定位方式常用于在成批及大量生产中加工箱体、杠杆、盖板等零件，是以工件的一个平面和两个孔构成组合面定位的。

工件的定位平面一般是加工过的精基准面，两个定位孔可以是其结构上原有的，也可以是为满足工艺需要而专门加工的定位孔。

工件以一面两孔定位时，除了相应的支承板外，用于两个定位圆孔的定位元件有以下两种。

① 两个圆柱销。

采用两个短圆柱销与两个定位圆孔配合为重复定位，沿连心线方向的自由度被重复限制。要使同一工序中的所有工件都能顺利地装卸，必须满足条件：工件的两个定位圆孔的直

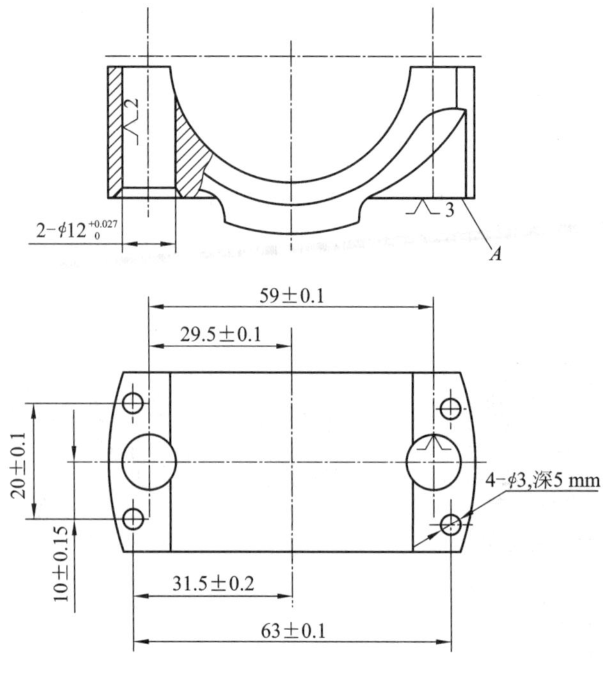

图 2.32 一面两孔定位

径最小(D_{1min}、D_{2min})，夹具的两个圆柱销的直径最大(d_{1max}、d_{2max})，孔间距最大($L+\delta_{L_D}/2$)，销间距最小($L-\delta_{L_d}/2$)；或孔间距最小($L-\delta_{L_D}/2$)，销间距最大($L+\delta_{L_d}/2$)时，D_1与d_1、D_2与d_2之间仍有最小装配间隙X_{1min}、X_{2min}，如图2.33所示。

这种方法虽然可以实现工件的顺利装卸，但增大了工件的转动误差，只能在加工要求不高时使用。

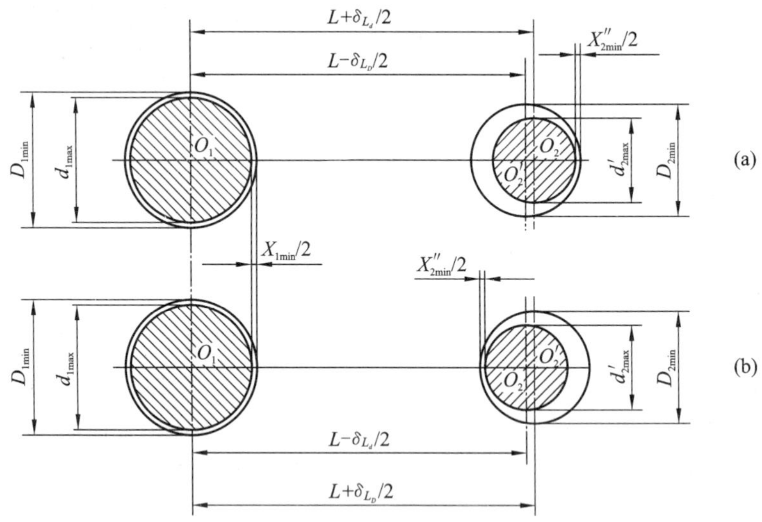

图 2.33 两个圆柱销定位时工件顺利装卸的条件

② 一圆柱销与一削边销。

如图2.34所示，不减小定位销的直径，采用定位销“削边”的方法增大连心线方向的间隙。当间隙达到$a=\frac{X'_{2min}}{2}$时，便满足了工件顺利装卸的条件。

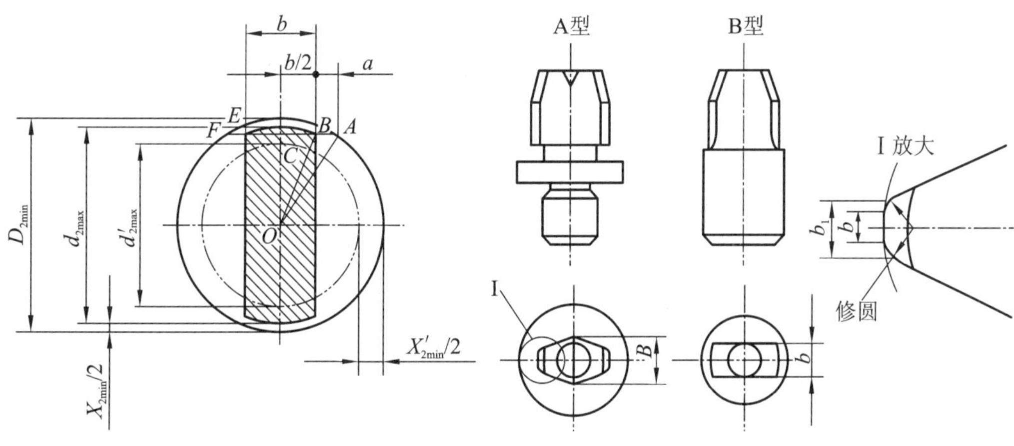

图 2.34 削边销

此方法只增大连心线方向的间隙，不增大工件的转动误差，定位精度较高。

削边销多采用菱形结构，故称为菱形销。菱形销安装时，削边方向应垂直于两销的连心线。菱形销的结构尺寸已标准化，A 型菱形销刚性好，应用广；B 型菱形销结构简单，制造容易，但刚性差。

工件以多个定位基准组合定位是很常见的。它们可以是平面、外圆柱面、内圆柱面、圆锥面等的各种组合。工件组合定位时，应注意以下问题：

a. 合理选择定位元件，实现工件的完全定位或不完全定位，不能发生欠定位、过定位。

b. 按基准重合原则选择定位基准，首先选择主要定位基准，然后确定其他定位基准。

c. 组合定位时，一些定位元件单独使用时限制沿坐标轴方向的自由度，而组合定位时则转化为限制绕坐标轴方向的自由度。

d. 从多种定位方案中选择定位元件时，应注意定位元件所限制的自由度与加工精度的关系，以满足加工要求。

五、钻床夹具的设计要点

微课：钻床夹具的类型

钻床夹具是在钻床和部分镗床上钻孔、扩孔和铰孔时使用的夹具，也叫钻模。钻模上设置有钻套和钻模板，用来引导刀具。钻模主要用来加工中等精度、尺寸较小的孔或孔系。

微课：组合定位中各定位元件限制自由度分析

1. 钻床夹具的主要类型

1）固定式钻模

图 2.35 所示为固定式钻模的结构图。这类钻模固定在钻床工作台上，在夹具体上设有专供夹紧用的凸缘。固定式钻模在立式钻床上一般用来加工单孔，在摇臂钻床上通常用来加工平行孔系。

2）回转式钻模

微课：组合定位中重复定位现象的消除方法

图 2.36 所示为回转式钻模的结构图。回转式钻模使用较多，主要用来加工工件上同一圆周方向上的平行孔系。回转式钻模的基本形式有立轴、卧轴和斜轴三种，钻套一般固定不动。

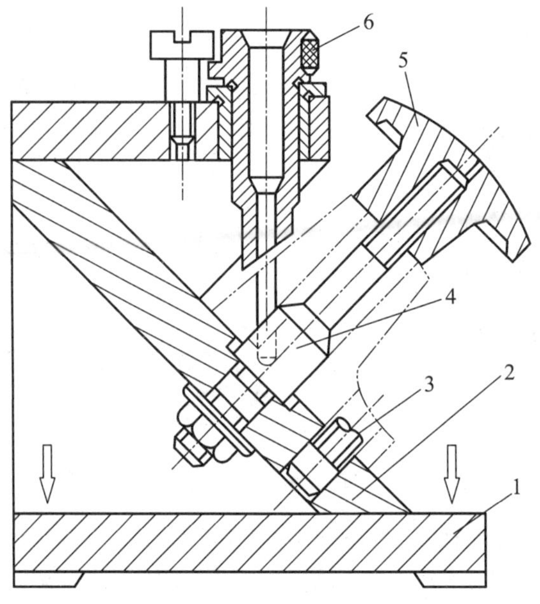

图 2.35　固定式钻模的结构图

1—夹具体；2—支承板；3—削边销；4—圆柱销；5—快夹螺母；6—快换钻套

动画：固定式钻模

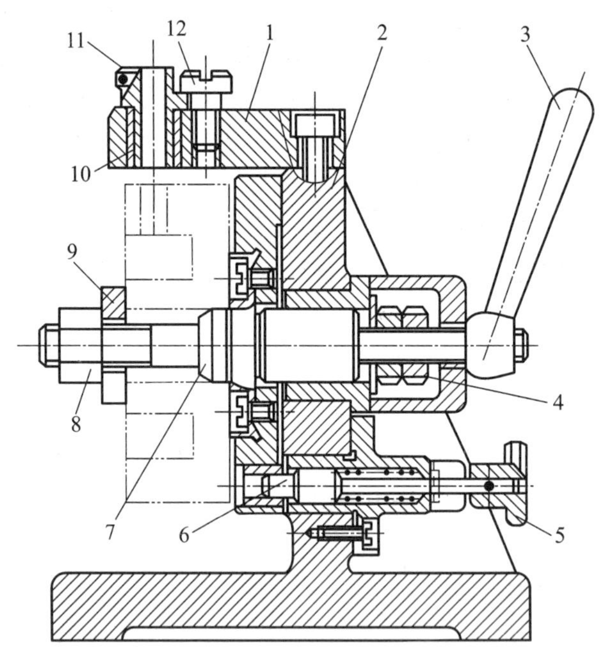

图 2.36　回转式钻模的结构图

1—钻模板；2—夹具体；3—锁紧手柄；4—锁紧螺母；5—手柄；6—对定销；7—对位心轴；8—螺母；9—开口垫圈；10—衬套；11—钻套；12—紧定螺钉

动画：回转式钻模

3）翻转式钻模

图 2.37 所示为翻转式钻模的结构图。翻转式钻模没有转轴和分度装置，在使用过程中需要手动翻转夹具，因此，钻模连同工件的总重量不宜超过 10 kg。翻转式钻模主要用来加工小型工件上分布在不同表面上的孔。

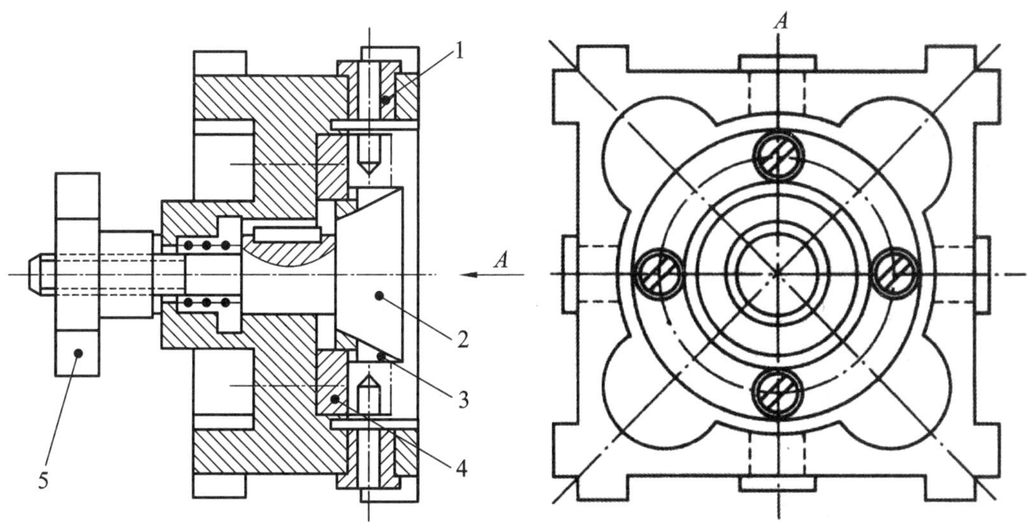

图 2.37 翻转式钻模的结构图

1—钻套;2—倒锥螺栓;3—弹簧胀套;4—支承板;5—螺母

4) 盖板式钻模

图 2.38 所示为盖板式钻模的结构图。盖板式钻模没有夹具体,是一块钻模板,其特点是定位元件、夹紧元件和钻套均设在钻模板上,钻模板在工件上装夹。盖板式钻模主要用来加工床身、箱体等大型工件上的小孔,也用来钻中小型工件上的孔。

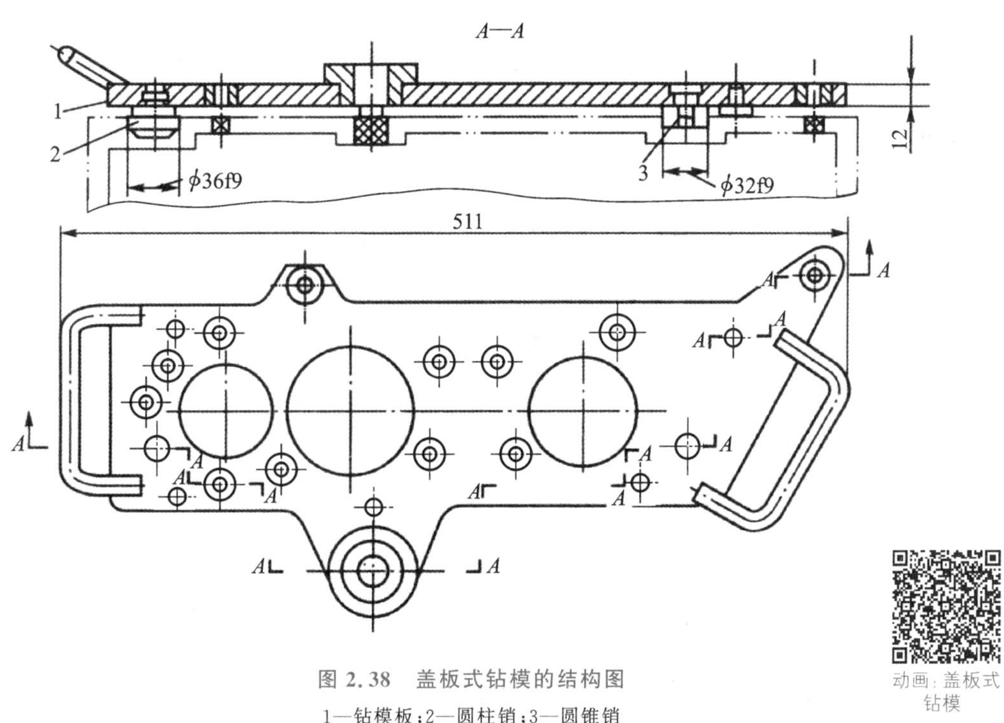

图 2.38 盖板式钻模的结构图

1—钻模板;2—圆柱销;3—圆锥销

动画:盖板式钻模

盖板式钻模结构简单,制造方便,加工孔的位置精度高,故应用广泛。

5）滑柱式钻模

滑柱式钻模是一种带有升降钻模板的通用可调整夹具。它由夹具体、滑柱、钻模板和锁紧机构等组成，其结构已标准化。图2.39所示为滑柱式钻模的结构图。

滑柱式钻模结构简单、制造容易、操作方便、通用性好，能简化设计和缩短制造周期，但精度不高，适用于钻、铰中等精度的孔或孔系。

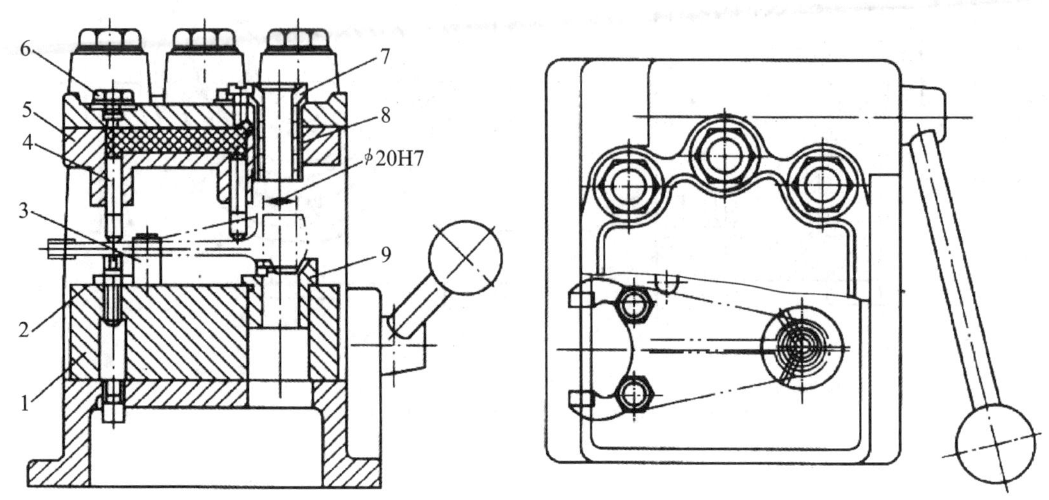

图2.39　滑柱式钻模的结构图

1—底座；2—可调支承；3—挡销；4—压柱；5—压柱体；6—螺栓；7—钻套；8—衬套；9—定位锥套

2. 钻模类型的选择

微课：钻模板设计

钻模类型很多，在设计钻模时，首先要根据工件的形状、尺寸、重量和加工要求，并考虑生产批量、工厂工艺装备的技术状况等具体条件，选择钻模的类型和结构。在选型时要注意以下几点：

（1）工件被加工孔径大于10 mm时，钻模应固定在工作台上（特别是钢件），因此其夹具体上应有专供夹压用的凸缘或凸台。

（2）当工件上被加工的孔处于同一回转半径上，且夹具的总重量超过100 N时，应采用具有分度装置的回转式钻模，如能与通用回转台配合使用则更好。

（3）当在一般的中型工件的某一平面上加工若干个任意分布的平行孔系时，宜采用固定式钻模在摇臂钻床上加工；大型工件则可采用盖板式钻模在摇臂钻床上加工；如生产批量较大，则可在立式钻床或组合机床上采用多轴传动头加工。

（4）对于孔的垂直度允许误差大于0.1 mm和孔距位置允许误差大于±0.15 mm的中小型工件，宜优先采用滑柱式钻模，以缩短夹具的设计制造周期。

3. 钻套的结构和设计

微课：钻套的设计

1）钻套的结构

钻套是钻床夹具所特有的元件。钻套用来引导钻头、扩孔钻、铰刀等加工孔的刀具，增加刀具的刚度，并保证所加工的孔和工件其他表面准确的相对位置。用钻套比不用钻套可以平均减小50%的孔径误差。因此，钻套的选用和设计不仅影响工件的质量，而且影响生产率。钻套的结构、尺寸已标准化。

钻套按其结构和使用特点可分为以下四种类型。

(1) 固定钻套。

动画：钻套

如图 2.40(a)、图 2.40(b)所示，钻套外圆以 H7/r6 或 H7/n6 配合压入钻模板或夹具体孔中。A 型固定钻套制造简单，B 型固定钻套的端面可用作刀具进刀时的定程挡块。固定钻套磨损到一定限度(平均寿命为 10 000～15 000 次)时必须更换，即将钻套压出，重新修正座孔，再配换新钻套。所以，固定钻套适用于中小批量生产的夹具，它能保证较高的孔距精度，特别是加工孔距小的孔。

(2) 可换钻套。

如图 2.40(c)所示，这种钻套以 H6/g5 或 H7/g6 配合装入衬套内，并用螺钉固定，以防止工作时随刀具转动或被切屑顶出。更换这种钻套时要卸下螺钉，无须重新修正座孔。为了避免钻模板的磨损，可换钻套与钻模板按 H7/r6 或 H7/n6 配合装入衬套。可换钻套可以用于大批量生产，它的实际功用和固定钻套的一样，仅供单纯钻孔的工序使用。

(3) 快换钻套。

如图 2.40(d)所示，当被加工的孔需依次进行钻、扩、铰时，由于刀具直径逐渐增大，应使用外径相同而内径不同的钻套来引导刀具，这时使用快换钻套可减少更换钻套的时间。快换钻套与衬套的配合采用 H7/g6 或 H6/g5 配合。快换钻套除在其凸缘上有用于夹紧钻套螺钉的肩台外，还有一个削边。当更换快换钻套时，不需要拧下钻套螺钉，只要将快换钻套朝逆时针方向转过一个角度，使其削边正对钻套螺钉头部，即可取出钻套。削边的方向应考虑刀具的旋转方向，以免钻套自动脱出。

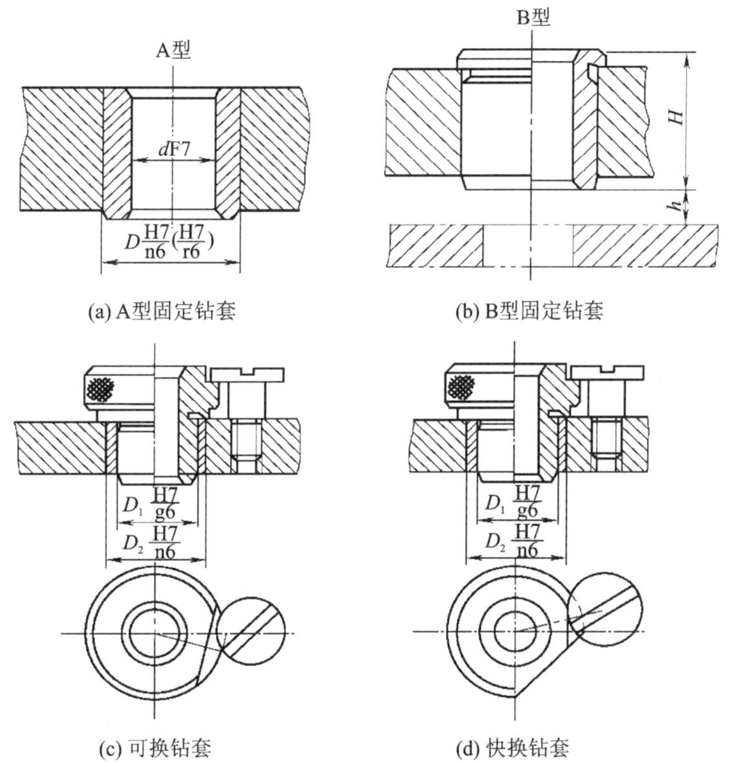

(a) A型固定钻套　(b) B型固定钻套

(c) 可换钻套　(d) 快换钻套

图 2.40　标准钻套

（4）特种钻套。

由于工件结构、形状和被加工孔的位置的特殊性，当上述标准钻套不能满足使用要求时，则需要设计特殊结构的钻套。图2.41所示为几种特种钻套。

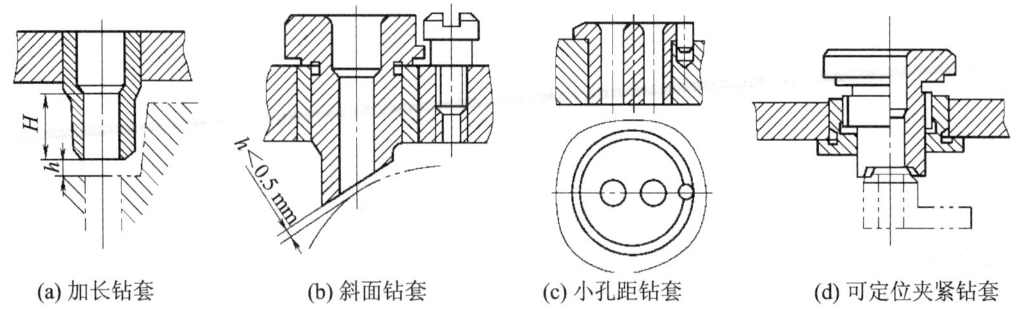

(a) 加长钻套　(b) 斜面钻套　(c) 小孔距钻套　(d) 可定位夹紧钻套

图2.41　特种钻套

图2.41(a)所示的加长钻套（H为钻套导向长度），在凹面上钻孔时使用。

图2.41(b)所示的斜面钻套，在斜面或圆弧面上钻孔时使用，钻套应尽量接近加工表面，并使其与加工表面的形状相吻合。如果钻套较长，可将钻套孔上部的直径增大（一般取0.1 mm），以减小导向长度。

图2.41(c)所示为钻两个距离很近的孔时所使用的非标准钻套。

图2.41(d)所示为兼有定位与夹紧功能的钻套，钻套与衬套之间的一段为圆柱间隙配合，一段为螺纹连接，钻套下端为内锥面，具有定位工件、夹紧工件和引导刀具三种功能。

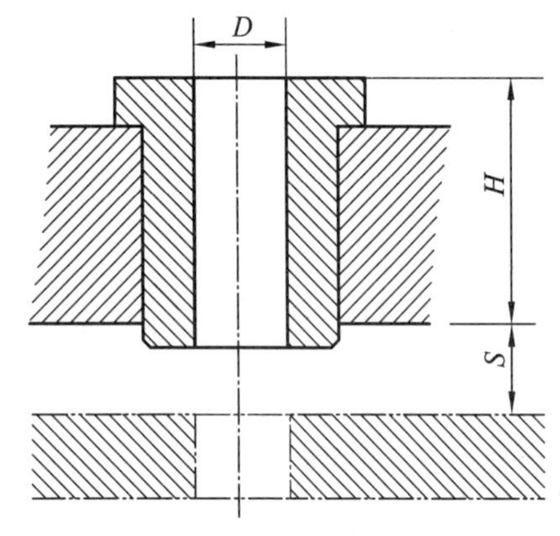

图2.42　钻套的内径、高度

2）钻套的设计

无论哪种钻套，设计时需要确定钻套的内径、高度（与刀具接触的长度），以及钻套底面至加工孔顶面的距离，如图2.42所示。

（1）钻套的尺寸及公差与配合的选择。

① 钻套内径的基本尺寸D，应等于所引导刀具的最大极限尺寸。

② 因为钻头、扩孔钻、铰刀都是标准的定尺寸刀具，所以钻套内径应根据刀具尺寸按基轴制选定。

③ 钻套内径与刀具之间应保证一定的配合间隙，以防止刀具使用时发生卡住或咬死现象。一般根据所用刀具和工件的加工精度要求选取钻套孔的公差。钻孔和扩孔时宜选用F7，粗铰时宜选用G7，精铰时常用G6。如果钻套引导的不是刀具的切削部分，而是刀具的导柱部分，其配合可按基孔制选取，如H7/f7、H7/g6、H6/g5等。

④ 当采用标准铰刀加工H7（或H9）孔时，不必按刀具最大极限尺寸计算，可直接按被加工孔的基本尺寸选取F7（或E7）作为钻套孔的基本尺寸与公差，以改善导向精度。

⑤ 由于标准钻头的最大极限尺寸都是被加工孔的基本尺寸，故使用标准钻头时的钻套孔，就只需按加工孔的基本尺寸取公差为F7即可。

（2）钻套的高度H。

钻套的高度H对防止刀具偏斜有很大作用，但钻套过长，其磨损严重。因此，需要根据孔距精度、工件材料、孔的深度、工件表面形状和刀具的刚度等因素来决定钻套的高度，一般常按公式 $H=(1\sim3)D$ 选取。当在斜面上钻孔或加工切向孔时，钻套的高度宜按公式 $H=(4\sim6)D$ 选取。

(3) 钻套底面到工件孔端面的空隙 S。

钻套与工件间应留有适当的空隙 S，其作用主要是便于排屑，同时可防止被加工孔口产生毛刺而妨碍工件的装卸。S 的大小要根据工件材料和被加工孔的位置精度要求而定，其原则是引偏要小，又要便于排屑。一般在加工铸铁时可取 $S=(0.3\sim0.7)D$，加工钢时可取 $S=(0.7\sim1.5)D$。工件材料的硬度大，系数应取小值；钻孔直径小，系数应取大值。当在斜面上钻孔时，宜按 $S=(0\sim0.2)D$ 取值。当被加工孔的位置精度要求高时，可以不留空隙，使 $S=0$。这样一来，刀具的引导性良好，但钻套磨损严重。

(4) 钻套的材料。

上述各种钻套都直接与刀具接触，所以必须具有高的硬度和耐磨性。钻套的材料一般用 T10A、T12A、CrMn 或 20 钢经渗碳淬火处理。CrMn 钢常用来制造 $D\leqslant10$ mm 的钻套，而大直径($D>25$ mm)的钻套，常采用 20 钢经渗碳淬火处理。钻套经过热处理后，要求硬度在 60 HR 以上。由于钻套孔及内、外圆的同轴度要求都很高，因此钻套经过热处理后，需要进行轮磨或研磨。

4. 钻模板的类型和设计

微课：钻模板设计

1) 钻模板的类型

钻模板通常装配在夹具体或支架上，或与夹具体上的其他元件相连接。常见的钻模板有以下几种类型。

(1) 固定式钻模板。

直接固定在夹具体上的钻模板称为固定式钻模板，故钻套相对于夹具体也是固定的，钻孔精度较高。但是这种结构对于某些工件而言，装拆不太方便。该钻模板与夹具体多采用圆锥销定位、螺钉紧固的结构。对于简单的钻模，也可采用整体铸造或焊接结构，如图 2.43 所示。

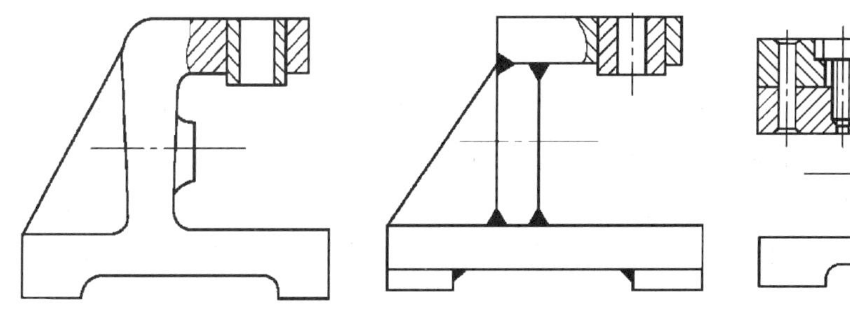

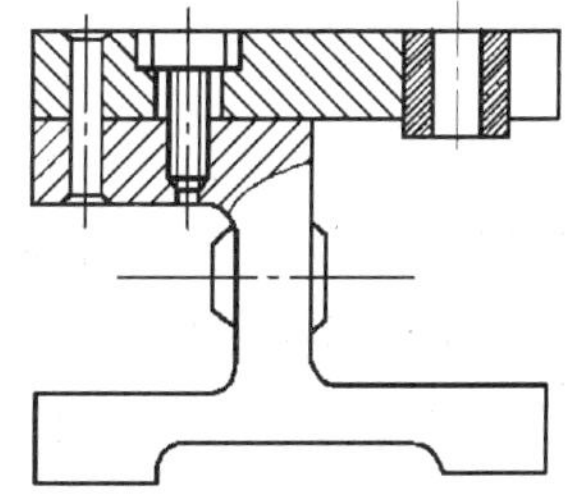

(a) 钻模板和夹具体铸成一体　(b) 钻模板和夹具体焊接成一体　(c) 用螺钉和销钉连接

图 2.43　固定式钻模板

(2) 可卸式钻模板。

如图 2.44 所示，这种钻模板与夹具体是分离的，为一个独立部分，且钻模板对工件有定位要求。工件在夹具体中每装卸一次，钻模板也要装卸一次。这种钻模板的钻孔精度较高，但装卸工件的时间较长，因而效率较低。

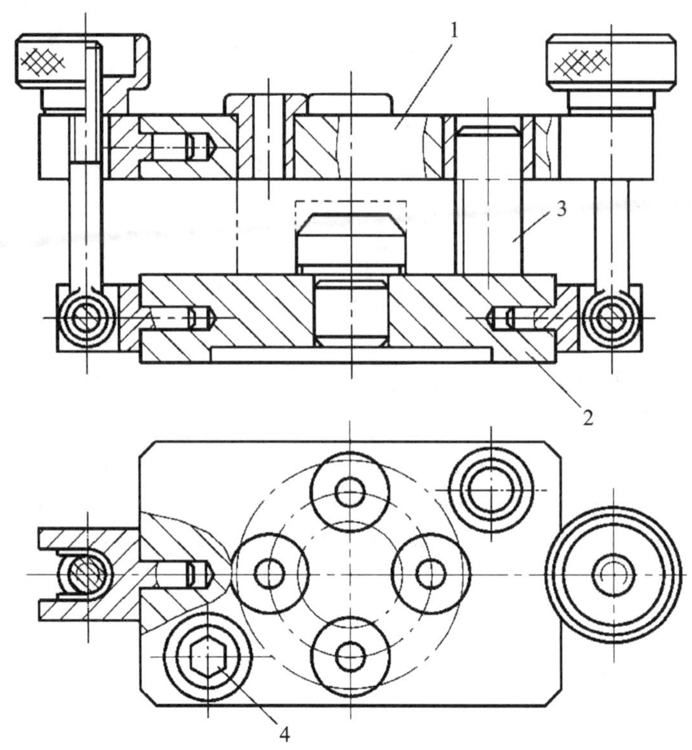

图 2.44　可卸式钻模板

1—钻模板；2—夹具体；3—圆柱销；4—菱形销

(3) 铰链式钻模板。

如图 2.45 所示，这种钻模板是通过铰链与夹具体或固定支架连接在一起的，钻模板可绕铰链轴翻转。铰链轴和钻模板上相应孔的配合为基轴制间隙配合(G7/h6)，铰链轴和支座孔的配合为基轴制过盈配合(N7/h6)，钻模板和支座两侧面间的配合则为基孔制间隙配合(H7/g6)。当钻孔的位置精度要求较高时，应予以配制，并将钻模板与支座侧面间的配合间隙控制在 0.01～0.02 mm 之内，同时还要注意使钻模板工作时处于正确位置。图 2.46 所示为使铰链式钻模板保持水平的几种常用结构，设计时可根据情况选用。

这种钻模板常采用蝶形螺母锁紧，装卸工件比较方便，对于钻孔后还需要进行锪平面、攻丝等工序的工件尤为适宜。但该钻模板可达到的位置精度较低，结构也较复杂。

(4) 悬挂式钻模板。

如图 2.47 所示，这种钻模板悬挂在机床主轴或主轴箱上，随主轴的往复移动而靠紧工件或离开，它多与组合机床或多头传动轴联合使用。钻模板 2 由锥端紧定螺钉将其固定在导向滑柱 4 上，导向滑柱 4 的上部伸入多轴传动头 5 的座架孔中，从而将钻模板 2 悬挂起来；导向滑柱 4 的下部则伸入夹具体 1 的导孔中，使钻模板 2 准确定位。当多轴传动头 5 向下移动进行加工时，依靠弹簧 3 压缩时产生的压力使钻模板 2 向下靠紧工件。加工完毕后，多轴传动头 5 上升，从而退出钻头，并提起钻模板 2 至原始位置。

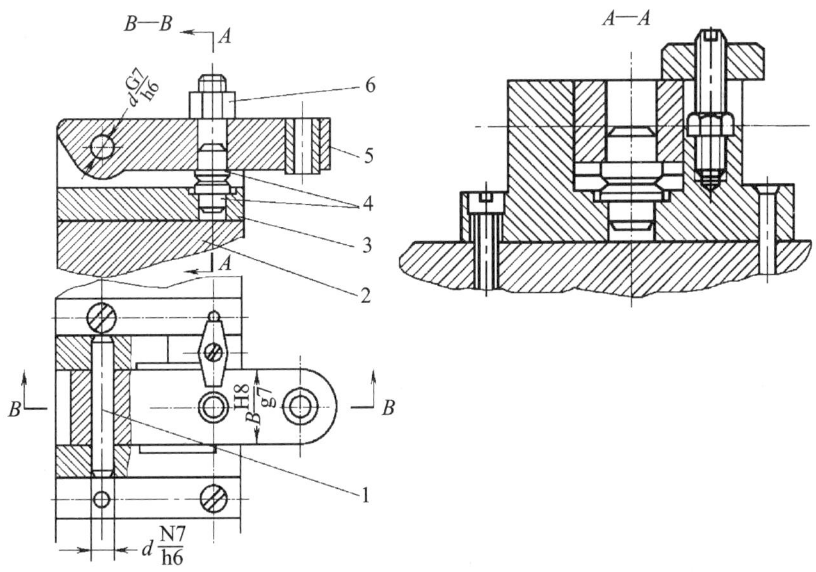

图 2.45 铰链式钻模板

1—铰链销；2—夹具体；3—铰链座；4—支承钉；5—钻模板；6—菱形销

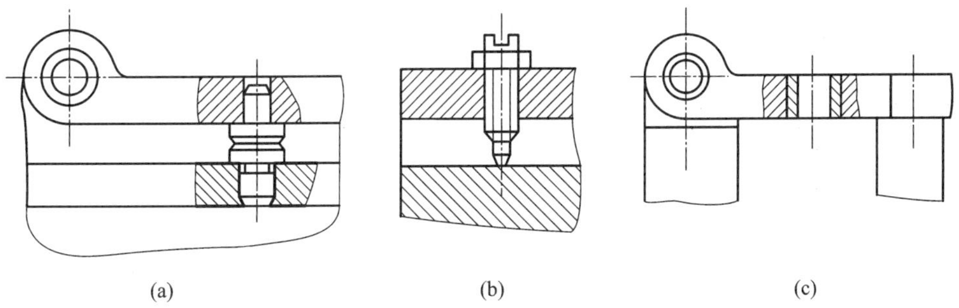

图 2.46 使铰链式钻模板保持水平的几种结构

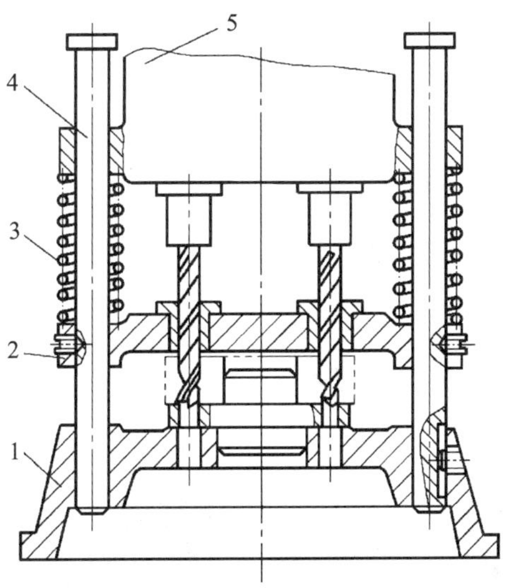

图 2.47 悬挂式钻模板

1—夹具体；2—钻模板；3—弹簧；4—导向滑柱；5—多轴传动头

2）钻模板的设计要点

在设计钻模板时，主要根据工件的外形大小、加工部位、结构特点、生产规模及机床类型等因素而定，要求所设计的钻模板结构简单、使用方便、制造容易，并注意以下几点。

① 在保证钻模板有足够刚度的前提下，尽量减轻其重量。在生产中，钻模板的厚度往往按钻套的高度来确定，一般为10～30 mm。如果钻套较长，可将钻模板局部加厚。此外，钻模板一般不宜承受夹紧力。

② 钻模板上安装钻套的底孔与定位元件间的位置精度直接影响工件孔的位置精度，因此至关重要。在上述各种钻模板中，固定式钻模板钻套底孔的位置精度最高，而悬挂式钻模板钻套底孔的位置精度最低。

③ 焊接结构的钻模板往往因焊接内应力不能彻底消除而不易保持精度，一般当工件孔距公差大于±0.1 mm时方可采用。当孔距公差小于±0.05 mm时，应采用装配式钻模板。

④ 要保证加工过程的稳定性。如用悬挂式钻模板，则其导柱上的弹簧力必须足够大，以使钻模板在夹具体上能维持所需的定位压力。当钻模板本身的重量超过800 N时，导柱上可不装弹簧。为保证钻模板移动平稳和工作可靠，当钻模板处于原始位置时，装在导柱上经过预压的弹簧的长度一般应不小于工作行程的3倍，其预压力不小于150 N。

3）钻模支脚的设计

为减小夹具底面与机床工作台的接触面积，使夹具放置平稳，一般在相对于钻头送进方向的夹具体上设置支脚（如翻转式钻模、移动式钻模等）。钻模支脚的结构形式如图2.48所示。

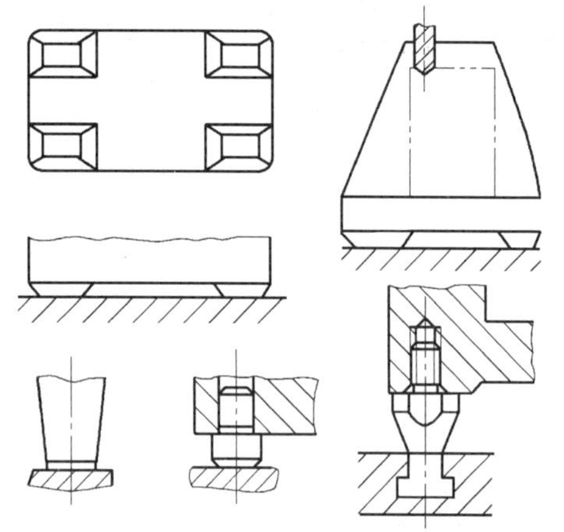

图2.48　钻模支脚的结构形式

根据需要，支脚的断面可采用矩形或圆柱形，支脚可与夹具体做成一体，也可做成装配式的，但要注意以下几点：①支脚必须有四个，因为有四个支脚能立即发现夹具是否放置平稳；②矩形支脚的宽度或圆柱支脚的直径必须大于机床工作台T形槽的宽度，以免支脚陷入槽中；③夹具的重心、钻削压力必须落在四个支脚所形成的支承面内；④钻套轴线应与支脚所形成的支承面垂直或平行，以使钻头能正常工作，防止其折断，同时能保证被加工孔的位置精度。

装配式支脚已标准化，标准中规定了螺纹规格为M4～M20的低支脚（JB/T 8028.1—1999）以及螺纹规格为M8～M20的高支脚（JB/T 8028.2—1999）。

动画：铰链式钻模

动画：分度式钻模

动画：固定钻套

动画：固定钻套A

动画：滑柱式钻模1

动画：加长快换钻套

动画：可换钻套

动画：快换钻套

动画：钻床夹具1

动画：钻床夹具2

动画：钻床夹具3

动画：钻模板可卸的盖式钻模

2-2 任务相关实践知识

一、工序详解

(1) 工序图。

(2) 工序的加工装夹位置。

二、夹具设计方案

(1) 定位方案及定位元件。

以工件的外圆柱表面在长V形块上定位,限制除轴向移动和轴向转动以外的四个自由度,端部用可调螺钉来限制工件的轴向移动自由度,这样共限制工件的五个自由度,实现工件的定位。

(2) 夹紧方案及夹紧元件。

采用螺旋压紧机构,用螺钉端部的活动压块将工件压紧。

(3) 对刀导向装置的设计。

(4) 夹具与机床的对定。

课程思政案例

2-3 拓展性知识

一、现代机床夹具的发展方向

随着科学技术的进步和生产的发展,国民经济各部门要求机械工业不断提供先进的技术装备和研制新的产品品种,这就促使机械工业的生产形式发生了显著变化,产品更新换代的周期缩短,品种规格增多,多品种小批量生产类型比重增大。许多工业发达国家的统计资料表明,在现代工业中,约有80%的企业属于多品种小批量生产类型。同时,对机械产品的质量和精度的要求越来越高,数控机床和柔性制造系统的应用越来越广泛,机床夹具的计算机辅助设计(CAD)也日趋成熟。因此,以专用夹具为主的传统生产方式,就远远不能适应当前机械工业所面临的新形势。这就提出了多品种小批量生产的夹具设计和研究的课题。

1) 推行机床夹具的标准化、系列化和通用化

提高机床夹具的"三化"程度,将机床夹具零部件的单件生产转变为专业化批量生产,可以提高机床夹具的质量和精度,大大缩短产品的生产周期并降低生产成本,使之适应现代制造业的需要,同时有利于实现机床夹具的计算机辅助设计。

2) 发展可调夹具

在多品种小批量生产中,可调夹具(通用可调和成组夹具)具有明显优势。它们可用于同一类型的多种工件的加工,具有良好的通用性,可缩短生产周期,大大减少专用夹具的数量,降低生产成本。在现代生产中,这类夹具已逐步得到广泛应用。

3) 提高机床夹具的精度

对机械产品精度要求的提高以及高精度机床和数控机床的使用,促进了高精度机床夹具的发展。例如：车床上的精密卡盘的圆跳动在 ϕ0.01～ϕ0.05 mm 范围内；采用高精度的球头顶尖加工轴，圆跳动可小于 ϕ0.01 μm；高精度端齿分度盘的分度精度可达±0.1″；孔系组合夹具基础板上的孔距公差可达几微米等。

4）提高机床夹具的高效化和自动化水平

为实现机械加工过程的自动化，在生产流水线、自动线上需配置随行夹具，在数控机床、加工中心等柔性制造系统中也需配置高效自动化夹具。这类夹具常装有自动上、下料机构及独立的自动夹紧单元，大大提高了工件装夹的效率。

二、现代机床夹具的种类

1. 可调夹具

可调夹具分为通用可调夹具和专用可调夹具（成组夹具）两类。这两类夹具都是根据加工对象在工艺和尺寸上的相似性对零件进行分类编组而设计的。它们的结构一般由两部分组成：一是基本部分，包括夹具体、夹紧传动装置和操纵机构等，约占整个夹具的 80%；二是可更换调整部分，包括某些定位、夹紧和导向元件等，这部分随加工对象的不同而调整更换。

由于可调夹具有很强的适应性和良好的继承性，因此使用可调夹具可以大大减少专用夹具的数量，缩短生产准备时间和降低成本。

1）通用可调夹具

通用可调夹具的使用对象较广，其基本部分通常采用标准件，可更换调整部分的结构应有较大的适应性，以满足一定类型的形状和尺寸范围的零件的加工。如虎钳和滑柱式钻模等都属于通用可调夹具，如图 2.49 所示。

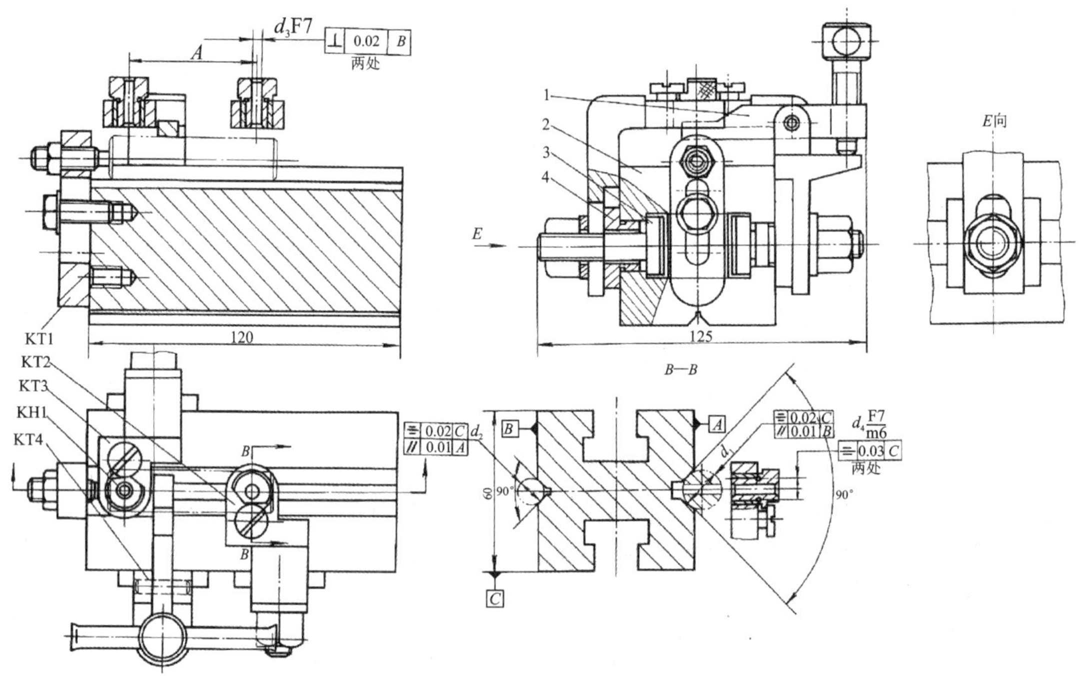

图 2.49 在轴类零件上钻径向孔时使用的通用可调夹具

1—杠杆压板；2—夹具体；3—T 形螺栓；4—十字滑块；KH1—快换钻套；KT1—支承板；KT2，KT3—可调钻模板；KT4—压板座

2）成组夹具

成组夹具是为执行成组工艺而专为一组零件的某道工序设计的可调夹具。成组夹具要适应零件组内所有零件在某道工序的加工。

图 2.50(a)所示为成组钻床夹具图，图 2.50(b)所示为成组零件的工序简图。

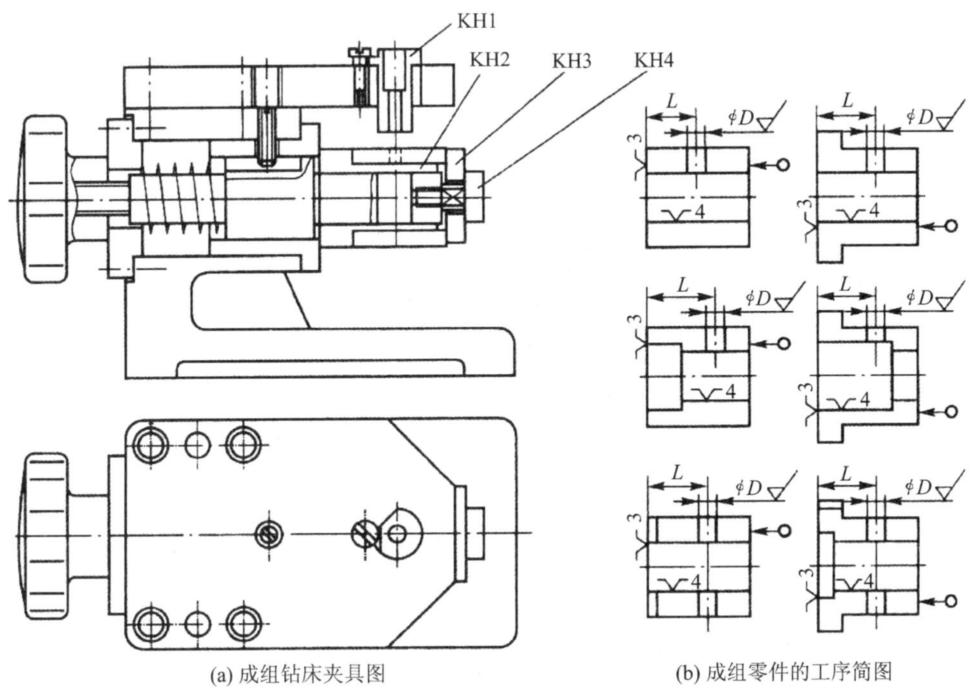

(a) 成组钻床夹具图　　(b) 成组零件的工序简图

图 2.50　成组夹具

2. 组合夹具

组合夹具是根据被加工零件的工艺要求，利用标准元件组合而成的夹具。组合夹具一般是为某一工件的某道工序组装的专用夹具，也可以组装成通用可调夹具或成组夹具。组合夹具适用于各类机床，以钻床和车床夹具居多。

1）组合夹具的特点

(1) 灵活性和万能性强，可组装成具有各种不同用途的专用夹具。

(2) 大大缩短了生产准备周期，组装一套中等复杂程度的组合夹具只需几小时。

(3) 减少了专用夹具设计和制造的工作量，减少了材料消耗量。

(4) 减小了专用夹具的库存面积，改善了夹具的管理工作。

(5) 组合夹具体积大、笨重、一次性投资大。

2）组合夹具的类型

目前使用的组合夹具有两种基本类型：槽系组合夹具和孔系组合夹具。槽系组合夹具元件依靠键和 T 形槽定位，孔系组合夹具元件通过孔和销实现定位。

(1) 槽系组合夹具。

我国主要采用槽系组合夹具。槽系组合夹具分为大、中、小三种规格，其主要参数可参考相关资料和手册。图 2.51 所示为槽系组合夹具元件分解图，表 2.3 所示为槽系组合夹具的主要结构参数。

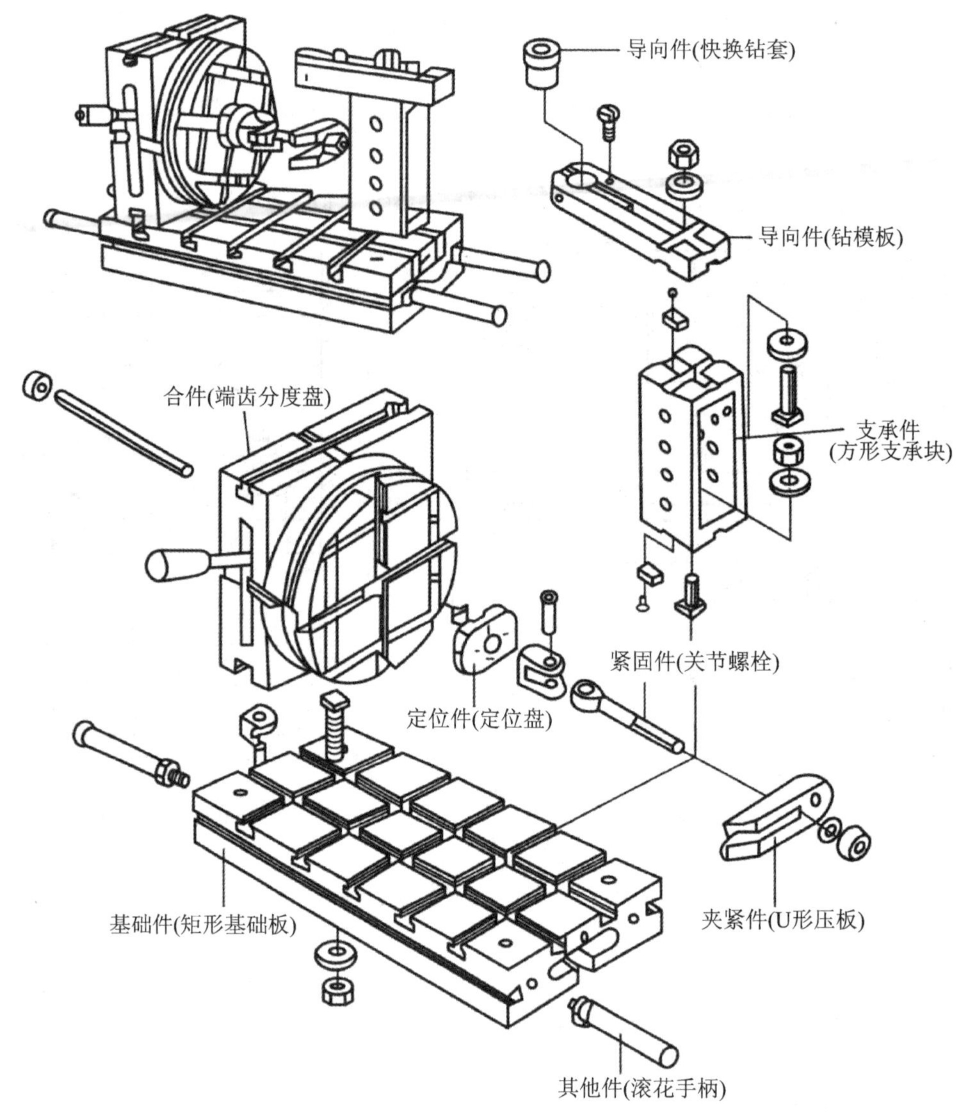

图 2.51　槽系组合夹具元件分解图

表 2.3　槽系组合夹具的主要结构参数

规格	槽宽/mm	槽距/mm	连接螺栓/(mm×mm)	键用螺钉/mm	支承件截面积/mm²	最大载荷/N	工件最大尺寸/(mm×mm×mm)
大型	$16^{+0.08}_{0}$	75±0.01	M16×1.5	M5	75×75 90×90	200 000	2500×2500×1000
中型	$12^{+0.08}_{0}$	60±0.01	M12×1.5	M5	60×60	100 000	1500×1000×500
小型	$8^{+0.015}_{0}$ $6^{+0.015}_{0}$	30±0.01	M8 M6	M3 M3、M2.5	30×30 22.5×22.5	50 000	500×250×250

组合夹具的元件按使用性能分为八大类，如表 2.4 所示。

表 2.4　组合夹具的元件

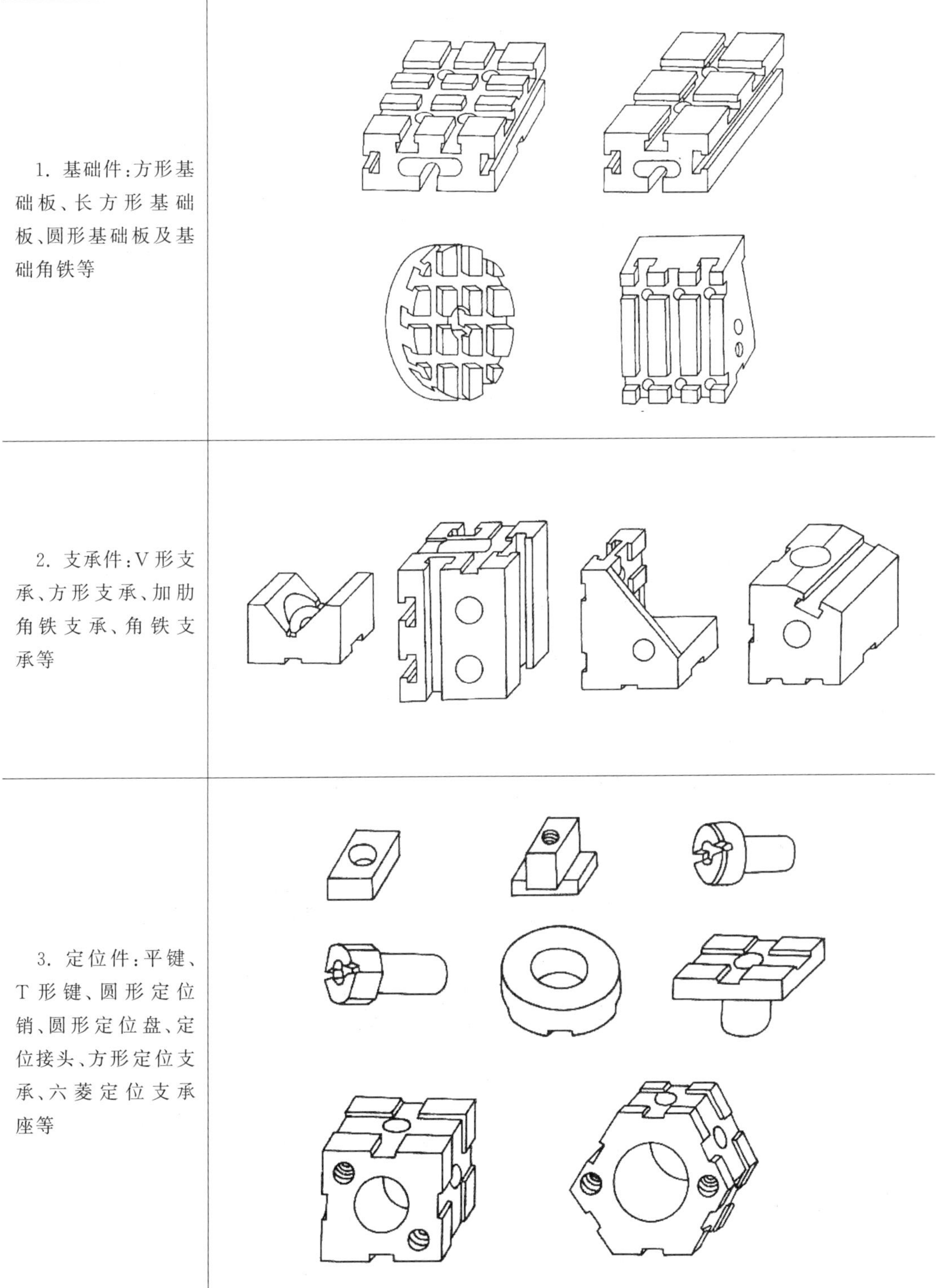

1. 基础件：方形基础板、长方形基础板、圆形基础板及基础角铁等	
2. 支承件：V 形支承、方形支承、加肋角铁支承、角铁支承等	
3. 定位件：平键、T 形键、圆形定位销、圆形定位盘、定位接头、方形定位支承、六菱定位支承座等	

续表

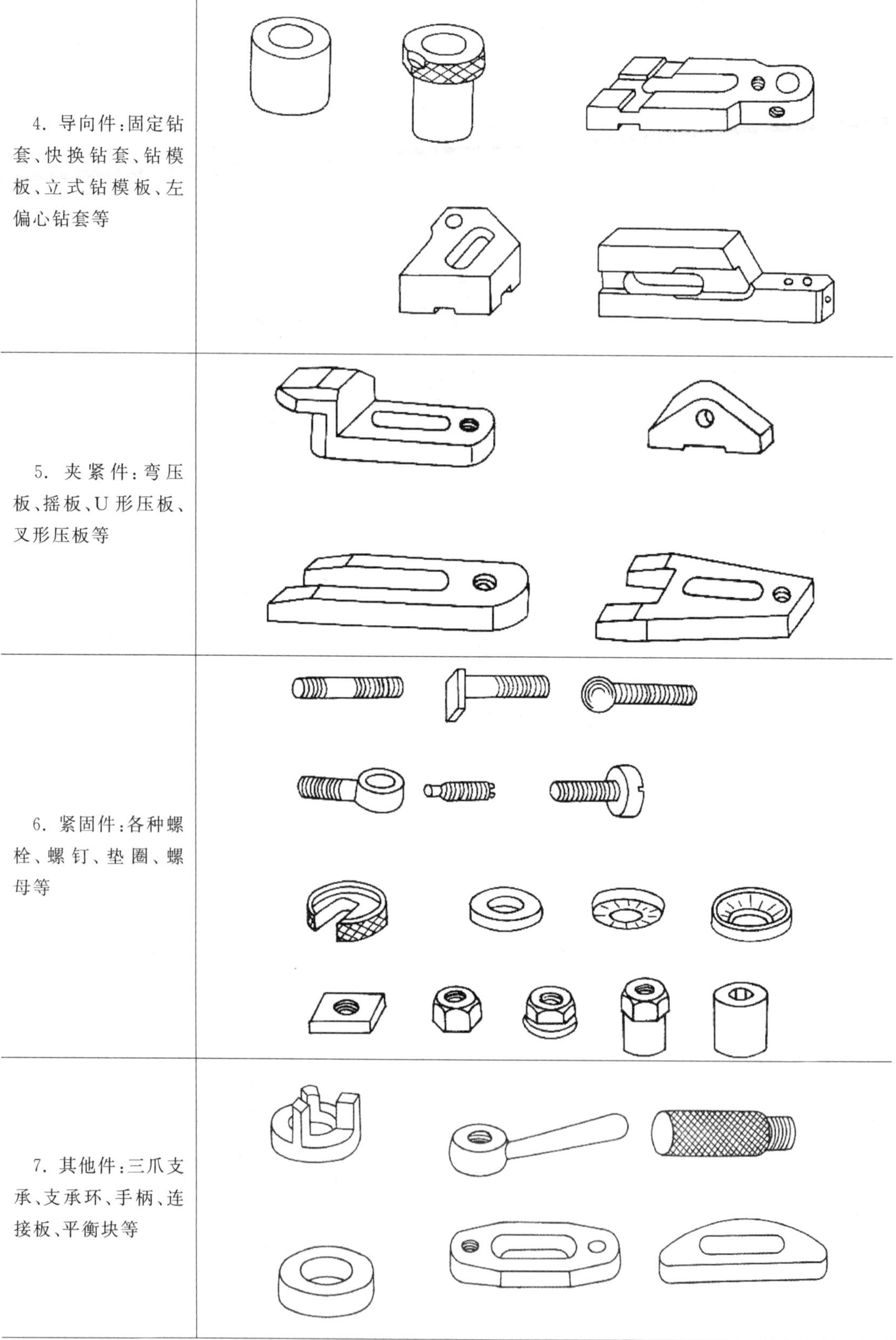

类别
4. 导向件：固定钻套、快换钻套、钻模板、立式钻模板、左偏心钻套等
5. 夹紧件：弯压板、摇板、U形压板、叉形压板等
6. 紧固件：各种螺栓、螺钉、垫圈、螺母等
7. 其他件：三爪支承、支承环、手柄、连接板、平衡块等

续表

8. 合件：尾座、可调 V 形块、折合板、回转支架等	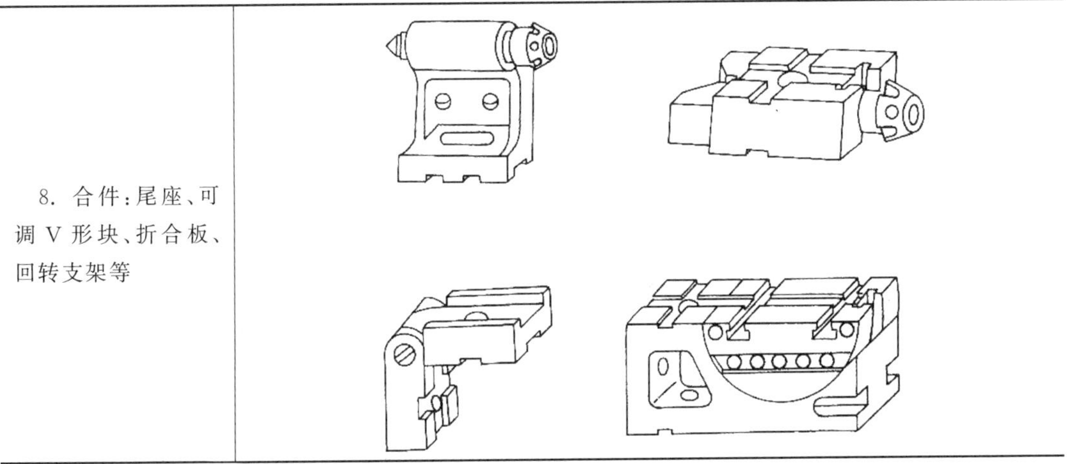

① 基础件。

基础件可作为组合夹具的夹具体。图 2.51 中的基础件为矩形基础板。

② 支承件。

支承件是组合夹具中的骨架元件，数量最多，应用最广。它可作为各元件间的连接件，又可作为大型工件的定位件。图 2.51 中的支承件用于连接钻模板与基础板，保证钻模板的位置和高度。

③ 定位件。

定位件用于工件的定位及元件之间的定位。图 2.51 中的定位件为定位盘，用于工件的定位；钻模板与支承件之间的平键、合件与基础件之间的 T 形键，均用于元件之间的定位。

④ 导向件。

导向件用于确定刀具与夹具的相对位置，起引导刀具的作用。图 2.51 中的导向件为快换钻套。

⑤ 夹紧件。

夹紧件用于夹紧工件，也可用作垫板和挡板。图 2.51 中的夹紧件为 U 形压板。

⑥ 紧固件。

紧固件用于紧固组合夹具中的各元件及被加工工件。图 2.51 中的紧固件为关节螺栓，用于紧固工件，且各元件之间均由紧固件紧固。

⑦ 其他件。

其他件指上述六种元件之外的各种辅助元件。图 2.51 中的其他件为滚花手柄。

⑧ 合件。

合件是由若干零件组合而成，在组装过程中不拆散使用的独立部件。使用合件可以扩大组合夹具的使用范围，加快组装速度，减小夹具体积。图 2.51 中的合件为端齿分度盘。

(2) 孔系组合夹具。

德国、美国、英国和俄罗斯等国采用孔系组合夹具。图 2.52 所示为孔系组合夹具元件分解图。

3. 数控机床夹具

随着数控机床的应用越来越广泛，数控机床夹具必须适应数控机床的高精度、高效率、多方向同时加工、数字程序控制及单件小批量生产等特点。数控机床夹具主要采用可调夹

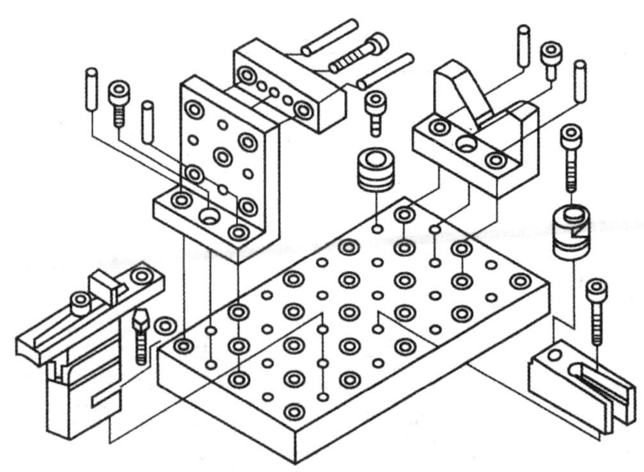

图 2.52　孔系组合夹具元件分解图

具、组合夹具、拼装夹具和数控夹具。

拼装夹具是在成组工艺的基础上，由标准化和系列化的夹具零部件拼装而成的夹具，它有组合夹具的优点，比组合夹具具有更好的精度和刚性、更小的体积和更高的效率，较符合柔性加工的要求，常用作数控机床夹具，如图 2.53 所示。

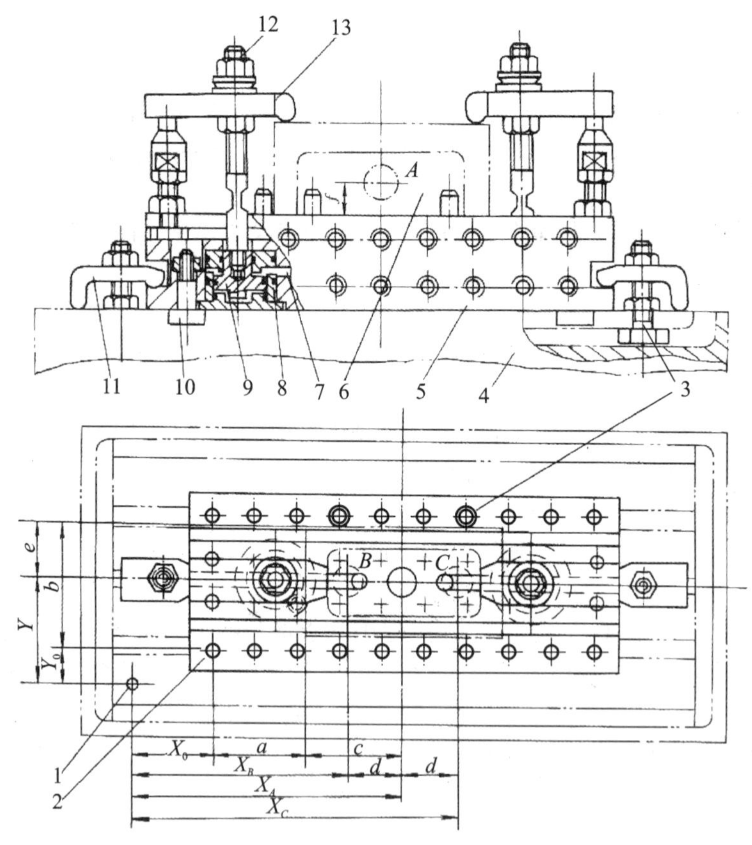

图 2.53　数控机床夹具

1,2—定位孔；3—定位销孔；4—数控机床工作台；5—液压基础平台；6—工件；7—通油孔；8—液压缸；9—活塞；10—定位键；11,13—压板；12—拉杆

数控机床按编制的程序完成工件的加工，加工过程中机床、刀具、夹具和工件之间应有严格的相对坐标位置。因此，数控机床夹具在数控机床上应相对于机床的坐标原点具有严格的坐标位置，以保证所装夹的工件处于规定的坐标位置上。为此，数控机床夹具常采用网格状的固定基础板，如图 2.54 所示。该固定基础板长期固定在数控机床工作台上，板上已加工出具有准确孔心距位置的一组定位孔和一组紧固螺孔（也有定位孔与螺孔同轴布置的形式），它们呈网格状分布。网格状的固定基础板预先调整好相对于数控机床的坐标位置。利用基础板上的定位孔可安装各种夹具，例如图 2.54(a)所示的角铁支架式夹具。角铁支架上也有相应的呈网格状分布的定位孔和紧固螺孔，以便于安装相关可换定位元件和其他各类元件和组件，以适应相似零件的加工。当加工对象变换品种时，只需更换相应的角铁支架式夹具便可迅速转换为新零件的加工，不会使机床长期待机。图 2.54(b)所示为立方固定基础板，它安装在数控机床工作台的转台上，其四面都有呈网格状分布的定位孔和紧固螺孔，上面可安装各类夹具的底板。当加工对象变换品种时，只需转台转位，便可迅速转换成加工新零件所使用的夹具，十分方便。

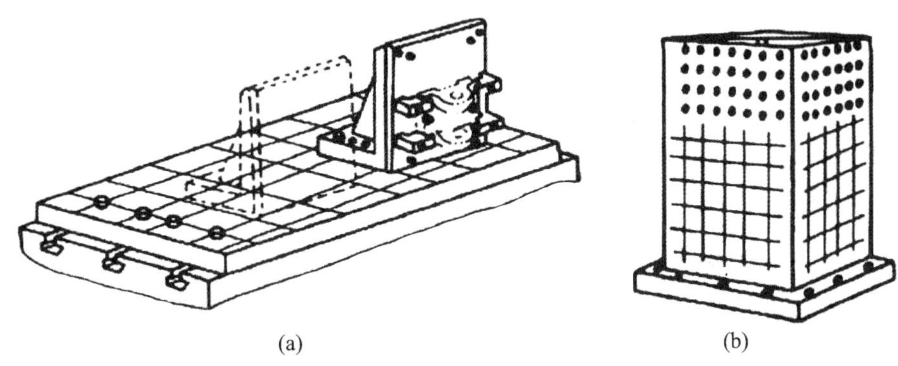

(a) (b)

图 2.54 数控机床夹具简图

由上面所述的夹具构成原理可知，数控机床夹具实质上是通用可调夹具和组合夹具的结合与发展。它的固定基础板部分与可换部分的组合是通用可调夹具组成原理的应用，而它的元件和组件的高度标准化与组合化，又是组合夹具标准元件的演变与发展。

作为机床夹具，数控机床夹具还有以下特点。

① 数控机床适用于多品种、中小批量生产，能装夹不同尺寸、不同形状的多品种工件。

② 传统的专用夹具具有定位、夹紧、导向及对刀四种功能，而数控机床上一般都配备有接触式测头、刀具预调仪及对刀部件等设备，可以使机床解决对刀问题。数控机床由程序控制，可达到准确的定位精度，实现夹具中的刀具的导向功能。因此，数控机床夹具一般不需要导向和对刀功能，只要求具有定位和夹紧功能，这样可简化夹具的结构。

③ 为适应数控加工的高效率，数控机床夹具应尽可能使用气动、液压、电动等自动夹紧装置来快速夹紧，以缩短辅助时间。

④ 夹具本身应有足够的刚度，以适应大切削用量的切削。数控加工具有工序集中的特点，在工件的一次装夹中既要进行切削力很大的粗加工，又要进行达到工件最终精度要求的精加工，因此夹具的刚度和夹紧力都要满足大切削力的要求。

⑤ 为适应数控机床多方向同时加工的特点，应避免夹具（包括夹具上的组件）对刀具运动轨迹的干涉，夹具不要妨碍刀具对工件各部分的多面加工。

⑥ 夹具的定位要可靠，定位元件应具有较高的定位精度，定位部分应便于清屑，无切屑积留。如工件的定位面偏小，可考虑增设工艺凸台或辅助基准。

⑦ 对于刚度小的工件，应保证最小的夹紧变形，如使夹紧点靠近支承点，避免夹紧力作用在工件的中空区域等。当粗加工和精加工在一个工序内完成时，如果上述措施不能把工件变形控制在加工精度要求的范围内，应在精加工前使程序暂停，让操作者在粗加工后精加工前改变夹紧力（适当减小），以减小夹紧变形对加工精度的影响。

4. 自动线夹具

自动线是由多台自动化单机借助工件自动传输系统、自动线夹具、控制系统等组成的一种加工系统。常见的自动线夹具有随行夹具和固定夹具两种。

固定夹具用于工件直接输送的生产线，夹具安装在每台机床上。

随行夹具是用于组合机床自动线上的一种移动式夹具，工件安装在随行夹具上。随行夹具除了完成对工件的定位、夹紧外，还带着工件随自动线移动到每台机床的加工台面上，再由机床上的夹具对其进行整体定位和夹紧。工件在随行夹具上的定位和夹紧与其在一般夹具上的定位和夹紧一样。

图 2.55 所示为随行夹具在自动线机床上工作的结构简图。随行夹具 1 将带棘爪的步伐式输送带 2 运送到机床上。固定夹具 4 除了在输送支承 3 上用一面两销定位方式使随行夹具定位并夹紧外，它还提供输送支承面 A_1。图中的元件 7 为定位机构，液压缸 6、杠杆 5、钩形压板 8 为夹紧装置。

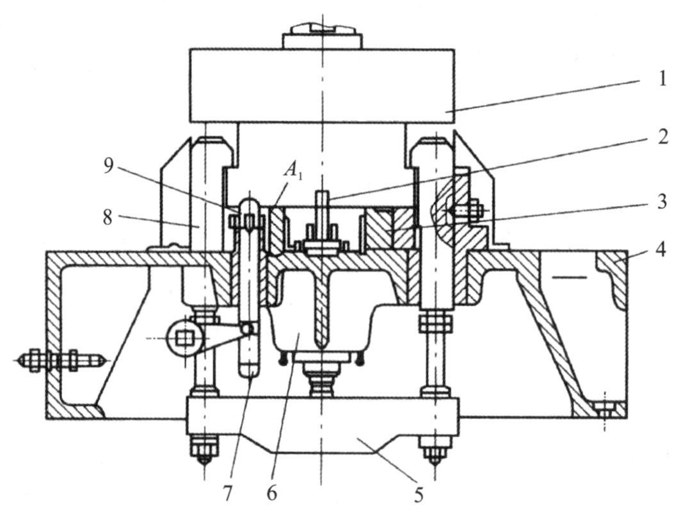

图 2.55　随行夹具在自动线机床上工作的结构简图

1—随行夹具；2—输送带；3—输送支承；4—固定夹具；5，9—杠杆；6—液压缸；7—定位机构；8—钩形压板

三、通用夹具的扩展应用

机用虎钳是常用的通用夹具，它具有通用性强、结构简单、调整方便等优点。但对于有些工件的装夹，用机用虎钳仍然不起作用。对机用虎钳的改进主要是对其钳口结构的改进，现列举生产中常用的机用虎钳钳口改进方案，以供参考。

1. 摆动式自位钳口

工件定位表面有一台阶，高度为 h。因为高度 h 的公差较大，设计专用夹具较为困难，故采用如图 2.56 所示的方法。摆动钳口可绕螺钉旋转，起到自位的作用。这种方法可以解决类似工件在机用虎钳上的装夹问题。

设计时要注意的是，摆动钳口应摆动灵活，不能有卡滞现象，否则定位将不准确。也可根据需要将摆动钳口设计在活动钳口上。

2. 钳口向下倾斜装夹圆柱面

轴类零件在机用虎钳上装夹时，由于两条素线与钳口接触，往往定位不可靠。因此，将活动钳口的垂直平面改成向下倾斜的平面，可产生一垂直向下的分力，将工件紧紧地压在垫板上，避免了工件在切削力的作用下产生歪斜，如图 2.57 所示。活动钳口与工件接触的斜面中间应为空心，以保证斜面与工件的良好接触。

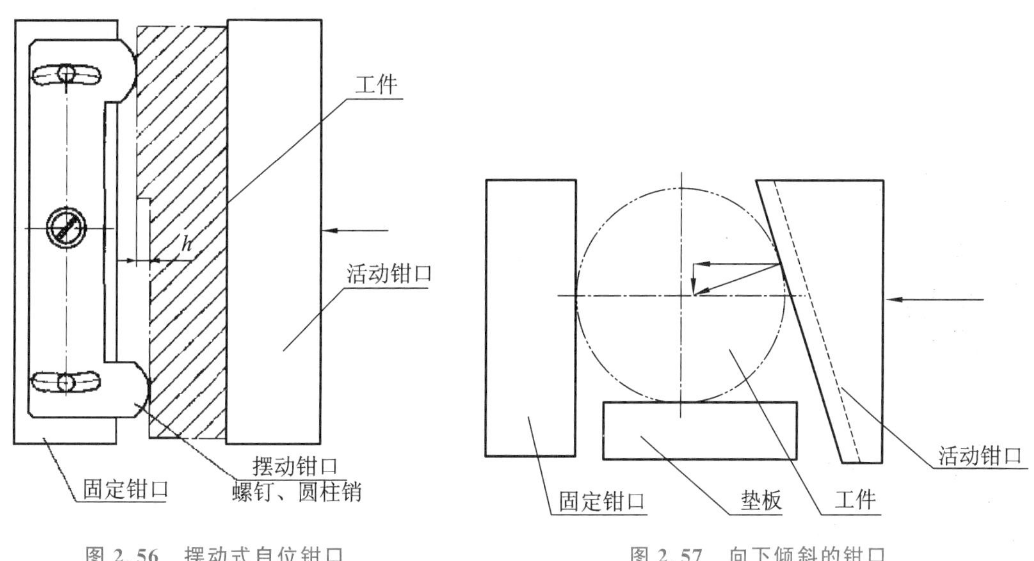

图 2.56 摆动式自位钳口

图 2.57 向下倾斜的钳口

3. V 形钳口装夹圆柱面

机用虎钳 V 形钳口的优点是可以用较小的夹紧力夹紧工件，并使工件保持良好的定位。其装夹结构示意图如图 2.58 所示。

在活动钳口上设计水平和竖直方向大小不等的 V 形槽，这样工件既可水平安装[见图 2.58(a)]，也可竖直安装[见图 2.58(b)]。图 2.59 所示为 V 形钳口零件图。

4. 薄板工件在虎钳上装夹

薄板工件的加工始终是个难题，其原因是夹紧力过小则夹不紧，夹紧力过大则易变形。而且薄板工件没有良好的装夹表面，即便在平面磨床上磨削，也很难保证质量。

如图 2.60 所示，该夹具可夹持 2 mm 厚的工件，且夹得牢，工件不易变形。此夹具可在铣床、刨床和平面磨床上装夹薄板工件。

5. 斜面工件在虎钳上装夹

加工带斜面的工件时很难装夹工件，若采用图 2.61 所示的装夹方法则简单易行。在加

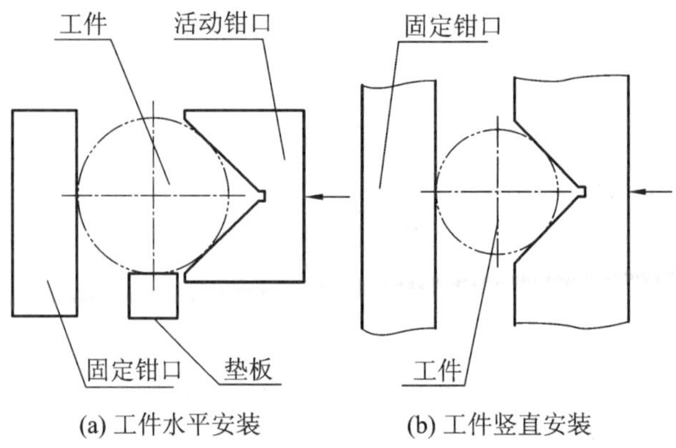

图 2.58 V形钳口

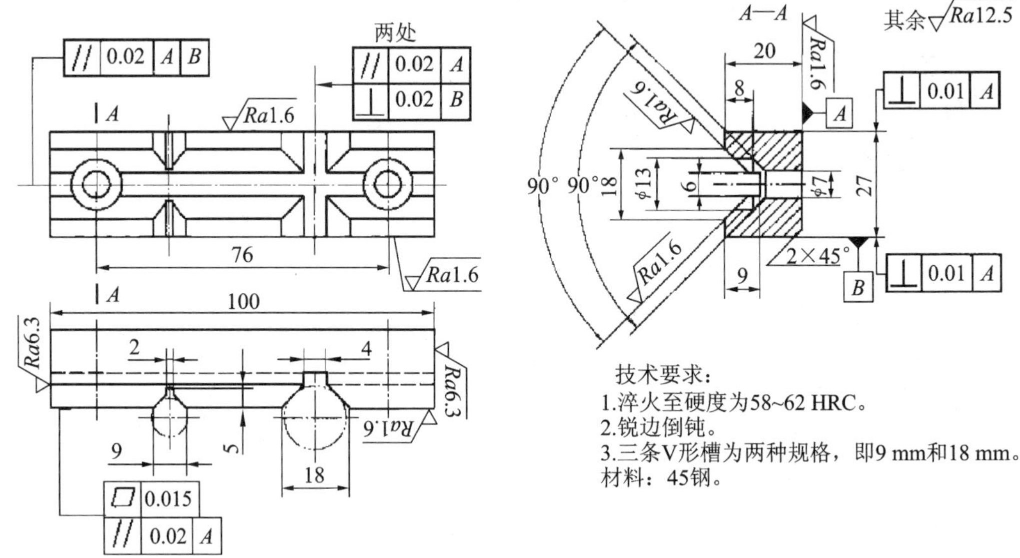

两处
A—A
其余 Ra12.5
技术要求：
1.淬火至硬度为58~62 HRC。
2.锐边倒钝。
3.三条V形槽为两种规格，即9 mm和18 mm。
材料：45钢。

图 2.59 V形钳口零件图

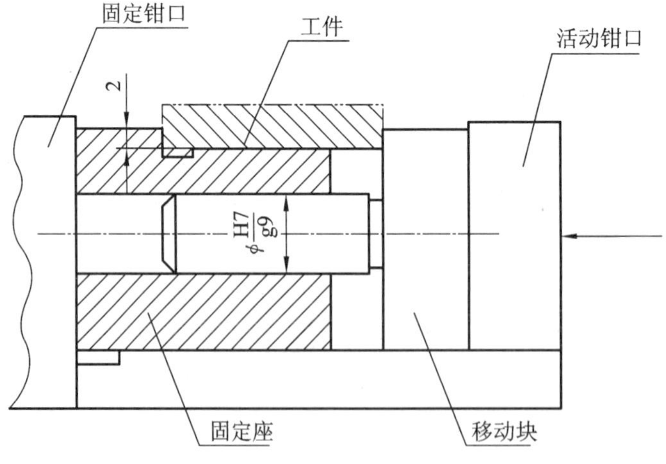

图 2.60 薄板工件的装夹

工半圆管时，要保证和工件斜面接触的平面与其轴线平行，这样夹紧工件才可靠。

该方法适用于不同斜度的斜面工件。

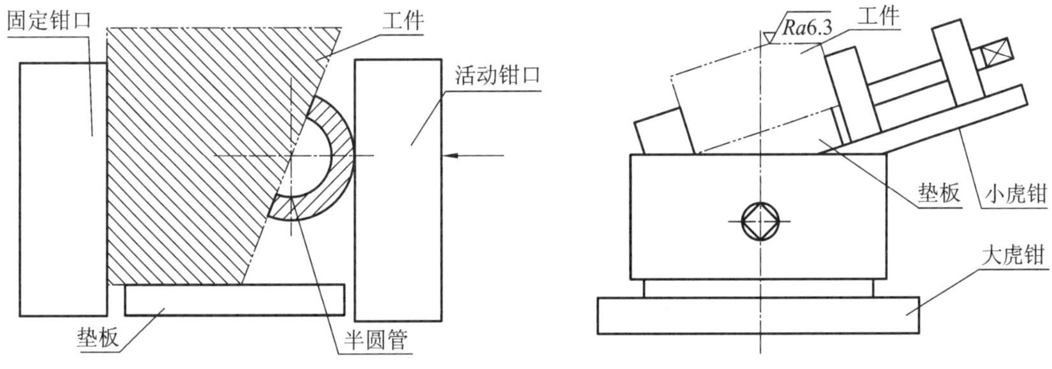

图 2.61 斜面工件的装夹　　图 2.62 双虎钳装夹倾斜面的方法

6. 双虎钳加工工件倾斜面

双虎钳装夹倾斜面工件的方法如图 2.62所示。

小批量加工零件时，可将小机用虎钳安装在大机用虎钳上，按加工要求找正工件，使工件始终获得所需倾斜角度，完成工件斜面的铣削、磨削、刨削或钻削。

7. 虎钳搭配局部齿轮夹紧装置

工件斜面只能按图 2.63 所示放置时，工件的定位与夹紧均很困难。若使用两个局部齿轮(可利用废旧齿轮)按图 2.63 所示装夹工件，则问题可迎刃而解。

需要注意的是，两齿轮的模数应相同，局部齿轮与工件和活动钳口的接触表面应与其轴线平行。

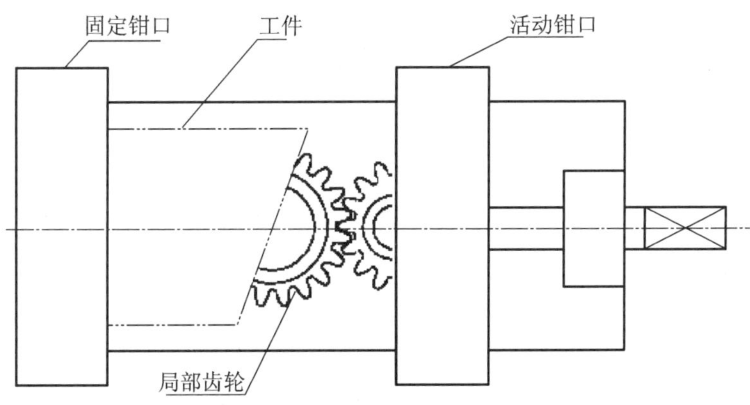

图 2.63 局部齿轮夹紧装置

8. 虎钳与弹性夹板搭配装夹工件小圆柱面

批量加工小直径轴类零件时，可使用图 2.64 所示的虎钳加弹性夹板的夹紧装置。该装置可以快速将工件定位并夹紧，并可获得准确的加工位置。

虎钳加弹性夹板的夹紧装置示意图如图 2.64 所示，该装置适合在铣床、钻床、数控机床上使用。

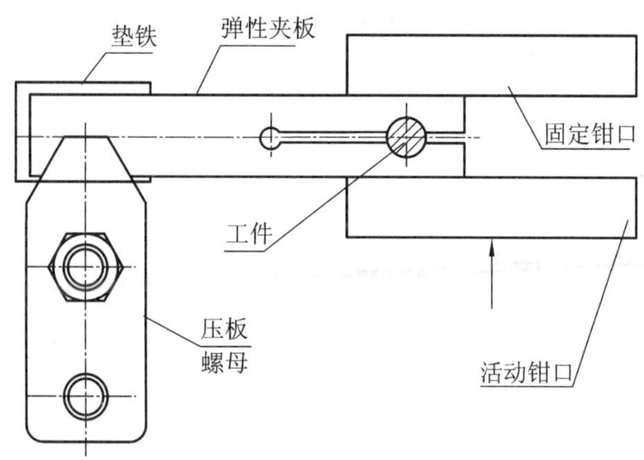

图 2.64　虎钳加弹性夹板的夹紧装置示意图

使用时，先将夹具在机床上找正并固定，再在工件下放置一垫铁，以保证工件等高。夹紧时不需要很大的夹紧力。

9. 虎钳上搭配多工件夹紧装置

批量生产时，为了提高生产率，往往采用多工件装夹的方法。由于工件外径有公差，故无法一次夹紧多个工件，若采用图 2.65 所示的夹紧装置，则可解决这一问题。

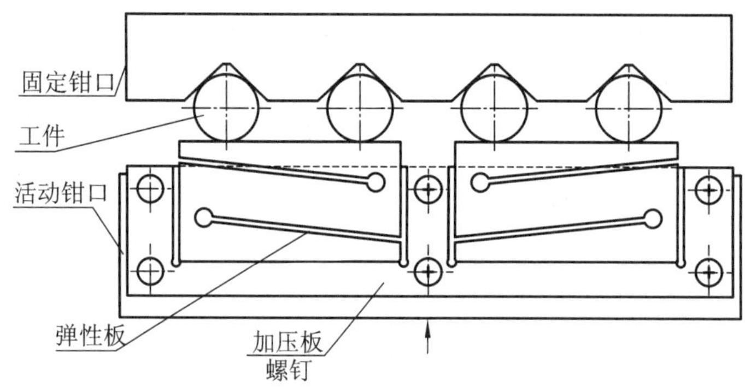

图 2.65　多工件夹紧装置

由于弹性板开有双向弹性槽，它可均匀地将夹紧力传递给工件，解决了工件存在直径公差的问题。工件下端应放置垫铁，以保证工件等高。

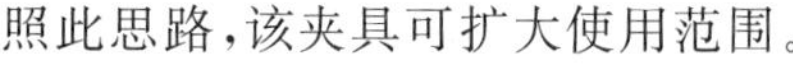
照此思路，该夹具可扩大使用范围。

视频：数控车间机械手自动装夹

2-4　课程思政案例

近年来，中国机械行业迅速成长，国际竞争力大幅提升，生产制造出了许多“大国重器”。无论是机床、工程机械、电气制造、重型装备、通用机械、船舶工业、轨道交通、海洋工程、节能环保和智能制造等，还是关键零部件、基础件制造企业，我们掌握的核心技术正在一步步增强，我们的国之重器正逐渐成为国之利器。

课程思政案例

模块3 任务实施

3-1 销轴零件钻床夹具装配总图

销轴零件钻床夹具装配总图如图 2.66 所示。

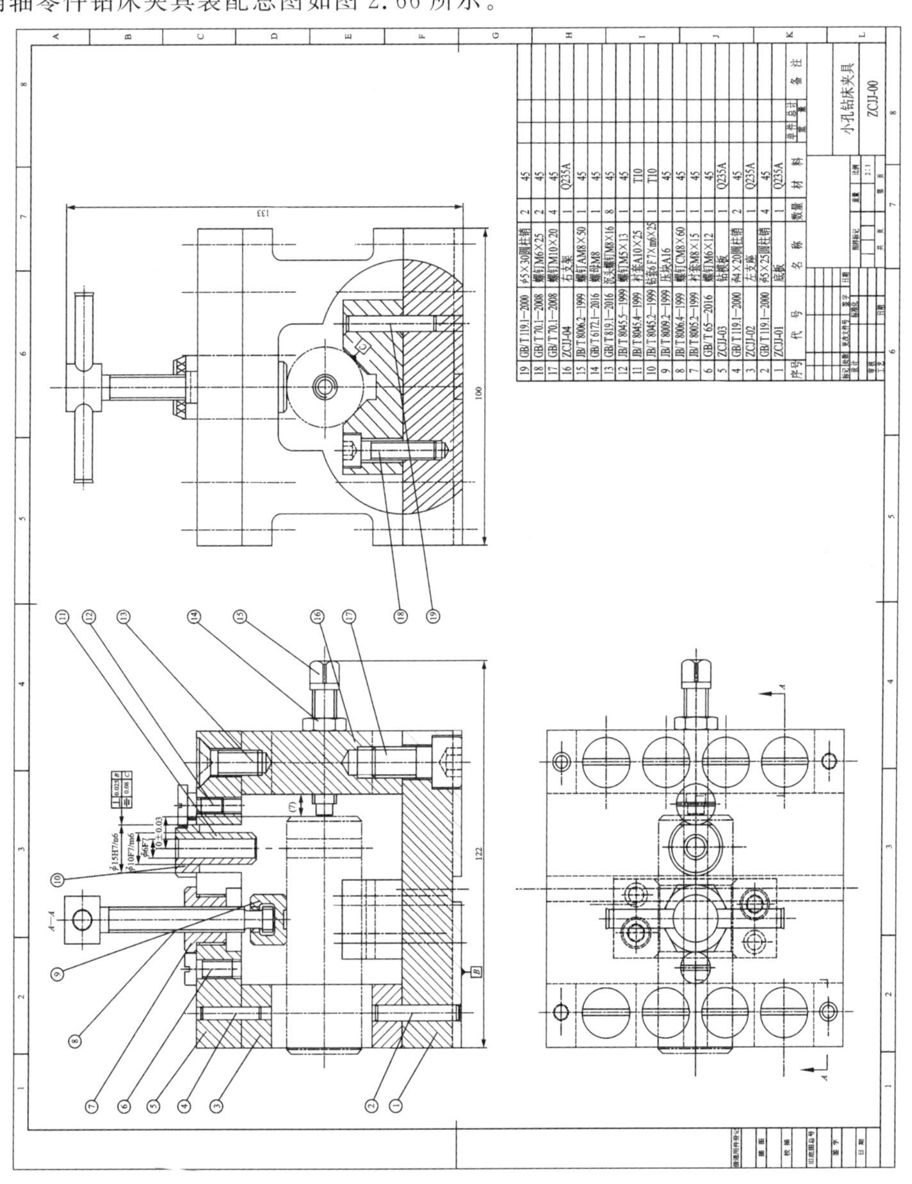

图 2.66 销轴零件钻床夹具装配总图

3-2 销轴零件钻床夹具非标准件零件图

钻模板零件图如图2.67所示。

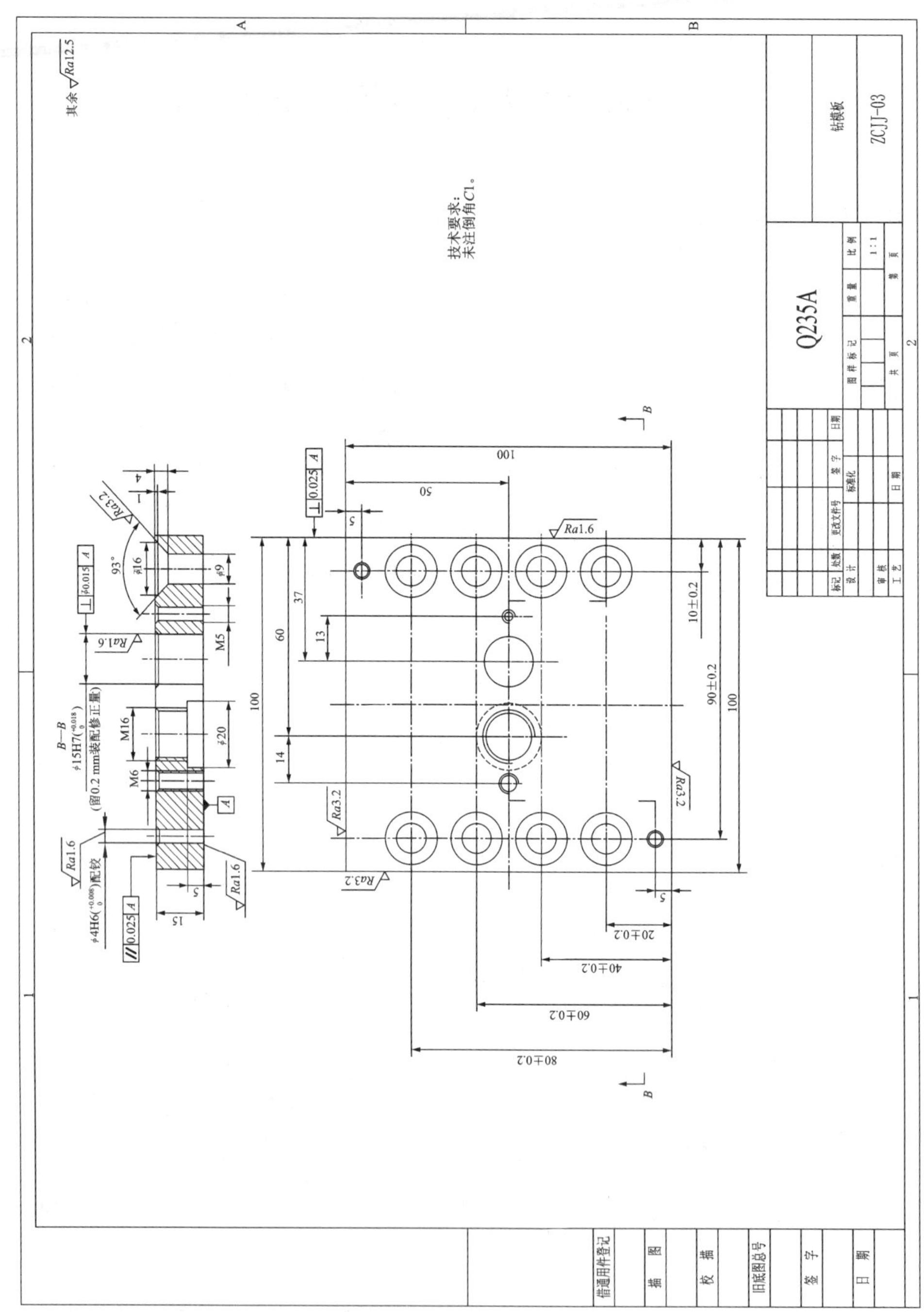

图2.67 钻模板零件图

右支架零件图如图 2.68 所示。

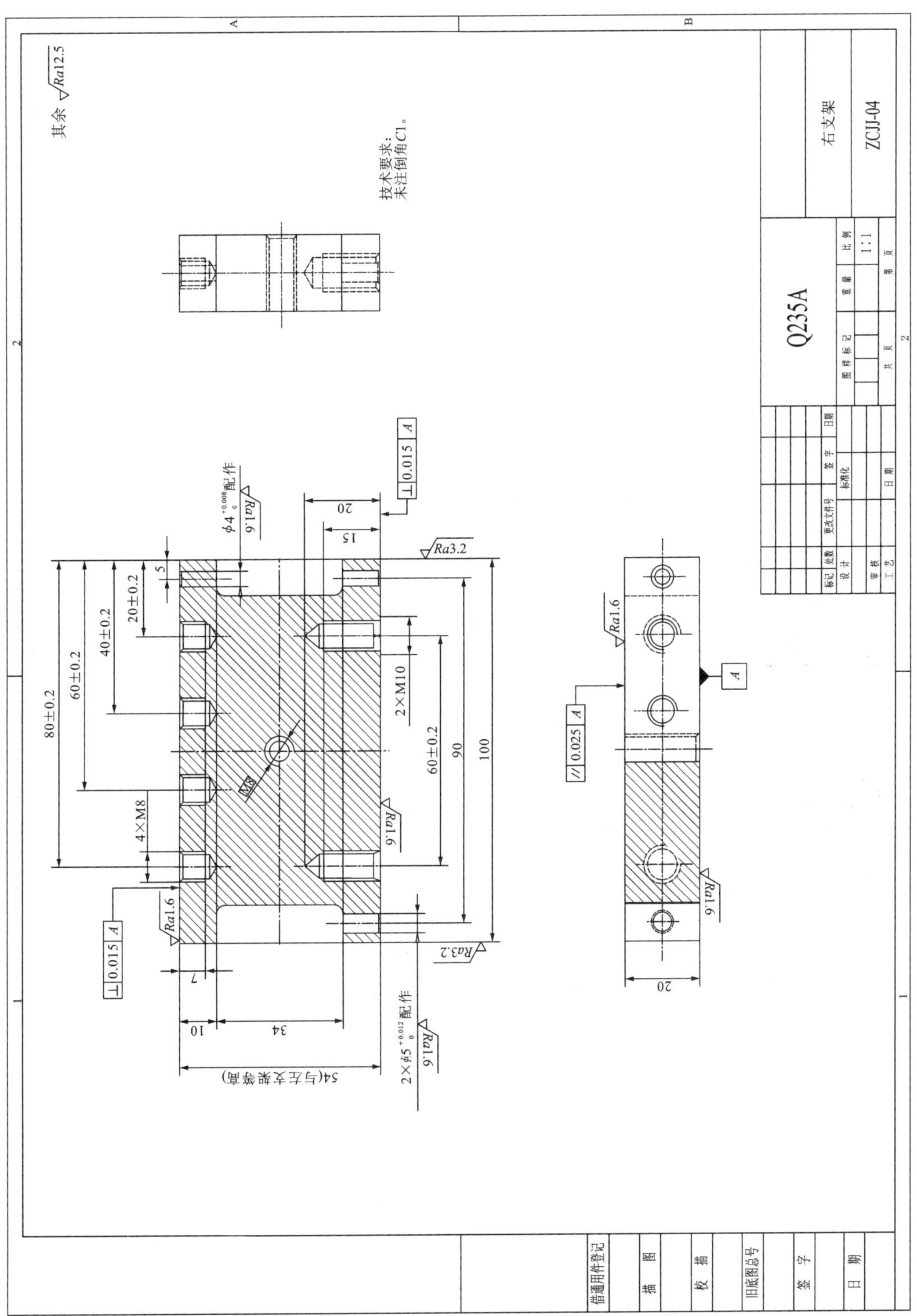

图 2.68 右支架零件图

左支架零件图如图 2.69 所示。

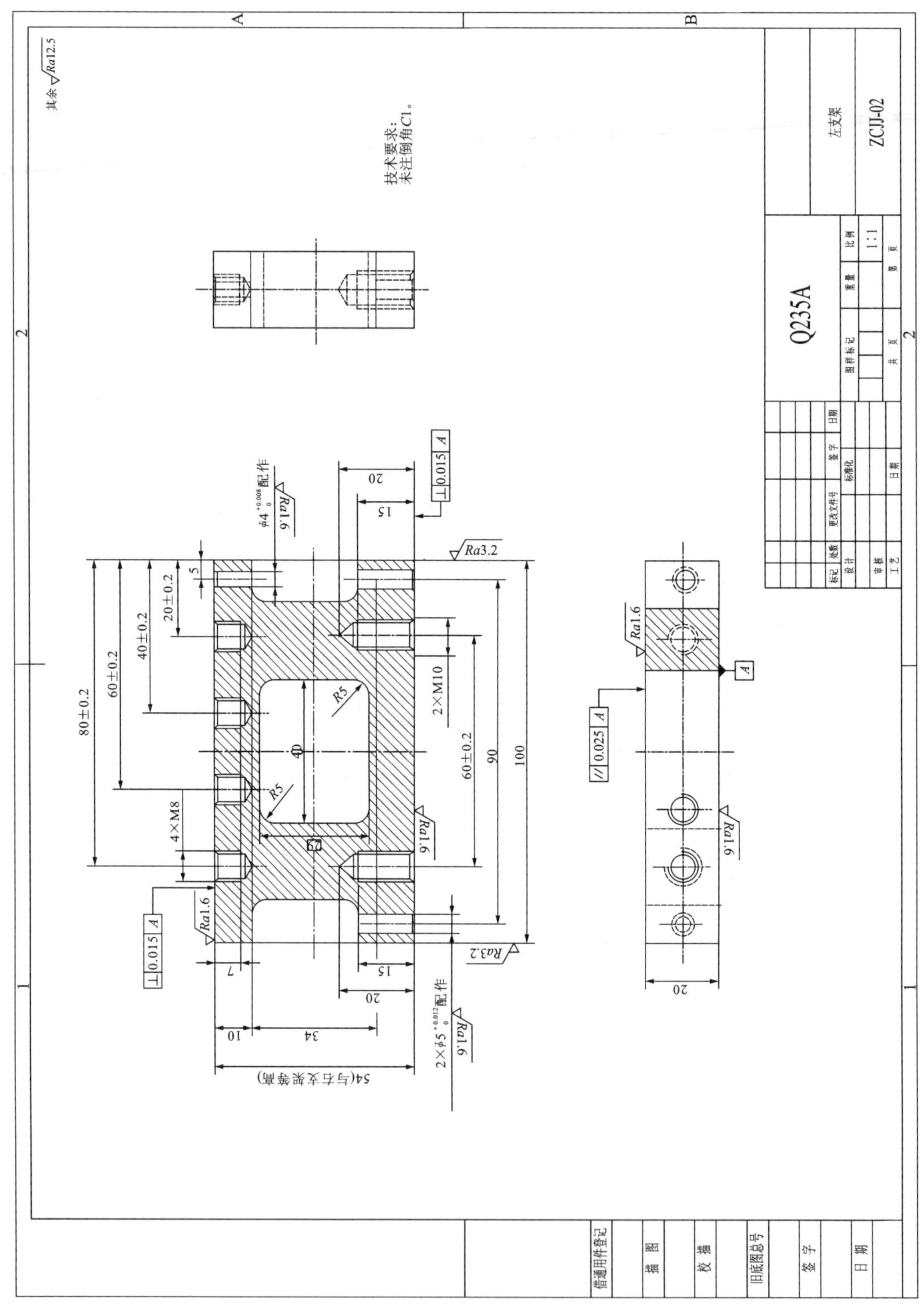

图 2.69　左支架零件图

底板零件图如图 2.70 所示。

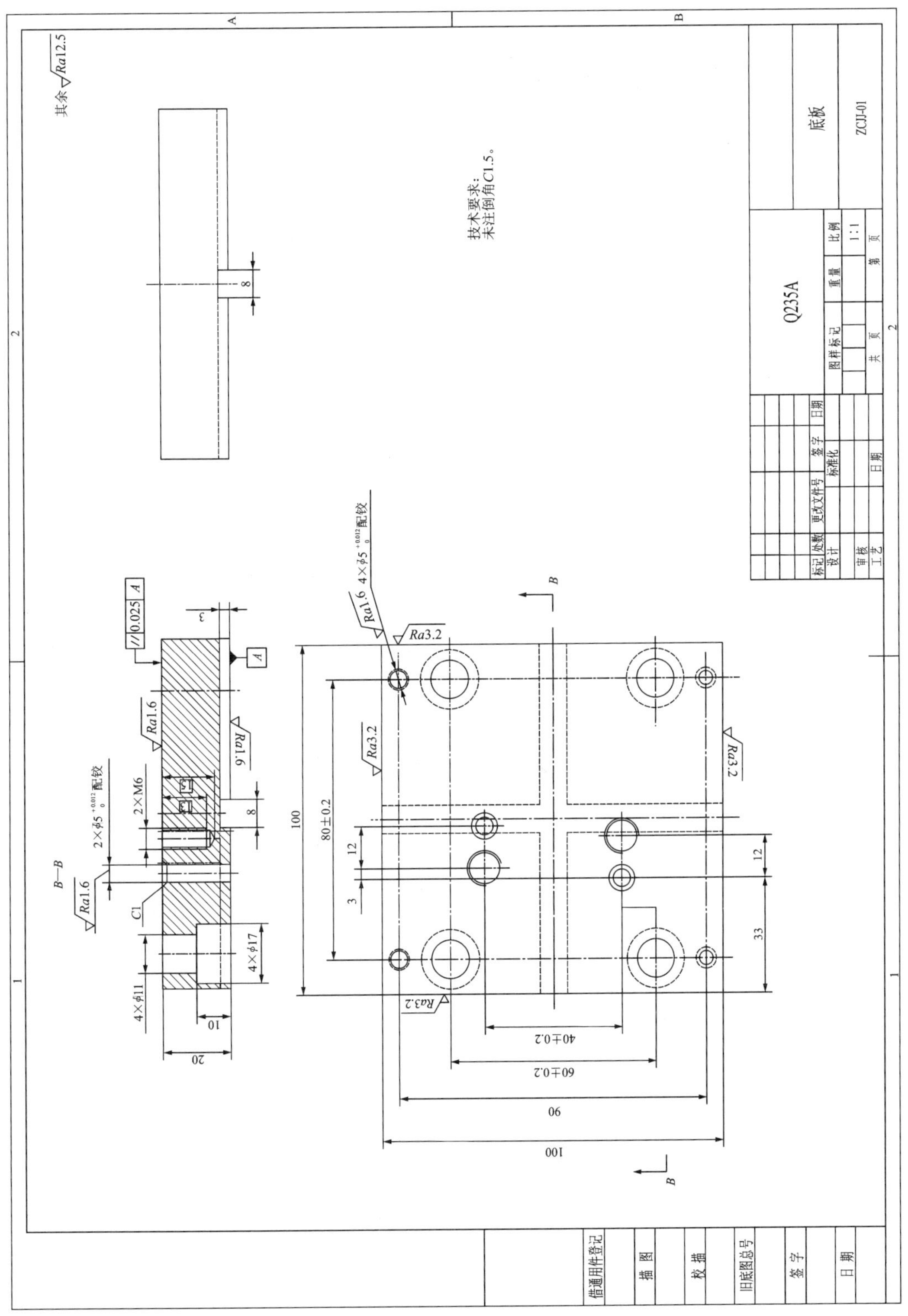

图 2.70 底板零件图

模块4 任务评价与反思

4-1 夹具设计方案评估

1. 夹具的使用

(1) 加工时，将工件装入V形块中，限制工件的4个自由度；工件端面根据尺寸用螺钉定位，限制工件的1个自由度；工件轴向转动自由度不用限制。如此完成工件的定位。

(2) 用螺钉通过压块将工件压紧在V形块上，以完成工件的夹紧。

2. 夹具的设计要点

(1) 钻削不同的孔径 d 和尺寸 l 时，只需更换不同的可换钻套并重新调整螺钉，即可完成对刀。为了保证钻套下端面至工件表面的距离 h，可在设计可换钻套时确定适当的尺寸 H。

(2) 该夹具具有设计、生产周期短，易于更换零部件，调整方便，调整范围较大，操作简单，通用性好等优点，适合钳工在台式钻床上使用，但不宜加工位置精度要求较高的孔。

4-2 评分表

夹具设计考核评分表

序号	项目	技术要求	评分标准	分值	得分
1	明确设计任务，收集设计资料（5分）	(1) 熟悉零件的图样、零件的加工表面和技术要求	熟悉零件的图样	1分	
			熟悉零件的加工表面和技术要求	1分	
		(2) 熟悉零件的结构特点和在产品中的作用	熟悉零件的结构特点和在产品中的作用	1分	
		(3) 熟悉零件的材料、毛坯种类、特点、重量和外形尺寸	熟悉零件的材料、毛坯种类、特点、重量和外形尺寸	1分	
		(4) 熟悉零件的工序流程	熟悉零件的工序流程并能分析、绘出零件的工序流程	1分	

续表

序号	项目	技术要求	评分标准	分值	得分
2	制订夹具设计方案，绘制结构草图(65分)	(1) 分析自由度	合理、正确地分析自由度	5分	
		(2) 确定定位方案，设计定位装置	确定定位方案，合理设计定位装置	20分	
		(3) 确定夹紧方案，设计夹紧机构	确定夹紧方案，合理设计夹紧机构	15分	
		(4) 分析夹具定位误差	合理、正确地分析夹具定位误差	10分	
		(5) 分析定位夹紧力	合理、正确地分析定位夹紧力	5分	
		(6) 绘制结构草图	正确绘制结构草图	10分	
3	绘制夹具装配总图(15分)	绘制夹具装配总图	正确绘制夹具装配总图	15分	
4	绘制夹具零件图(15分)	绘制夹具零件图	正确绘制夹具零件图	15分	
设计质量评分：					

模块5 拓展提高与练习

5-1 拓展提高实践

一、任务发出：绘制汽车滑动套工件图

如图2.71所示，加工汽车滑动套零件，在本工序中需钻$\phi6$ mm孔，工件材料为45钢，批量$N=5000$件。

设计一套钻床夹具，包括：(1)滑动套零件钻床夹具装配总图；(2)滑动套零件钻床夹具非标零件图。

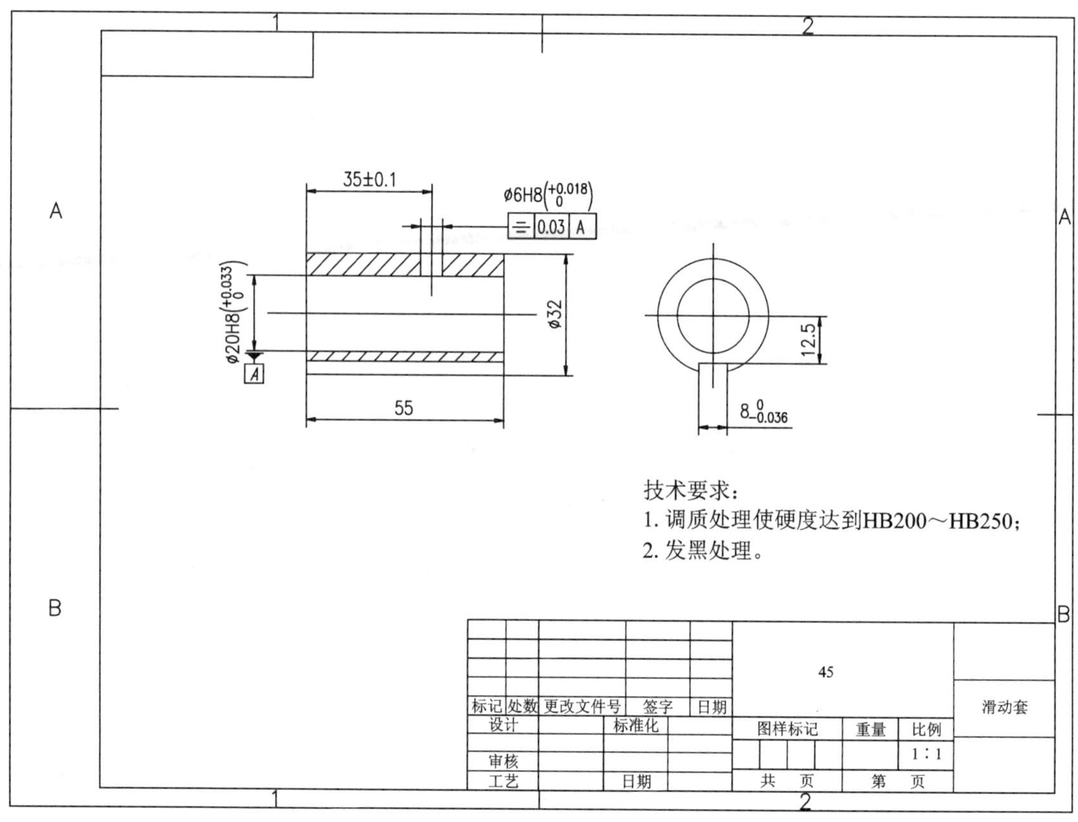

图 2.71　汽车滑动套零件

二、任务目标及描述

制作汽车滑动套零件的工艺过程卡片。

<table>
<tr><td colspan="2" rowspan="2">常州机电职业技术学院</td><td colspan="3" rowspan="2">机械加工工艺过程卡片</td><td>产品型号</td><td></td><td>零件图号</td><td colspan="2">01-001</td><td colspan="2">共 1 页</td></tr>
<tr><td>产品名称</td><td></td><td>零件名称</td><td colspan="2">滑动套</td><td colspan="2">第 1 页</td></tr>
<tr><td colspan="2">材料牌号</td><td>45</td><td>毛坯种类</td><td>棒料</td><td>毛坯外形尺寸</td><td>φ35 mm×800 mm</td><td>毛坯件数</td><td></td><td>每台件数</td><td></td><td></td></tr>
<tr><td rowspan="2">工序号</td><td rowspan="2">工序名称</td><td colspan="3" rowspan="2">工序内容</td><td rowspan="2">车间</td><td rowspan="2">设备</td><td colspan="3" rowspan="2">工艺装备</td><td colspan="2">工时</td></tr>
<tr><td>准终</td><td>单件</td></tr>
<tr><td>1</td><td>落料</td><td colspan="3">φ35 mm×800 mm(10 件)</td><td>机械</td><td>锯床</td><td colspan="3">1000 mm 钢板尺</td><td></td><td></td></tr>
<tr><td>2</td><td>热处理</td><td colspan="3">调质处理使硬度达到 HB200～HB250</td><td>热处理</td><td></td><td colspan="3"></td><td></td><td></td></tr>
<tr><td>3</td><td>车</td><td colspan="3">粗、精车内外圆各部分到尺寸</td><td>机械</td><td>CA6140</td><td colspan="3">0～125 mm 游标卡尺等</td><td></td><td></td></tr>
</table>

续表

工序号	工序名称	工序内容		车间	设备	工艺装备		工时	
								准终	单件
4	铣	铣 8 mm 键槽到尺寸		机械	XA6132	0～25 mm 外径千分尺等			
5	钳	钻 ϕ6 mm 孔尺寸，去毛刺		机械	Z516	专用钻床夹具、ϕ6 mm 钻头、0～125 mm 游标卡尺等			
6	热处理	发黑处理		热处理					
7	检验	按照图纸检查各部分的尺寸及要求		机械					
8	入库	清洗，加工表面涂防锈油							
编制		校对		标准		会签		审核	

三、任务实施

(1) 绘制滑动套零件钻床夹具装配总图。

(2) 绘制滑动套零件钻床夹具装配非标零件图。

滑动套钻床夹具装配总图

滑动套钻床夹具非标零件图

5-2 拓展练习

一、基准辨认

试指出以下工序的工序基准和定位基准。

(1) 铣平面	(2) 铣平面	(3) 铣槽

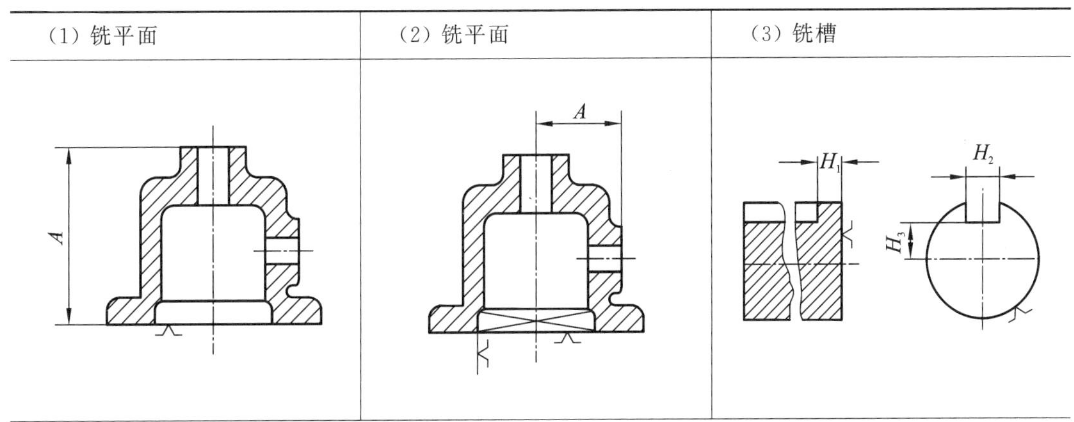

续表

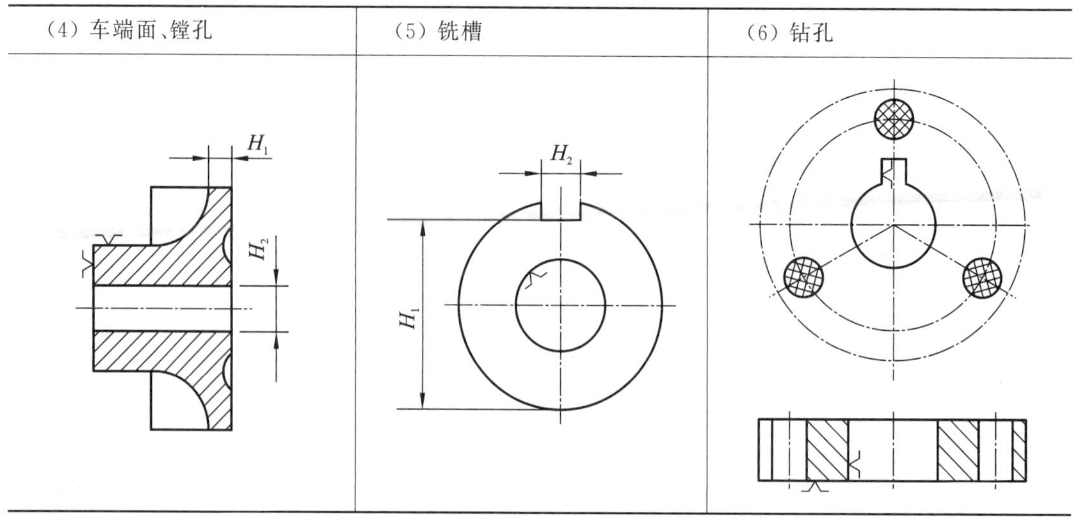

二、定位原理

（1）根据工件加工要求，分析以下工序理论上应该限制哪几个自由度。

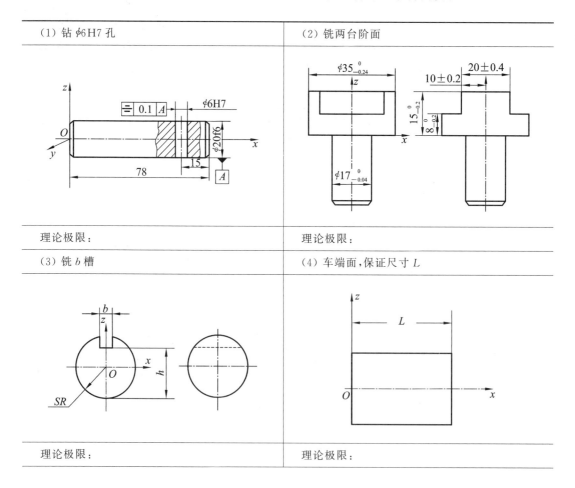

（1）钻 ϕ6H7 孔	（2）铣两台阶面
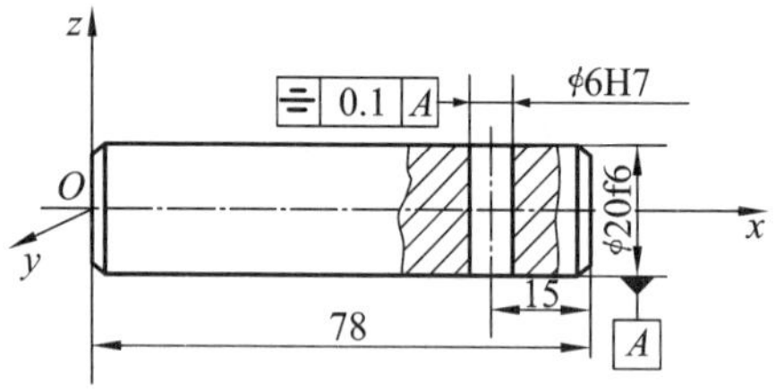 z, O, y, x, 0.1 A, ϕ6H7, ϕ20f6, 15, 78, A	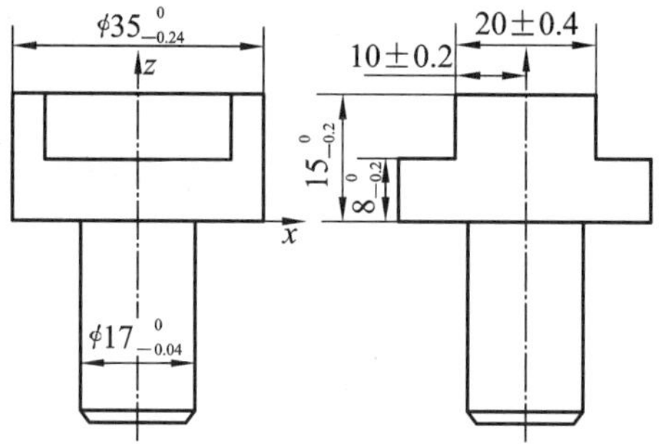 $\phi35_{-0.24}^{\ 0}$, z, x, $\phi17_{-0.04}^{\ 0}$, 10±0.2, 20±0.4, $15_{-0.2}^{\ 0}$, $8_{-0.2}^{\ 0}$
理论极限：	理论极限：
（3）铣 b 槽	（4）车端面，保证尺寸 L
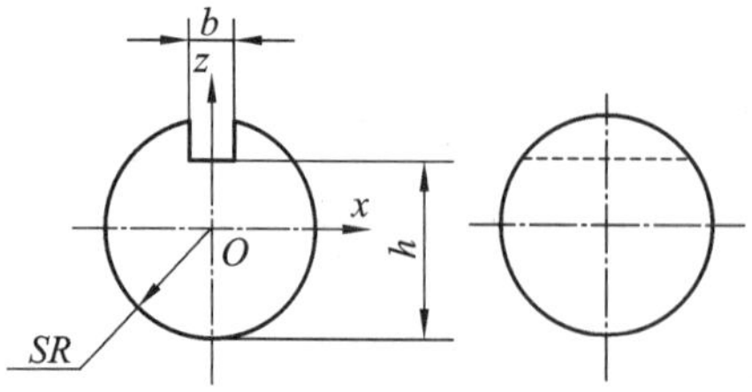 b, z, x, O, h, SR	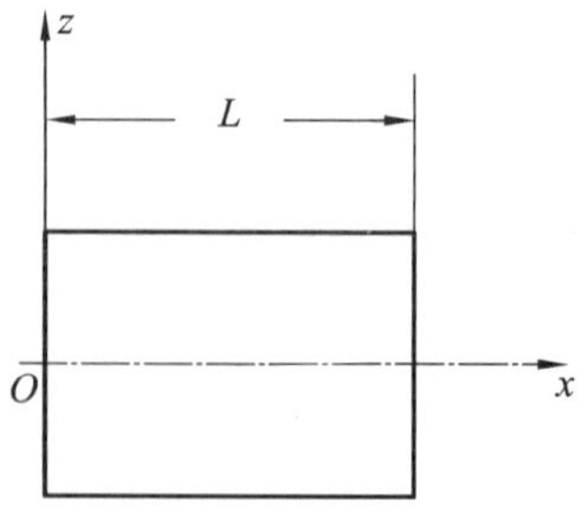 z, L, O, x
理论极限：	理论极限：

续表

(5) 铣前后两平面	(6) 钻两个 ϕd 孔
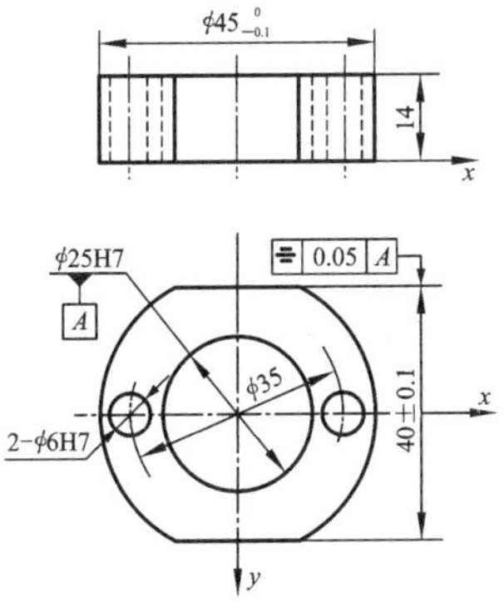	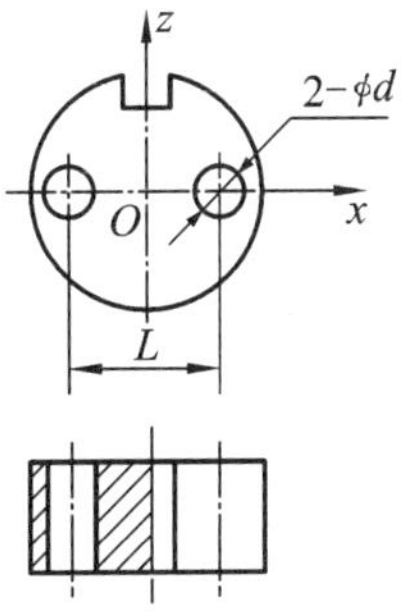
理论极限：	理论极限：
(7) 钻 ϕd 孔	(8) 铣台阶面
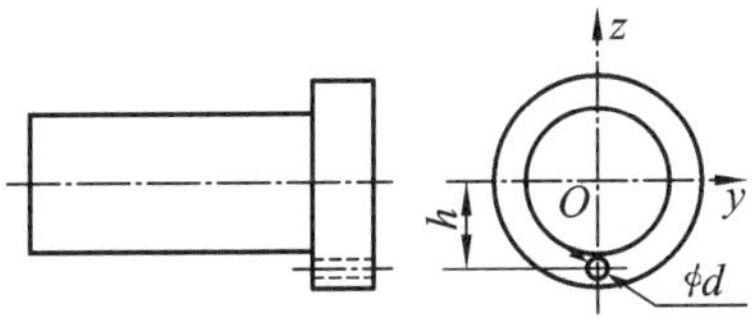	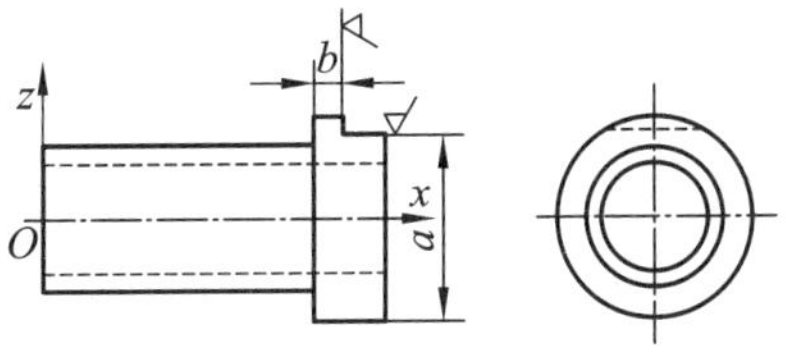
理论极限：	理论极限：
(9) 铣平面	(10) 钻 ϕ 孔
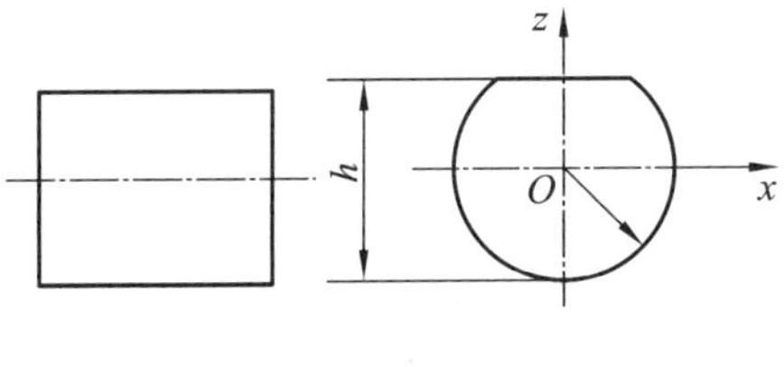	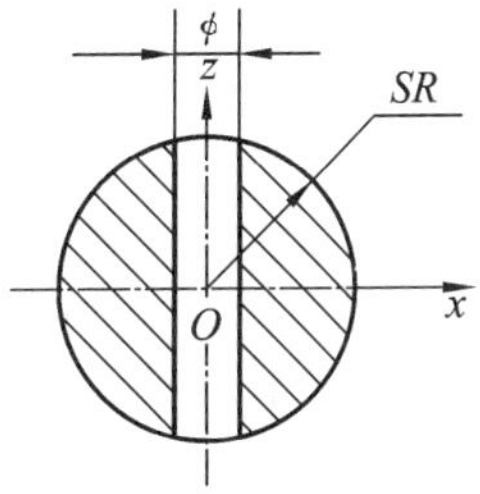
理论极限：	理论极限：
(11) 钻 ϕd 孔	(12) 钻 $\phi 2$ 孔
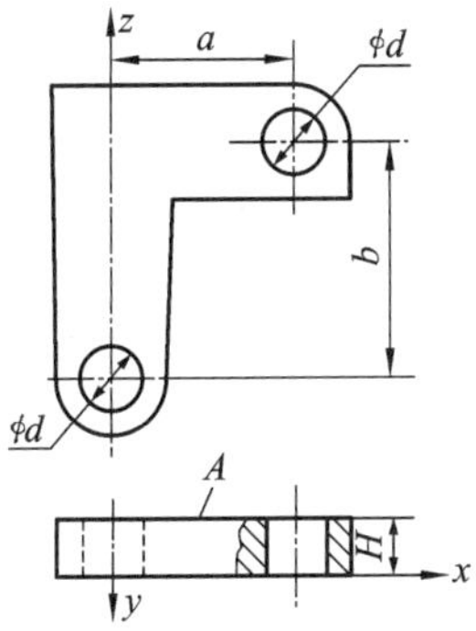	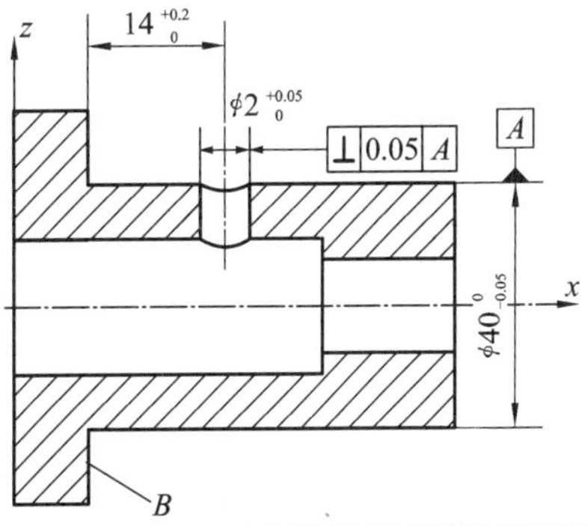
理论极限：	理论极限：

（2）分析下列各定位元件都限制了哪几个自由度。

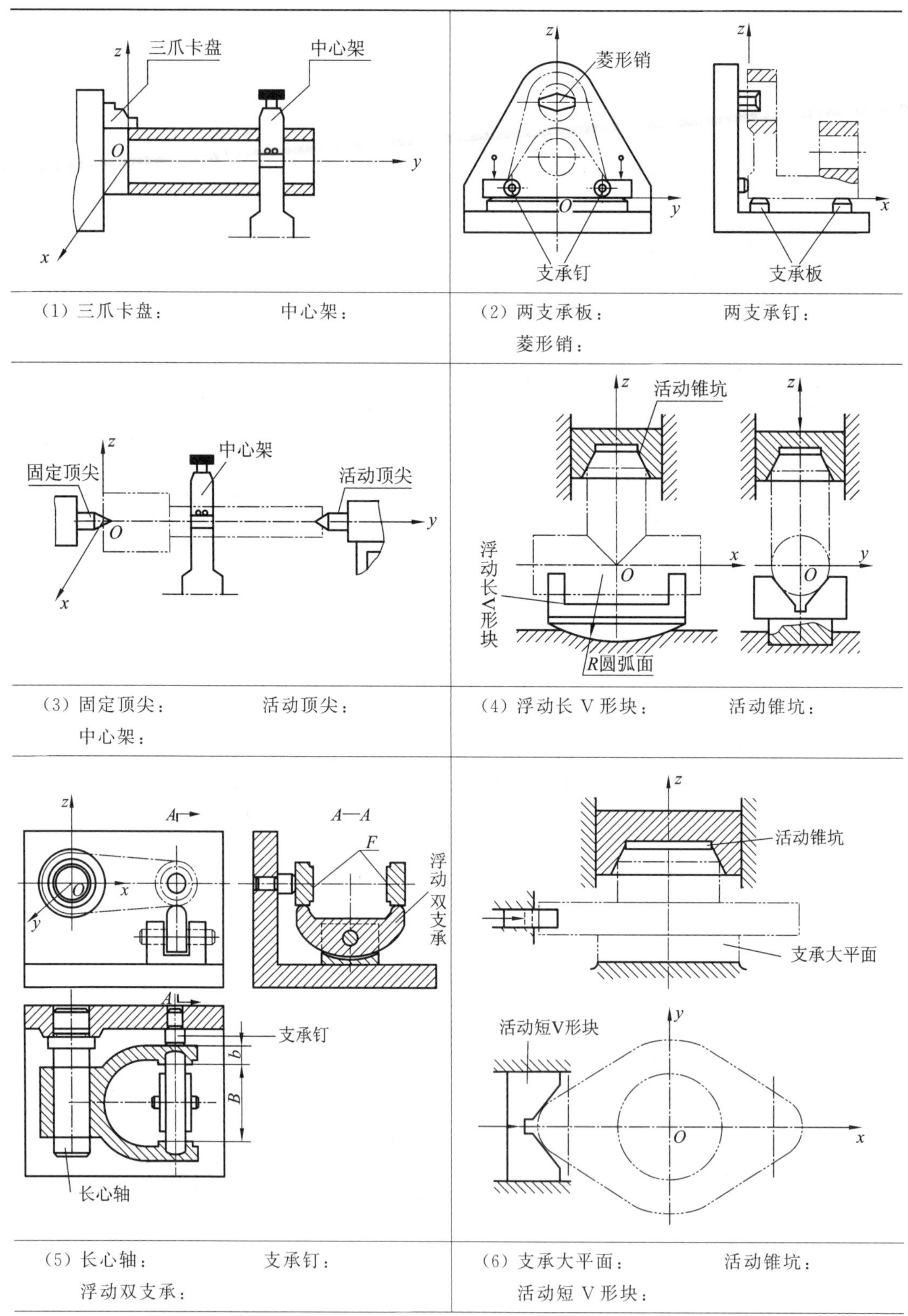

（1）三爪卡盘：　　　　中心架：	（2）两支承板：　　　　两支承钉： 菱形销：
（3）固定顶尖：　　　　活动顶尖： 中心架：	（4）浮动长V形块：　　　　活动锥坑：
（5）长心轴：　　　　支承钉： 浮动双支承：	（6）支承大平面：　　　　活动锥坑： 活动短V形块：

续表

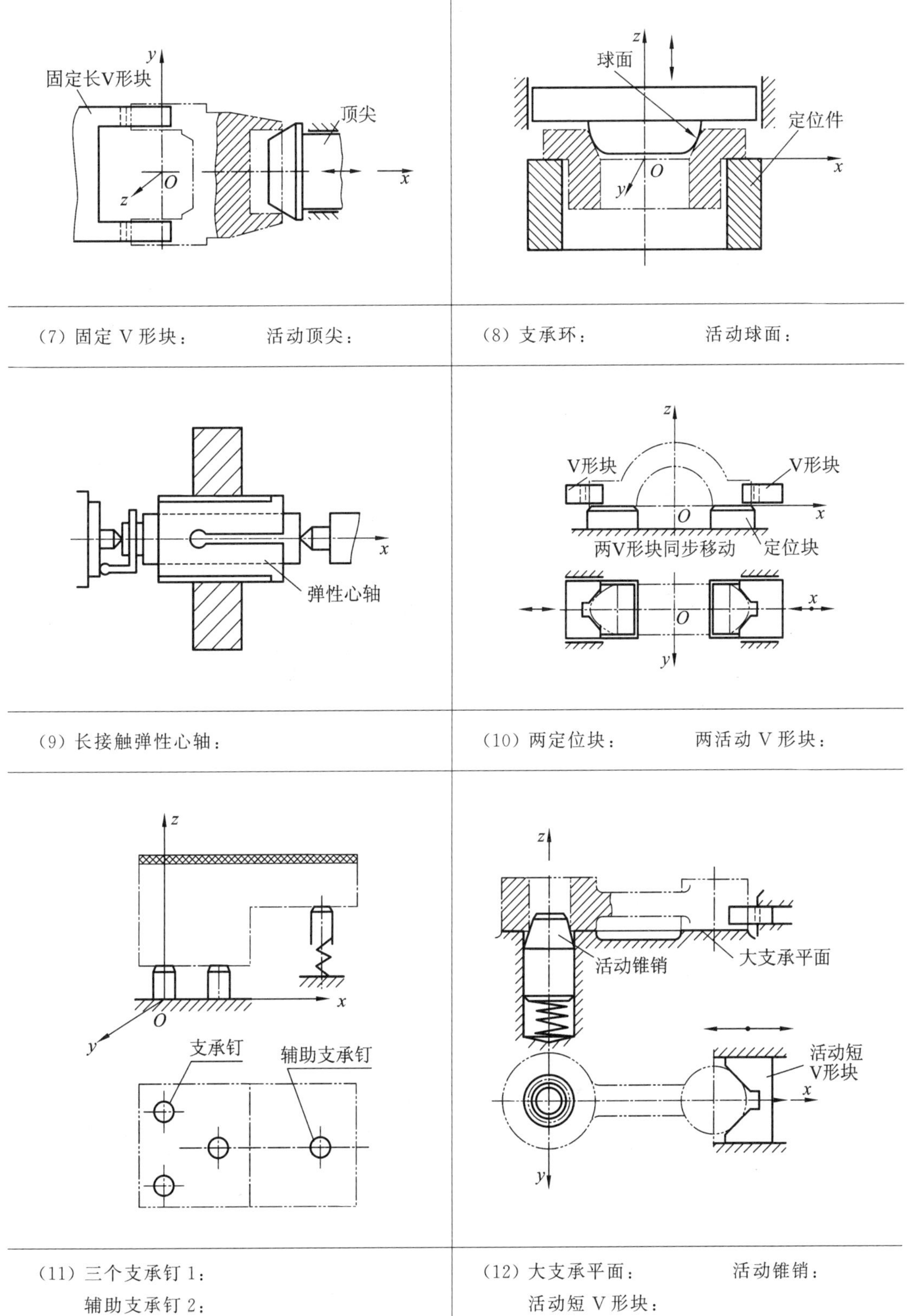

(7) 固定 V 形块：　　　　活动顶尖：	(8) 支承环：　　　　活动球面：
(9) 长接触弹性心轴：	(10) 两定位块：　　　　两活动 V 形块：
(11) 三个支承钉 1： 辅助支承钉 2：	(12) 大支承平面：　　　　活动锥销： 活动短 V 形块：

续表

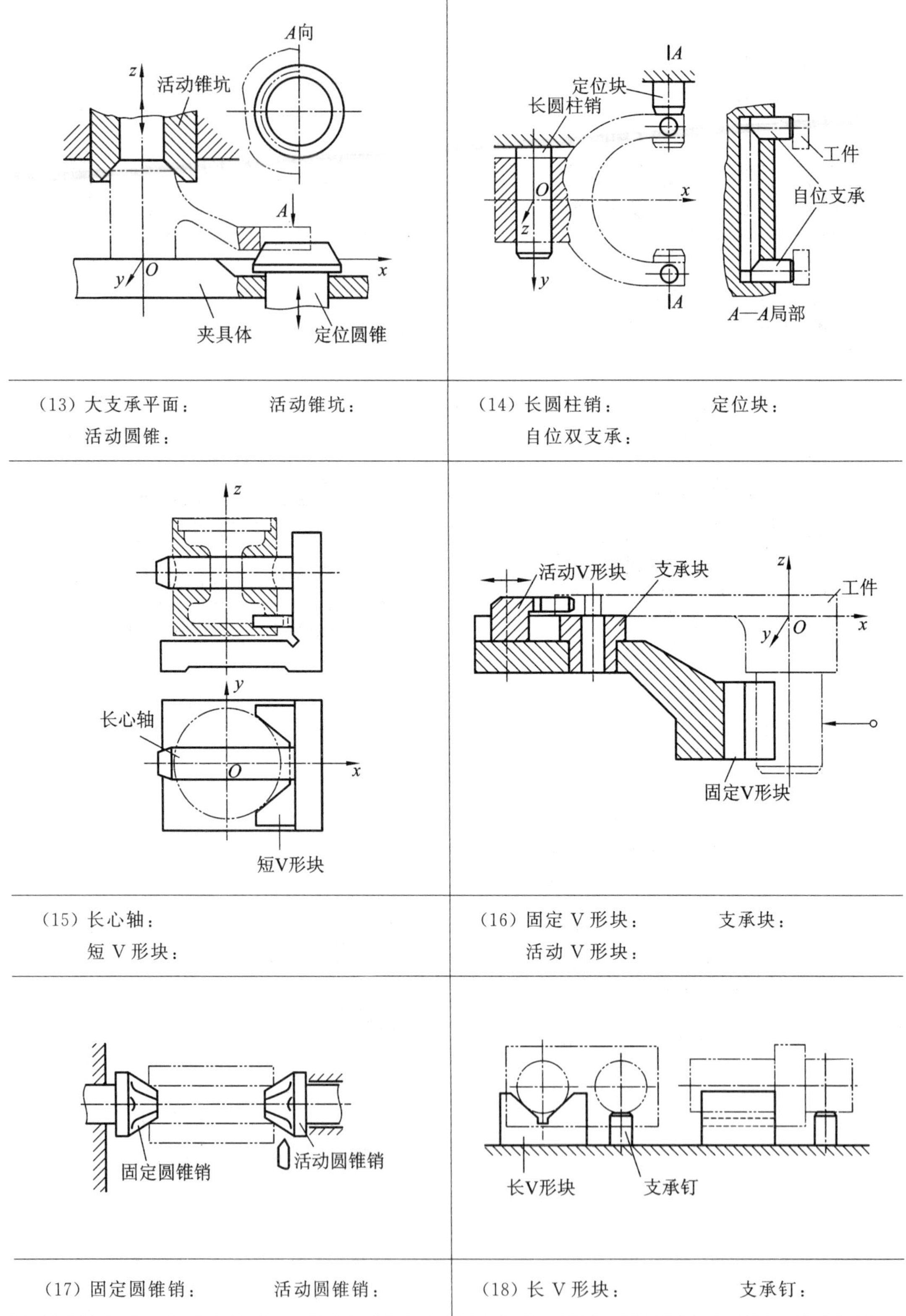

（13）大支承平面：　　　活动锥坑： 活动圆锥：	（14）长圆柱销：　　　定位块： 自位双支承：
（15）长心轴： 短 V 形块：	（16）固定 V 形块：　　　支承块： 活动 V 形块：
（17）固定圆锥销：　　　活动圆锥销：	（18）长 V 形块：　　　支承钉：

三、确定定位方案

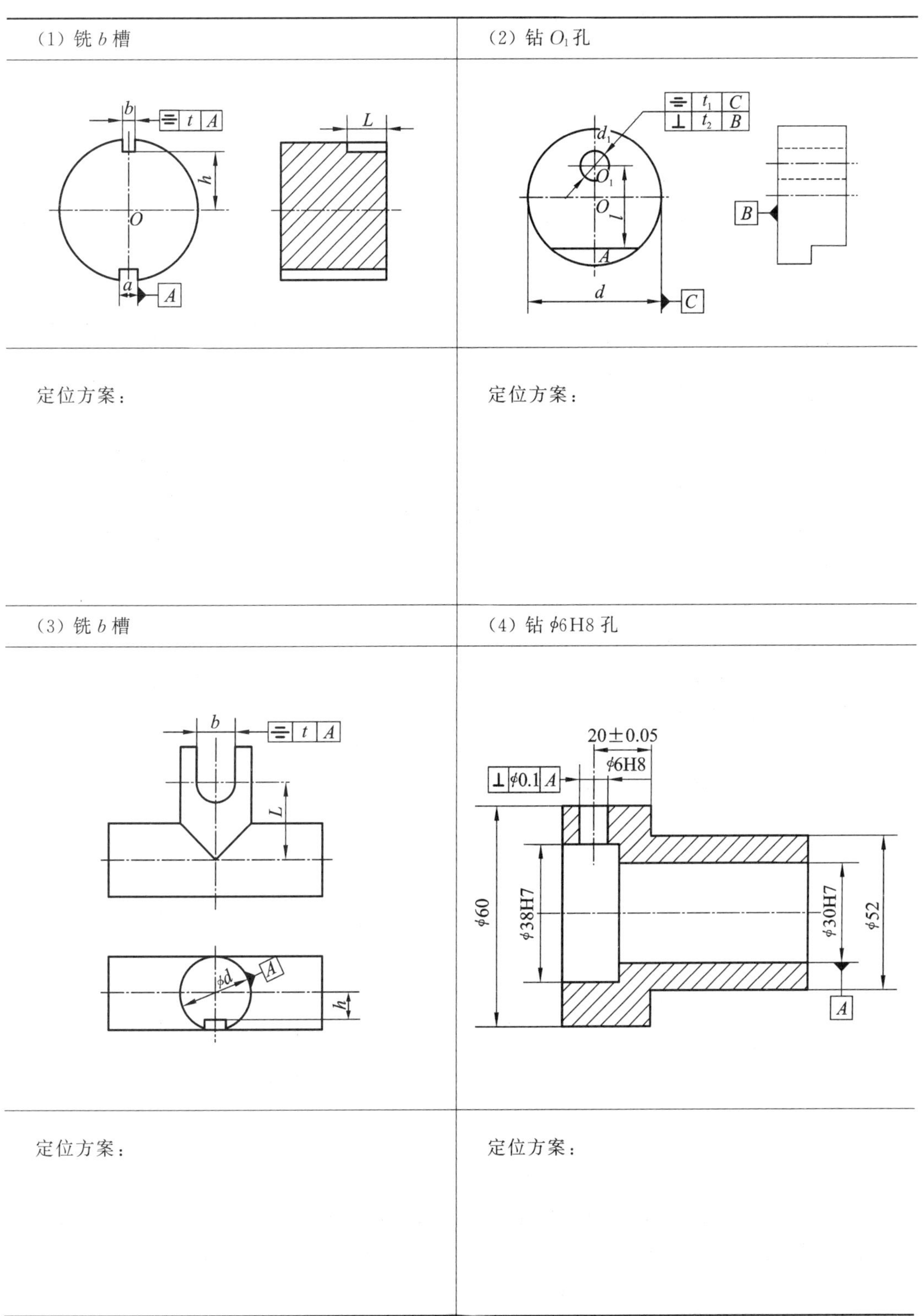
(1) 铣 b 槽
b
t A
h
O
a
A
L
(2) 钻 O1 孔
t1 C
t2 B
d1
O1
O
l
A
B
d
C
定位方案：
定位方案：
(3) 铣 b 槽
b
t A
L
ϕd
A
h
(4) 钻 ϕ6H8 孔
20±0.05
ϕ6H8
ϕ0.1 A
ϕ60
ϕ38H7
ϕ30H7
ϕ52
A
定位方案：
定位方案：

四、综合题

（1）根据加工要求，选择合适的钻套。

加工要求	钻套类型
小批量加工 ϕ20 mm 孔	
大批量加工 ϕ20H7 mm 孔	
大批量加工 ϕ10 mm 孔	

（2）对图 2.72 所示的钻套结构进行改正。

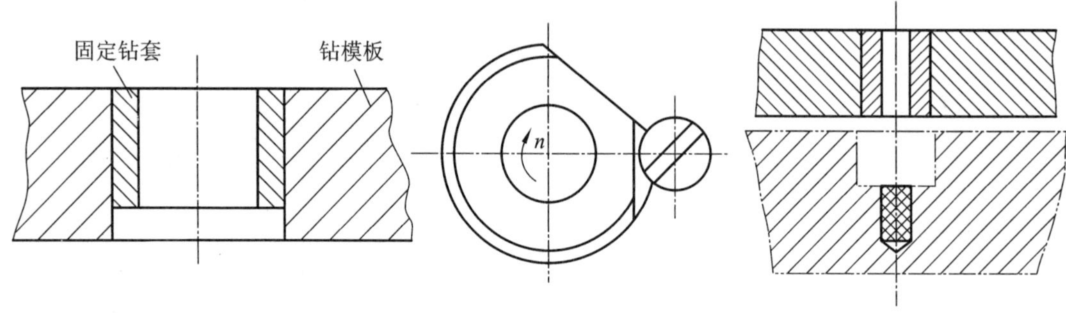

图 2.72　题(2)图

（3）用钻模加工一批工件上的 ϕ20H7 孔，其工步为：(1)用 ϕ18 mm 的麻花钻钻孔；(2)用ϕ19.4 mm 的扩孔钻扩孔；(3)用 ϕ19.93 mm 的铰刀粗铰孔；(4)用 ϕ20 mm 的铰刀精铰孔，达到加工要求。试确定各工步所用钻套内孔的直径及偏差。

（4）如图 2.73 所示，加工 ϕ20 mm 的孔，试设计定位方案，并画出草图。

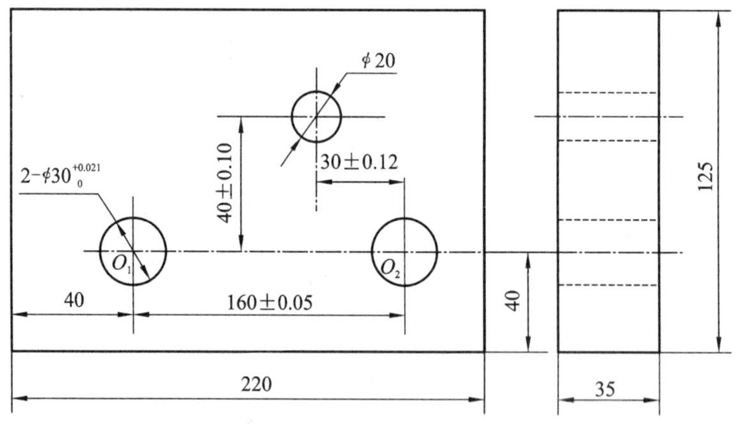

图 2.73　题(4)图

（5）对于图 2.74 所示的一批工件，除 $8_{-0.09}^{\ 0}$ mm 的槽外，其余各表面均已加工合格。现以底面 A、侧面 B 和 $\phi 20_{\ 0}^{+0.021}$ mm 的孔定位加工 $8_{-0.09}^{\ 0}$ mm 的槽。试确定：

① $\phi 20_{\ 0}^{+0.021}$ mm 孔的定位元件的主要结构形式；

② $\phi 20_{\ 0}^{+0.021}$ mm 孔的定位元件的定位表面的尺寸和公差。

(6) 斜孔钻模上为何要设置工艺孔？试计算图 2.75 中的工艺孔到钻套轴线的距离 x。

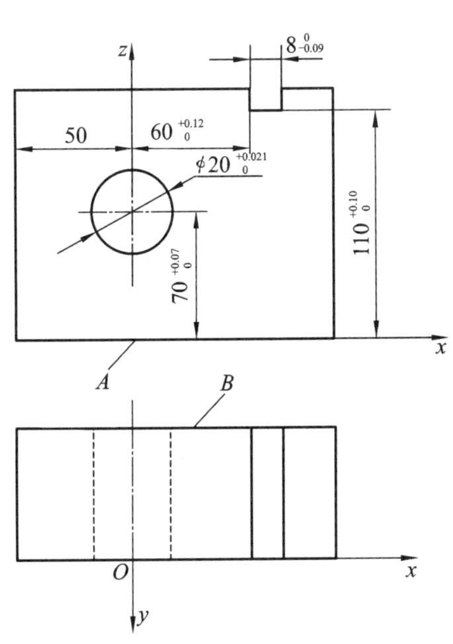

图 2.74　题(5)图

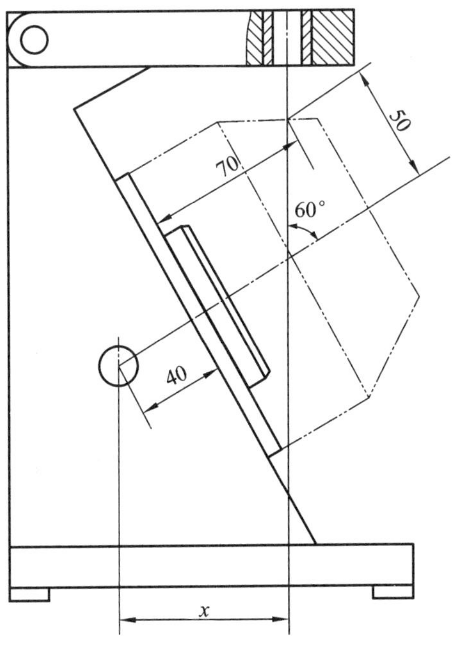

图 2.75　题(6)图

模块 6

教学设计参考

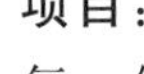

项目：

每一位学生都必须完成一套钻床夹具的设计。

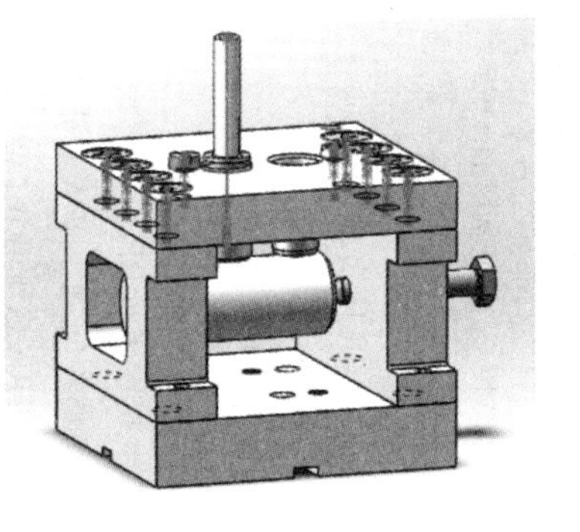

说明：(1) 此部分为“完成销轴零件钻床夹具设计”。

(2) 完整的单元包含编制销轴零件加工工艺、设计销轴零件钻床夹具、分析销轴零件钻床夹具的精度、绘制销轴零件钻床夹具装配图、绘制非标准件零件图、钻床夹具方案评估。

学习项目 2:设计销轴零件钻床夹具			教学意图(训练职业行动能力)				
学习模块 2.1:销轴零件分析			学习内容	跨专业能力		专业能力	
				方法/学习能力	社会/个人能力	理论	实践
行动学习阶段	教师和学生活动 (具体实施)	课堂教学方法		学生能:	学生能:	学生能:	学生能:
导入	1. 任务发出 制定销轴零件加工工艺						
信息获取/分析	2. 任务分析 (1) 学生观察零件图,分析解决这个项目应该考虑哪些问题。每人一张彩纸,先独立画出分析图(思维导图),经过讨论后将小组统一稿贴于白板上。 (2) 请某一组学生讲述,其他组补充,教师可适当指导,让方案更明确,以便学生能较清晰地做后面的工作。不需指正,允许带着错误进行以后环节(目标内容:选择设备、夹具、刀具、量具,确定切削用量、加工工艺步骤,实施加工)	思维导图、小组讨论、组间互审	零件图纸	• 独立思考 • 能把信息清楚地传递给对方 • 能对零件进行描述 • 能倾听别人的讲解 • 能发现有效的学习方法 • 能碰到问题查阅相关资料 • 会做笔记	• 能收集相关信息 • 能运用相关工具书 • 能够与他人协作并共同完成一项任务	会分析零件的特征	列出销轴零件工艺相关内容
计划	3. 根据分析的内容制订详细的实施方案 (1) 学生利用已有的知识独立编制零件加工过程。 (2) 小组讨论、修改,达成共识。 (3) 学生根据整理的加工步骤选择加工方式、工具和量具。 (4) 每组将达成共识的加工步骤用图画的形式展示出来。 (5) 请学生离开座位,去其他组观看,自由交流	小组合作、自由交流、交流沟通、可视化	销轴零件加工工艺	• 能与他人协作完成计划的制订 • 能倾听他人的意见和建议 • 有学习新方法、新技术、新知识的能力 • 有运用新技术、新工艺的意识	• 能够与他人协作并共同完成一项任务 • 能够与他人交流沟通 • 能够应用可视化的方法	• 能按规定格式编制计划 • 能按照标准机械加工工艺卡片填写相关内容 • 能按零件的批量选择加工方式	• 分析加工工具、量具和加工方式 • 了解加工内容,掌握加工过程 • 编制零件加工工艺

续表

学习项目2:设计销轴零件钻床夹具			教学意图(训练职业行动能力)				
学习模块2.1:销轴零件分析			学习内容	跨专业能力		专业能力	
				方法/学习能力	社会/个人能力	理论	实践
行动学习阶段	教师和学生活动 (具体实施)	课堂教学方法		学生能:	学生能:	学生能:	学生能:
决策	4. 学生评选方案 (1) 抽2组上台讲述本组的方案,时间为3分钟,其他组各抽2人,组成评审组,负责提问或提出建议。 (2) 需提前5分钟确定名单,以便同组人对其进行指导 (学生评选方案的过程中,教师不进行指正)	讨论法、组间互审	销轴零件加工工艺	• 会修改计划 • 能优化计划 • 能够用简单的语言或方式总结归纳	• 能够与他人协作并共同完成一项任务 • 能倾听他人的意见 • 能接受他人的批评	能合理设计销轴零件加工工艺过程	能编写销轴零件工艺过程卡片
实施、检查	5.完善方案,并形成工艺过程卡片						

学习项目2:设计销轴零件钻床夹具			教学意图(训练职业行动能力)				
学习模块2.2:销轴零件定位方案分析			学习内容	跨专业能力		专业能力	
				方法/学习能力	社会/个人能力	理论	实践
行动学习阶段	教师和学生活动 (具体实施)	课堂教学方法		学生能:	学生能:	学生能:	学生能:
导入	1. 任务发出 如何保证各工序的加工要求	提问					
信息获取/分析	2. 任务分析 (1) 学生独立思考。请学生分析钻孔工序有哪些相关的加工要求。每人一张彩纸,先独立写出关键词,然后进行讨论,最后形成小组统一稿。 (2) 请某一组学生讲述,其他组补充	单独工作、小组交流、关键词卡片	工序的加工要求	• 能专注投入工作 • 能和同学一起分工协作 • 可以根据要点写出关键词 • 可以合理利用时间	• 能认真执行计划 • 能规范、合理地执行加工操作方法	分析工序的加工要求	用关键词写出工序的加工要求

续表

学习项目2:设计销轴零件钻床夹具			教学意图(训练职业行动能力)				
学习模块2.2:销轴零件定位方案分析			学习内容	跨专业能力		专业能力	
				方法/学习能力	社会/个人能力	理论	实践
行动学习阶段	教师和学生活动（具体实施）	课堂教学方法		学生能:	学生能:	学生能:	学生能:
信息获取/分析	3. 信息获取 (1) 根据学生列出的加工要求提问“应如何保证这些加工要求”,抽两名学生回答,引入“定位”的概念。 (2) 播放视频,引入“自由度”的概念。 (3) 学生独立学习定位的基本原理,阅读、分析内容并做标记,写出关键词。 (4) 抽两名学生讲解自由度以及六点定位原则的概念,其他组点评,教师总结	提问、播放视频、独立学习、分析内容、做标记、理解	自由度、六点定位原则	• 能专注投入工作 • 能和同学一起分工协作 • 可以合理利用时间	• 能收集相关信息 • 能够用简单的语言或方式总结归纳	掌握自由度和六点定位原则的概念	能用实物解释自由度和六点定位原则的概念
	4. 信息分析 以典型零件为例,小组讨论如何合理设置支承点来限制自由度,学生讲解,其他组点评,教师总结	小组讨论、教师总结	如何合理设置支承点来限制自由度	• 能够与他人协作并共同完成一项任务 • 能够倾听他人的意见 • 能够做出决定并说明理由	• 能与他人协作完成计划的制订 • 能把信息清楚地传递给对方 • 能够提出各种不同的建议并相互比较	六点定位原则的应用	能合理设置支承点来限制典型零件的自由度

续表

学习项目2:设计销轴零件钻床夹具			教学意图(训练职业行动能力)				
学习模块2.2:销轴零件定位方案分析			学习内容	跨专业能力		专业能力	
				方法/学习能力	社会/个人能力	理论	实践
行动学习阶段	教师和学生活动(具体实施)	课堂教学方法		学生能:	学生能:	学生能:	学生能:
信息获取/分析	5. 信息获取 (1)学生独立学习,根据加工要求分析工件应该限制的自由度。阅读、分析内容并做标记,写出关键词。 (2)请学生根据定位原理,分析销轴零件钻孔工序必须限制哪些自由度。小组讨论,得出结论。 (3)请某一组学生讲述,其他组补充,教师可适当指导,让方案更明确,以便学生能较清晰地做后面的工作。不需指正,允许带着错误进行以后环节	独立学习、分析内容、做标记、理解、小组讨论	根据加工要求分析工件应该限制的自由度	• 能够与他人协作并共同完成一项任务 • 能够倾听他人的意见 • 能够接受他人的批评 • 能够做出决定并说明理由 • 能够专注于任务并且目标明确地实施	• 能与他人协作完成计划的制订 • 独立思考 • 能把信息清楚地传递给对方 • 能够提出各种不同的建议并相互比较	掌握加工要求与限制自由度的关系	能分析销轴零件钻孔工序必须限制哪些自由度
	6. 信息获取 (1)学生独立学习工件定位的几种情况,阅读、分析内容并做标记,写出关键词,灵活地交流、复述。 (2)请学生根据阅读材料,分析销轴零件钻孔工序属于哪种定位情况。小组讨论,得出结论。 (3)请某一组学生讲述,其他组补充	自主学习、分析内容、做标记、理解、灵活地交流	工件定位的几种情况	• 能够与他人协作并共同完成一项任务 • 能够倾听他人的意见 • 能够接受他人的批评 • 能够做出决定并说明理由 • 能够专注于任务并且目标明确地实施	• 能与他人协作完成计划的制订 • 独立思考 • 能把信息清楚地传递给对方 • 能够提出各种不同的建议并相互比较	掌握四种定位情况	能分析销轴零件钻孔工序属于哪种定位情况
决策	7. 总结 教师总结销轴零件钻孔工序必须限制的自由度及定位方式	教师总结		• 具有正确的事物判断能力 • 专心听讲	能够接受新知识并运用		掌握销轴零件钻孔工序必须限制的自由度及定位方式
评价	8. 评价与反思 小组讨论,完成课堂记录表	小组讨论		能够与他人协作并共同完成一项任务	能进行合理的评价		

学习项目 2:设计销轴零件钻床夹具			教学意图(训练职业行动能力)				
学习模块 2.3:销轴零件定位方案设计			学习内容	跨专业能力		专业能力	
				方法/学习能力	社会/个人能力	理论	实践
行动学习阶段	教师和学生活动（具体实施）	课堂教学方法		学生能:	学生能:	学生能:	学生能:
导入	1. 任务发出 如何保证各工序的加工要求	提问					
信息获取/分析	2. 任务分析 (1) 学生独立思考。请学生分析钻孔工序应选择哪些定位基准。每人一张彩纸，先独立写出关键词，然后进行讨论，最后形成小组统一稿。 (2) 请某一组学生讲述，其他组补充	单独工作、小组交流、关键词卡片	定位基准的选择	• 能专注投入工作 • 能和同学一起分工协作 • 可以根据要点写出关键词 • 可以合理利用时间	• 能认真执行计划 • 能规范、合理地执行加工操作方法	掌握定位基准的相关概念	能准确判断各种基准
信息获取/分析	3. 信息获取 (1) 根据学生列出的定位基准提问“应如何保证这些定位基准”，抽两名学生回答，引入“定位元件”的概念。 (2) 学生独立学习工件以平面定位的定位元件、工件以外圆定位的定位元件，阅读、分析内容并做标记，写出关键词。 (3) 教师总结	提问、独立学习、分析内容、做标记、理解	工件以平面定位的定位元件、工件以外圆定位的定位元件	• 能专注投入工作 • 能和同学一起分工协作 • 可以合理利用时间	• 能收集相关信息 • 能够用简单的语言或方式总结归纳	正确使用以平面定位的定位元件、以外圆定位的定位元件	能查阅资料选择定位元件

续表

学习项目 2:设计销轴零件钻床夹具			教学意图(训练职业行动能力)				
学习模块 2.3:销轴零件定位方案设计			学习内容	跨专业能力		专业能力	
				方法/学习能力	社会/个人能力	理论	实践
行动学习阶段	教师和学生活动(具体实施)	课堂教学方法		学生能:	学生能:	学生能:	学生能:
计划	4. 根据分析内容制订详细的实施方案 (1) 学生利用已有的知识独立设计销轴零件钻孔工序的定位方案。 (2) 小组讨论、修改,达成共识。 (3) 每组将达成共识的定位方案用图画的形式展示出来。 (4) 请学生离开座位,去其他组观看,自由交流	小组合作、自由交流、交流沟通、可视化	销轴零件定位方案的设计	• 能与他人协作完成计划的制订 • 能倾听他人的意见和建议 • 有学习新方法、新技术、新知识的能力 • 有运用新技术、新工艺的意识	• 能够与他人协作并共同完成一项任务 • 能够与他人交流沟通 • 能够应用可视化的方法	• 分析销轴零件钻孔工序的定位基准 • 选择销轴零件钻孔工序的定位元件	• 能设计销轴零件钻孔工序的定位方案 • 能用图表示销轴零件钻孔工序的定位方案
决策	5. 学生评选方案 (1) 抽 2 组上台讲述本组的方案,时间为 3 分钟,其他组各抽 2 人,组成评审组,负责提问或提出建议。 (2) 需提前 5 分钟确定名单,以便同组人对其进行指导 (学生评选方案的过程中,教师不进行指正)	讨论法、组间互审		• 会修改计划 • 能优化计划 • 能够用简单的语言或方式总结归纳	• 能够与他人协作并共同完成一项任务 • 能够倾听他人的意见 • 能够接受他人的批评		
实施、检查	6. 完善方案,并完成定位方案草图					掌握定位方案的设计方法	能绘制定位方案草图
评价	7. 评价与反思 小组讨论,完成课堂记录表	小组讨论		能够与他人协作并共同完成一项任务	能进行合理的评价		

学习项目 2:设计销轴零件钻床夹具			教学意图(训练职业行动能力)				
学习模块 2.4:销轴零件夹紧方案设计			学习内容	跨专业能力		专业能力	
				方法/学习能力	社会/个人能力	理论	实践
行动学习阶段	教师和学生活动 (具体实施)	课堂教学方法		学生能:	学生能:	学生能:	学生能:
导入	1. 任务发出 销轴零件钻孔工序零件的安装	提问					
信息获取/分析	2. 任务分析 (1) 请学生根据定位方案和铣削的特点,分析如何夹紧工件。小组讨论,得出结论。 (2) 请某一组学生讲述,其他组补充,教师可适当指导,让方案更明确,以便学生能较清晰地做后面的工作。不需指正,允许带着错误进行以后环节(目标内容:夹紧力的方向、位置、大小)	单独工作、小组交流、关键词卡片	根据定位方案和铣削的特点,分析如何夹紧工件	• 能专注投入工作 • 能和同学一起分工协作 • 可以根据要点写出关键词 • 可以合理利用时间	• 能认真执行计划 • 能规范、合理地执行加工操作方法	夹紧力和夹紧装置	确定夹紧力和夹紧装置
	3. 信息获取 (1) 学生独立学习夹紧原理,阅读、分析内容并做标记,写出关键词。 (2) 小组合作设计销轴零件的夹紧方案。 (3) 每组讨论后将结论及依据写于彩纸上,并贴于白板上。 (4) 教师总结	提问、独立学习、分析内容、做标记、理解	夹紧力的确定	• 能专注投入工作 • 能和同学一起分工协作 • 可以合理利用时间	• 能收集相关信息 • 能够用简单的语言或方式总结归纳	夹紧力的确定	能确定销轴零件的夹紧力

续表

学习项目2:设计销轴零件钻床夹具			教学意图(训练职业行动能力)				
学习模块2.4:销轴零件夹紧方案设计			学习内容	跨专业能力		专业能力	
				方法/学习能力	社会/个人能力	理论	实践
行动学习阶段	教师和学生活动(具体实施)	课堂教学方法		学生能:	学生能:	学生能:	学生能:
计划	4. 根据分析内容制订详细的实施方案 (1)小组讨论、修改夹紧方案,达成共识。 (2)学生独立学习夹紧装置,阅读、分析内容并做标记,写出关键词。 (3)每组将达成共识的夹紧方案用图画的形式展示出来。 (4)请学生离开座位,去其他组观看,自由交流	小组合作、自由交流、交流沟通、可视化	典型夹紧装置	• 能与他人协作完成计划的制订 • 能倾听他人的意见和建议 • 有学习新方法、新技术、新知识的能力 • 有运用新技术、新工艺的意识	• 能够与他人协作并共同完成一项任务 • 能够与他人交流沟通 • 能够应用可视化的方法	• 掌握基本夹紧装置的结构 • 理解基本夹紧装置的自锁条件	能根据具体加工情况选择合适的夹紧装置
决策	5. 学生评选方案 (1)抽2组上台讲述本组的方案,时间为3分钟,其他组各抽2人,组成评审组,负责提问或提出建议。 (2)需提前5分钟确定名单,以便同组人对其进行指导 (学生评选方案的过程中,教师不进行指正)	讨论法、组间互审		• 会修改计划 • 能优化计划 • 能够用简单的语言或方式总结归纳	• 能够与他人协作并共同完成一项任务 • 能够倾听他人的意见 • 能够接受他人的批评		
实施、检查	6. 完善方案,并完成夹紧方案草图		销轴零件夹紧方案的设计			掌握夹紧方案的设计方法	能绘制夹紧方案草图
评价	7. 评价与反思 小组讨论,完成课堂记录表	小组讨论		能够与他人协作并共同完成一项任务	能进行合理的评价		

<table>
<tr><td colspan="3">学习项目2:设计销轴零件钻床夹具</td><td colspan="5">教学意图(训练职业行动能力)</td></tr>
<tr><td colspan="3" rowspan="2">学习模块2.5:销轴零件导向方案设计</td><td rowspan="3">学习内容</td><td colspan="2">跨专业能力</td><td colspan="2">专业能力</td></tr>
<tr><td>方法/学习能力</td><td>社会/个人能力</td><td>理论</td><td>实践</td></tr>
<tr><td>行动学习阶段</td><td>教师和学生活动
(具体实施)</td><td>课堂教学方法</td><td>学生能:</td><td>学生能:</td><td>学生能:</td><td>学生能:</td></tr>
<tr><td>导入</td><td>1. 任务发出
销轴零件钻孔工序的对刀方案</td><td>提问</td><td></td><td></td><td></td><td></td><td></td></tr>
<tr><td rowspan="3">信息获取/分析</td><td>2. 任务分析
(1) 请学生根据定位方案和钻削的特点,分析如何对刀。小组讨论,得出结论。
(2) 请某一组学生讲述,其他组补充,教师可适当指导,让方案更明确,以便学生能较清晰地做后面的工作。不需指正,允许带着错误进行以后环节</td><td>单独工作、小组交流、关键词卡片</td><td></td><td>• 能专注投入工作
• 能和同学一起分工协作
• 可以根据要点写出关键词
• 可以合理利用时间</td><td>• 能认真执行计划
• 能规范、合理地执行加工操作方法</td><td>能确定在钻床上钻孔时的对刀方式</td><td></td></tr>
<tr><td>3. 信息获取
(1) 学生独立学习轴套的类型,阅读、分析内容并做标记,写出关键词,自由地交流、复述。
(2) 独立完成钻套类型选择的练习。抽两名学生讲解,其他组点评。
(3) 教师总结</td><td>提问、独立学习、分析内容、做标记、理解</td><td>钻套类型的选择</td><td>• 能专注投入工作
• 能和同学一起分工协作
• 可以合理利用时间</td><td>• 能收集相关信息
• 能够用简单的语言或方式总结归纳</td><td>能根据加工要求选择钻套的类型</td><td>能利用工具书查阅钻套的类型</td></tr>
<tr><td>4. 信息获取
(1) 学生独立学习钻套的设计,阅读、分析内容并做标记,写出关键词,自由地交流、复述。
(2) 小组讨论、确定销轴零件钻孔工序中钻套的类型及尺寸。
(3) 每组将达成共识的方案写在关键词卡片上,并贴于白板上。
(4) 请学生离开座位,去其他组观看,自由交流</td><td>小组合作、自由交流、交流沟通、可视化</td><td>钻套的设计</td><td>• 能与他人协作完成计划的制订
• 能倾听他人的意见和建议
• 有学习新方法、新技术、新知识的能力
• 有运用新技术、新工艺的意识</td><td>• 能够与他人协作并共同完成一项任务
• 能够与他人交流沟通
• 能够应用可视化的方法</td><td>• 能确定钻套内径尺寸
• 能确定钻套内径尺寸的公差</td><td>能利用工具书查阅钻套各部分的尺寸</td></tr>
</table>

续表

学习项目2:设计销轴零件钻床夹具			教学意图(训练职业行动能力)				
学习模块2.5:销轴零件导向方案设计			学习内容	跨专业能力		专业能力	
				方法/学习能力	社会/个人能力	理论	实践
行动学习阶段	教师和学生活动(具体实施)	课堂教学方法		学生能:	学生能:	学生能:	学生能:
信息获取/分析	5. 根据分析内容制订详细的实施方案 (1)学生利用已有的知识独立设计钻模板。 (2)小组讨论、修改,达成共识。 (3)每组将达成共识的钻模板设计用图画的形式展示出来。 (4)请学生离开座位,去其他组观看,自由交流	小组合作、自由交流、交流沟通、可视化	钻模板的设计	• 能与他人协作完成计划的制订 • 能倾听他人的意见和建议 • 有学习新方法、新技术、新知识的能力 • 有运用新技术、新工艺的意识	• 能够与他人协作并共同完成一项任务 • 能够与他人交流沟通 • 能够应用可视化的方法	• 能设计钻模板 • 能确定钻模板各部分尺寸 • 能确定钻模板与其他件的配合尺寸	• 能准确画出钻模板的各个视图 • 能确定钻模板各部分尺寸 • 能确定配合尺寸和精度
决策	6. 学生评选方案 (1)抽2组上台讲述本组的方案,时间为3分钟,其他组各抽2人,组成评审组,负责提问或提出建议。 (2)需提前5分钟确定名单,以便同组人对其进行指导 (学生评选方案的过程中,教师不进行指正)	讨论法、组间互审		• 会修改计划 • 能优化计划 • 能够用简单的语言或方式总结归纳	• 能够与他人协作并共同完成一项任务 • 能够倾听他人的意见 • 能够接受他人的批评		
实施、检查	7. 完善方案,并完成导向装置草图		销轴零件导向装置的设计			掌握导向装置的设计方法	能绘制导向装置草图
评价	8. 评价与反思 小组讨论,完成课堂记录表	小组讨论		能够与他人协作并共同完成一项任务	能进行合理的评价		

学习项目2:设计销轴零件钻床夹具			教学意图（训练职业行动能力）				
学习模块2.6:销轴零件钻孔工序的夹具体设计			学习内容	跨专业能力		专业能力	
				方法/学习能力	社会/个人能力	理论	实践
行动学习阶段	教师和学生活动（具体实施）	课堂教学方法		学生能：	学生能：	学生能：	学生能：
导入	1. 任务发出 销轴零件钻孔工序的夹具体设计	提问					
信息获取/分析	2. 任务分析 （1）请学生根据定位、夹紧方案和导向装置，分析如何把以上装置组装成整体。小组讨论，得出结论。 （2）抽某一组学生讲述，其他组补充，教师可适当指导，让方案更明确，以便学生能较清晰地做后面的工作。不需指正，允许带着错误进行以后环节	单独工作、小组交流、关键词卡片		• 能专注投入工作 • 能和同学一起分工协作 • 可以根据要点写出关键词 • 可以合理利用时间	• 能认真执行计划 • 能规范、合理地执行加工操作方法	能掌握夹具的组成及夹具体的作用	
	3. 信息获取 （1）学生独立学习夹具体的设计，阅读、分析内容并做标记，写出关键词，自由地交流、复述。 （2）教师总结	提问、独立学习、分析内容、做标记、理解	夹具体类型的选择	• 能专注投入工作 • 能和同学一起分工协作 • 可以合理利用时间	• 能收集相关信息 • 能够用简单的语言或方式总结归纳	能根据加工要求选择夹具体的类型	能利用工具书查阅夹具体的类型

续表

学习项目 2:设计销轴零件钻床夹具			教学意图(训练职业行动能力)				
学习模块 2.6:销轴零件钻孔工序的夹具体设计			学习内容	跨专业能力		专业能力	
				方法/学习能力	社会/个人能力	理论	实践
行动学习阶段	教师和学生活动(具体实施)	课堂教学方法		学生能:	学生能:	学生能:	学生能:
信息获取/分析	4.根据分析内容制订详细的实施方案 (1) 学生利用已有的知识独立设计夹具体。 (2) 小组讨论、修改,达成共识。 (3) 每组用图画的形式将达成共识的夹具体设计展示出来。 (4) 请学生离开座位,去其他组观看,自由交流	小组合作、自由交流、交流沟通、可视化	夹具体的设计	• 能与他人协作完成计划的制订 • 能倾听他人的意见和建议 • 有学习新方法、新技术、新知识的能力 • 有运用新技术、新工艺的意识	• 能够与他人协作并共同完成一项任务 • 能够与他人交流沟通 • 能够应用可视化的方法	• 能设计夹具体 • 能确定夹具体各部分尺寸 • 能确定夹具体与其他件的配合尺寸	• 能准确画出夹具体的各个视图 • 能确定夹具体各部分的尺寸 • 能确定配合尺寸和精度
决策	5. 学生评选方案 (1) 抽 2 组上台讲述本组的方案,时间为 3 分钟,其他组各抽 2 人,组成评审组,负责提问或提出建议。 (2) 需提前 5 分钟确定名单,以便同组人对其进行指导 (学生评选方案的过程中,教师不进行指正)	讨论法、组间互审		• 会修改计划 • 能优化计划 • 能够用简单的语言或方式总结归纳	• 能够与他人协作并共同完成一项任务 • 能够倾听他人的意见 • 能够接受他人的批评		
实施、检查	6. 完善方案,并完成导向装置草图		销轴零件导向装置设计			掌握夹具体的设计方法	能绘制夹具体的各个视图
评价	7. 评价与反思 小组讨论,完成课堂记录表	小组讨论		能够与他人协作并共同完成一项任务	能进行合理的评价		

<table>
<tr><td colspan="3">学习项目 2:设计销轴零件钻床夹具</td><td colspan="5">教学意图（训练职业行动能力）</td></tr>
<tr><td colspan="3" rowspan="2">学习模块 2.7:销轴零件钻孔工序的夹具的整体设计</td><td rowspan="3">学习内容</td><td colspan="2">跨专业能力</td><td colspan="2">专业能力</td></tr>
<tr><td>方法/学习能力</td><td>社会/个人能力</td><td>理论</td><td>实践</td></tr>
<tr><td>行动学习阶段</td><td>教师和学生活动（具体实施）</td><td>课堂教学方法</td><td>学生能：</td><td>学生能：</td><td>学生能：</td><td>学生能：</td></tr>
<tr><td>导入</td><td>1. 任务发出
销轴零件钻孔工序的夹具的整体设计</td><td>提问</td><td></td><td></td><td></td><td></td><td></td></tr>
<tr><td rowspan="2">信息获取/分析</td><td>2. 任务分析
（1）请学生根据以上各方案，分析如何整体设计夹具。小组讨论，得出结论。
（2）抽某一组学生讲述，其他组补充，教师可适当指导，让方案更明确，以便学生能较清晰地做后面的工作。不需指正，允许带着错误进行以后环节</td><td>单独工作、小组交流、关键词卡片</td><td></td><td>• 能专注投入工作
• 能和同学一起分工协作
• 可以根据要点写出关键词
• 可以合理利用时间</td><td>• 能认真执行计划
• 能规范、合理地执行加工操作方法</td><td>能掌握夹具的组成及夹具体的作用</td><td></td></tr>
<tr><td>3. 信息获取
（1）学生独立学习钻床夹具的设计要点，阅读、分析内容并做标记，写出关键词，自由地交流、复述。
（2）小组讨论、确定销轴零件钻孔工序的夹具的结构组成。
（3）每组将达成共识的方案写在关键词卡片上，并贴于白板上。
（4）请学生离开座位，去其他组观看，自由交流</td><td>小组合作、自由交流、交流沟通、可视化</td><td>钻床夹具的结构</td><td>• 能与他人协作完成计划的制订
• 能倾听他人的意见和建议
• 有学习新方法、新技术、新知识的能力
• 有运用新技术、新工艺的意识</td><td>• 能够与他人协作并共同完成一项任务
• 能够与他人交流沟通
• 能够应用可视化的方法</td><td>• 能确定钻套内径尺寸
• 能确定钻套内径尺寸的公差</td><td>能利用工具书查阅钻套各部分的尺寸</td></tr>
</table>

续表

学习项目 2:设计销轴零件钻床夹具			学习内容	教学意图(训练职业行动能力)			
学习模块 2.7:销轴零件钻孔工序的夹具的整体设计				跨专业能力		专业能力	
				方法/学习能力	社会/个人能力	理论	实践
行动学习阶段	教师和学生活动 (具体实施)	课堂教学方法		学生能:	学生能:	学生能:	学生能:
信息获取/分析	4. 根据分析内容制订详细的实施方案 (1) 学生利用已有的知识独立设计钻床夹具。 (2) 小组讨论、修改,达成共识。 (3) 每组用图画的形式将达成共识的夹具设计展示出来。 (4) 请学生离开座位,去其他组观看,自由交流	小组合作、自由交流、交流沟通、可视化	夹具体的设计	• 能与他人协作完成计划的制订 • 能倾听他人的意见和建议 • 有学习新方法、新技术、新知识的能力 • 有运用新技术、新工艺的意识	• 能够与他人协作并共同完成一项任务 • 能够与他人交流沟通 • 能够应用可视化的方法	• 能设计夹具体 • 夹具体各部分尺寸的确定 • 夹具体与其他件的配合尺寸	• 能准确画出夹具体的各个视图 • 能确定夹具体各部分的尺寸 • 能确定配合尺寸和精度
决策	5. 学生评选方案 (1) 抽 2 组上台讲述本组的方案,时间为 3 分钟,其他组各抽 2 人,组成评审组,负责提问或提出建议。 (2) 需提前 5 分钟确定名单,以便同组人对其进行指导 (学生评选方案的过程中,教师不进行指正)	讨论法、组间互审		• 会修改计划 • 能优化计划 • 能够用简单的语言或方式总结归纳	• 能够与他人协作并共同完成一项任务 • 能够倾听他人的意见 • 能够接受他人的批评		
实施、检查	6. 完善方案,并完成钻床夹具设计草图		销轴零件导向装置设计			掌握钻床夹具的设计方法	能绘制夹具的各个视图
评价	7. 评价与反思 小组讨论,完成课堂记录表	小组讨论		能够与他人协作并共同完成一项任务	能进行合理的评价		

<table>
<tr><td colspan="3">学习项目2:设计销轴零件钻床夹具</td><td colspan="5">教学意图(训练职业行动能力)</td></tr>
<tr><td colspan="3" rowspan="2">学习模块2.8:绘制销轴零件钻孔工序的夹具图及夹具设计方案评估</td><td rowspan="3">学习内容</td><td colspan="2">跨专业能力</td><td colspan="2">专业能力</td></tr>
<tr><td>方法/学习能力</td><td>社会/个人能力</td><td>理论</td><td>实践</td></tr>
<tr><td>行动学习阶段</td><td>教师和学生活动
(具体实施)</td><td>课堂教学方法</td><td>学生能:</td><td>学生能:</td><td>学生能:</td><td>学生能:</td></tr>
<tr><td>导入</td><td>1. 任务发出
绘制销轴零件钻孔工序的夹具图</td><td>提问</td><td></td><td></td><td></td><td></td><td></td></tr>
<tr><td>信息获取/分析</td><td>2. 信息获取
(1) 小组讨论,查阅工具书,选择合适的标准件。
(2) 小组讨论、确定销轴零件钻孔工序的夹具的各非标准件的结构。
(3) 教师指导</td><td>小组合作、自由交流、交流沟通、可视化、教师指导</td><td>• 标准件的选择
• 非标准件的设计</td><td>• 能与他人协作完成计划的制订
• 能倾听他人的意见和建议
• 有学习新方法、新技术、新知识的能力
• 有运用新技术、新工艺的意识</td><td>• 能够与他人协作并共同完成一项任务
• 能够与他人交流沟通
• 能够应用可视化的方法</td><td>• 能确定钻床夹具的结构
• 能确定各非标准件的结构、尺寸</td><td>能利用工具书查阅各标准件的结构和尺寸</td></tr>
<tr><td>任务实施</td><td>3. 任务实施
(1) 请学生根据以上各方案,绘制销轴零件钻孔工序的夹具图及各非标准件的零件图。
(2) 教师讲解难点、要点</td><td>讲课、单独工作</td><td>夹具装配图的绘制</td><td>• 能专注投入工作
• 可以合理利用时间</td><td>• 能认真执行计划
• 规范地操作</td><td>能掌握夹具装配图的绘制方法</td><td></td></tr>
<tr><td>决策</td><td>4. 学生画图
(1) 学生独立完成夹具装配图及非标准件零件图的绘制。
(2) 教师指导</td><td>单独工作、教师指导</td><td></td><td>• 会修改计划
• 能优化计划</td><td>• 能认真执行计划
• 规范地操作</td><td></td><td></td></tr>
</table>

续表

学习项目2:设计销轴零件钻床夹具			教学意图(训练职业行动能力)				
学习模块2.8:绘制销轴零件钻孔工序的夹具图及夹具设计方案评估			学习内容	跨专业能力		专业能力	
				方法/学习能力	社会/个人能力	理论	实践
行动学习阶段	教师和学生活动（具体实施）	课堂教学方法		学生能:	学生能:	学生能:	学生能:
实施、检查	5. 夹具设计方案评估 (1) 学生自我总结钻床夹具设计过程中的得失。 (2) 小组讨论、交流。 (3) 以小组为单位画出钻床夹具设计思维导图。 (4) 请学生离开座位，去其他组观看，自由交流。 (5) 教师总结	单独工作、小组合作、自由交流、交流沟通、思维导图	夹具设计方案评估	• 能够用简单的语言或方式总结归纳 • 能熟练应用思维导图 • 具有一定的分析能力	• 能够与他人协作并共同完成一项任务 • 能够倾听他人的意见 • 能够接受他人的批评	掌握钻床夹具的设计方法	能绘制夹具的各个视图
评价	6. 评价与反思 小组讨论，完成课堂记录表	小组讨论		能够与他人协作并共同完成一项任务	能进行合理的评价		

项目3 车床夹具设计

教学目标

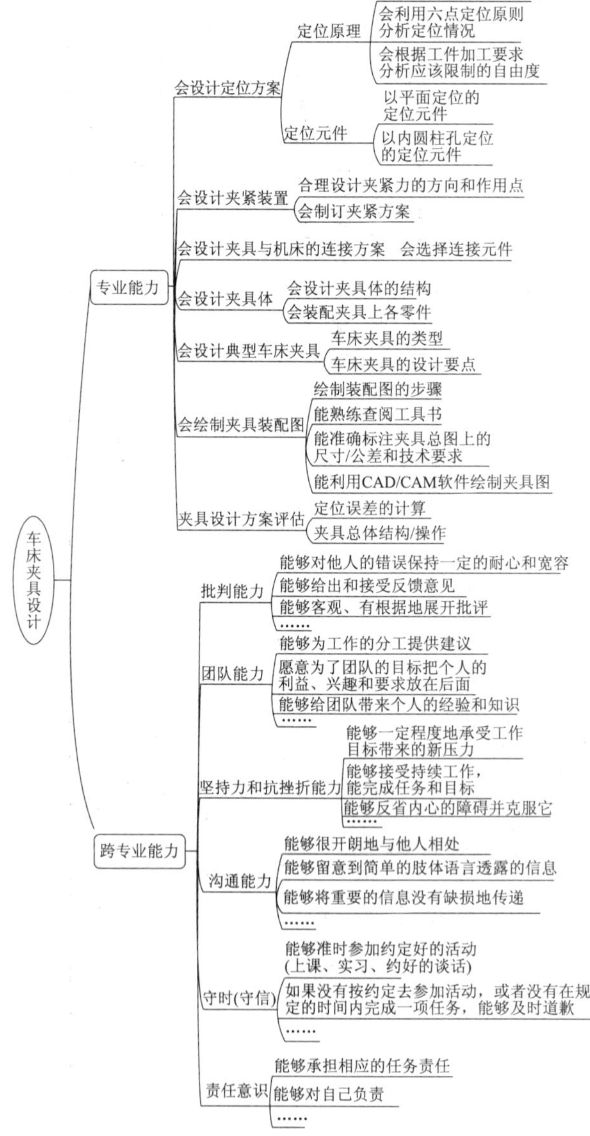

车床夹具设计
专业能力
会设计定位方案
定位原理
理解并掌握六个自由度
会利用六点定位原则分析定位情况
会根据工件加工要求分析应该限制的自由度
定位元件
以平面定位的定位元件
以内圆柱孔定位的定位元件
会设计夹紧装置
合理设计夹紧力的方向和作用点
会制订夹紧方案
会设计夹具与机床的连接方案
会选择连接元件
会设计夹具体
会设计夹具体的结构
会装配夹具上各零件
会设计典型车床夹具
车床夹具的类型
车床夹具的设计要点
会绘制夹具装配图
绘制装配图的步骤
能熟练查阅工具书
能准确标注夹具总图上的尺寸/公差和技术要求
能利用CAD/CAM软件绘制夹具图
夹具设计方案评估
定位误差的计算
夹具总体结构/操作
跨专业能力
批判能力
能够对他人的错误保持一定的耐心和宽容
能够给出和接受反馈意见
能够客观、有根据地展开批评
……
团队能力
能够为工作的分工提供建议
愿意为了团队的目标把个人的利益、兴趣和要求放在后面
能够给团队带来个人的经验和知识
……
坚持力和抗挫折能力
能够一定程度地承受工作目标带来的新压力
能够接受持续工作，能完成任务和目标
能够反省内心的障碍并克服它
……
沟通能力
能够很开朗地与他人相处
能够留意到简单的肢体语言透露的信息
能够将重要的信息没有缺损地传递
……
守时(守信)
能够准时参加约定好的活动(上课、实习、约好的谈话)
如果没有按约定去参加活动，或者没有在规定的时间内完成一项任务，能够及时道歉
……
责任意识
能够承担相应的任务责任
能够对自己负责
……

模块1

任务引入

1-1 任务发出:车削工件图

按图 3.1 所示加工连杆零件。在本工序中,需车大头外圆 $\phi 279$ mm,批量 $N=2000$ 件。

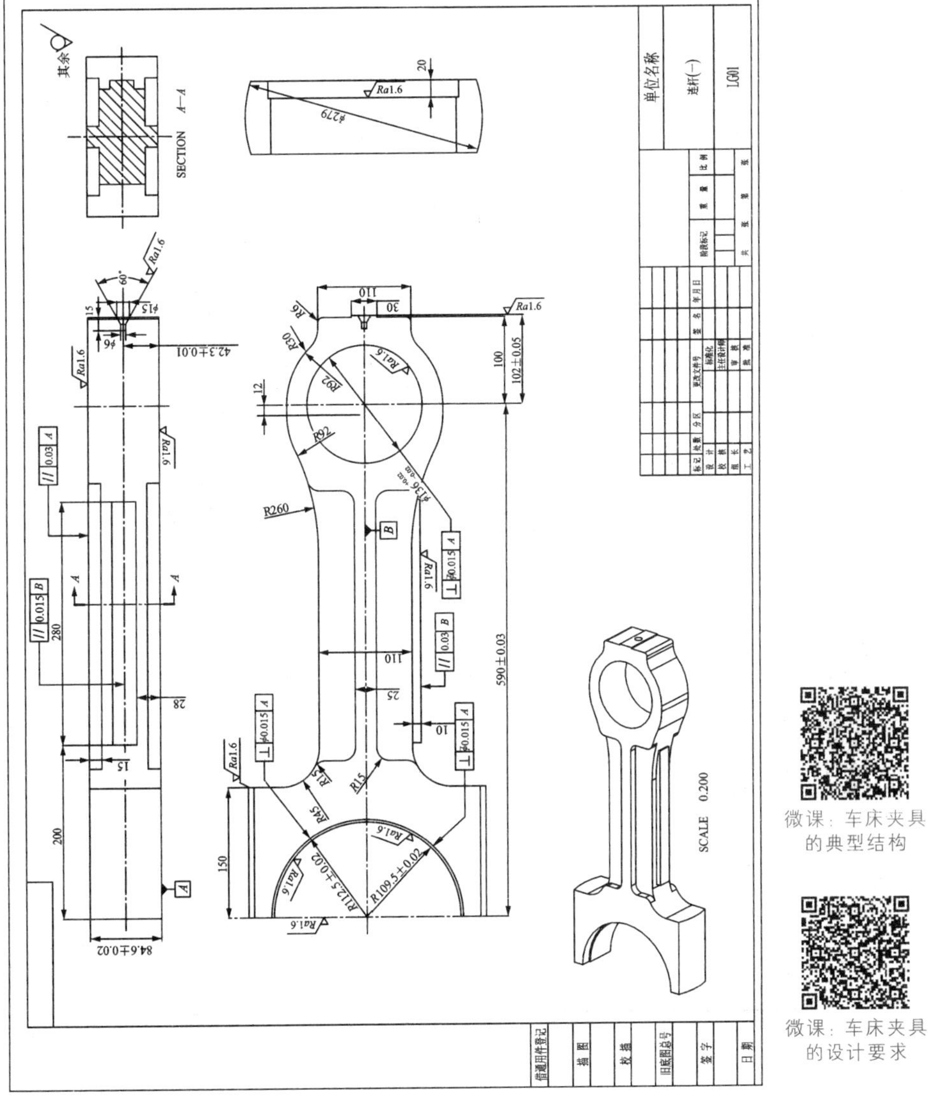

图 3.1 连杆零件图

微课：车床夹具的典型结构

微课：车床夹具的设计要求

1-2 任务目标及描述（机械加工工艺过程卡片、机械加工工序卡片）

	机械加工工艺过程卡片	产品型号		零(部)件图号	LG01		
		产品名称		零(部)件名称	连杆(一)	共　页	第　页

材料牌号	42CrMo	毛坯种类	锻件	毛坯外形尺寸		每一毛坯可制件数		每台件数		

工序	工序名称	工序内容	设备	工艺装备			工时	
				夹具	刀具	量具	准终	单件
1	锻造	精锻毛坯						
2	热处理	调质						
3	检查	毛坯检查、测量	检测平台					
4	校调	根据连杆外形及毛坯余量校调孔中心并划线	划线平台	样板				
5	铣一	粗、精铣下表面、杆身定位面、小头端定位面	立式加工中心	铣平面夹具1				
6	铣二	粗、精铣上平面	立式加工中心	铣平面夹具2				
7	铣三	粗、精铣剖分面(配工艺盖)	卧式加工中心	铣平面夹具3				
8	加工中心	(1) 铣大头内侧150 mm背面	卧式加工中心	铣平面夹具4				
		(2) 钻小头中心孔						
9	镗(一)	粗镗大、小头孔(加工艺盖)	镗床	镗床夹具				
10	车	粗、精车大头杆身外圆 ϕ279	车床	大头外圆车床夹具				
11	镗(二)	精镗大、小头孔(加工艺盖)	镗床	镗床夹具				
12	去毛刺							
13	探伤	探伤及退磁	探伤机					
14	检查	成品检查						
15	入库							

编制	日期	缮写	日期	校对	日期	审核	日期

机械加工工序卡片	产品型号		零(部)件图号	LG01	
	产品名称		零(部)件名称	连杆(一)	

施工车间	工序号	工序名称	
	10	车外圆	
材料牌号	同时加工件数	冷却液	
42CrMo			
设备名称	设备型号	设备编号	
车床	CA6140		
夹具编号	夹具名称	工序工时	
	大头外圆车床夹具	准终	单件
工位器编号	工位器名称		

工步号	工步内容	工艺装备			主轴转速/(r/min)	切削速度/(m/s)	走刀量/(mm/r)	吃刀深度/mm	走刀次数	工时定额	
		刃具	量具	辅具						机动	辅助
1	粗车大头杆身外圆 ϕ279.5	外圆车刀	游标卡尺 0～300 mm		520		0.41	实测			
2	精车大头杆身外圆 ϕ279	外圆车刀	游标卡尺 0～300 mm		730		0.41	实测			

										编制(日期)	审核(日期)	会签(日期)	标准化(日期)	
标志	处数	更改文件号	签字	日期	标志	处数	更改文件号	签字	日期					

模块2 任务资讯

2-1 任务相关理论知识

微课：定位误差的分析和计算

课程思政案例

微课：基准的概念及其判别

一、定位误差的分析和计算

在项目1中指出，工件的加工精度取决于刀具与工件之间正确的相互位置关系。影响这个正确位置关系的误差因素有以下几种。

(1) 定位误差。

定位误差是指一批工件在夹具中的位置不一致而引起的误差。如定位副的制造误差引起的位置不一致，工序基准与定位基准不重合而引起的位置不一致，都属于定位误差，以Δ_D表示。

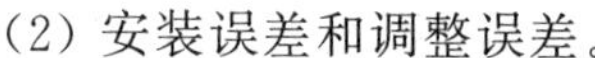
(2) 安装误差和调整误差。

安装误差是指夹具在机床上安装时，定位元件与机床上安装夹具的装夹面之间位置不准确而引起的误差，以Δ_A表示；调整误差是指夹具上的对刀元件或导向元件与定位元件之间的位置不准确而引起的误差，以Δ_T表示。

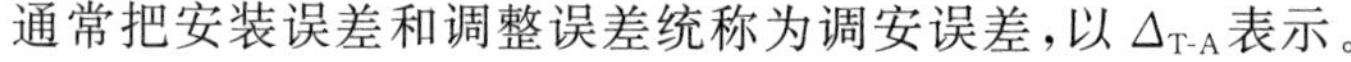
通常把安装误差和调整误差统称为调安误差，以$\Delta_{T\text{-}A}$表示。

(3) 加工过程误差（或加工方法误差）。

此项误差是由机床运动精度和工艺系统的变形等因素引起的误差，以Δ_G表示。

为了保证加工要求，上述三项误差之和应小于或等于工件公差δ_K，即

$$\Delta_D+\Delta_{T\text{-}A}+\Delta_G\leqslant\delta_K$$

在对定位方案进行分析时，可先假设上述三项误差各占工件公差的1/3。

1. 定位误差及其产生的原因

1) 定位误差的定义

一批工件逐个在夹具上定位时，由于工件及定位元件存在公差，各个工件在夹具上所占据的位置不可能完全一致，致使加工后各工件的加工尺寸存在误差，这种因工件定位而产生的工序基准在工序尺寸上的最大变动量，称为定位误差，用Δ_D表示。

定位误差的主要研究对象是工件的工序基准和定位基准。工序基准的变动量将影响工件的尺寸精度和位置精度。

2) 定位误差产生的原因

造成定位误差的原因有两个：一是由于定位基准与设计基准不重合而产生的误差，称为基准不重合误差，用ΔB表示；二是由定位副制造误差引起的定位基准的位移（即定位基准与限位基准不重合），称为基准位移误差，用ΔY表示。

定位误差发生在按调整法加工的一批工件上，如果逐个按试切法加工，则不存在定位误差。

(1) 基准不重合误差 ΔB。

当定位基准与设计基准不重合时，便产生基准不重合误差。因此，选择的定位基准应尽量与设计基准相重合。当被加工工件的工艺过程确定以后，各工序的工序尺寸也就随之确定，此时在工艺文件上，设计基准便转化为工序基准。

设计夹具时，应当使定位基准与工序基准重合。当定位基准与工序基准不重合时，即产生基准不重合误差，其大小等于定位基准与工序基准之间尺寸的公差在加工尺寸方向上的投影，用 ΔB 表示。

图 3.2(a)所示为在工件上铣缺口的工序简图，加工尺寸为 A 和 B。图 3.2(b)所示为加工示意图，工件以底面和 E 面定位，C 是确定夹具与刀具相互位置的对刀尺寸，在一批工件的加工过程中，C 的大小不变。

加工尺寸 A 的工序基准是 F，定位基准是 E，两者不重合。当一批工件逐个在夹具上定位时，由于受尺寸 $S\pm\delta_S/2$ 的影响，工序基准 F 的位置是变动的。F 的变动直接影响加工尺寸 A 的大小，从而造成 A 的尺寸误差，该误差就是基准不重合误差。

由图 3.2 可知

$$\Delta B=A_{max}-A_{min}=S_{max}-S_{min}=\delta_S$$

式中：S 是定位基准 E 与工序基准 F 之间的距离尺寸，称为定位尺寸。

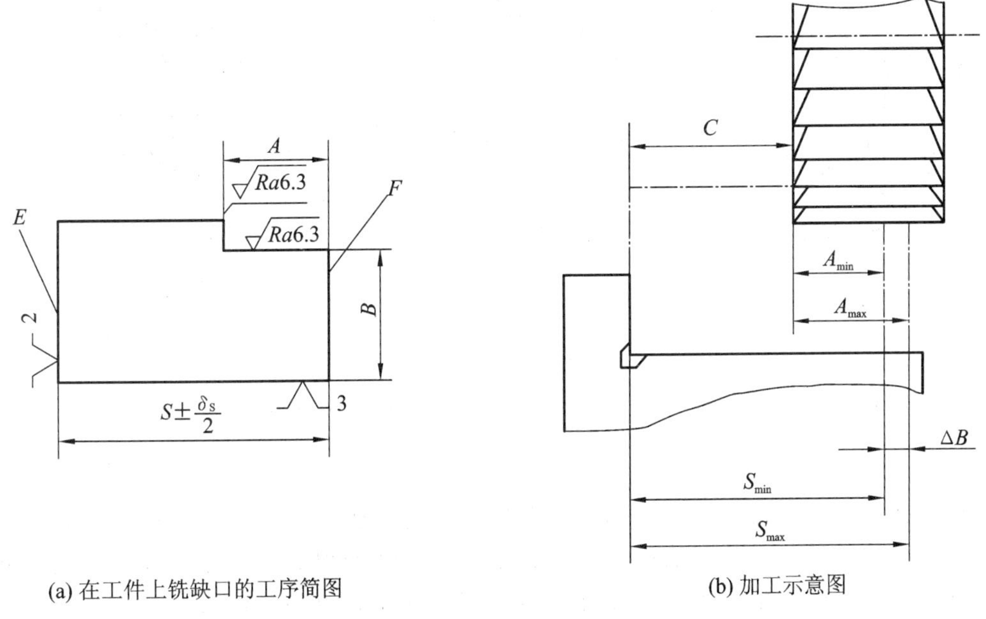

(a) 在工件上铣缺口的工序简图

(b) 加工示意图

图 3.2 基准不重合误差 ΔB

当定位基准的变动方向与加工尺寸的方向相同时，基准不重合误差等于定位尺寸的公差，即

$$\Delta B=\delta_S \tag{3-1}$$

当定位基准的变动方向与加工方向不一致，存在一个夹角 α 时，基准不重合误差等于定位尺寸的公差在加工尺寸方向上的投影，即

$$\Delta B=\delta_S\cos\alpha \tag{3-2}$$

当基准不重合误差由多个尺寸影响而产生时，应将这些影响尺寸在工序尺寸方向上进行合成。

基准不重合误差的一般计算公式为

$$\Delta B=\sum_{k=1}^{n}\delta_k\cos\beta \tag{3-3}$$

式中：δ_k 为定位基准与工序基准间的尺寸链组成环的公差，mm；β 为 δ_k 方向与加工尺寸方向间的夹角，(°)。

在图 3.2(a)中，加工尺寸 B 的工序基准与定位基准均为底面，其基准重合，所以基准不重合误差 $\Delta B=0$。

(2) 基准位移误差 ΔY。

工件在夹具中定位时，由于工件定位基面与夹具上定位元件的限位基面的制造公差和最小配合间隙的影响，定位基准在加工方向上产生位移，从而使各个工件的位置不一致，由此给加工尺寸造成的误差称为基准位移误差，用 ΔY 表示。

图 3.3(a)所示是在圆柱面上铣键槽工序简图，加工尺寸为 A 和 B。图 3.3(b)所示是加工示意图，工件以内孔 D 在圆柱心轴（直径为 d_0）上定位；O 是心轴轴心，即限位基准；C 是对刀尺寸。

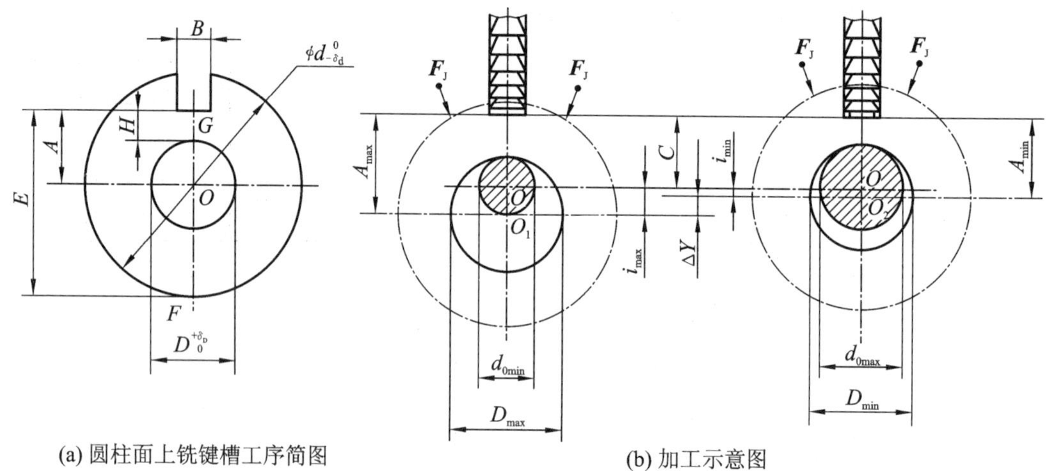

(a) 圆柱面上铣键槽工序简图　　(b) 加工示意图

图 3.3　基准位移误差 ΔY

尺寸 A 的工序基准是内孔轴线，定位基准也是内孔轴线，两者重合，即 $\Delta B=0$。但是，由于定位副（工件内孔面和心轴圆柱面）有制造公差和配合间隙，使得定位基准（工件内孔轴线）与限位基准（心轴轴线）不能重合，在夹紧力的作用下，定位基准相对于限位基准下移了一段距离。定位基准位置的变动影响到尺寸 A 的大小，造成了 A 的误差，这个误差就是基准位移误差。

由图 3.3 可知，当工件孔的直径为最大($D_{\max}$)，心轴直径为最小($d_{0\min}$)时，定位基准的位移量 i 为最大($i_{\max}=OO_1$)，加工尺寸 A 也最大($A_{\max}$)；当工件孔的直径为最小($D_{\min}$)，心轴直径为最大($d_{0\max}$)时，定位基准的位移量 i 为最小($i_{\min}=OO_2$)，加工尺寸 A 也最小($A_{\min}$)。因此有

$$\Delta Y=A_{\max}-A_{\min}=i_{\max}-i_{\min}=\delta_i$$

式中：i 为定位基准的位移量；δ_i 为一批工件定位基准的变动范围。

如果基准的偏移方向与工件加工尺寸的方向不一致，应将基准的偏移量向加工尺寸方向投影，投影后的值才是此加工尺寸的基准位移误差，即

$$\Delta Y=\delta_i\cos\alpha \tag{3-4}$$

当定位基准的变动方向与加工尺寸的方向一致，即 $\alpha=0$，$\cos\alpha=1$ 时，基准位移误差等于定位基准的变动范围，即

$$\Delta Y=\delta_i \tag{3-5}$$

2. 定位误差的常用计算方法

1）合成法

定位误差由基准不重合误差与基准位移误差两项组合而成。计算时，先分别算出 ΔB 和 ΔY，然后将两者组合成 ΔD。

组合方法为：

如果工序基准不在定位基面上（工序基准与定位基面为两个独立的表面）：$\Delta D=\Delta Y+\Delta B$。

如果工序基准在定位基面上：$\Delta D=\Delta Y\pm\Delta B$，式中"＋""－"号的确定方法如下。

微课：以圆孔定位时定位误差的计算

（1）当定位基面尺寸由小变大（或由大变小）时，分析定位基准的变动方向。

（2）当定位基面尺寸做同样变化时，假设定位基准的位置不变动，分析工序基准的变动方向。

（3）两者的变动方向相同时取"＋"号，两者的变动方向相反时取"－"号。

2）不同定位方式的基准位移误差的计算方法

对于不同的定位方式和不同的定位副结构，其基准位移误差的计算方法是不同的。

（1）利用圆柱定位销、圆柱心轴定位。

工件以圆孔在圆柱销、圆柱心轴上定位时，其定位基准为孔的中心线，定位基面为内孔表面。当圆柱销、圆柱心轴与被定位的工件内孔的配合为过盈配合时，不存在间隙，定位基准（内孔轴线）相对于定位元件没有位置变化，则 $\Delta Y=0$。

如图 3.4 所示，当定位副为间隙配合时，由于定位副配合间隙的影响，工件上的圆孔中心线（定位基准）的位置发生偏移，其中心偏移量在加工尺寸方向上的投影即为基准位移误差 ΔY。

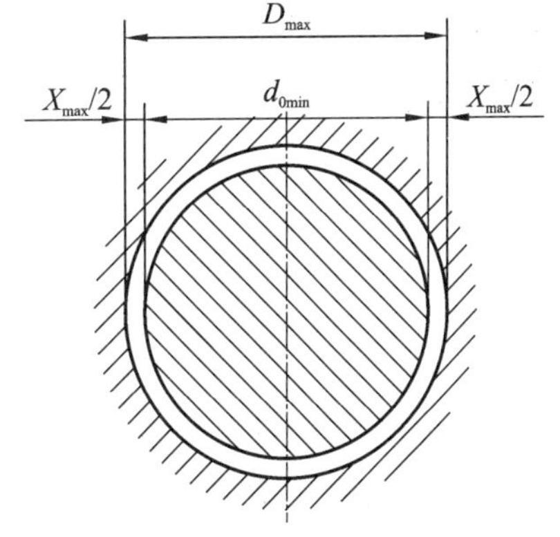

图 3.4 X_{max} 对工件尺寸公差的影响

定位基准的偏移有两种可能：一是可以在任意方向上偏移，二是只能在某一方向上偏移。

当定位基准在任意方向上偏移时，其最大偏移量即为定位副直径方向的最大间隙，即

$$\Delta Y=X_{max}=D_{max}-d_{0min}=\delta_D+\delta_{d0}+X_{min} \tag{3-6}$$

式中：X_{max} 为定位副最大配合间隙，mm；D_{max} 为工件定位孔最大直径，mm；d_{0min} 为圆柱销或圆柱心轴的最小直径，mm；δ_D 为工件定位孔的直径公差，mm；δ_{d0} 为圆柱销或圆柱心轴的直径公差，mm；X_{min} 为定位所需最小间隙，在设计时确定，mm。

当基准偏移为单方向偏移时，在其移动方向的最大偏移量为半径方向的最大间隙，即

$$\Delta Y=\frac{X_{max}}{2}=\frac{D_{max}-d_{0min}}{2}=\frac{\delta_D+\delta_{d0}+X_{min}}{2} \tag{3-7}$$

由图3.3(a)可知，加工尺寸 A 时：

$$\Delta B=0$$
$$\Delta Y=(\delta_D+\delta_{d0}+X_{min})/2$$
$$\Delta D=\Delta Y+\Delta B=(\delta_D+\delta_{d0}+X_{min})/2$$

加工尺寸 E 时：

$$\Delta B=\delta_d/2$$
$$\Delta Y=(\delta_D+\delta_{d0}+X_{min})/2$$
$$\Delta D=\Delta Y+\Delta B=(\delta_D+\delta_{d0}+X_{min}+\delta_d)/2$$

加工尺寸 H 时：

$$\Delta B=\delta_D/2$$
$$\Delta Y=(\delta_D+\delta_{d0}+X_{min})/2$$
$$\Delta D=\Delta Y-\Delta B=(\delta_{d0}+X_{min})/2$$

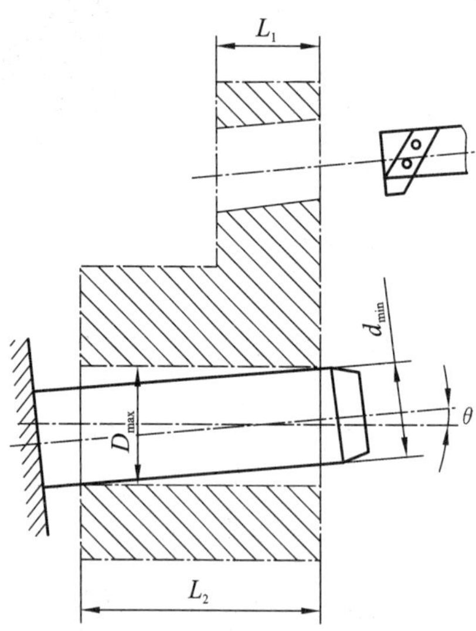

图3.5 X_{max}对工件位置公差的影响

当工件用长定位轴定位时，定位的配合间隙还会使工件发生歪斜，并影响工件的平行度要求。如图3.5所示，工件除了孔距公差外，还有平行度要求，定位副最大配合间隙 X_{max} 同时会造成平行度误差，即

$$\Delta Y=(\delta_D+\delta_{d0}+X_{min})\frac{L_1}{L_2} \tag{3-8}$$

(2) 利用平面定位。

微课：以平面定位时定位误差的计算

工件以平面定位时的基准位移误差计算较方便。由于工件以平面定位，其定位基面与定位元件限位基面以平面接触，二者的位置不会发生相对变化，因此基准位移误差为零，即工件以平面定位时 $\Delta Y=0$。

(3) 利用外圆柱面在V形块上定位。

工件以外圆柱面在V形块上定位时，其定位基准为工件外圆柱面的轴心线，定位基面为外圆柱面。如图3.6(a)所示，若不计V形块的误差而仅计算工件基准面的圆度误差，则工件的定位中心会发生偏移，产生基准位移误差。由图3.6(b)可知，由于 δ_d 的影响，工件中心沿 z 轴方向从 O_1 移至 O_2。

基准位移误差为

$$\Delta Y=\delta_i=O_1O_2=\frac{d}{2\sin\frac{\alpha}{2}}-\frac{d-\delta_d}{2\sin\frac{\alpha}{2}}=\frac{\delta_d}{2\sin\frac{\alpha}{2}} \tag{3-9}$$

式中：δ_d 为工件定位基准的直径公差，mm；$\alpha/2$ 为V形块的半角，(°)。

由于V形块的对中性好，因此其沿 x 轴方向的基准位移误差为零。

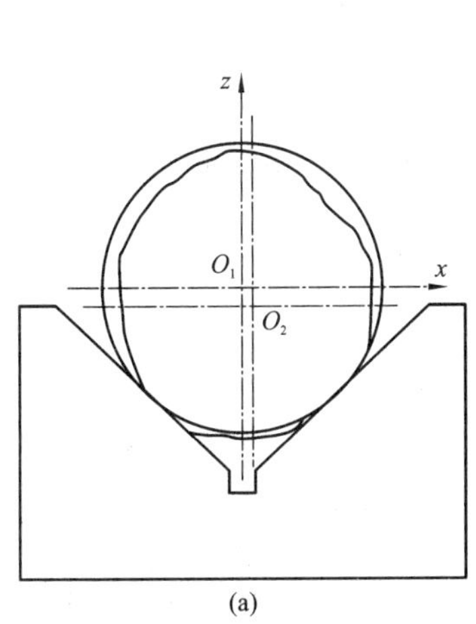

(a)

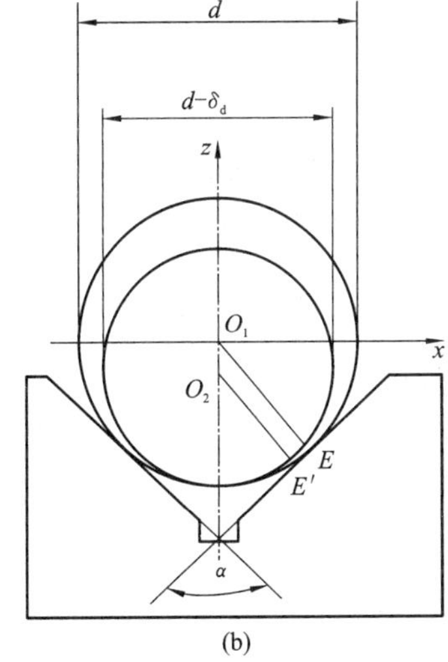

(b)

图 3.6 V 形块定位的基准位移误差

微课：以V形块定位外圆时定位误差的分析计算

当 $\alpha=90°$时，V 形块的基准位移误差为

$$\Delta Y=0.707\delta_d \tag{3-10}$$

3) 定位误差分析和计算的注意事项

(1) 某工序的定位方案会对本工序的几个加工精度参数产生不同的定位误差，应对这几个加工精度参数逐个分析来计算其定位误差。

(2) 分析计算定位误差的前提是采用夹具装夹加工一批工件，并采用调整法加工时才存在定位误差。

(3) 分析计算得出的定位误差值是指加工一批工件时可能产生的最大定位误差，而不是指某一个工件的定位误差的具体数值。

(4) 一般情况下，分析计算定位误差时，夹具的精度对加工误差的影响较为重要。此外，分析定位方案时，要求先对其定位误差是否影响工序的精度进行预估，在正常加工条件下，一般推荐定位误差占工序允差的$\frac{1}{3}\sim\frac{1}{5}$，此时比较合适。

(5) 定位误差的移动方向与加工方向成一定角度时，应按式(3-2)、式(3-3)和式(3-4)进行折算。

(6) 当定位精度不能满足工件加工要求时，应尽量压缩相关要求或改进定位基准。

(7) 选择定位基准时，应尽可能与工序基准重合，应选取精度高的表面作为定位基准。

3. 定位误差计算实例

微课：定位误差计算实例

【例 3.1】 如图 3.7 所示，求加工尺寸 A 的定位误差。

解：(1) 定位基准为底面，工序基准为圆孔中心线，两基准不重合，两者之间的定位尺寸为 50 mm，其公差为 $\delta_S=0.2$ mm。由于工序基准的位移方向与加工尺寸方向间的夹角为 45°，则

$$\Delta B=\delta_S\cos\alpha=0.141\ 4\ \text{mm}$$

(2) 工件以平面定位，定位基准与限位基准重合，则 $\Delta Y=0$。

(3) 定位误差为

$$\Delta D=\Delta B=0.141\ 4\ \text{mm}$$

【例 3.2】 如图 3.8 所示，以 A 面定位加工 ϕ20H8 孔，求加工尺寸(40±0.1) mm 的定位误差。

解：(1) 工件以平面定位，则 $\Delta Y=0$。

(2) 由图 3.8 可知，工序基准为 B 面，定位基准为 A 面，故两基准不重合。按式(3-3)得

$$\Delta B=\sum_{k=1}^{n}\delta_k\cos\beta=(0.05+0.1)\times\cos0^\circ\ \text{mm}=0.15\ \text{mm}$$

(3) 定位误差为

$$\Delta D=\Delta B=0.15\ \text{mm}$$

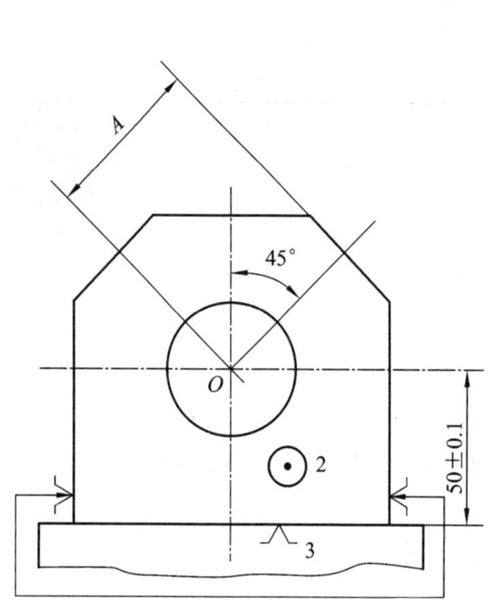

图 3.7 定位误差计算示例一

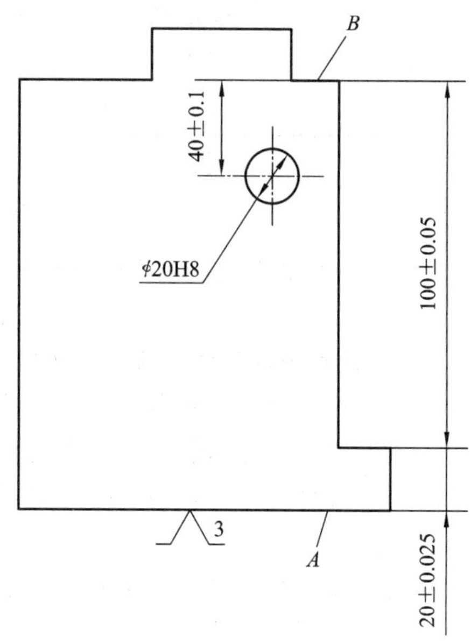

图 3.8 定位误差计算示例二

【例 3.3】 在图 3.9 所示的零件上钻铰 ϕ10H5 孔，工件主要以 ϕ20H7 孔定位，定位轴直径为 $\phi20_{-0.016}^{-0.007}$ mm，求工序尺寸(50±0.007) mm 及平行度的定位误差。

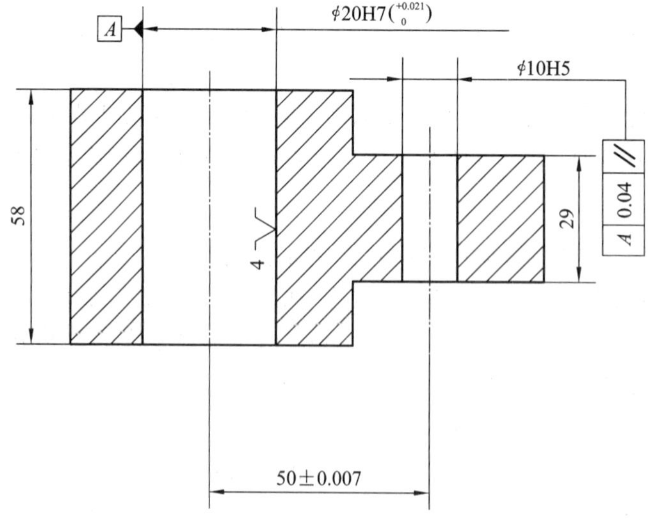

图 3.9 定位误差计算示例三

解：(1) 计算工序尺寸(50±0.007) mm的定位误差。

① 定位基准为ϕ20H7孔的轴线，工序尺寸(50±0.007) mm的工序基准也为ϕ20H7孔的轴线，故定位基准与工序基准重合，即

$$\Delta B=0$$

② 由于定位基准在任意方向偏移，按式(3-6)得

$$\Delta Y=X_{\max}=\delta_{\mathrm{D}}+\delta_{\mathrm{d0}}+X_{\min}=(0.021+0.009+0.007)\ \mathrm{mm}=0.037\ \mathrm{mm}$$

③ 定位误差为

$$\Delta D=\Delta Y=0.037\ \mathrm{mm}$$

(2) 平行度的定位误差。

① 同理，$\Delta B=0$。

② 按式(3-8)得

$$\Delta Y=(\delta_{\mathrm{D}}+\delta_{\mathrm{d0}}+X_{\min})\frac{L_1}{L_2}=(0.021+0.009+0.007)\times 29/58\ \mathrm{mm}=0.018\ 5\ \mathrm{mm}$$

③ 影响工件平行度的定位误差为

$$\Delta D=\Delta Y=0.018\ 5\ \mathrm{mm}$$

【例3.4】 如图3.10所示，工件以小端外圆d_1用V形块定位，V形块上两斜面间的夹角为90°，加工ϕ10H8孔。已知$d_1=\phi 30_{-0.01}^{\ 0}$ mm，$d_2=\phi 55_{-0.056}^{-0.010}$ mm，$H=(40\pm 0.15)$ mm，同轴度误差$t=0.03$ mm，求加工尺寸(40±0.15) mm的定位误差。

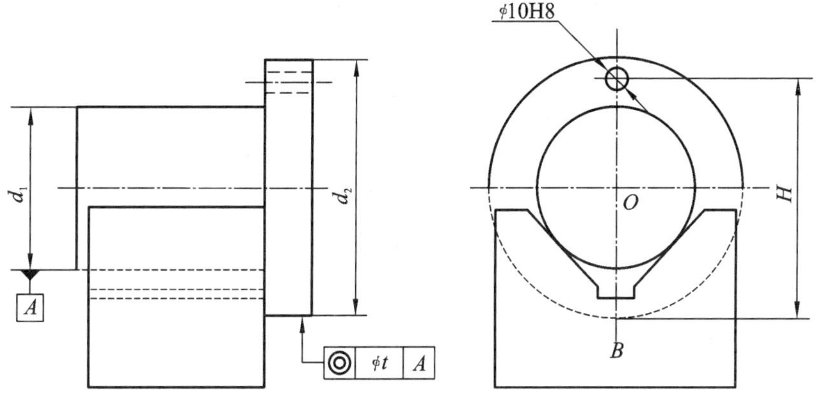

图3.10 定位误差计算示例四

解：(1) 定位基准是小端外圆d_1的轴线，工序基准为外圆d_2的素线B，两者不重合，定位尺寸是外圆d_2的半径，并且考虑两圆的同轴度误差。按式(3-3)得

$$\Delta B=\sum_{k=1}^{n}\delta_k\cos\beta=\left(\frac{\delta_{d_2}}{2}+t\right)\cos 0^{\circ}=(0.046/2+0.03)\ \mathrm{mm}=0.053\ \mathrm{mm}$$

(2) 按式(3-10)得

$$\Delta Y=0.707\delta_{\mathrm{d}}=0.707\times 0.01\ \mathrm{mm}\approx 0.007\ \mathrm{mm}$$

(3) 工序基准不在定位基面上，ΔB与ΔY无相关公共变量，所以

$$\Delta D=\Delta B+\Delta Y=(0.053+0.007)\ \mathrm{mm}=0.060\ \mathrm{mm}$$

【例3.5】 图3.11所示为在工件上铣键槽，图3.12所示为工件以圆柱面$d_{-\delta_{\mathrm{d}}}^{\ 0}$在$\alpha=90°$的V形块上定位，求加工尺寸分别为$A_1$、$A_2$、$A_3$时的定位误差。

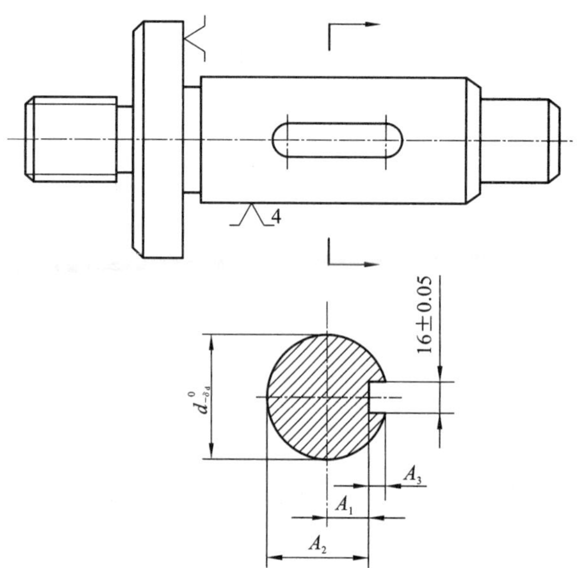

图 3.11　定位误差计算示例五

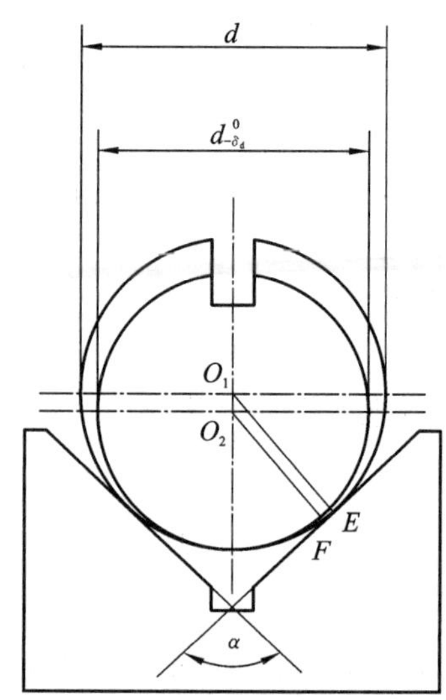

图 3.12　工件在V形块上定位时的基准位移误差

解：(1) 计算加工尺寸 A_1 的定位误差。

① 工序基准是圆柱轴线，定位基准也是圆柱轴线，两者重合，故 $\Delta B=0$。

② 定位基准相对于限位基准有位移，δ_i 与加工尺寸方向一致，按式(3-9)得

$$\Delta Y=\delta_i=\frac{\delta_d}{2\sin\frac{\alpha}{2}}$$

③ 工序基准(轴线)不在定位基面(圆柱面)上，ΔB 与 ΔY 无相关公共变量，所以

$$\Delta D=\Delta B+\Delta Y=0+\frac{\delta_d}{2\sin\frac{\alpha}{2}}=\frac{\delta_d}{2\sin\frac{\alpha}{2}}=0.707\delta_d(\alpha=90°\text{时})$$

(2) 计算加工尺寸 A_2 的定位误差。

① 由于工序基准是圆柱下母线，定位基准是圆柱轴线，故两者不重合，并且定位尺寸 $S=\left(\frac{d}{2}\right)^{0}_{-\frac{\delta_d}{2}}$，所以

$$\Delta B=\delta_S=\frac{\delta_d}{2}$$

② 同理，按式(3-9)得

$$\Delta Y=\frac{\delta_d}{2\sin\frac{\alpha}{2}}$$

③ 定位误差的合成。工序基准在定位基面上，当定位基面直径由大变小时，定位基准朝下变动；当定位基面直径由大变小、定位基准不动时，工序基准朝上变动。两者的变动方向相反，取“－”号，故

$$\Delta D=\Delta Y-\Delta B=\frac{\delta_d}{2\sin\frac{\alpha}{2}}-\frac{\delta_d}{2}=\frac{\delta_d}{2}\left(\frac{1}{\sin\frac{\alpha}{2}}-1\right)=0.207\delta_d(\alpha=90°\text{时})$$

(3) 计算加工尺寸 A_3 的定位误差。

① 同理,定位基准与工序基准不重合,则

$$\Delta B=\delta_S=\frac{\delta_d}{2}$$

② 同理,按式(3-9)得

$$\Delta Y=\frac{\delta_d}{2\sin\frac{\alpha}{2}}$$

③ 定位误差的合成。工序基准在定位基面上,当定位基面直径由大变小时,定位基准朝下变动;当定位基面直径由大变小、定位基准不动时,工序基准也朝下变动。两者的变动方向相同,取"+"号,故

$$\Delta D=\Delta Y+\Delta B=\frac{\delta_d}{2\sin\frac{\alpha}{2}}+\frac{\delta_d}{2}=\frac{\delta_d}{2}\left(\frac{1}{\sin\frac{\alpha}{2}}+1\right)=1.207\delta_d(\alpha=90°\text{时})$$

结论:轴在V形块上定位时的基准位移误差为

$$\Delta Y=\frac{\delta_d}{2\sin\frac{\alpha}{2}}$$

由于 ΔB 与 ΔY 中均包含一个公共变量 δ_d,因此需要合成计算定位误差,根据两者的作用方向取代数和。

动画:车床夹具装配

动画:花盘式车床夹具装配体

动画:心轴类车床夹具

动画:圆盘式车床夹具爆炸图

二、工件的夹紧

在机械加工过程中,工件会受到切削力、离心力、惯性力等的作用。为了保证在这些外力作用下,工件仍能在夹具中保持已有的定位元件所确定的加工位置,而不致发生振动和位移,在夹具中必须设置一定的夹紧装置,将工件可靠地夹牢。

1. 夹紧装置的组成及其设计要求

工件定位后,将工件固定并使其在加工过程中保持定位位置不变的装置,称为夹紧装置。

动画:三爪卡盘

微课:夹紧装置的组成

1) 夹紧装置的组成

夹紧装置主要由以下三部分组成。

(1) 动力源装置——产生夹紧力。

动力源装置是产生夹紧力的装置,分为手动夹紧和机动夹紧两种。手动夹紧的力源来自人力,使用时比较费时费力。为了改善劳动条件和提高生产率,目前在大批量生产中均采用机动夹紧。机动夹紧的力源来自气动、液压、气液联动、电磁、真空等动力夹紧装置。

(2) 传力机构——传递夹紧力。

传力机构是介于动力源和夹紧元件之间的传递动力的机构。传力机构的作用是:改变作用力的方向;改变作用力的大小;使夹紧装置具有一定的自锁性能,以便在夹紧力消失后,仍能保证整个夹紧系统处于可靠的夹紧状态,这一点在手动夹紧时尤为重要。

(3) 夹紧元件——施加夹紧力。

夹紧元件是直接与工件接触,起夹紧作用的最终执行元件。

图3.13所示是液压夹紧铣床夹具。其中,液压缸4、活塞5、活塞杆3等组成了液压动

力装置，铰链臂 2 和压板 1 等组成了铰链压板夹紧机构。

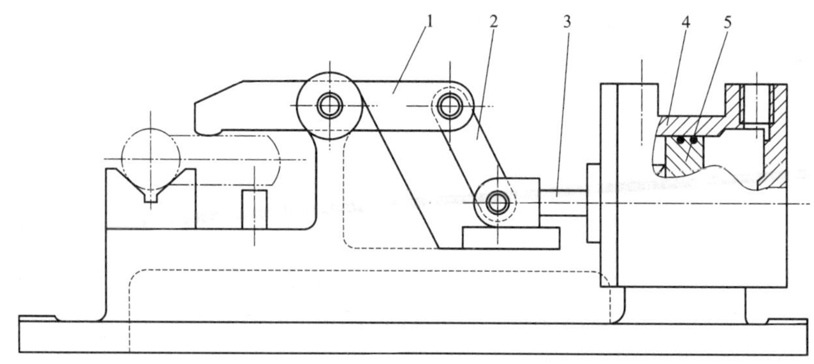

图 3.13　液压夹紧铣床夹具

1—压板；2—铰链臂；3—活塞杆；4—液压缸；5—活塞

2）对夹紧装置的基本要求

在不破坏工件的定位精度，并保证加工质量的前提下，应尽量使夹紧装置做到：

（1）夹紧过程中，不改变工件定位后所占据的位置。

（2）夹紧力的大小适当，既要保证工件在整个加工过程中其位置稳定不变、振动小，又要使工件不产生过大的夹紧变形。

（3）工艺性好。夹紧装置的复杂程度应与生产纲领相适应，在保证生产效率的前提下，其结构应力求简单，便于制造和维修。

（4）使用性好。夹紧装置的操作应当方便、安全、省力。

微课：夹紧力的确定

2. 确定夹紧力的基本原则

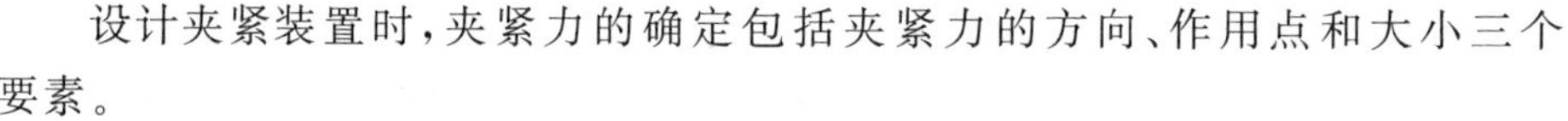

设计夹紧装置时，夹紧力的确定包括夹紧力的方向、作用点和大小三个要素。

1）夹紧力的方向

夹紧力的方向与工件定位的基本配置情况，以及工件所受外力的作用方向等有关，选择时必须遵守以下准则。

（1）夹紧力的方向应有助于定位稳定，且主夹紧力应朝向主要定位基面。图 3.14(a)所示为直角支座镗孔，要求孔与 A 面垂直，所以应以 A 面为主要定位基面，且夹紧力 $\boldsymbol{F}_{\mathrm{W}}$ 的方向与之垂直，这样较容易保证质量。图 3.14(b)、图 3.14(c)中的 $\boldsymbol{F}_{\mathrm{W}}$ 都不利于保证镗孔轴线与 A 面的垂直度。图 3.14(d)中的 $\boldsymbol{F}_{\mathrm{W}}$ 朝向了主要定位基面，这样有利于保证加工孔轴线与 A 面的垂直度。

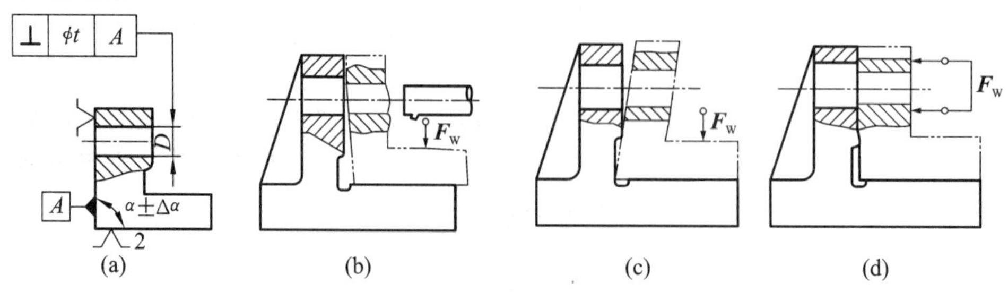

图 3.14　夹紧力应指向主要定位基面

(2) 夹紧力的方向应有利于减小夹紧力，以便减小工件的变形，减轻劳动强度。为此，夹紧力 $\boldsymbol{F}_{\mathrm{W}}$ 的方向最好与切削力 $\boldsymbol{F}$、工件的重力 $\boldsymbol{G}$ 的方向重合。图 3.15 所示为工件在夹具中加工时常见的几种受力情况。显然，图 3.15(a)所示的受力情况最合理，图 3.15(f)所示的受力情况最差。

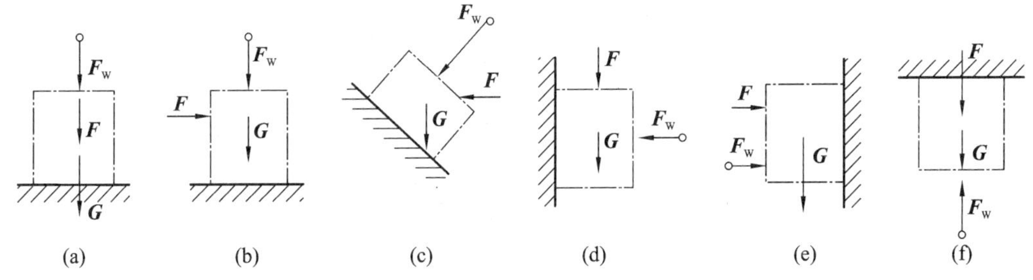

图 3.15 夹紧力方向与夹紧力大小的关系

实际生产中，满足 $\boldsymbol{F}_{\mathrm{W}}$、$\boldsymbol{F}$ 及 $\boldsymbol{G}$ 同向的夹紧机构并不多，故在设计机床夹具时，要根据各种因素辩证分析、恰当处理。

图 3.16 所示为最不理想的受力情况，夹紧力 F_{W} 比 $F+G$ 大很多，但由于工件小、重量轻，钻小孔时切削力也小，因而此种结构仍是实用的。

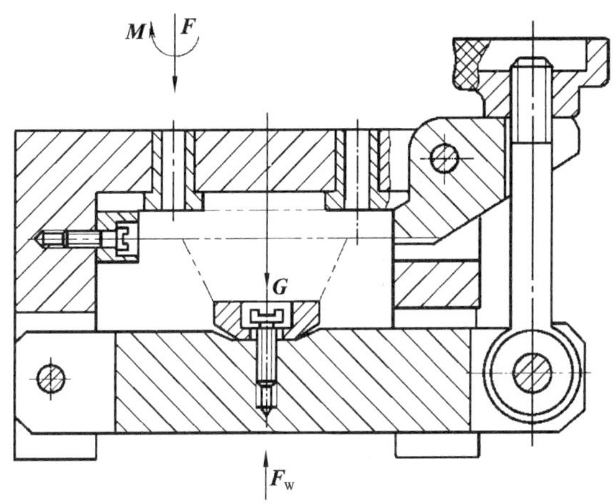

图 3.16 夹紧力与切削力、重力反向的钻模

(3) 夹紧力的方向应是工件刚性较好的方向。由于工件在不同方向上的刚度是不等的，不同的受力表面也因其接触面积大小的不同而变形各异。尤其在夹压薄壁零件时，更需注意使夹紧力的方向指向工件刚性最好的方向。图 3.17 所示为夹紧力方向与工件刚性的关系，图 3.17(b)所示的方案可避免工件发生严重的夹紧变形。

2) 夹紧力的作用点

夹紧力的作用点是指夹紧元件与工件接触的一小块面积。作用点的选择是指在夹紧方向已定的情况下确定夹紧力作用点的位置和数目。夹紧力作用点的选择是达到最佳夹紧状态的首要因素。合理选择夹紧力作用点必须遵守以下准则。

(1) 夹紧力的作用点应落在定位元件的支承范围内，应尽可能使夹紧点与支承点对应，使夹紧力作用在支承上。如图 3.18 所示，夹紧力作用在支承面范围之外，这样会使工件倾斜或移动，夹紧时将破坏工件的定位，因此不合理。

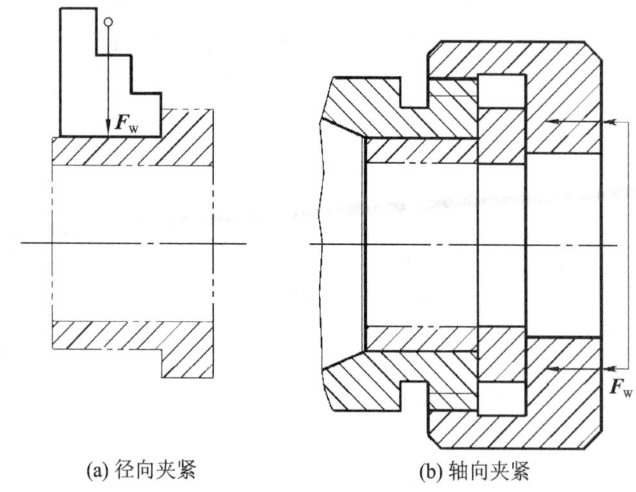

图 3.17　夹紧力方向与工件刚性的关系

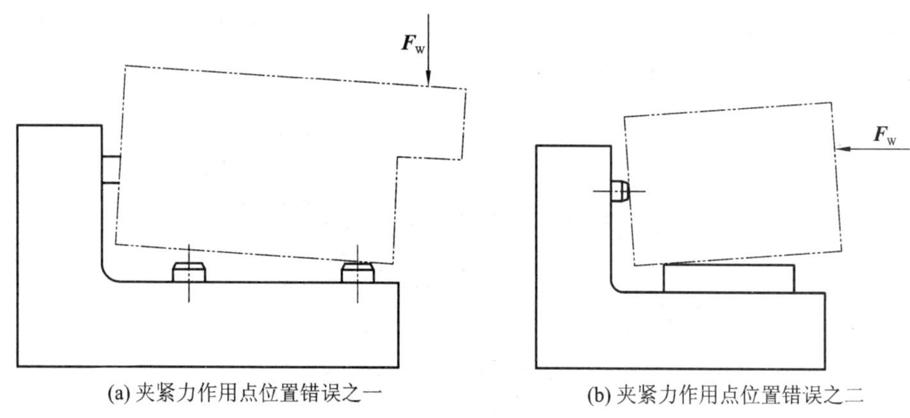

图 3.18　夹紧力作用点位置不合理的情形

（2）夹紧力的作用点应选在工件刚性较好的部位，这对刚性较差的工件尤其重要。如图 3.19所示，将夹紧由中间的单点夹紧改成两旁的两点夹紧，可使工件变形大为减小，并且夹紧更加可靠。

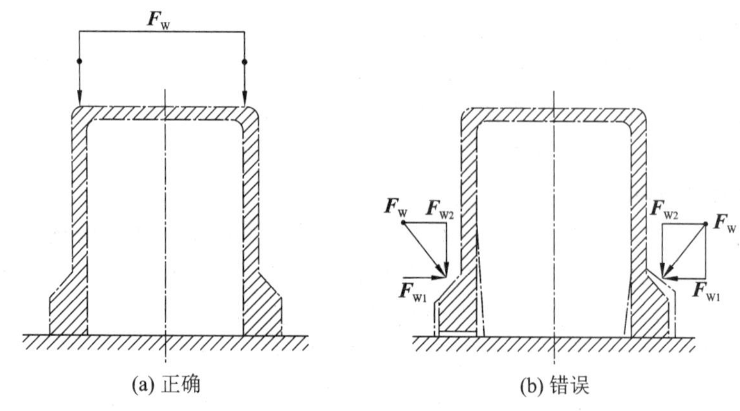

图 3.19　夹紧力作用点应在刚性较好的部位

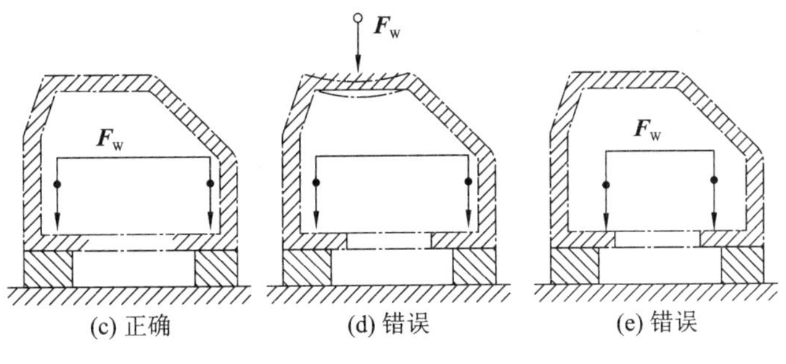

续图 3.19

（3）夹紧力的作用点应尽量靠近加工表面，以防止工件产生振动和变形，提高定位的稳定性和可靠性。图 3.20 所示的工件的加工部位为孔。图 3.20(a)中夹紧点离加工部位较远，易引起加工振动，使工件表面粗糙度增大；图 3.20(b)中夹紧点会引起较大的夹紧变形，造成加工误差；图 3.20(c)是一种比较好的夹紧方案。

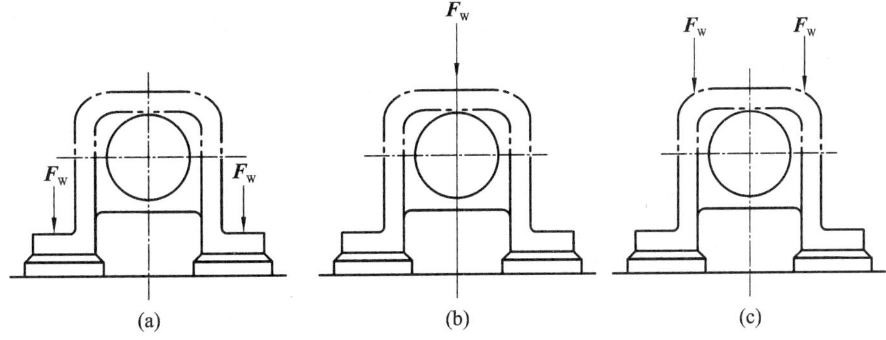

图 3.20 夹紧力作用点应靠近加工表面

当夹紧力作用点只能远离加工表面，造成工件装夹刚度较差时，应在靠近加工表面附近设置辅助支承，并施加辅助夹紧力 $\boldsymbol{F}_{W1}$（见图 3.21），以减小加工振动。

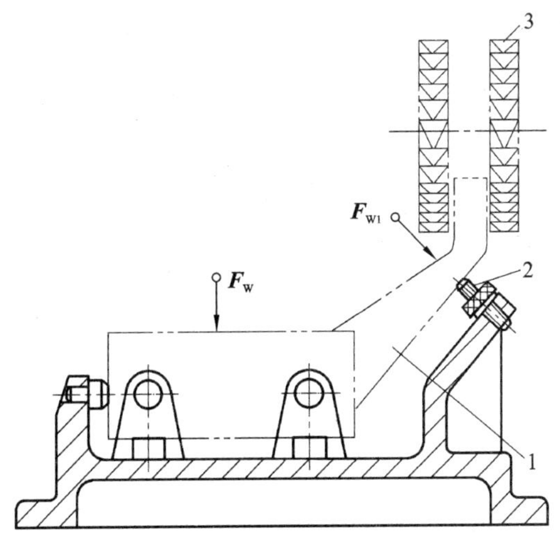

图 3.21 增设辅助支承和辅助夹紧力

1—工件；2—辅助支承；3—铣刀

3）夹紧力的大小

夹紧力的大小与保证定位稳定、夹紧可靠，确定夹紧装置的结构尺寸，都有着密切的关系。夹紧力的大小要适当。夹紧力过小则夹紧不牢靠，在加工过程中工件可能发生位移而破坏定位，其结果轻则影响加工质量，重则造成工件报废，甚至发生安全事故；夹紧力过大会使工件变形，也会对加工质量不利。

理论上，夹紧力的大小应与作用在工件上的其他力（力矩）相平衡；而实际上，夹紧力的大小还与工艺系统的刚度、夹紧机构的传递效率等因素有关，其计算是很复杂的。因此，实际设计时常采用估算法、类比法和试验法确定所需的夹紧力。

三、基本夹紧机构

原始作用力转化为夹紧力是通过夹紧机构来实现的。在众多的夹紧机构中，以斜楔夹紧机构、螺旋夹紧机构、偏心夹紧机构，以及由它们组合而成的夹紧机构的应用最为普遍。

1. 斜楔夹紧机构

采用斜楔作为传力元件或夹紧元件的夹紧机构称为斜楔夹紧机构，如图 3.22 所示。斜楔夹紧机构具有结构简单、增力比大、自锁性能好等优点，因此获得广泛应用。

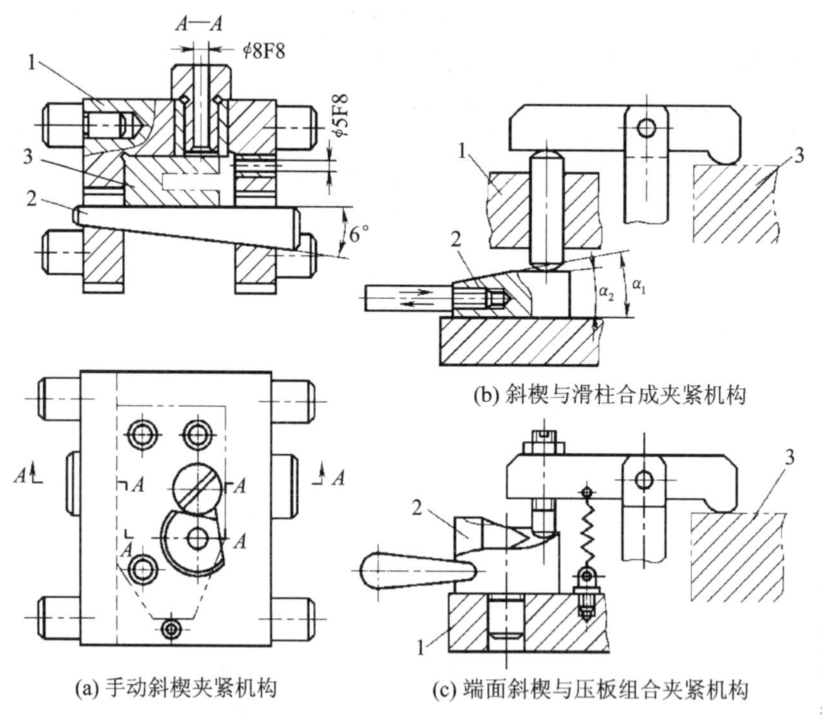

图 3.22　斜楔夹紧机构

1—夹具体；2—斜楔；3—工件

1）斜楔的夹紧力

斜楔受力情况如图 3.23 所示。由图可知

$$F_1 + F_{Rx} = F_Q$$

$$F_1 = F_J \tan\varphi_1, \quad F_{Rx} = F_J \tan(\alpha + \varphi_2)$$

$$F_J = \frac{F_Q}{\tan\varphi_1 + \tan(\alpha + \varphi_2)}$$

式中：F_J 为斜楔对工件的夹紧力，N；α 为斜楔升角，(°)；F_Q 为加在斜楔上的作用力，N；φ_1 为斜楔与工件间的摩擦角，(°)；φ_2 为斜楔与夹具体间的摩擦角，(°)。

设 $\varphi_1 = \varphi_2 = \varphi$，当 α 很小($\alpha \leqslant 10°$)时，可用下式近似计算

$$F_J = \frac{F_Q}{\tan(\alpha + 2\varphi)}$$

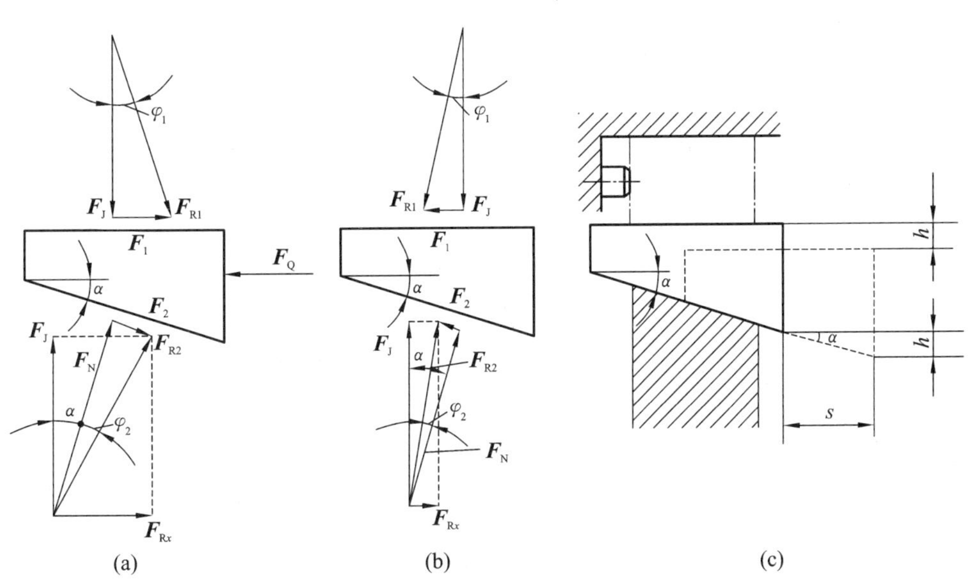

图 3.23 斜楔受力分析

2) 斜楔的自锁条件

图 3.23(b)所示是作用力 $\boldsymbol{F}_Q$ 撤去后斜楔的受力情况。斜楔的自锁条件为 $F_1 > F_{Rx}$。

因 $F_1 = F_J\tan\varphi_1$，$F_{Rx} = F_J\tan(\alpha - \varphi_2)$，代入自锁条件式可得

$$F_J\tan\varphi_1 > F_J\tan(\alpha - \varphi_2)$$

即

$$\tan\varphi_1 > \tan(\alpha - \varphi_2)$$

由于 φ_1、φ_2、α 都很小，故有 $\tan\varphi_1 \approx \varphi_1$，$\tan(\alpha - \varphi_2) \approx \alpha - \varphi_2$，可得

$$\varphi_1 > \alpha - \varphi_2$$

即

$$\alpha < \varphi_1 + \varphi_2$$

因此，斜楔的自锁条件是：斜楔的升角小于斜楔与工件、斜楔与夹具体之间的摩擦角之和。为保证自锁可靠，手动夹紧机构一般取 $\alpha = 6° \sim 8°$；用气压或液压装置驱动的斜楔不需要自锁，可取 $\alpha = 15° \sim 30°$。

3) 斜楔夹紧机构的设计要点

斜楔夹紧机构的主要设计内容为确定斜楔的斜角 α 和夹紧机构所需的夹紧力，其设计步骤如下。

(1) 确定斜楔的斜角 α。斜楔的斜角 α 与斜楔的自锁性能和夹紧行程有关，因此，确定 α 时，可视具体情况而定。

(2) 计算作用力 F_Q。由斜楔的夹紧力公式可计算出作用力 F_Q，即

$$F_Q = F_J \tan(\alpha + \varphi_2)$$

2. 螺旋夹紧机构

采用螺杆作为中间传力元件的夹紧机构统称为螺旋夹紧机构。它由螺钉、螺母、垫圈、压板等元件组成。由于螺旋夹紧机构结构简单、夹紧可靠、通用性好，而且螺旋升角小，因此螺旋夹紧机构的自锁性能好，夹紧力和夹紧行程都较大，是手动夹具上用得最多的一种夹紧机构。

1）单个螺旋夹紧机构

单个螺旋夹紧机构是直接用螺钉或螺母夹紧工件的机构，如图 3.24 所示。由于单个螺旋夹紧机构直接用螺钉头部压紧工件，易使工件受压表面损伤，或带动工件旋转，因此常在螺钉头部装有摆动的压块。由于压块与工件间的摩擦力矩大于压块与螺钉间的摩擦力矩，因此压块不会随螺钉一起转动。图 3.25 所示为摆动压块。

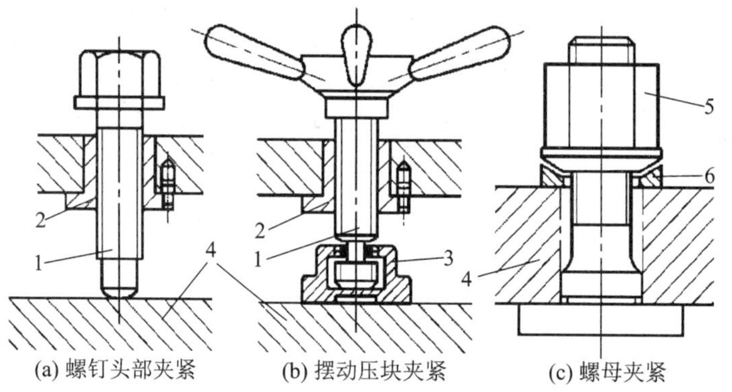

图 3.24 单个螺旋夹紧机构

1—螺杆；2—螺母套；3—摆动压块；4—工件；5—球面带肩螺母；6—球面垫圈

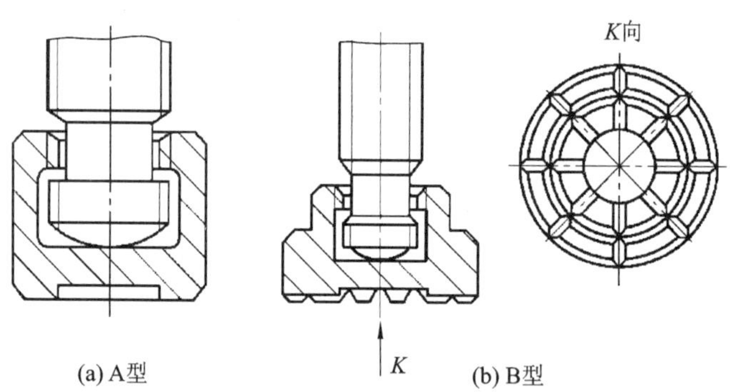

图 3.25 摆动压块

夹紧动作慢、工件装卸费时是单个螺旋夹紧机构的另一缺点。为克服这一缺点，可采用快速螺旋夹紧机构，如图 3.26 所示。

2）螺旋压板夹紧机构

螺旋压板夹紧机构是螺旋夹紧机构中结构形式变化最多，也是应用最广的夹紧机构。图 3.27(a)、图 3.27(b)所示为移动压板，这两种移动压板的施力螺钉位置不同。图 3.27(a)中，夹紧力 F'_J 小于作用力 F_Q，这种移动压板主要用于夹紧行程较大的场合；图 3.27(b)所示

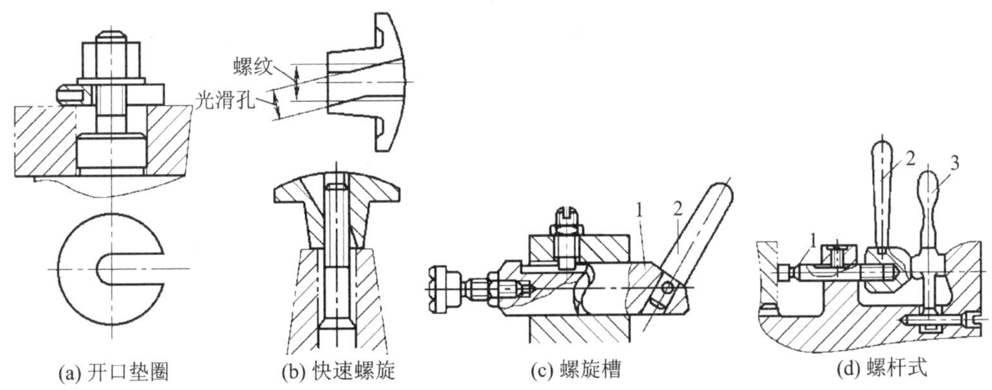

图 3.26 快速螺旋夹紧机构

1—夹紧轴;2,3—手柄

的移动压板可通过调整压板的杠杆比,实现增大夹紧力和夹紧行程的目的。图 3.27(c)所示是铰链式压板,主要用于增大夹紧力的场合。图 3.27(d)所示是钩形压板,其特点是结构紧凑、使用方便,主要用于安装夹紧机构的位置受限的场合。图 3.27(e)所示为自调式压板,它能适应工件高度在 0～100 mm 范围内变化而无须进行调节,其结构简单、使用方便。

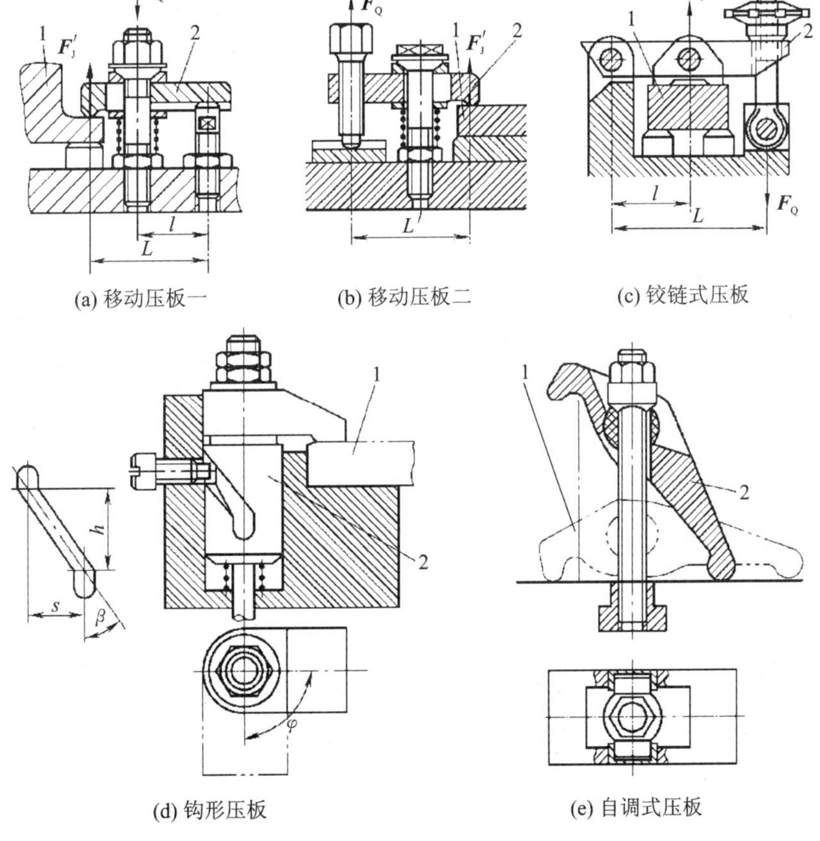

图 3.27 典型的螺旋压板夹紧机构

1—工件;2—压板

3）设计螺旋压板夹紧机构时应注意的问题

（1）当工件在夹压方向上的尺寸变化较大时，如被夹压表面为毛面，则应在夹紧螺母和压板之间设置球面垫圈，并使垫圈孔与螺杆间保持足够大的间隙，以防止夹紧工件时，由于压板倾斜而使螺杆弯曲。

（2）压板的支承螺杆的支承端应做成圆球形，另一端用螺母锁紧在夹具体上，并且螺杆的高度应可调，以使压板有足够的活动余地，能适应工件夹压尺寸的变化以及防止支承螺杆松动。

（3）当夹紧螺杆或支承螺杆与夹具体的接触端必须移动时，应避免与夹具体直接接触，在螺杆与夹具体间增设用耐磨材料制作的垫块，以免夹具体被磨损。

（4）应采取措施防止夹紧螺杆转动。夹紧螺杆用锁紧螺母锁紧在夹具体上，以防止其转动。其他的防转措施可参阅各种夹具图册。

（5）夹紧压板应采用弹簧支承，以利于装卸工件。

3. 偏心夹紧机构

偏心夹紧机构是用偏心件直接或间接夹紧工件的机构。常用的偏心件有圆偏心轮、偏心轴和偏心叉，如图 3.28 所示。

偏心夹紧机构操作方便、夹紧迅速，其缺点是夹紧力和夹紧行程都比较小，一般用于切削力不大、振动小、没有离心力影响的加工中。

1）圆偏心轮的工作原理

微课：偏心夹紧机构

偏心夹紧机构依靠圆偏心轮回转时回转半径变大而产生夹紧作用，其原理和斜楔工作时斜面高度由小变大而产生楔紧作用是一样的。实际上圆偏心轮可视为一楔角变化的斜楔，如图 3.29 所示。

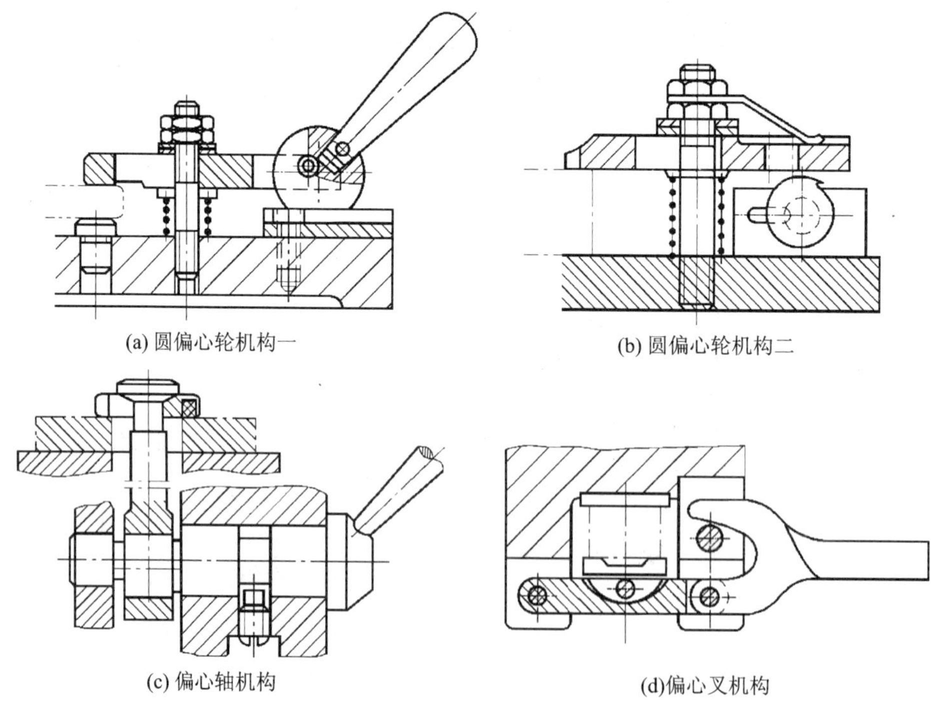

(a) 圆偏心轮机构一　(b) 圆偏心轮机构二

(c) 偏心轴机构　(d)偏心叉机构

图 3.28　偏心夹紧机构

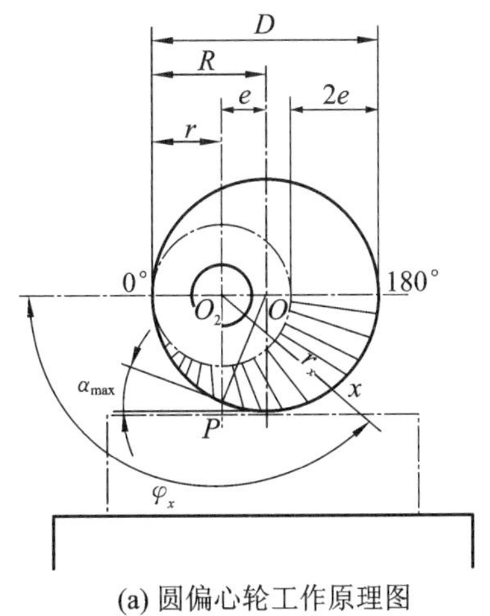

(a) 圆偏心轮工作原理图

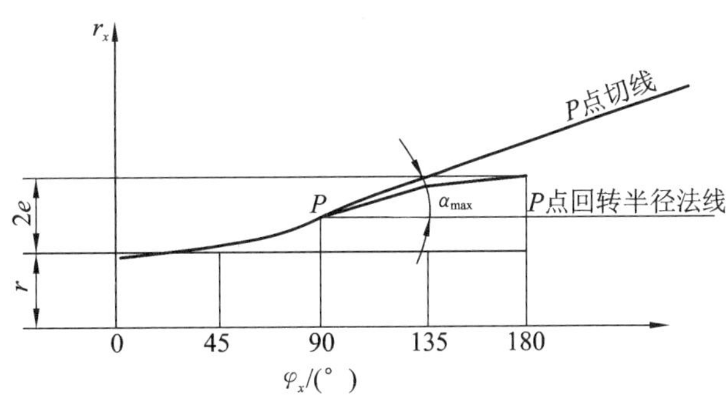

(b) 圆偏心轮弧形楔展开图

图 3.29 圆偏心轮直接夹紧工件的原理图

由图 3.29 可知，当圆偏心轮从 0°回转到 180°时，其夹紧行程为 $2e$，轮周上各点的升角 α_x 是不等的。当 $\varphi_x=0°$ 或 $\varphi_x=180°$ 时，$\alpha_x=\alpha_{min}=0$；当 $\varphi_x=90°$ 时，$\alpha_x=\alpha_{max}=\arctan 2e/D$，即

$$\tan\alpha_{max}=2e/D$$

2）圆偏心轮的自锁条件

由于圆偏心轮夹紧工件的实质是弧形楔夹紧工件，因此，圆偏心轮的自锁条件应与斜楔的自锁条件相同，即

$$\alpha_{max}\leqslant\varphi_1+\varphi_2$$

由于回转销的直径较小，因此圆偏心轮与回转销之间的摩擦力矩不大，为了保证自锁可靠，将其忽略不计，上式化简为

$$\alpha_{max}\leqslant\varphi_1 \text{ 或 } \tan\alpha_{max}\leqslant\tan\varphi_1$$

因 $\tan\varphi_1=f$，代入上式得

$$\tan\alpha_{max}\leqslant f$$

由于 $\tan\alpha_{max}=2e/D$，则圆偏心轮的自锁条件是

$$2e/D\leqslant f$$

当 $f=0.1$ 时，$D/e\geqslant 20$；当 $f=0.15$ 时，$D/e\geqslant 13.3$。

3）圆偏心轮的设计程序

（1）确定夹紧行程。

$$h_{AB}=s_1+s_2+s_3+\delta$$

（2）计算偏心距。

按自锁条件计算 D。

$$e=\frac{h_{AB}}{\cos\theta_A-\cos\theta_B}$$

当 $f=0.1$ 时，$D=20e$；当 $f=0.15$ 时，$D=13.3e$。

查夹具标准或夹具手册，确定圆偏心轮的其他参数。标准圆偏心轮的结构如图 3.30 所示。

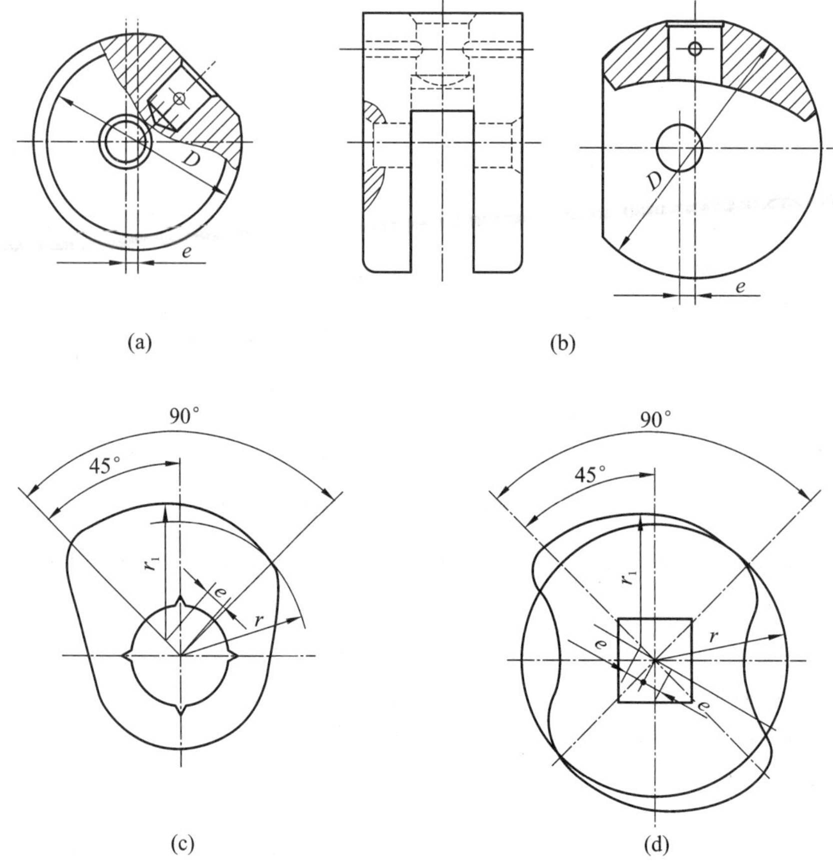

图 3.30　标准圆偏心轮的结构

4）偏心夹紧机构的应用

偏心夹紧机构的应用很普遍，图 3.31 和图 3.32 所示为偏心轮压板夹紧机构和偏心轴压板夹紧机构。

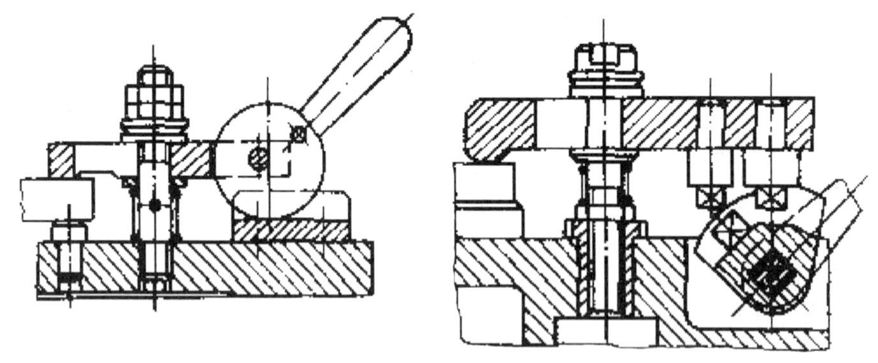

图 3.31　偏心轮压板夹紧机构

偏心夹紧机构结构简单，夹紧动作迅速，使用方便，但增力比和夹紧行程较小，抗振性能差，自锁可靠性差，适用于所需夹紧行程短、切削负荷小且平衡、工件不大的手动夹紧夹具中，如钻床夹具。

4. 铰链夹紧机构

铰链夹紧机构是由铰链、杠杆组合而成的一种增力机构，其结构简单，增力倍数较大，但无自锁性能。它常与动力装置(气缸、液压缸等)联用，在气动铣床夹具中应用较广，也用于其他机床夹具。

图 3.33 所示为铰链夹紧机构示意图，压缩空气进入气缸 1 后，气缸经铰链扩力机构 2，推动压板 3、4 同时将工件夹紧。

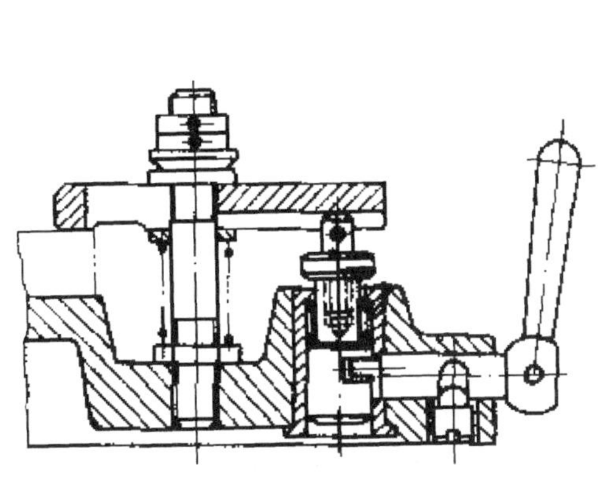

图 3.32 偏心轴压板夹紧机构

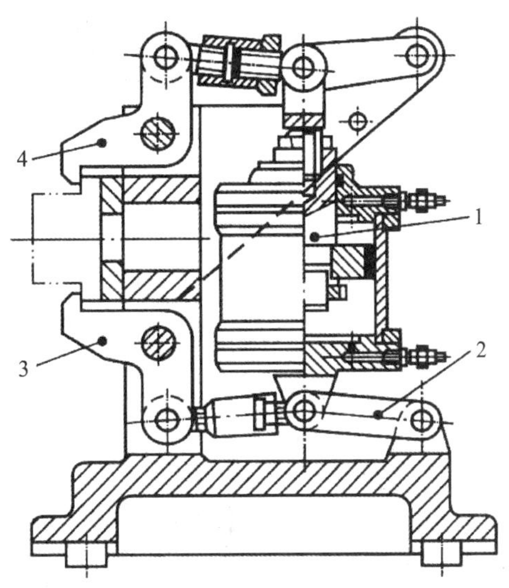

图 3.33 铰链夹紧机构示意图

1—气缸；2—铰链扩力机构；3、4—压板

5. 联动夹紧机构

利用一个原始作用力实现单件或多件的多点、多向同时夹紧的机构，称为联动夹紧机构。联动夹紧机构是一种高效夹紧机构，它可以简化操作，减轻劳动强度和降低成本。图 3.34 至图 3.38 所示是常见的联动夹紧机构的结构示意图。

1) 联动夹紧机构的主要形式

(1) 单件多点夹紧机构(见图 3.34)。它利用一种联动机构，同时从各个方向均匀夹紧工件，而各部位的夹紧力可以互相协调一致，大大提高了生产率。

(2) 多件平行夹紧机构(见图 3.35)。

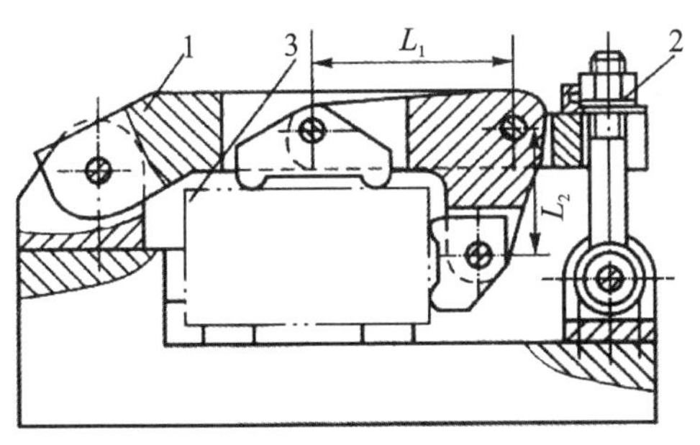

图 3.34 单件多点夹紧机构

1—压板；2—螺母；3—工件

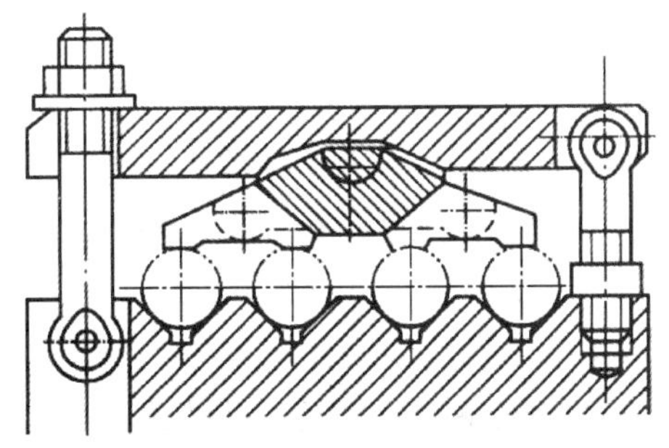

图 3.35 多件平行夹紧机构

(3) 多件对向夹紧机构(见图 3.36)。

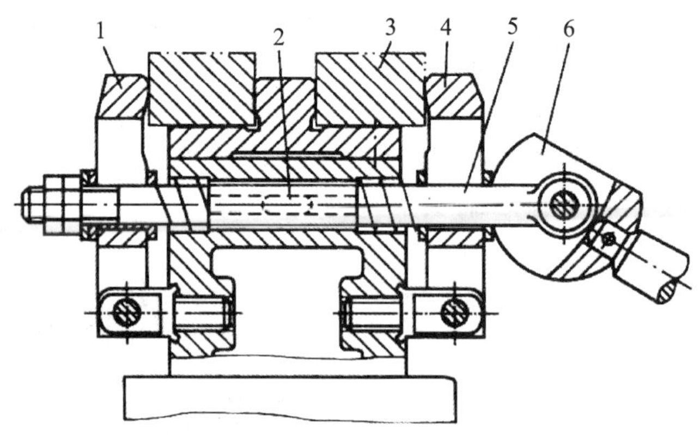

图 3.36　多件对向夹紧机构

1,4—压板;2—键;3—工件;5—拉杆;6—偏心轮

(4) 多件连续夹紧机构(见图 3.37)。

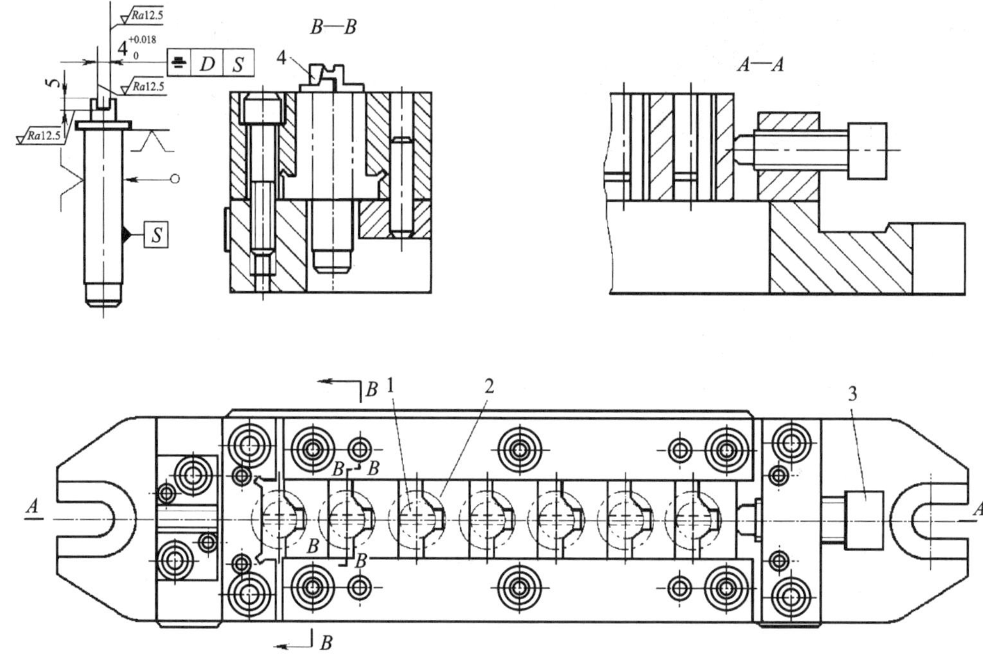

图 3.37　多件连续夹紧机构

1—工件;2—V 形块;3—螺钉;4—对刀块

(5) 复合式多件联动夹紧机构(见图 3.38)。

由于工序设计提出要求,要在一个工序上同时加工许多个工件,使用的夹具必须能同时将许多个工件夹紧。

2) 联动夹紧机构的设计要点

(1) 在两个夹紧点之间必须设置必要的浮动环节,并具有足够的浮动量,动作灵活,符合机械传动原理。

(2) 适当限制被夹工件的数量。

(3) 中间传力杠杆应力求增力,以免使驱动力过大;要避免采用过多的杠杆,力求结构简单紧凑,提高工作效率,保证机构可靠地工作。

(4) 设置必要的复位环节,保证复位准确,松夹、装卸方便。

(5) 要保证联动夹紧机构的系统刚度。

(6) 正确处理夹紧力方向和工件加工表面之间的关系,避免工件在定位、夹紧时的逐个积累误差对加工精度造成影响。在连续式多件夹紧中,工件在夹紧力方向必须设有限制自由度的措施。

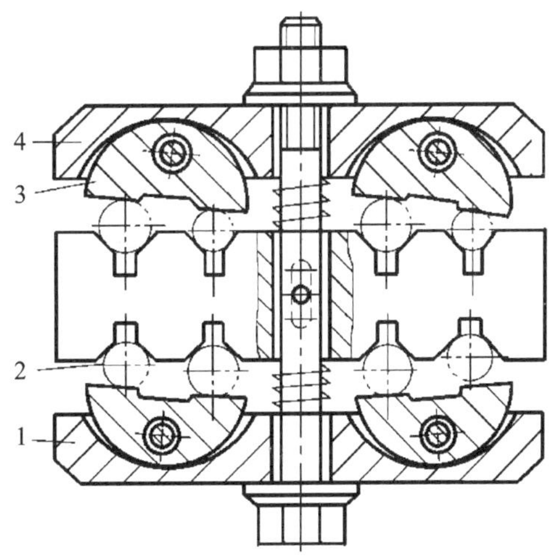

图 3.38 复合式多件联动夹紧机构

1,4—压板;2—工件;3—摆动压块

四、夹紧动力装置设计

微课:夹紧动力源装置

手动夹紧机构在各种生产规模中都有广泛应用,但其动作慢,劳动强度大,夹紧力变动大。在大批量生产中,往往采用机动夹紧,如气压、液压、电动、电磁、弹力、离心力、真空吸力等。随着机械制造工业的迅速发展、自动化和半自动化设备的推广,以及在大批量生产中尽量减轻操作人员劳动强度的要求的落实,现在大多采用气动、液压等夹紧来代替人力夹紧。这类夹紧机构还能进行远距离控制,其夹紧力可保持稳定,机构也不必考虑自锁,夹紧质量也比较好。

设计夹紧机构时,应同时考虑所采用的动力源。选择动力源时,应遵循以下两条原则:

① 经济合理。采用某一种动力源时,首先应考虑使用的经济效益,不仅应使动力源设施的投资减少,而且应使夹具结构简化,降低夹具的成本。

② 与夹紧机构相适应。动力源在很大程度上决定了所采用的夹紧机构,因此动力源必须与夹紧机构的结构特性、技术特性及经济价值相适应。

1. 气动夹紧装置

气动夹紧装置如图 3.39 所示。它包括三个部分:第一部分为气源,包括空气压缩机 2、冷却器 3、储气罐 4 等,这一部分一般集中在压缩空气站内;第二部分为控制部分,包括分水滤气器 6(降低湿度)、调压阀 7(调整与稳定工作压力)、油雾器 9(将油雾化,以润滑元件)、单向阀 10、配气阀 11(控制气缸进气与排气方向)、调速阀 12(调节压缩空气的流速和流量)等,这些气压元件一般安装在机体附近或机床上;第三部分为执行部分,如气缸 13 等,通常直接装在机床夹具上,与夹紧机构相连。

气缸将压缩空气的工作压力转换为活塞的移动,以此驱动夹紧机构,实现对工件的夹紧。它的种类很多,按活塞的结构可分为活塞式和膜片式,按安装方式可分为固定式、摆动式和回转式等,按工作方式还可分为单向作用式和双向作用式。

气动夹紧的动力源介质是空气。压缩空气具有黏度小、不变质、无污染、在管道中的压力损失小等优点,但其气压较低,一般为 0.4~0.6 MPa。当需要较大的夹紧力时,气缸就要很大,致使夹具结构不紧凑。此外,气动夹紧装置还有较大的排气噪声。

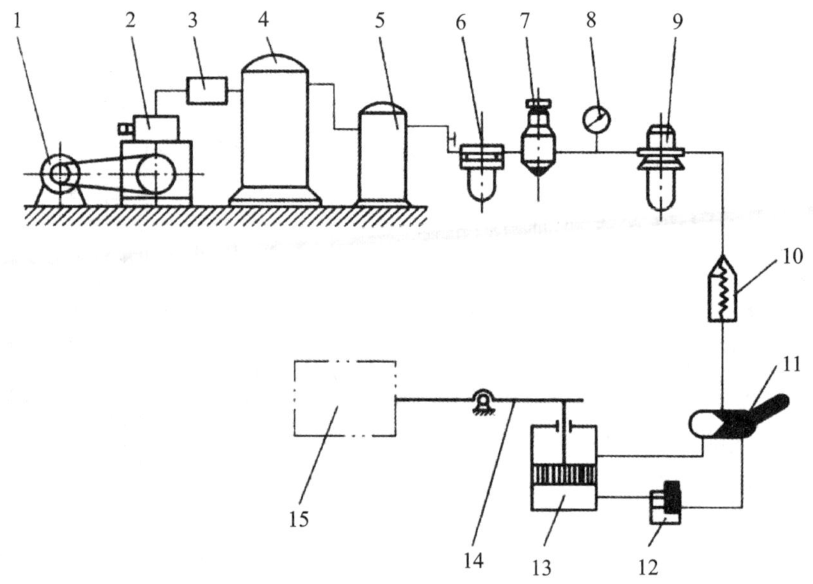

图 3.39　气动夹紧装置

1—电动机；2—空气压缩机；3—冷却器；4—储气罐；5—过滤器；6—分水滤气器；7—调压阀；8—压力表；9—油雾器；10—单向阀；11—配气阀；12—调速阀；13—气缸；14—夹具；15—工件

固定式气缸和固定式液压缸类似。回转式气缸与气动卡盘如图 3.40 所示，它主要用于车床夹具。由于气缸和卡盘随主轴回转，因此还需要一个导气接头。

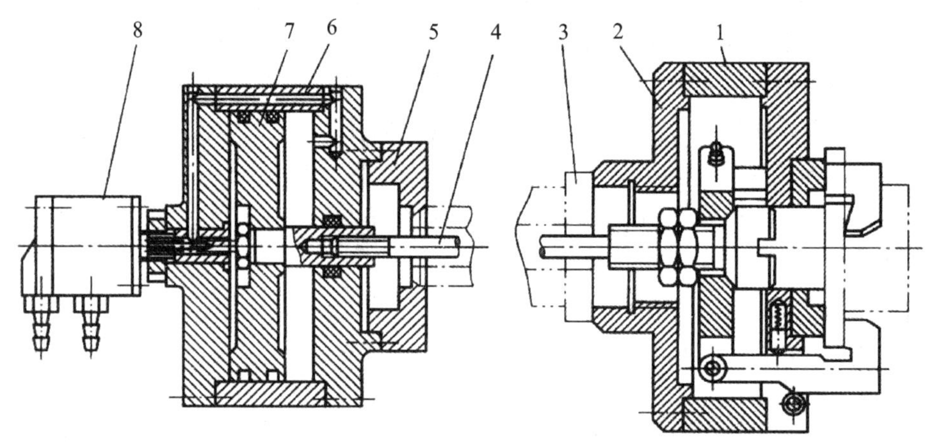

图 3.40　回转式气缸与气动卡盘

1—卡盘；2—过渡盘；3—主轴；4—拉杆；5—连接盘；6—气缸；7—活塞；8—导气接头

2. 液压夹紧装置

液压夹紧装置是利用压力油作为工作介质来传递力的一种装置，具有压力大、体积小、结构紧凑、夹紧力稳定、吸振能力强、不受外力变化影响等优点，但结构比较复杂、制造成本较高，因此仅适用于大批量生产。液压夹紧的传动系统与普通液压系统类似，但系统中常设有蓄能器，用以储蓄压力油，以提高液压泵电动机的使用效率。在工件夹紧后，液压泵电动机可停止工作，靠蓄能器补偿漏油，保持夹紧状态。

液压夹紧装置的工作原理和结构基本上与气动夹紧装置的相似，它与气动夹紧装置相比有下列优点：

(1) 压力油工作压力可达 6 MPa，因此液压缸尺寸小，不需增力机构，夹紧装置结构紧凑。

(2) 压力油具有不可压缩性，因此液压夹紧装置刚度大，工作平稳可靠。

(3) 液压夹紧装置噪声小。

液压夹紧装置的缺点是需要有一套供油装置，成本要相对高一些，因此，它适用于具有液压传动系统的机床和切削力较大的场合。

3. 气液增压夹紧装置

气液增压夹紧装置以压缩空气为动力，以油液为传动介质，兼有气动夹紧装置和液压夹紧装置的优点。图 3.41 所示为气液增压夹紧装置，它将压缩空气的动力转换成油液的较高压力，供应给夹具的夹紧液压缸。

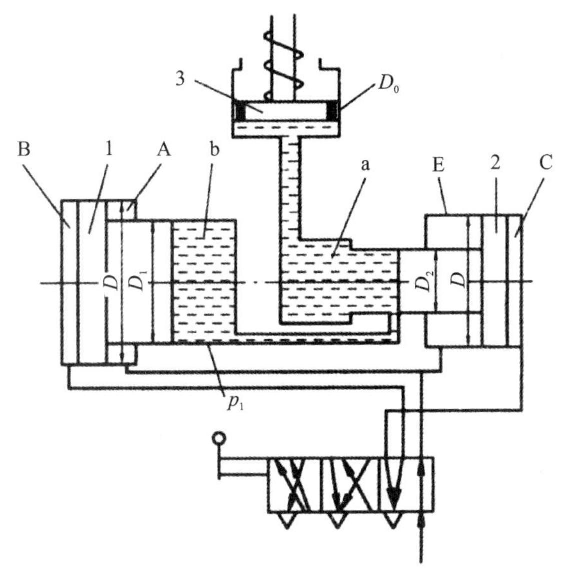

图 3.41 气液增压夹紧装置

1,2,3—活塞

气液增压夹紧装置的工作原理：当三位五通阀由手柄打到预夹紧位置时，压缩空气进入左气室 B，活塞 1 右移，将 b 室的油液经 a 室压至夹紧液压缸下端，推动活塞 3 来预夹紧工件。由于 D 和 D_1 相差不大，因此油液的压力 p_1 仅稍大于压缩空气的压力 p_0。但由于 D_1 比 D_0 大，因此左气缸会将 b 室的油液大量压入夹紧液压缸，实现快速预夹紧。此后，将控制室手柄打到高压夹紧位置，压缩空气进入右气缸 C 室，推动活塞 2 左移，a、b 两室隔断。由于 D 远大于 D_2，因此 a 室中的压力增大许多，推动活塞 3，增大夹紧力，实现高压夹紧。当把手柄打到放松位置时，压缩空气进入左气缸的 A 室和右气缸的 E 室，活塞 1 左移，而活塞 2 右移，a、b 两室连通，a 室油压降低，活塞 3 在弹簧作用下下落复位，放松工件。

在可调整夹具的设计中，其动力装置一般采取如下方法进行处理：如果夹紧点位置变化较小，则动力装置不做变动，仅更换或调整压板即可；如果夹紧点位置变化较大，应预留一套(或几套)动力装置，更换工件时，将动力源换接到相应位置即可。

4. 电磁夹紧装置

电动扳手和电磁吸盘等都属于硬特性动力源，在流水作业线上常采用电动扳手代替手动，这样不仅提高了生产效率，而且克服了手动时施力的波动，并减轻了工人的劳动强度，是获得稳定夹紧力的方法之一。电磁吸盘主要用于要求夹紧力稳定的精加工夹具中。如平面磨床上的电源吸盘，当线圈中通入直流电流后，其铁芯就会产生磁场，吸盘在磁场力的作用下将导磁性工件夹紧在吸盘上。

5. 真空夹紧装置

对于一些薄壁零件、大型薄板类零件、成形面零件或非磁性材料的薄片零件，使用一般夹紧装置难以控制变形量、保证加工要求，因此常采用真空夹紧装置。

真空夹紧装置是利用工件基准面与夹具定位面间的封闭腔抽取真空后来吸紧工件，或者就是利用工件外表面受到的大气压力来压紧工件的。真空夹紧装置特别适用于由铝、铜及其合金，塑料等非导磁材料制成的薄板形工件或薄壳形工件。图 3.42 所示为真空夹紧装置的工作情况，图 3.42(a)所示是未夹紧状态，图 3.42(b)所示是夹紧状态。

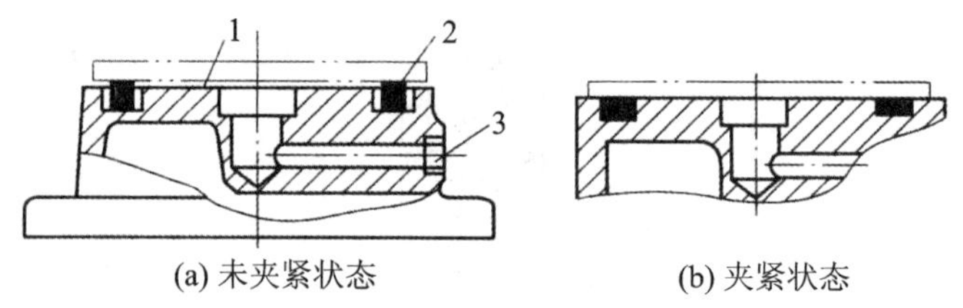

图 3.42 真空夹紧装置

1—封闭腔；2—橡胶密封圈；3—抽气口

五、装夹实例

任务：拨叉零件图如图 3.43 所示。本工序需在拨叉上铣槽，是最后一道机加工工序。工件材料为 HT250，毛坯为铸件，生产批量为成批生产，所用设备为 X61 卧式铣床。

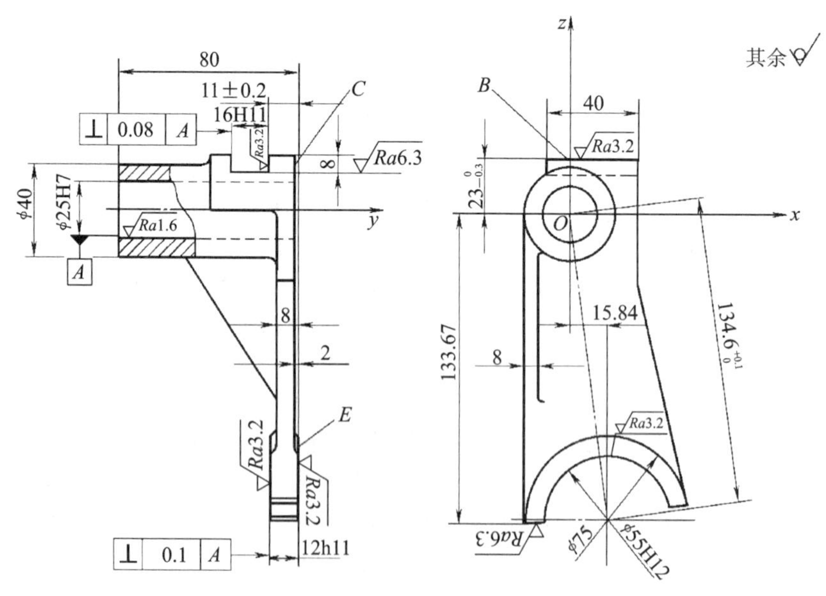

图 3.43 拨叉零件图

1. 加工要求

(1) 槽宽 16H11,槽深 8 mm。

(2) 槽侧面与 ϕ25H7 孔轴线的垂直度为 0.08 mm。

(3) 槽侧面与 E 面距离为(11±0.2) mm,槽底面与 B 面平行。

2. 分析过程

1) 拨叉零件铣槽夹具定位装置的设计

(1) 分析讨论定位要求(应该限制的自由度)。

从加工要求方面考虑,在工件上铣通槽,沿 x 轴的移动自由度 $\vec{x}$ 可以不限制,但为了承受切削力,简化定位装置的结构,$\vec{x}$ 还是要限制。工序基准为 ϕ25H7 孔轴线、E 面和 B 面。

(2) 分析讨论拨叉零件铣槽夹具定位基面和定位元件。

现拟订三个定位方案,如图 3.44 所示。

如图 3.44(a)所示,工件以 E 面作为主要定位面,用支承板 1 限制四个自由度 $\vec{y}$、$\vec{z}$、$\widehat{x}$、$\widehat{z}$,用短销 2 与 ϕ25H7 孔配合,限制两个自由度 $\vec{x}$、$\vec{z}$。为了提高工件的装夹刚度,在 C 处加一辅助支承。由于垂直度 0.08 mm 的工序基准是 ϕ25H7 孔轴线,而工件绕 x 轴的转动自由度 $\widehat{x}$ 由 E 面限制,定位基准与工序基准不重合,因此不利于保证槽侧面与 ϕ25H7 孔轴线的垂直度。

如图 3.44(b)所示,以 ϕ25H7 孔作为主要定位基面,用长销 3 限制工件的四个自由度 $\vec{x}$、$\vec{z}$、$\widehat{x}$、$\widehat{z}$,用支承钉 4 限制一个自由度 $\vec{y}$,在 C 处也放一辅助支承。由于 $\widehat{x}$ 由长销限制,定位基准与工序基准重合,因此有利于保证槽侧面与 ϕ25H7 孔轴线的垂直度。但这种定位方式不利于工件的夹紧,因为辅助支承不能起定位作用,辅助支承上与工件接触的滑柱必须在工件夹紧后才能固定,当首先对支承钉 4 施加夹紧力时,由于其端面的面积太小,因此工件极易歪斜变形,夹紧也不可靠。

如图 3.44(c)所示,用长销 3 限制工件的四个自由度 $\vec{x}$、$\vec{z}$、$\widehat{x}$、$\widehat{z}$,用长条支承板 5 限制两个自由度 $\vec{y}$、$\widehat{z}$,$\widehat{z}$ 被重复限制,属于过定位。因为 E 面与 ϕ25H7 孔轴线的垂直度为 0.1 mm,而工件刚性较差,0.1 mm 在工件弹性变形范围内,所以可过定位。

比较上述三种方案,图 3.44(c)所示的方案较好。

按照加工要求,工件绕 y 轴的自由度 $\widehat{y}$ 必须限制,限制的方法如图 3.45 所示。当挡销放在图 3.45(a)所示的位置时,由于 B 面与 ϕ25H7 孔轴线的距离(25 mm)较近,尺寸公差又大,因此防转效果差,定位精度低;当挡销放在图 3.45(b)所示的位置时,由于距离 ϕ25H7 孔轴线较远,因此防转效果较好,定位精度较高,并且能承受切削力所引起的转矩。

讨论问题:

① 设计拨叉零件铣槽夹具的定位方案时,为什么以 ϕ25H7 孔作为主要定位基面?

② 在拨叉零件铣槽夹具定位方案的设计中,自由度 $\widehat{z}$ 被重复限制,属于过定位,在一般情况下应避免过定位,在什么情况下可以采用过定位?

③ 在拨叉零件铣槽夹具定位方案的设计中,辅助支承起什么作用? 操作顺序是什么?

2) 根据确定的定位方案分析计算定位误差

(1) 加工尺寸(11±0.2) mm 的定位误差。

采用图 3.44(c)所示的定位方案时,由图 3.43 可知,尺寸(11±0.2) mm 的工序基准为 E 面,定位基准 E 面及 ϕ25H7 孔均影响该项误差。当以 E 面为定位基准时,定位基准与工序基准重合,$\Delta B=0$,基准位移误差 $\Delta Y=0$,因此定位误差 $\Delta D_1=0$。

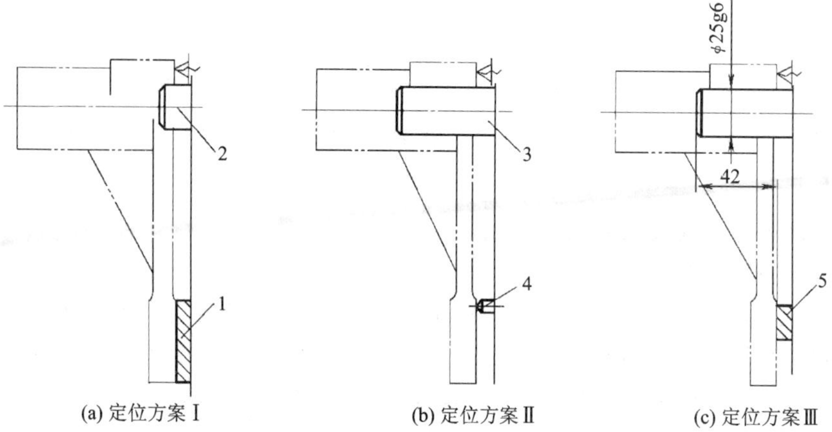

(a) 定位方案Ⅰ　(b) 定位方案Ⅱ　(c) 定位方案Ⅲ

图 3.44　定位方案分析

1—支承板；2—短销；3—长销；4—支承钉；5—长条支承板

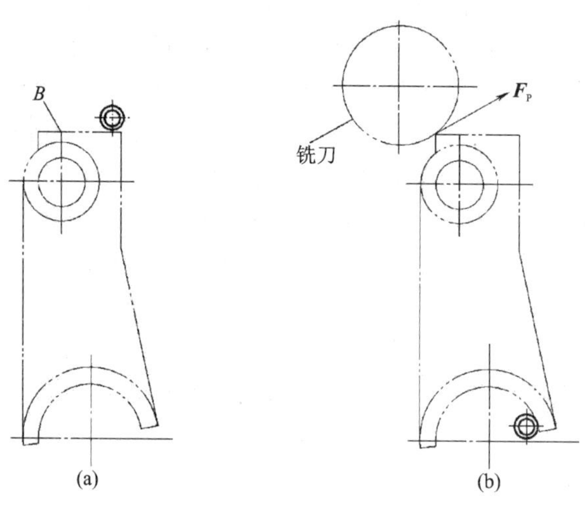

(a)　(b)

图 3.45　挡销的位置

当以 ϕ25H7 孔轴线作为定位基准时，定位基准与工序基准不重合，基准不重合误差为 E 面相对于 ϕ25H7 孔的垂直度误差，即 $\Delta B=0.1$ mm。由于长销与定位孔之间存在最大配合间隙 $X_{\max}$，会引起工件绕 z 轴的角度偏差 $\pm\Delta\alpha$。如图 3.46(a)所示，取孔与销的配合长度为 40 mm，直径为 ϕ25g6，定位孔为 ϕ25H7，则定位孔单边转角偏差为

$$\tan\Delta\alpha=\frac{X_{\max}}{2\times 40}=\frac{0.025+0.025}{2\times 40}=0.000\ 625$$

此偏差将引起槽侧面对 E 面的偏斜，从而产生加工尺寸(11±0.2) mm 的基准位移误差。由于槽长为 40 mm，所以

$$\Delta Y=2\times 40\times 0.000\ 625\ \text{mm}=0.05\ \text{mm}$$

因工序基准与定位基准无相关公共变量，所以

$$\Delta D_2=\Delta Y+\Delta B=(0.05+0.1)\ \text{mm}=0.15\ \text{mm}$$

在分析加工尺寸精度时，应计算影响大的定位误差 ΔD_2，此项误差略大于工件公差

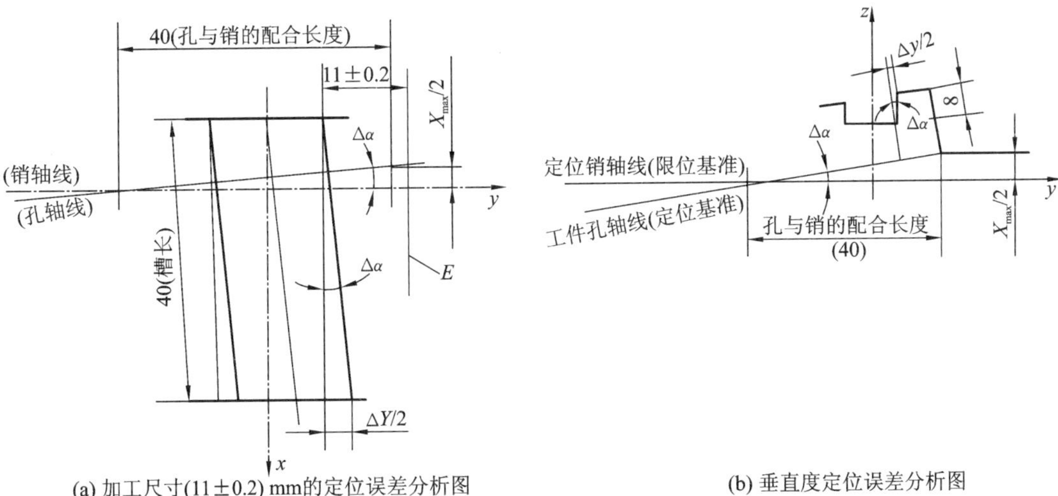

(a) 加工尺寸(11±0.2) mm的定位误差分析图

(b) 垂直度定位误差分析图

图 3.46 拨叉零件铣槽时的定位误差

δ_K(0.4 mm)的 1/3,需经精度分析后确定是否合理。

(2) 槽侧面与 ϕ25H7 孔轴线垂直度的定位误差。

由于定位基准与工序基准重合,因此 $\Delta B=0$。

由于孔轴配合存在最大配合间隙 X_{max},因此存在基准位移误差。定位基准可绕 x 轴产生两个方向的转动,如图 3.46(b)所示,其单方向的转角为

$$\tan\Delta\alpha=\frac{X_{max}/2}{40}=\frac{0.025+0.025}{2\times 40}=0.000\ 625$$

此处槽深为 8 mm,所以基准位移误差为

$$\Delta Y=2\times 8\times \tan\Delta\alpha=2\times 8\times 0.000\ 625\ \text{mm}=0.01\ \text{mm}$$

$$\Delta D=\Delta Y=0.01\ \text{mm}$$

由于定位误差为垂直度要求(0.08 mm)的 1/8,故此装夹方案的定位精度满足要求。

3) 分析讨论拨叉零件铣槽夹具夹紧装置的设计

由于支承板离加工表面较远,铣槽时的切削力又大,故需在靠近加工表面的地方再增加一个夹紧力。此夹紧力作用在图 3.47(a)所示的位置时,由于工件该部位的刚性差,夹紧变形大,因此,应用螺母与开口垫圈夹压在工件圆柱的左端面,如图 3.47(b)所示。拨叉在此处的刚性较好,夹紧力更靠近加工表面,工件变形小,夹紧也可靠。在支承板上方的夹紧机构采用钩形压板,可使结构紧凑,操作也方便。

综合以上分析,拨叉零件铣槽夹具的装夹方案如图 3.48 所示。装夹时,先拧紧钩形压板 1,再固定滑柱 5,然后插上开口垫圈 3,最后拧紧螺母 2。

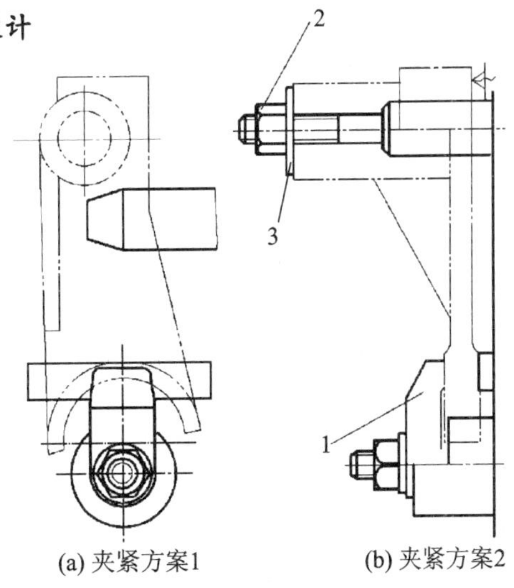

(a) 夹紧方案1

(b) 夹紧方案2

图 3.47 夹紧方案分析

1—钩形压板;2—螺母;3—开口垫圈

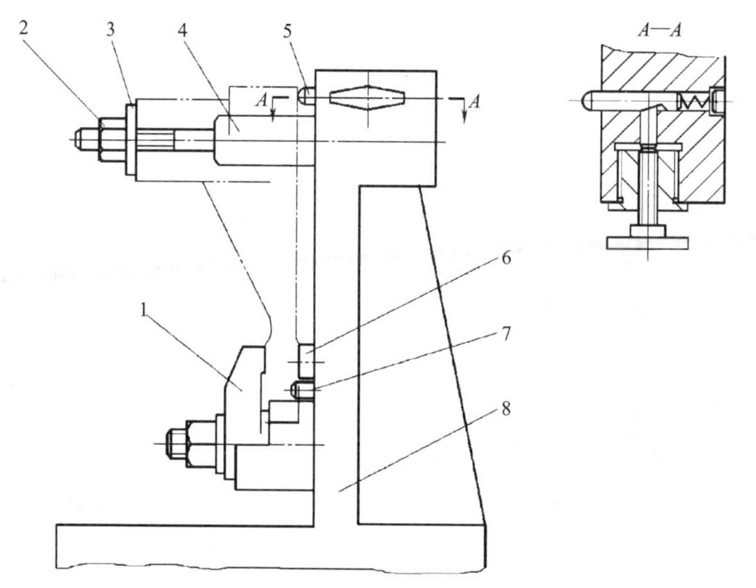

图 3.48　拨叉零件铣槽夹具的装夹方案

1—钩形压板；2—螺母；3—开口垫圈；4—长销；5—滑柱；6—长条支承板；7—挡销；8—夹具体

六、车床夹具的设计要点

车床主要用于加工零件内、外圆的回转成形面、螺纹和端面等。一些已标准化的车床夹具，如三爪自定心卡盘、四爪单动卡盘、顶尖、夹头等，都作为机床附件提供，能保证一些小批量、形状规则的零件的加工要求；而对于一些特殊零件的加工，还需设计、制造车床专用夹具来满足加工工艺的要求。

车床专用夹具可分为两类：一类是装夹在车床主轴上的夹具，使工件随夹具与车床主轴一起做旋转运动，刀具做直线切削运动；另一类是装夹在床鞍或床身上的夹具，使某些形状不规则和尺寸较大的工件随夹具安装在床鞍上做直线运动，刀具则安装在主轴上做旋转运动，完成切削加工，生产中常用此方法来扩大车床的加工工艺范围，使车床作为镗床使用。

在实际生产中，需要设计且用得较多的是第一类专用夹具。下面介绍该类夹具的结构及其设计要点。

微课：车床夹具的典型结构

1. 车床夹具的主要类型

1）卡盘式车床夹具

这类车床夹具大部分用于加工对称性或回转体工件，因而夹具的结构也是对称的，回转时的不平衡影响较小。

动画：圆盘式车床夹具

（1）斜楔式气动三爪卡盘。

图 3.49 所示是一种斜楔式气动三爪卡盘，它利用斜面作用原理将轴向移动变为径向定心夹紧。由于斜面接触面积较大，故磨损小；又因为斜面的增力作用，因此能产生足够的夹紧力。图中楔体 2 上有三个沿圆周均匀分布的 15°斜槽，滑块 7 的钩形部分插入斜槽中。当气缸的活塞杆经拉杆、螺钉 3、套筒 5 带动楔体 2 做轴向移动时，迫使滑块 7 及与其相连的卡爪 8 做径向移动，从而夹紧或松开工件。弹簧顶柱 4 的作用是

防止螺钉3与拉杆的连接松脱。把插头扳手插入楔体中部的六方孔中，将楔体沿逆时针方向转动，滑块7的钩形部分即从楔体中脱开，以拆下滑块。弹簧顶柱6在滑块脱开楔体时，可防止滑块自动下落。弹簧9可防止楔体因受振动而发生偏转。这种卡盘的径向夹紧行程较小，只适用于一批定位表面的尺寸变化不大的工件的装夹。

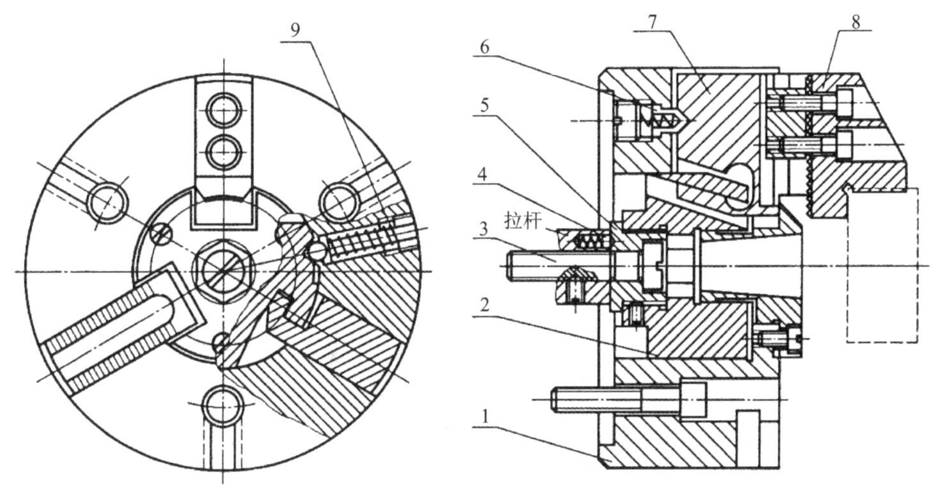

图3.49 斜楔式气动三爪卡盘

1—夹具体；2—楔体；3—螺钉；4，6—顶柱；5—套筒；7—滑块；8—卡爪；9—弹簧

(2) 杠杆铰链式气动双爪卡盘。

图3.50所示是杠杆铰链式气动双爪卡盘。由于缸肋外圆上有耳座及凸缘，且轴向尺寸较长，又要求缸孔的壁厚均匀，故以定位锥套6(限制三个自由度)及卡爪9、10(限制两个自由度)组成定心夹紧机构，实现工件的五点定位。又由于加工孔是回转对称表面，绕轴线的自由度本可不必限制，但因耳座、凸缘的存在，仍利用工件凸缘小平面，用卡爪10的端面来限制绕轴线的自由度。夹具工作时，气缸活塞杆带动拉杆12向左或向右移动，通过套筒2、连杆4和压板5带着有卡爪的滑块8、11一起径向移动，通过卡爪9、10将工件夹紧或松开。卡爪9可以绕小轴转动，以便于装卸工件。此夹具的夹紧机构不能自锁，但产生的夹紧力很大，机构动作灵活。需要注意的是，夹紧时应保证连杆4的倾斜角约为10°。因为倾斜角太小，容易过死点而失灵；而倾斜角太大，则传力效率降低。

(3) 电动卡盘。

电动卡盘是以电动机为动力源的定心卡盘，它利用一个少齿差行星减速机构将原来的手动三爪卡盘改为电动卡盘。其优点是结构紧凑、制造和改装容易、效率高、省力和易于实现自动化，所以在工厂中使用广泛。图3.51所示是一种电动卡盘的结构图。它在手动三爪卡盘内装一个少齿差行星减速机构，电动机的动力从机床主轴后端通过胶木齿轮1、齿轮2、传动齿轮3传递至偏心套6。偏心套6的前端经滚珠轴承固定两个模数$m=1$、齿数$z=178$的平动齿轮7、8。平动齿轮7、8上有八个孔，套在固定于定位板4上的八个限位销锥5上。偏心套6转动时，平动齿轮7、8不能自转，只能绕销轴做行星平动，带动内齿轮9($m=1$，$z=180$，$\xi=0.404$)做低速大扭矩转动。偏心套6转一转，平动齿轮7、8带动内齿轮9转过两个齿，内齿轮9的转动由其端面齿传递给三爪卡盘的伞齿轮，带动卡盘的三个卡爪夹紧或松开工件。

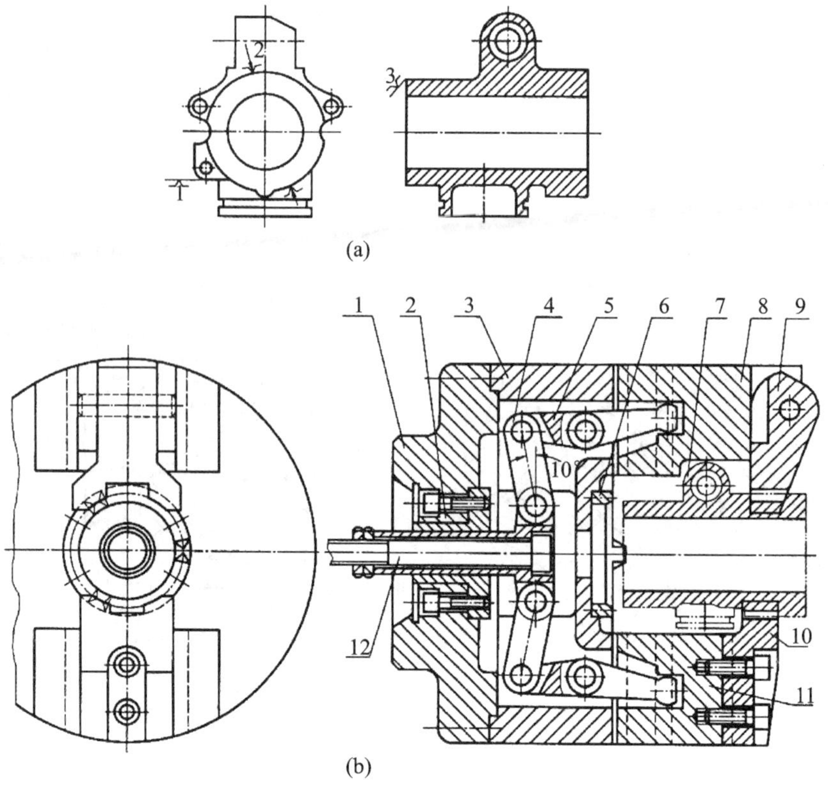

图 3.50 杠杆铰链式气动双爪卡盘

1—过渡盘；2—套筒；3—夹具体；4—连杆；5—压板；6—定位锥套；7—工件；8，11—滑块；9，10—卡爪；12—拉杆

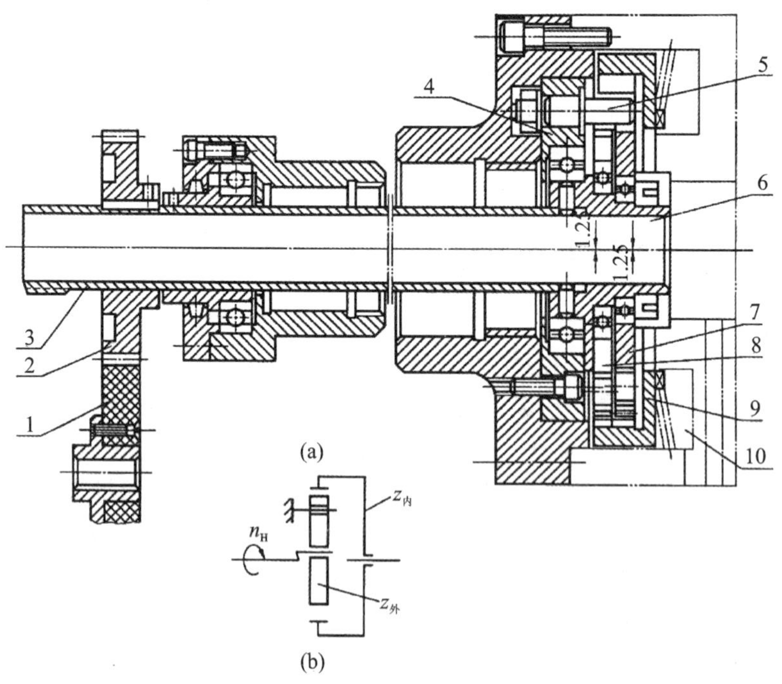

图 3.51 电动卡盘

1—胶木齿轮；2—齿轮；3—传动齿轮；4—定位板；5—限位销锥；6—偏心套；7，8—平动齿轮；9—内齿轮；10—丝盘

这种电动卡盘的结构特点是：

① 采用两个作用相同的平动齿轮，这是为了增加传动齿轮的强度，也是为了在行星齿轮运动时保持惯性力平衡。

② 套在偏心套上的两个平动齿轮的外径成对称偏心，其偏心量都为 1.25 mm，分别在 180°的两个方向上与内齿轮啮合。为了便于加工和装配，把两个偏心轴颈设计成不同的尺寸。

③ 两个行星齿轮上各有八个均布的销孔，这些销孔和齿轮都是成对加工的。

④ 安装在偏心套上的轴承是薄壁轴承，这样可以减小径向尺寸。

⑤ 定位板上固定有八个销轴，每个销轴都同时串装在两个行星齿轮的销孔中，销孔与销轴直径的关系是

$$D=d+2e+\Delta$$

式中：d 为销轴直径，mm；e 为偏心量，mm；Δ 为配合间隙，mm；D 为销孔直径，mm。

设计电动卡盘时需确定以下参数。

齿轮参数：模数 $m=1$，内齿轮齿数 $z_{内}=180$，分度圆压力角 $\alpha_0=20°$，移距修正系数 $\xi_{内}=0.404$，行星齿轮齿数 $z_{主}=178$，齿顶高系数 $f_0=0.8$，齿根高系数 $f_1=1.05$，行星齿轮修正系数 $\xi_{主}=0$。

2）角铁式车床夹具

图 3.52 所示为加工泵体两孔的角铁式车床夹具，依次车削泵体的两个孔时，需保证两孔的中心距尺寸。由于孔距较近，尺寸公差又要求较严，故采用分度夹具。工件以定位支板 1、2 和可移动的 V 形块 10 实现定位，用两块压板 9 夹紧。工件和定位夹紧元件都安装在分度盘 6 上，分度盘 6 绕偏离回转轴线安装的销轴 7 回转，将对定销 5 安装在夹具体的两个分度孔中进行定位。将分度盘 6 转动 180°，对定销 5 在弹簧作用下，插入夹具体上的第二个分度孔中，利用钩形压板 12 将分度盘 6 锁紧，就可车削工件上的第二个孔。此夹具利用夹具体 4 上的止口，通过过渡盘 3 与车床主轴连接。为了保证安全，夹具上应设有防护罩 8。

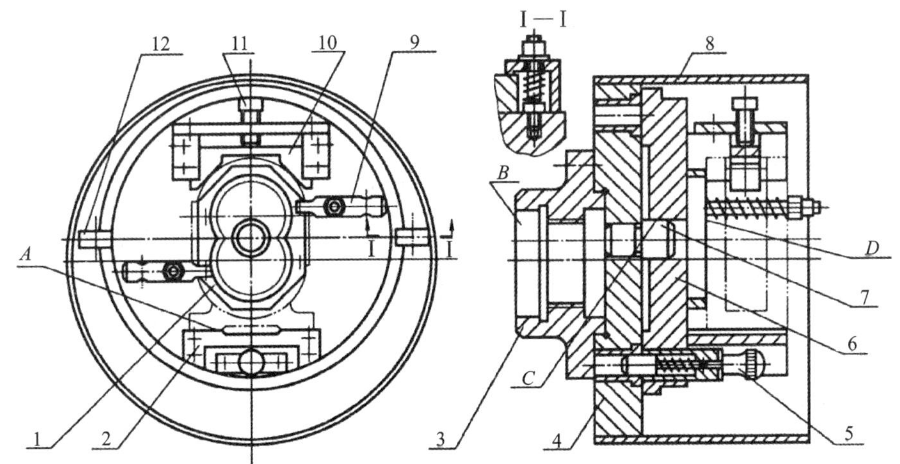

图 3.52 加工泵体两孔的角铁式车床夹具

1,2—定位支板；3—过渡盘；4—夹具体；5—对定销；6—分度盘；7—销轴；
8—防护罩；9—压板；10—V 形块；11—夹紧螺钉；12—钩形压板

设计此类夹具时，为了保证工件的加工精度，需要规定下列技术条件。

① 定位元件之间的相互位置要求，如定位支板1的D面和定位支板2的A面的垂直度，V形块10相对于分度盘中心线的对称度等。

② 定位支板2的A面与分度盘6的回转轴线之间的尺寸精度和平行度要求。

③ 夹具在机床主轴上的安装基面B的轴线与分度盘6的定位基面C的轴线之间的尺寸精度和平行度要求。

④ 两分度孔的位置精度和分度盘6与销轴7的配合精度要求。

图3.53所示是加工螺母座孔的角铁式车床夹具。工件以一面二孔在夹具的一面二销上定位，两压板8分别夹紧工件。导向套6作为单支承前导向，以便在精加工时用铰削或镗削来校正孔的精度。平衡块7根据需要配重，以消除夹具在回转时的不平衡现象。定程基面5用于确定刀具的轴向行程，以防止刀具与导向套相碰撞。

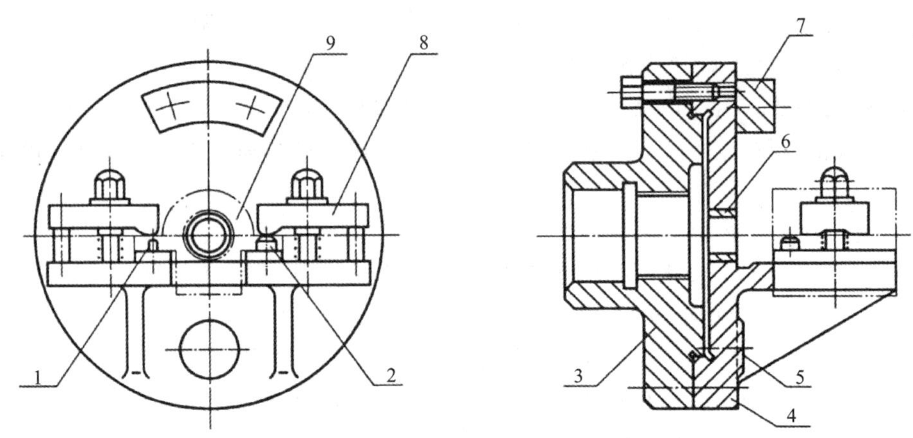

图3.53　加工螺母座孔的角铁式车床夹具

1—圆柱销；2—削边销；3—过渡盘；4—夹具体；5—定程基面；6—导向套；7—平衡块；8—压板；9—工件

2. 车床夹具的设计要点

1）定位装置的设计要求

设计车床夹具的定位装置时，必须保证定位元件工作表面与回转轴线的位置精度。例如，在车床上加工回转表面时，要求定位元件工作表面的中心线与夹具在机床上的安装基准面同轴。在图3.50中，定位锥套6的轴线与过渡盘1的定位孔轴线必须有同轴度要求。对于壳体、支座类工件，应使定位元件的位置能够确保工件被加工表面的轴线与回转轴线同轴。在图3.53中，采用一面二销作为定位元件，则一面二销的位置要保证螺母座孔的轴线与主轴回转轴线同轴。

2）夹紧装置的设计要求

车削过程中，夹具和工件一起随主轴做回转运动，所以夹具要同时承受切削力和离心力的作用，转速越高，离心力越大，夹具承受的外力也越大，这样会抵消部分夹紧装置的夹紧力。此外，工件定位基准的位置相对于切削力和重力的方向来说是变化的，有时同向，有时反向。因此，夹紧装置所产生的夹紧力必须足够，自锁性能要好，以防止工件在加工过程中脱离定位元件的工作表面而引起振动、松动或飞出。设计角铁式车床夹具时，夹紧力的方向要防止引起夹具变形。图3.54(a)所示的施力方式，其夹紧装置比较简单，但可能引起角铁悬伸部分的变形和夹具体的弯曲变形，离心力、切削力会助长这种变形。如采用图 3.54(b)所示的铰链压板结构，虽然夹紧力大，压板有变形，但不会影响加工精度。

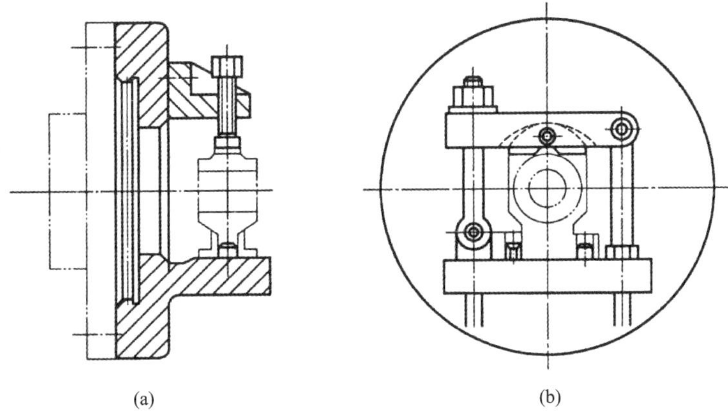

图 3.54 夹紧力施力方式的比较

3) 夹具总体结构的设计要求

(1) 车床夹具一般在悬伸状态下工作，为保证加工的稳定性，夹具结构应力求紧凑，轮廓尺寸要小，悬伸要短，重量要轻，且重心尽量靠近主轴。

夹具悬伸长度 L 与其外轮廓直径 d 之比可参考下式选取：①当 $d<150$ mm 时，$L/d\leqslant 1.25$；②当 $d=150\sim300$ mm 时，$L/d\leqslant 0.9$；③当 $d>300$ mm 时，$L/d\leqslant 0.6$。

(2) 夹具上应有平衡装置。由于夹具随机床主轴高速回转，如夹具不平衡，就会产生离心力，不仅引起机床主轴的过早磨损，而且会产生振动，影响工件的加工精度和表面粗糙度，降低刀具寿命。平衡措施有两种：设置配重块或加工减重孔。配重块的重量和位置应能调整，为此，夹具上都开有径向或周向的 T 形槽。

(3) 夹具的各种元件或装置不允许在径向有凸出部分，也不允许有易松脱或活动的元件，必要时加防护罩，以免发生事故。

(4) 加工过程中工件的测量和切屑的排除都要方便，还要防止冷却润滑液的飞溅。

微课：车床夹具设计要求

动画：花盘式车床夹具

动画：支架车床夹具 1

动画：支架车床夹具 2

2-2 任务相关实践知识

一、工序详解

1. 工序图

图 3.55 所示为连杆车大头外圆 $\phi279$ mm 的加工工序图。

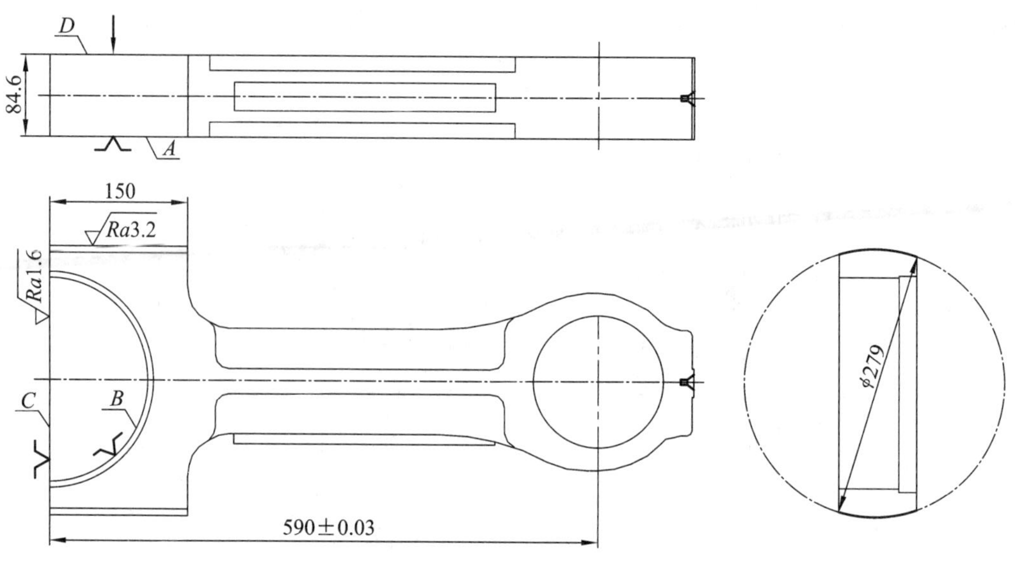

图 3.55　连杆车大头外圆 ϕ279 mm 的加工工序图

2. 工序的加工装夹位置

本工序为连杆车大头外圆工序，工件以下表面 *A*、大头孔 *B* 及端面 *C* 进行定位，用压板压住 *D* 面进行夹紧。

二、夹具设计方案

1. 定位方案及定位元件

本工序以工件大头圆弧孔、底平面及剖分面作为定位基面来车大头杆身外圆 ϕ279 mm。定位方案如下：

① 以底平面定位，限制了 3 个自由度；

② 以大头圆弧孔定位，限制了 2 个自由度；

③ 以剖分面定位，限制了 1 个自由度。

该定位方案是一个完全定位方案，如图 3.56 所示。

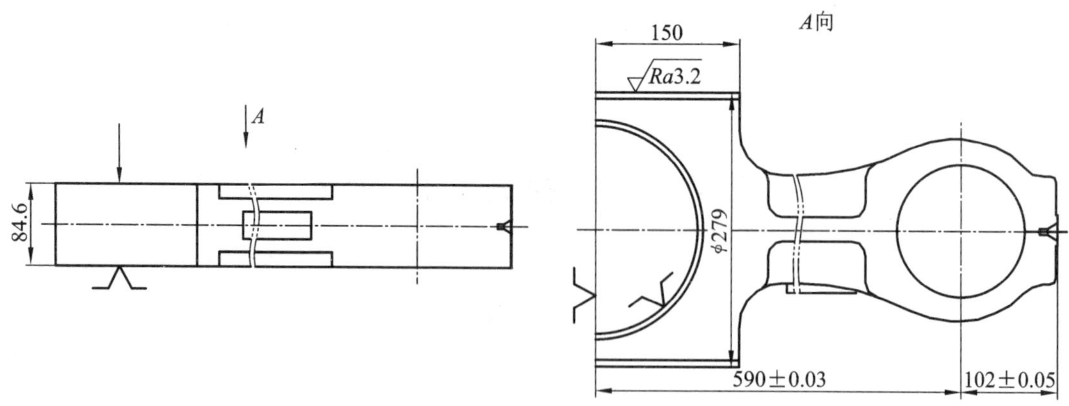

图 3.56　定位方案

定位装置的设计要点如下。

(1) 主要支承板外形与工件 A 平面相似,尺寸略小于工件轮廓尺寸,主要作用是使支承板工作表面磨损均匀。主要支承板只需用螺钉固定,不需要设计定位销。

(2) 导向支承工作表面较长,可以获得较高的导向定位精度。导向支承板必须用定位销定位。定位销设计在外侧,距离相隔较远,可以提高定位精度。

(3) 止推定位时因为与工件是点接触,故可用圆柱销,只不过这时圆柱销应进行淬火处理,以使其耐磨。

2. 夹紧方案及夹紧元件

课程思政案例

该夹具采用螺旋压板夹紧机构夹紧工件,压板的夹紧点为工件的不加工平面 B。

工件加工完毕后,松开螺母,只需向左、右方向移动压板,即可卸下工件。该夹紧机构结构简单、工作可靠、夹紧力大、操作方便。

夹紧装置设计要点如下。

(1) 因为夹具体一般使用铸铁件,故不能直接用夹具体上的螺孔作为夹紧元件而频繁使用,因此,该夹具使用了双头螺柱。如果因夹具结构需要而使用夹具体上的螺孔作为夹紧元件,则应该设计一螺纹衬套,便于损坏后更换。

(2) 该夹具的夹紧点为非加工表面,非加工表面平整,且夹紧尺寸有一定变化,故采用了球面螺母和锥形垫圈的组合。这种设计避免了因压板不平、螺柱“别劲”而带来的不良影响。

(3) 该夹具采用螺柱作为压板的后支承,当夹紧尺寸变化较大时方便调平压板。

(4) 该夹具采用压缩弹簧抬起压板,这样便于装卸工件。

3. 对刀装置设计

车床夹具一般不设计对刀装置。

4. 夹具与机床的对定

夹具体上的止口 B 和端面 A 与机床的过渡盘连接对定。

2-3 拓展性知识

一、圆磨床夹具的结构特点及其设计

圆磨床夹具的特点是精度高、夹紧力小,因而多采用定心精度高、结构简单、效率高的轻型结构。下面介绍两种常用的典型的圆磨床夹具。

1. 磨齿轮内孔的膜片卡盘

齿轮的齿形表面要进行高频或中频淬火,以提高硬度,增加耐磨性。淬火后,齿形表面会发生变形,故需要磨削。为了使磨削余量均匀,保证齿面具有均匀的淬硬层,同时要保证齿圈与内孔的同轴度,通常都是以齿形表面作为定位基准,先磨削内孔,再以磨好的内孔定位来磨削齿形表面。

图 3.57 所示是一种以齿形表面定位磨削内孔的膜片卡盘,图 3.57(a)所示为被磨齿轮的工序简图,图 3.57(b)所示是膜片卡盘的结构图。将六个滚柱 5 放在齿形表面作为定位元

件，膜片上的卡爪3在拉杆1向左移动时产生弹性变形，卡爪3通过滚柱5将工件定心夹紧。六个滚柱装在同一个保持架6内并连成一体，先把带滚柱的保持架装在被磨削的齿轮上，让滚柱落入齿槽中，再连同被磨削齿轮一起装入卡盘内，这样装卸工件迅速、方便。从定位角度考虑，只需要三个滚柱就能自动定心。实际上为了减小被磨削齿轮的变形，往往用较多数量（一般不超过六个）的滚柱来定位。卡爪3的数目与滚柱的数目相等，并做成可调的，以适应不同直径的工件或补偿卡爪的磨损。为了保证连接可靠，卡爪3与爪体2以密齿咬合，调整后要进行临床“修磨”，以保证卡爪的定心轴线与机床的回转轴线严格同轴，并和经过修磨的三个支承钉4的端面垂直，以提高卡爪的定心精度。修磨时应让卡爪留有向内收缩的变形量。变形量的选取应满足磨削齿轮内孔时卡爪对滚柱的夹紧力要求，一般取直径上的变形量为0.4 mm左右，然后按滚柱的外公切圆直径磨出卡爪的夹紧弧面。滚柱直径与滚柱外公切圆直径的计算图如图3.58所示。

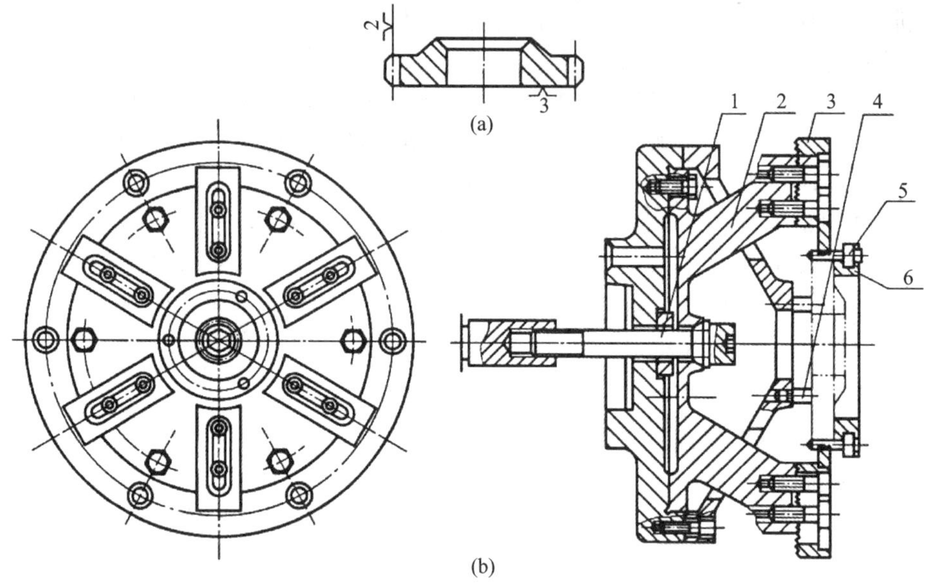

图3.57 磨齿轮内孔的膜片卡盘

1—拉杆；2—爪体；3—卡爪；4—支承钉；5—滚柱；6—保持架

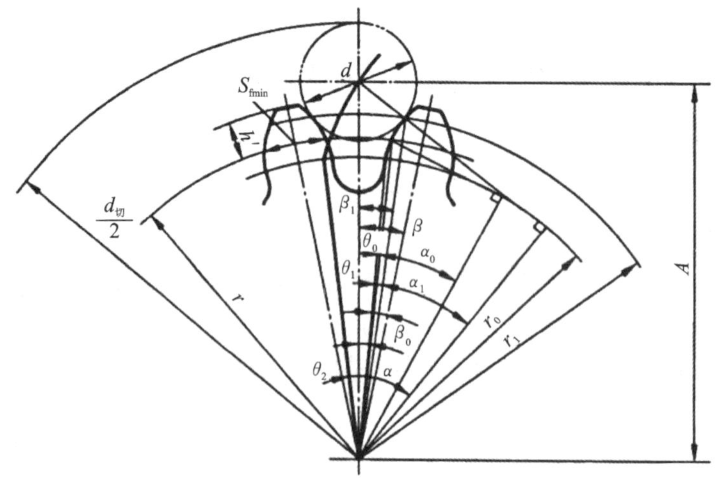

图3.58 滚柱直径 d 与滚柱外公切圆直径 $d_{切}$ 的计算图

滚柱直径 d 的计算公式为

$$d=2[r_0\tan(\alpha_1+\beta_1)-r_1\sin\alpha_1]$$

式中：r_0 为基圆半径，mm；r_1 为滚柱与齿形面接触处半径，mm，$r_1=r_f+(0.5\sim0.7)h$；α_1 为滚柱与齿形面接触点的压力角，$\alpha_1=\arccos r_0/r_1$；β_1 为滚柱与齿形面接触点的中心角。

滚柱外公切圆直径 $d_{切}$ 的计算公式为

$$d_{切}=2A+d_b$$

式中：A 为滚柱中心与齿轮中心的距离，mm；d_b 为按 d 选取的标准滚柱直径，mm。

标准滚柱直径按计算出的滚柱直径 d，从标准滚柱直径系列中选取最接近的数值，一般 $d_b<d$。

设计膜片卡盘时应注意以下问题。

(1) 膜片应有一定的厚度，以保证夹具的刚性和稳定的定心精度，一般膜片的厚度不得小于 8 mm。

(2) 膜片的厚度要均匀，厚度差不得超过 0.1 mm。厚度不均匀会使每个卡爪的变形量不等，影响定心精度。

(3) 膜片的材料最宜用 65Mn 钢，也可用 T7A 钢、50 号钢、CCr15 合金钢等，热处理后硬度为 45～50 HRC。夹具体可用 45 号钢制造。

此类夹具的定心精度，只要经过适当的调整，可以达到 0.005～0.01 mm。

2. 电磁无心磨削夹具

电磁无心磨削夹具是一种精度高、通用性大、装卸工件方便、易于实现自动化的先进夹具。它所能产生的电磁吸力不大，一般为$(3\sim13)\times10^5$ Pa，适用于薄壁易变形的小型导磁工件，在轴承内外环的磨削加工中广泛采用。图 3.59 所示是一种电磁无心磨削夹具的结构图，它由工件驱动和工件定位两部分组成。工件驱动部分由铁芯 2、磁极 6 等组成，由机床主轴带动旋转；工件定位部分由连接盘 1、槽盘 3、支承座 4、支承 5 等组成。连接盘 1 固定在机床的床头箱壁上；两个支承座 4 可以在槽盘 3 的 T 形槽内沿圆周方向分别进行调整，以获得最合适的支承夹角 β(见图 3.60)；支承 5 可以做径向调整，以适应工件的不同直径尺寸。这种夹具的特点是工件的定位和驱动分开，因此，加工精度不受机床主轴回转精度的影响，这是电磁无心磨削夹具定心精度高的主要原因，一般加工后的同轴度可达 0.004～0.01 mm，甚至可达 0.0004 mm。

图 3.60 所示是电磁无心磨削夹具的工作原理图，图 3.60(a)所示为以工件的外圆定位来磨内孔的示意图，图 3.60(b)所示为以工件的外圆定位来磨外圆的示意图。工件由直流电磁线圈所产生的磁力吸紧在磁极端面上，工件的外圆表面靠在两个固定支承上，并使工件中心 $O_{工}$ 与磁极中心 O(即机床主轴回转中心)有一个很小的偏心量 e(0.15～0.5 mm)。由于偏心量 e 的存在，当磁极转动时，工件受到两个固定支承的限制，在磁极接触面上产生相对滑动和摩擦力，因而对工件产生相对摩擦扭矩 $\boldsymbol{M}_\mu$ 和径向夹持力 $\boldsymbol{F}_\mu$。$\boldsymbol{M}_\mu$ 带动工件转动，$\boldsymbol{F}_\mu$ 通过工件的中心 $O_{工}$ 并垂直于偏心距 e，且与磨削力的合力位于两支承面之间(支承夹角 β 范围内)，使工件在加工过程中与支承稳定接触。

为了保证工件的加工精度，应正确地选择偏心距 e、偏心方向角 θ、支承角 α 及两支承之间的夹角 β 等参数(见表 3.1)。

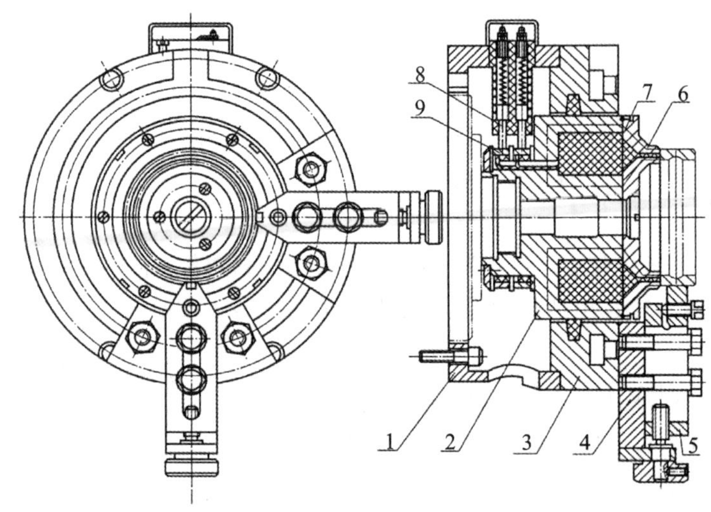

图 3.59　电磁无心磨削夹具的结构图

1—连接盘；2—铁芯；3—槽盘；4—支承座；5—支承；6—磁极；7—线圈；8—炭刷；9—滑环

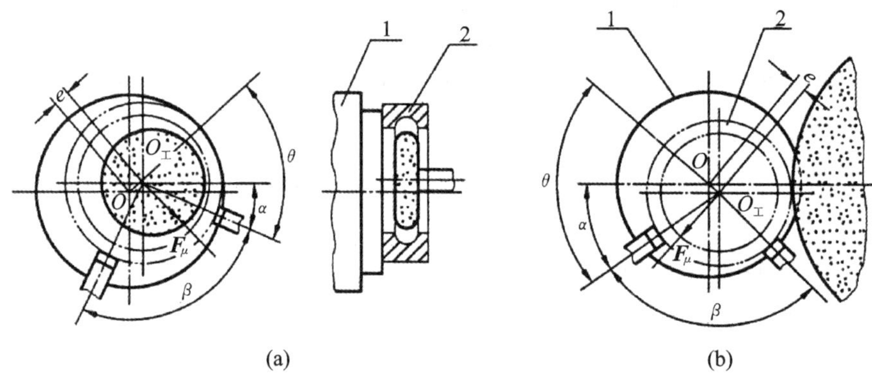

图 3.60　电磁无心磨削夹具的工作原理图

1—磁极；2—工件

表 3.1　电磁无心磨削夹具的主要角度参数

参数名称	说明	数值范围
偏心距 e	决定工件径向夹持力 $\boldsymbol{F}_\mu$ 的大小和工件的稳定性。e 增大，则 F_μ 增大，工件稳定性好，但支承面摩擦加剧，易划伤或烧伤工件的定位表面；e 减小，F_μ 减小，工件不稳定	$e=(0.15\sim0.5)$ mm
偏心方向角 θ	决定工件径向夹持力 $\boldsymbol{F}_\mu$ 的位置，要求 $\boldsymbol{F}_\mu$ 与磨削力的合力作用在两支承面的中间（支承夹角 β 范围内）	磨内圆：$\theta=5°\sim15°$ 磨外圆：$\theta=15°\sim30°$
支承角 α	影响工件的壁厚差和椭圆度	磨内圆：$\alpha=0°\sim15°$ 磨外圆：$\alpha=15°\sim30°$
支承夹角 β	影响工件的稳定性	$\beta=90°\sim120°$

电磁无心磨削夹具的电气原理如图 3.61 所示。当按下进给电钮，砂轮架横向移动，碰上行程开关 2K，2K 闭合，中间继电器 J 工作，其常开触点闭合，电路接通，线圈 7 通电充磁，吸住工件。当加工完毕，砂轮退出，则 2K 释放，中间继电器 J 断电，其常开触点断开，常闭触点复位，线圈 7 通入反向电流，产生反磁，以消除磁性。由于消磁的反向电流要小于充磁电流，故电路中并接一个电位器 R，以调整消磁电流的大小。

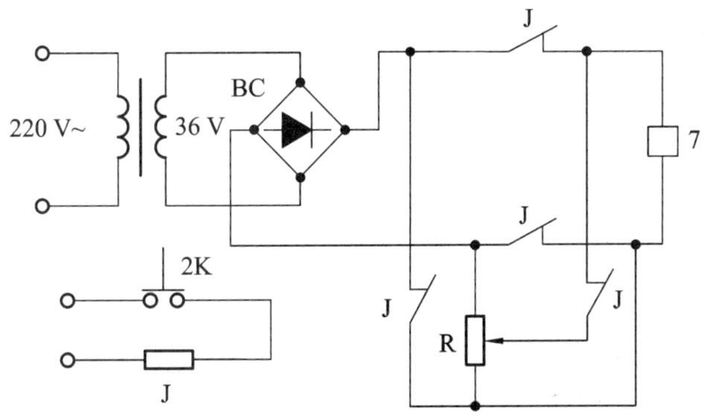

图 3.61 电磁无心磨削夹具的电气原理图

BC—硒整流器；J—中间继电器；R—电位器；2K—行程开关；7—线圈

二、通用夹具(卡盘类夹具)的扩展应用

1. 摆动车偏心夹具

1) 主要用途

摆动车偏心夹具主要用于加工带有较小偏心距的轴类零件的偏心部位。

2) 结构特点

摆动车偏心夹具如图 3.62 所示，它主要由花盘与自定心卡盘组成，借助 A、B 两个销孔位置来调整两盘的轴心线偏移量，从而达到调整偏心距的目的。

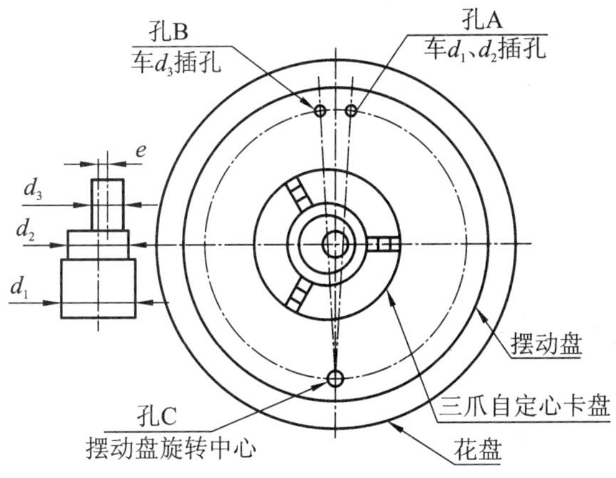

图 3.62 摆动车偏心夹具

将工件用三爪自定心卡盘夹紧，先使用定位孔车削 d_1 和 d_2，然后松开摆动盘压紧装置(图中未画出)，从孔 A 中拔出定位插销(图中未画出)，旋转摆动盘至孔 B，将定位销插入孔 B 中，压紧摆动盘，车削圆柱 d_3。加工完毕后，将摆动盘恢复至原位。

摆动盘的摆角根据工件偏心距 e 和摆动盘的旋转半径经计算获得，此处从略。

因工件偏心距较小，夹具可不设计配重装置，但是机床转速不宜过高。设计时，三爪自定心卡盘中心应与摆动盘几何中心重合。

2. 旋转式偏心车床夹具

1）主要用途

这是一种需要先进行粗略计算，调整时再进行测量的偏心夹紧机构，适用于偏心精度较高的零件的加工。

2）结构特点

旋转式偏心车床夹具如图 3.63 所示，它由法兰盘、偏心盘和三爪卡盘等组成。

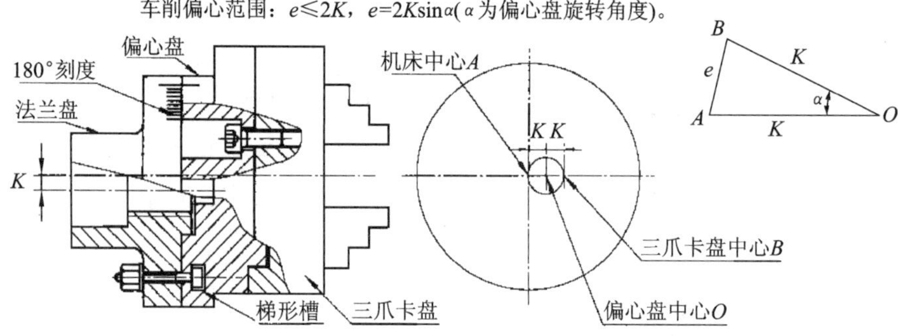

图 3.63　旋转式偏心车床夹具

在偏心盘上有两个偏心孔，即与机床法兰盘止口配合的内孔和与三爪自定心卡盘止口配合的外孔，偏心距均为 e（具体数值视情况而定），两个偏心孔在一条直线上。松开梯形槽螺钉，即可旋转偏心盘，使其绕 O 点旋转，此时三爪自定心卡盘中心（即工件中心）的运动轨迹为从 B 点到 A 点的一段圆弧。B 点所在位置与 A 点的连线长度即为工件的偏心距 e，计算公式如下

$$e=2\sin\alpha$$

式中：e 为工件偏心距；α 为偏心盘旋转角度（可从法兰盘上的刻度读出）。

注意：该夹具车削工件的最大偏心距为 $2e$。

工件的实际偏心距可通过以下方法测得：在三爪自定心卡盘上安装检验心轴，松开梯形槽螺钉，将偏心盘回转，计算所得角度，拧紧梯形槽螺钉，将检验棒夹在三爪自定心卡盘上，百分表触头接触检验棒，回转机床主轴，微调偏心距，最终拧紧梯形槽螺钉。

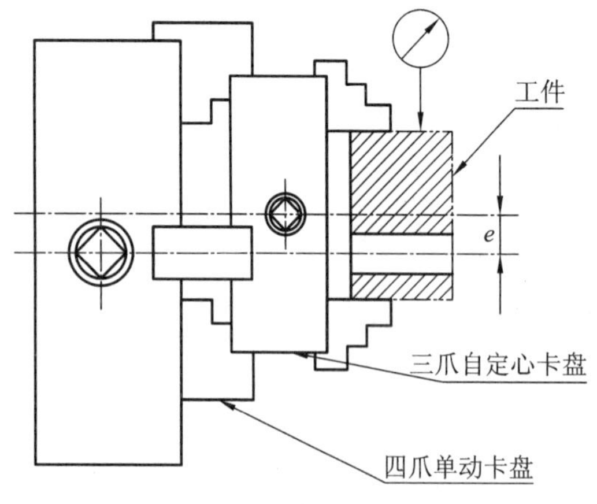

图 3.64　双卡盘偏心车床夹具

注意：百分表量值应为两倍偏心距。

3. 双卡盘偏心车床夹具

1）主要用途

双卡盘偏心车床夹具适合于一定批量，且对偏心距精度要求不高的场合。

2）结构特点

双卡盘偏心车床夹具如图 3.64 所示。将三爪自定心卡盘装在四爪单动卡盘上，利

用四爪单动卡盘来调整工件所需要的偏心量。

确定工件偏心距的方法为：先在三爪自定心卡盘上夹持检验心轴，再用百分表找正三爪自定心卡盘，使其偏心距与工件偏心距相同，即找到工件所需偏心距 e。

注意：百分表的读数应为 $2e$。

4. V 形块装夹偏心工件

1）主要用途

此法适合于有一定批量，且偏心距精度要求不高的场合。

2）结构特点

V 形块装夹偏心工件如图 3.65 所示，四爪单动卡盘、V 形块均为常用机床附件，其结构简单，操作方便。

3）工作原理

将 V 形块调装在四爪单动卡盘上，按工件直径和偏心距要求调整 V 形块位置，以实现偏心加工要求。

首件工件必须划线找正，以后只需移动卡爪 A，工件即可完成安装。

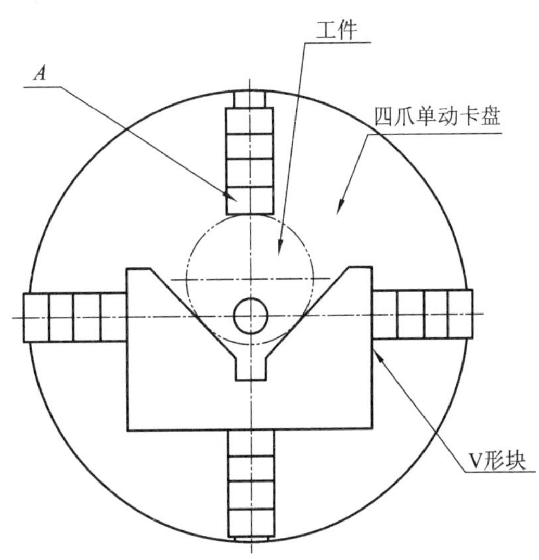

图 3.65 V 形块装夹偏心工件

5. 端面快速找正

大而薄的工件在车床上加工端面时，找正端面是比较困难的，为了快速找正端面，可用图 3.66 所示的方法。使用此法时要注意安全，即三个等直径的销要固定牢，防止飞出伤人。

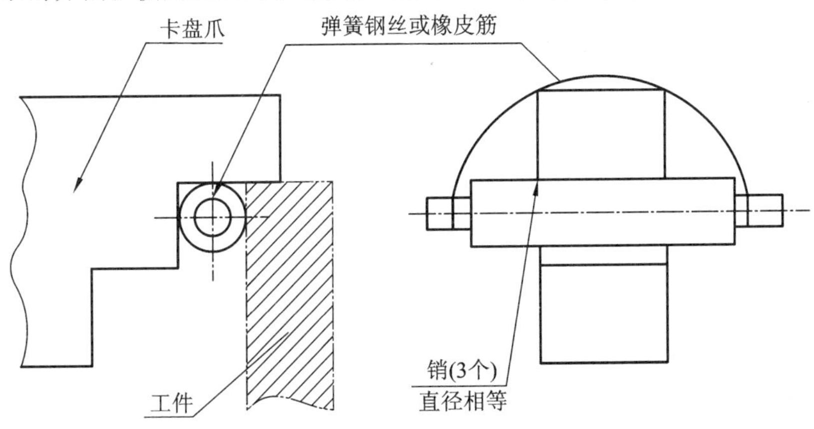

图 3.66 端面快速找正

6. 卡盘上的辅助支承

工件的加工表面远离夹持部分，工艺系统刚性严重不足。增设图 3.67 所示的辅助支承，既可增加工艺系统的刚性，也可为找正工件端面提供极大方便。

7. 薄板车削

机床上无法安装极薄的工件时，使用图 3.68 所示的夹具，问题即可迎刃而解。工件靠顶尖和固定盘端面定位，靠两盘产生的摩擦力夹紧，即可进行切削加工。

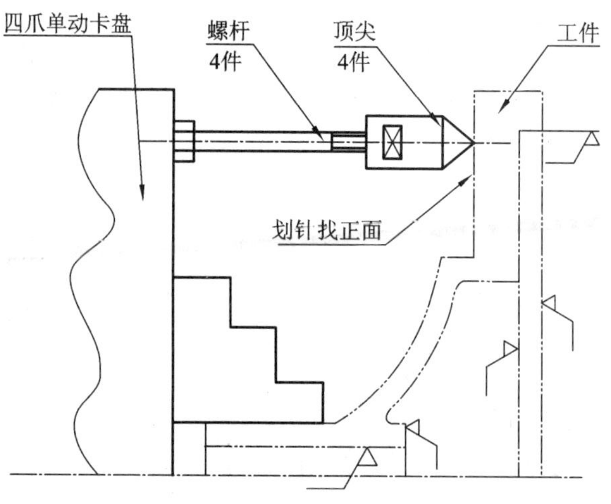

图 3.67　卡盘上的辅助支承

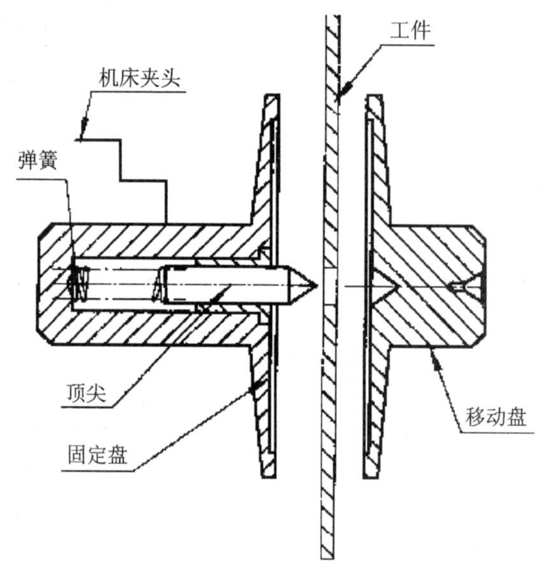

图 3.68　薄板车削

8. 普通分头拨盘

1）主要用途

此装置可用于在车床上加工多头螺纹时进行分头，以避免使用复杂的分头工具和复杂的计算过程。

2）结构特点

采用图 3.69 所示的分头拨盘装置，既可对工件进行分头，也可将其当作拨盘使用。设计时分头销直径应相等，分头销的安装孔座的位置应有较高的精度，以确保工件的分头精度。

加工完一条螺旋线后，取下工件，将鸡心夹头旋转所需等份数，即可加工第二条螺旋线。

该装置若有 12 个分头销，即可进行 2、3、4、6 等份分头。

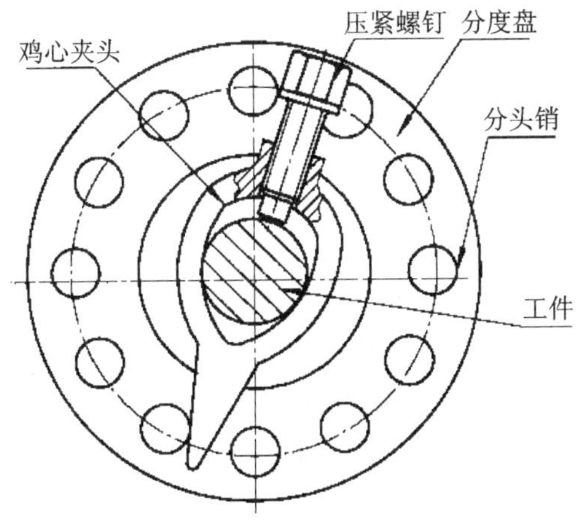

图 3.69 分头拨盘

3）分头

每加工完一条螺旋线后，卸下工件并将其转过一定数量的分头销即可。

9. 专用分头拨盘

1）主要用途

专用分头拨盘如图 3.70 所示，该装置可用于在车床上加工多头螺纹时进行分头。

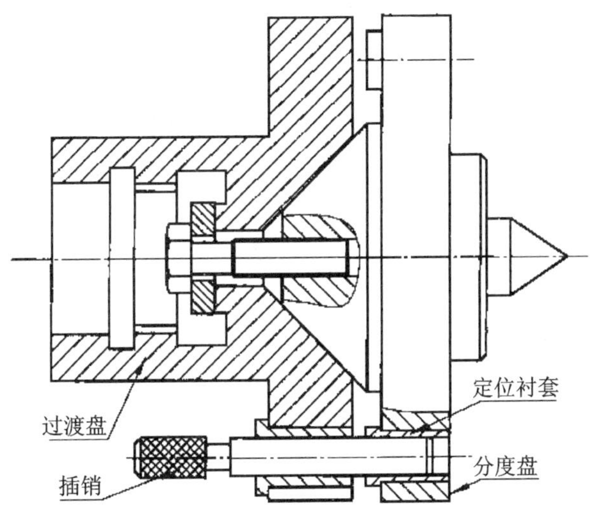

图 3.70 专用分头拨盘

2）工作原理

车削完第一头后，提起开合螺母，将插销取出，将分度盘(有若干等分孔)连同工件旋转，再将插销插入另一个孔内，从而完成一次分头。

3）结构特点

加工完一条螺旋线后，将分度盘和工件旋转到所需位置，利用定位插销再次定位。此装置不必卸下工件即可进行分头。

10．特殊卡爪

1）主要用途

有的工件不便于装夹，且具有一定批量，可以采用图 3.71 所示的专用的特殊卡爪，采用此种特殊卡爪可快速定位与夹紧。根据这一原理，可在卡爪上安装各种特殊卡爪。

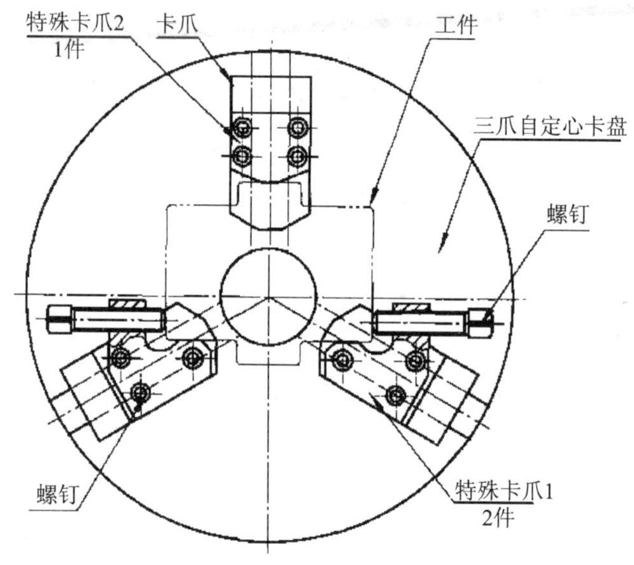

图 3.71　特殊卡爪

2）结构特点

更换不同的特殊卡爪，可适用于不同夹持表面的工件，有较大的灵活性。

三、典型夹紧方案

以下所述夹紧方案不是完整的夹具，读者可根据零件的加工工序需要将其完善，用于工件的固定夹紧。

所列出的为常用夹紧机构的相关示意图，这些示意图均未按比例绘制，需要时应根据工件状态及加工要求详细设计、确定夹紧机构的尺寸，切不可生搬硬套。

1．浮动夹紧

1）浮动夹紧装置

有时为了增加工艺系统的刚性，需要对工件某一部分进行辅助夹紧而不限制工件的自由度，图 3.72 所示的浮动夹紧装置是常见的夹具设计方案。

2）双向浮动夹紧装置

图 3.73 所示的双向浮动夹紧装置，可适用于不同直径的工件的夹紧，其通用性较强，由锁紧拉杆的内壁与丝杆产生的摩擦力自锁。

夹紧过程中，调整好夹持部分的初始位置后，可以迅速地夹紧工件，使其中心处于固定位置，不受工件直径公差的影响。

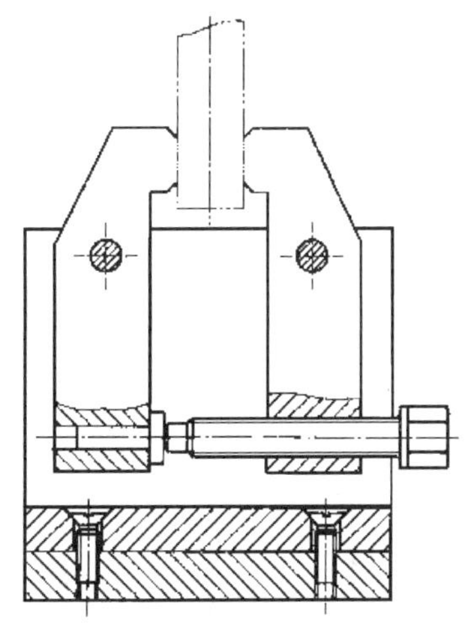

图 3.72 浮动夹紧装置

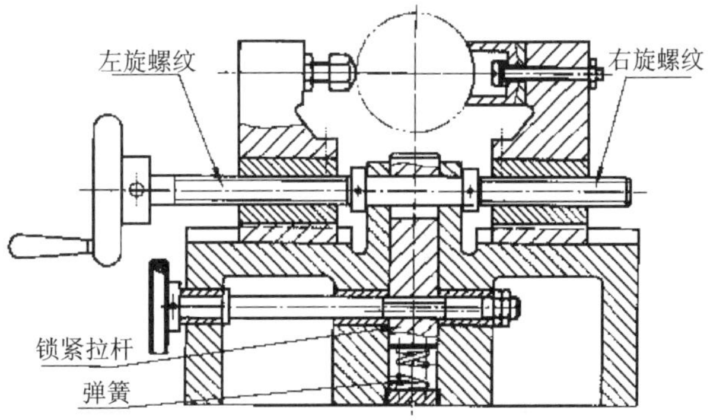

图 3.73 双向浮动夹紧装置

2. 内部夹紧

1）钢球内部夹紧装置

钢球夹紧是夹具设计中常用的方法之一。

图 3.74 所示为钢球内部夹紧装置，它可以使夹具的夹紧机构变得比较简单，体积减小。同时，对于一些无法设计夹紧装置的部位，使用钢球内部夹紧装置可以得到较好的效果。

图 3.75 所示为另一种钢球内部夹紧装置。该夹紧装置夹紧力均匀，内、外圆有较高的同轴度。当工件无法从外部夹紧时，可采用该装置。

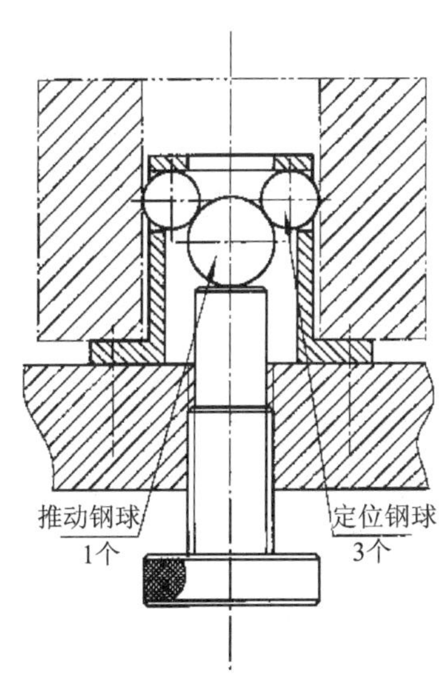

图 3.74 钢球内部夹紧装置（一）

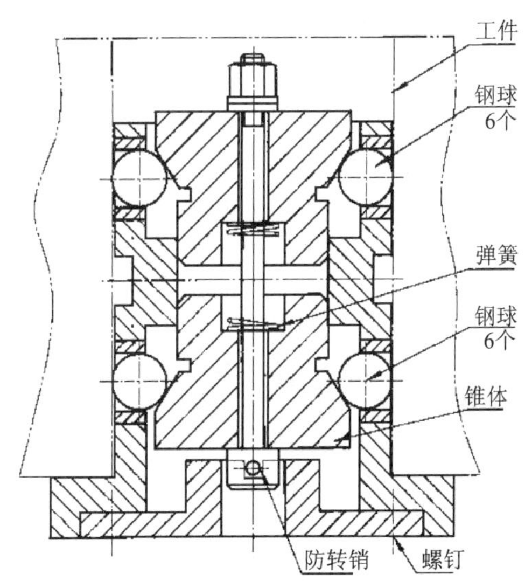

图 3.75 钢球内部夹紧装置（二）

2）斜楔内部拉紧装置

斜楔是常用的夹紧元件，它可以改变夹紧力的方向，并有增力和自锁的作用。图 3.76 所示为斜楔内部拉紧装置。

使用该装置时，旋转套筒手柄，使斜楔向右移动，迫使拉杆向下移动，以压紧工件。卸工件时，只需拧松套筒手柄，在弹簧推力的作用下，拉杆向上移动，卸下开口垫圈便可取下工件。

3）摆块内部夹紧装置

对于一些无法设计外部夹紧装置或无法安装压板进行夹紧的工件，可采用图3.77所示的摆块内部夹紧装置进行夹紧。

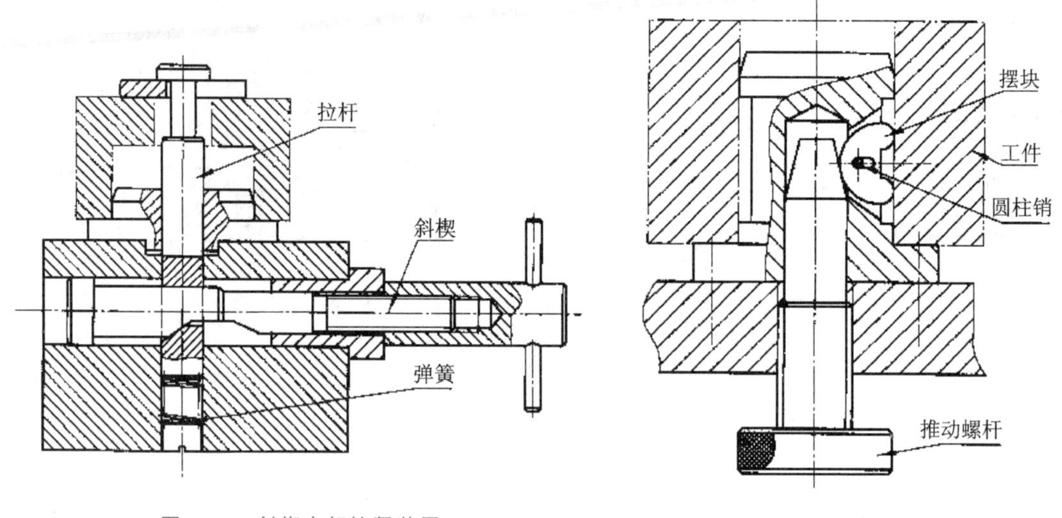

图3.76 斜楔内部拉紧装置

图3.77 摆块内部夹紧装置

3. 凸轮夹紧

1）偏心轮夹紧机构

偏心轮夹紧机构是常用的夹紧机构之一，它能迅速夹紧且省力，具有自锁性。当夹具有足够的设计空间时，可采用偏心轮夹紧机构。

图3.78所示的偏心轮夹紧机构，可改变夹紧力的方向，在某些特殊场合可体现其优点。

2）偏心销夹紧机构

图3.79所示的偏心销夹紧机构，是一极其简单的偏心夹紧机构，操作方便、迅速，只需更换相应零件，即可夹持不同规格的零件。

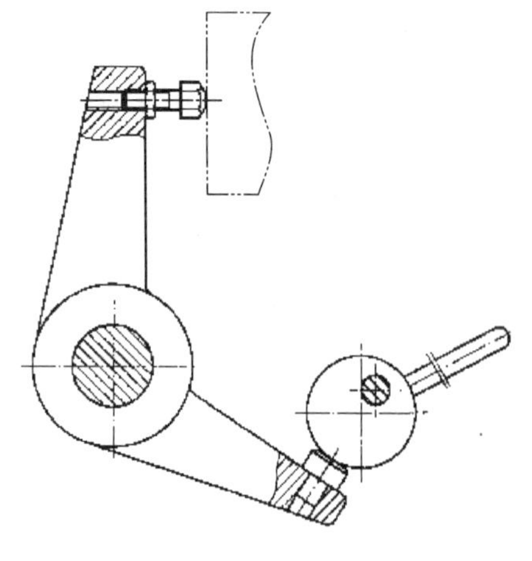

图3.78 偏心轮夹紧机构

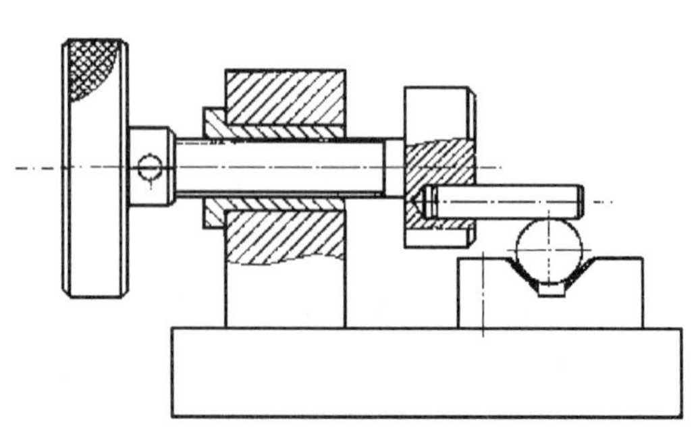

图3.79 偏心销夹紧机构

3）凸轮夹紧机构

图 3.80 所示的凸轮夹紧机构，是夹具中常见的机构，使用效果和设计方法与偏心轮夹紧机构的类似。

该机构操作简单、方便，夹紧可靠。压板与工件接触处呈刀口形，使得夹紧可靠。松开凸轮，弹簧可使压板离开工件。由于压板刀口可能伤及工件表面，故该表面应为未加工或还需继续加工的表面。

4）小型凸轮夹紧机构

图 3.81 所示为小型凸轮夹紧机构，其结构简单，操作方便。

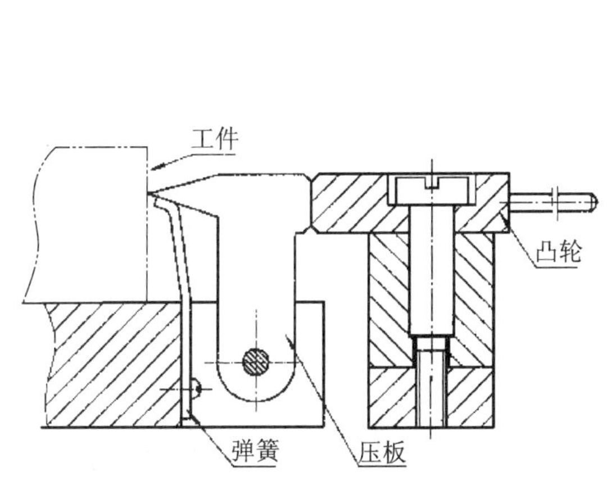

图 3.80 凸轮夹紧机构

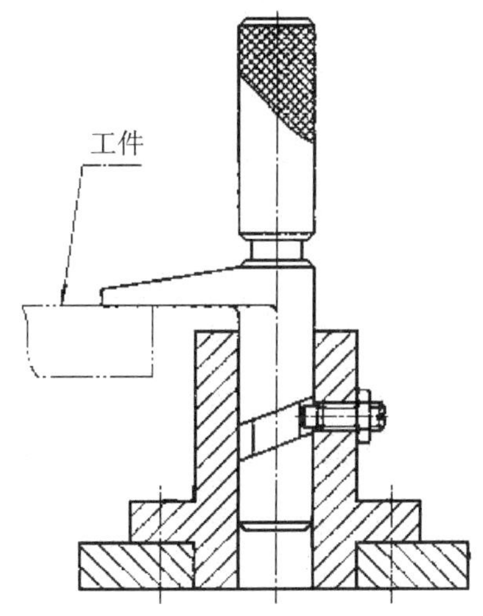

图 3.81 小型凸轮夹紧机构

5）凸轮双向夹紧机构

图 3.82 所示的凸轮双向夹紧机构的独特之处是，当松开工件时，整个夹紧机构在弹簧 A 的作用下向上升，当钩形压板升至其下端脱离支承钉圆柱部分而进入锥体部分时，两钩形压板在弹簧 B 的推动下绕圆柱销转动，其钩形部分逐渐撤离工件，这样便可顺利卸下工件。

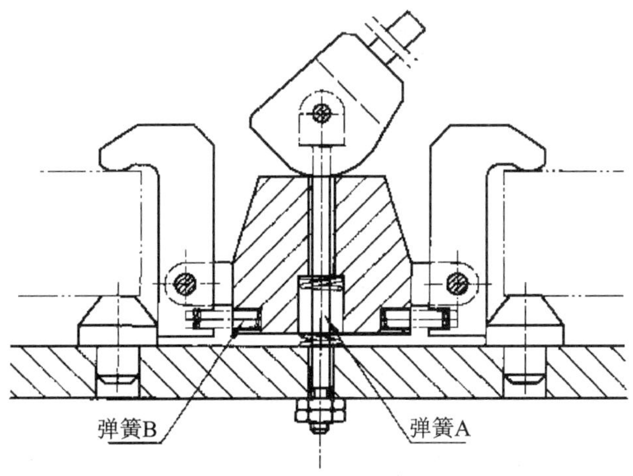

图 3.82 凸轮双向夹紧机构

4. 压板夹紧

1）刀口压板夹紧机构

图 3.83 所示的刀口压板夹紧机构，使用了刀口支承和刀口压板，夹紧可靠。同时，为了增加工艺系统的刚性，工件下方增设了辅助支承。薄板的夹紧是比较困难的，采用图 3.84 所示的刀口支承和刀口压板，可使这一难题得到解决。

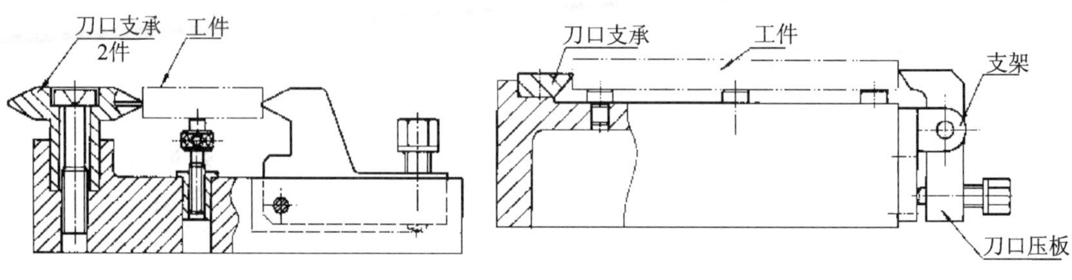

图 3.83　刀口压板夹紧机构

图 3.84　薄板的夹紧

2）移动式压板夹紧机构

图 3.85 所示为移动式压板夹紧机构，松开螺钉后，压板可迅速右移，从而撤离工件。

3）压板下端压紧机构

当小型零件需要从下端压紧时，可选用图 3.86 所示的压板下端压紧机构。

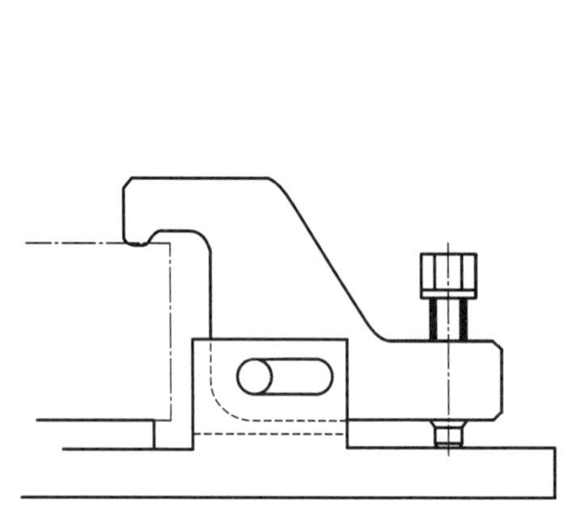

图 3.85　移动式压板夹紧机构

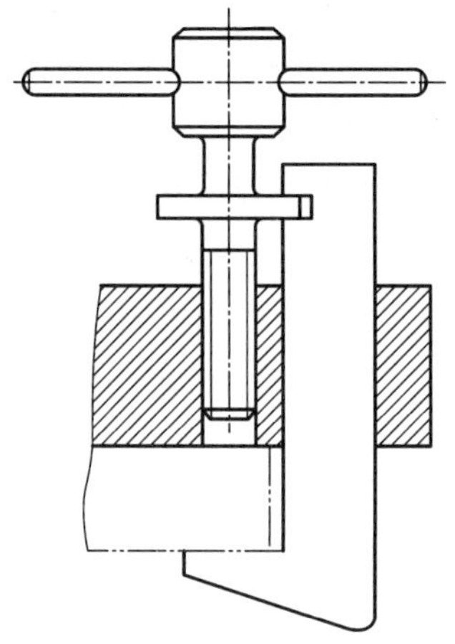

图 3.86　压板下端压紧机构

旋转手柄，螺钉向上移动，可通过螺钉的凸缘带动 J 形压板向上移动，从而贴紧定位元件并压紧。

该机构结构简单，操作方便，可灵活运用于其他场合。

4）摇摆压板夹紧机构

盖板式钻模板有时需从下部压紧，图 3.87 所示的摇摆压板夹紧机构就是一个很好的夹紧机构。

松开滚花螺母，由于摇摆压板右端实心部分重于左端空心部分，因此摇摆压板最终会呈竖起状态，此时钻模板连同摇摆压板便可顺利地从工件上卸下。

装入新工件后，只需扶平摇摆压板，即可拧动滚花螺母。

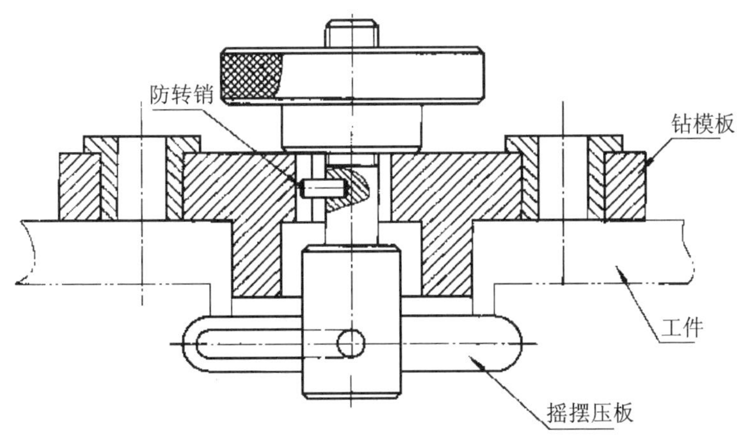

图 3.87　摇摆压板夹紧机构

为防止螺栓与滚花螺母一块旋转,设计了防转销。

5) 升降压板夹紧机构

图 3.88 所示为升降压板夹紧机构。将升降压板调整到所需高度,并将底座固定在机床工作台上的恰当位置,利用偏心轮夹紧机构即可夹压工件。该机构的显著特点是压板高度可调,适合于铣、钻、镗床上夹压工件。该机构的可调范围视底座螺杆长度和螺纹有效长度而定。

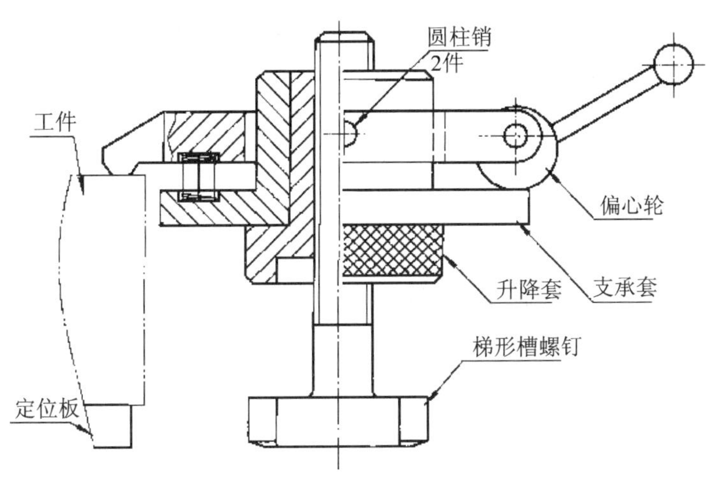

图 3.88　升降压板夹紧机构

5. 杠杆下端压紧

图 3.89 所示为杠杆下端压紧机构。旋转螺钉手柄,下压杠杆右端,即可压紧工件;松开螺钉手柄,在弹簧的作用下杠杆左端撤离工件,不需操作者动手就能获得较大的装夹空间。

6. 双向压紧

设计车床夹具时,因为设计空间有限,因此不得不简化结构或缩小结构尺寸。图 3.90 所示的双向压紧机构有效地解决了这一问题。使用浮动的摆动压板进行双向压紧,使得夹紧机构结构简单,所占空间最小,达到了应有的效果。

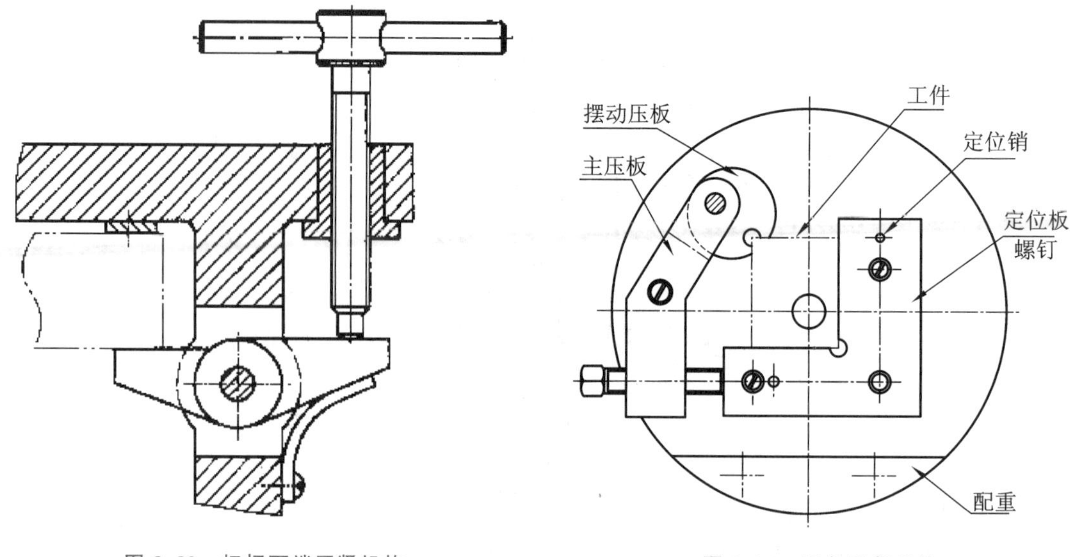

图 3.89 杠杆下端压紧机构

图 3.90 双向压紧机构

图 3.91 所示为摆动双向压紧机构。摆动压板在主压板上是浮动的，施压到一定位置后，摆动压板将与工件的两个表面接触，此时摆动压板从两个方向将工件均匀压紧。

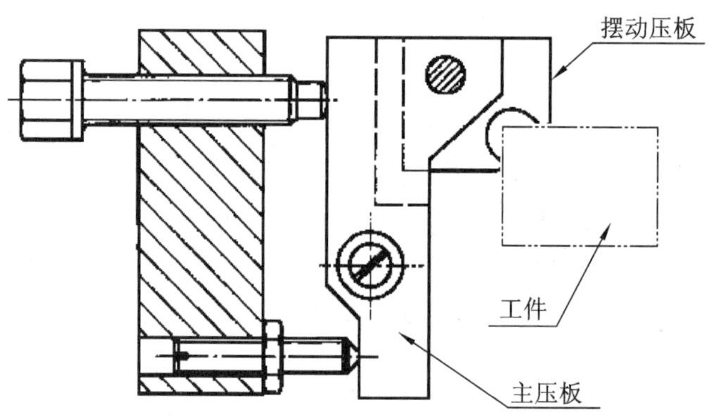

图 3.91 摆动双向压紧机构

7. 多向夹紧

图 3.92 所示为多向夹紧机构。拧动螺钉，螺钉将推动销 A 克服弹簧阻力左移，并推动工件左移至定位面。与此同时，摆动压板绕支点旋转，推动斜楔左移，使顶销向上移动，将工件顶起，与定位表面接触。这样工件获得了向左和向上的夹紧力，并沿这两个方向定位。松开螺钉时，在两个弹簧的作用下，相关元件反向移动，即可卸下工件。

8. 多件夹紧

1）多件夹紧机构

图 3.93 所示为多件夹紧机构。该夹紧机构的显著特点是，一次可装夹多个零件，具有较高的效率，适合于普通铣床、数控铣床和加工中心使用。

该机构采用浮动夹紧，夹紧力均匀，适用于工件直径公差较大的场合。

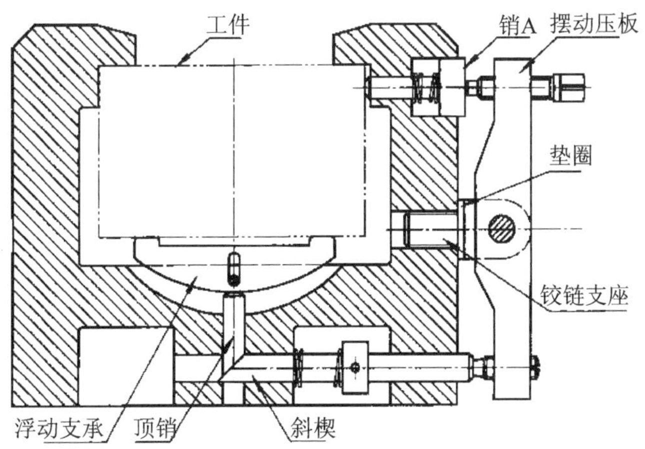

图 3.92 多向夹紧机构

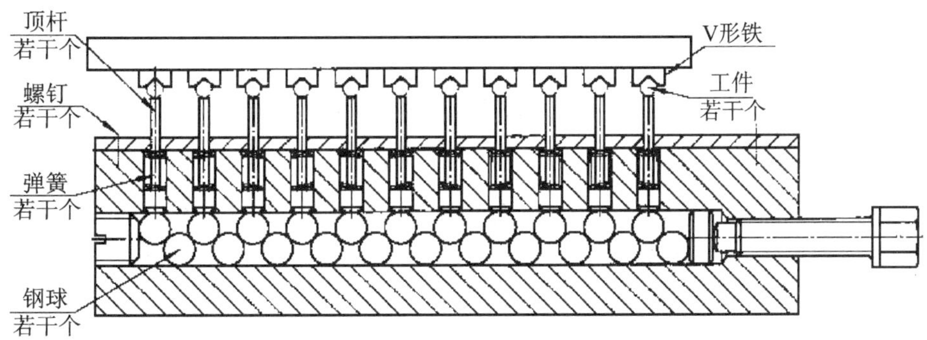

图 3.93 多件夹紧机构

2) 浮动多件夹紧机构

图 3.94 所示为浮动多件夹紧机构。该夹紧机构一次可装夹八个工件,并可克服因工件

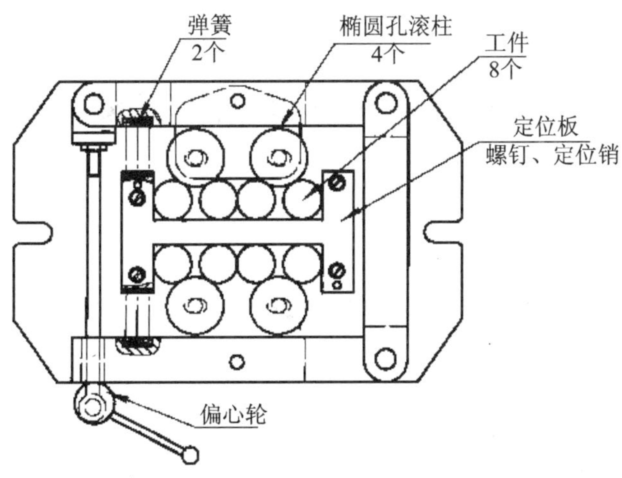

图 3.94 浮动多件夹紧机构

直径公差较大而带来的不良影响。转动偏心轮，摆动压块的四个椭圆孔滚柱两两与工件均匀接触并压紧工件。松开偏心轮时，依靠弹簧的作用力将滚柱撤离工件。该夹紧机构适合于在普通铣床、数控铣床和加工中心上使用。

3）环状多件夹紧机构

图3.95所示为环状多件夹紧机构，该夹紧机构一次可夹紧20个工件。双偏心轮旋转，使杠杆绕圆柱销旋转，这样可绷紧钢带，将工件固定于定位环上；松开工件时，只需旋转双偏心轮，弹簧拉动杠杆，使钢带松弛即可。钢带用螺钉固定在定位环上，初调夹紧力大小时，可更换不同厚度的淬火钢片。

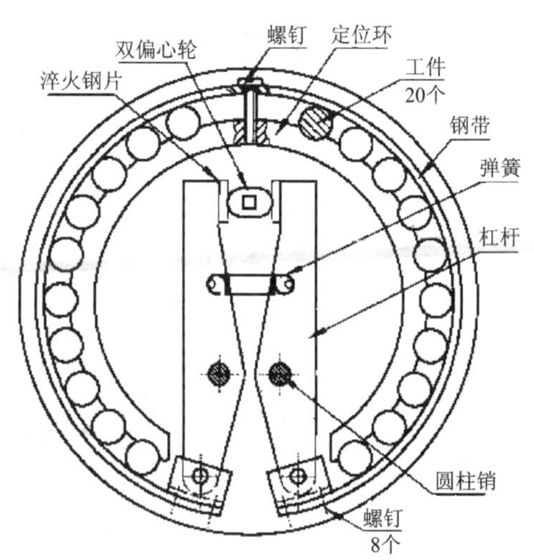

图3.95 环状多件夹紧机构

2-4 课程思政案例

智能制造是中国制造业转型升级、提质增效的必由之路，除了要提升自身技术、质量、品牌优势外，还要让中国制造向高质量发展，并在激烈的全球竞争中占据领先地位。

课程思政案例

模块3 任务实施

3-1 连杆零件大头车床夹具装配总图

连杆零件大头车床夹具装配总图如图3.96所示。

3-2 连杆大头车床夹具非标准零件图

吊环螺钉零件图如图3.97所示。

过渡盘零件图如图3.98所示。

夹具体零件图如图3.99所示。

配重块零件图如图3.100所示。

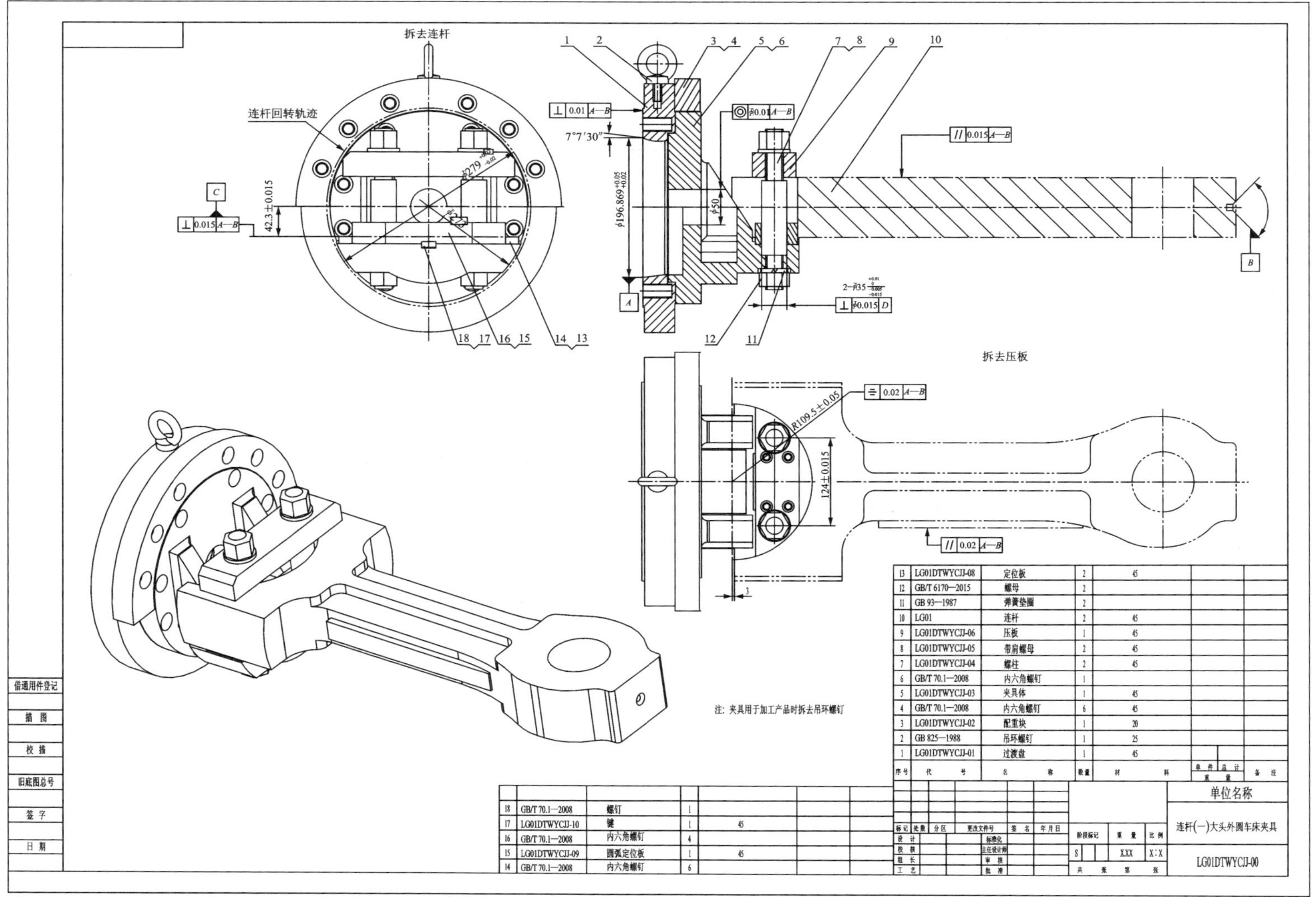

图 3.96 连杆零件大头车床夹具装配总图

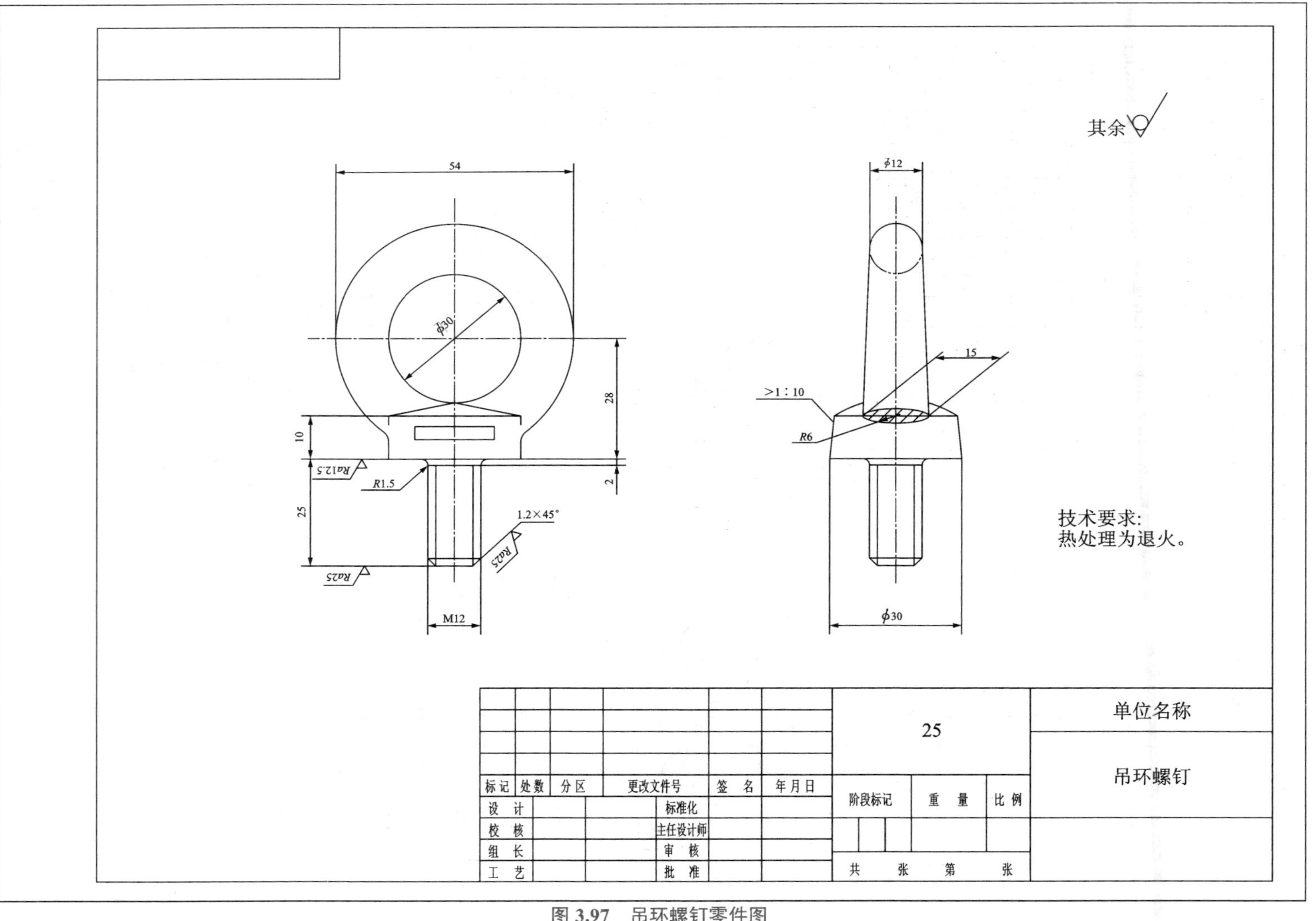
其余
54
φ30
28
10
Ra12.5
R1.5
25
2
1.2×45°
Ra25
Ra25
M12
φ12
15
>1：10
R6
φ30
技术要求：
热处理为退火。
标记
处数
分区
更改文件号
签名
年月日
设计
标准化
校核
主任设计师
组长
审核
工艺
批准
25
阶段标记
重量
比例
共　张　第　张
单位名称
吊环螺钉

图 3.97　吊环螺钉零件图

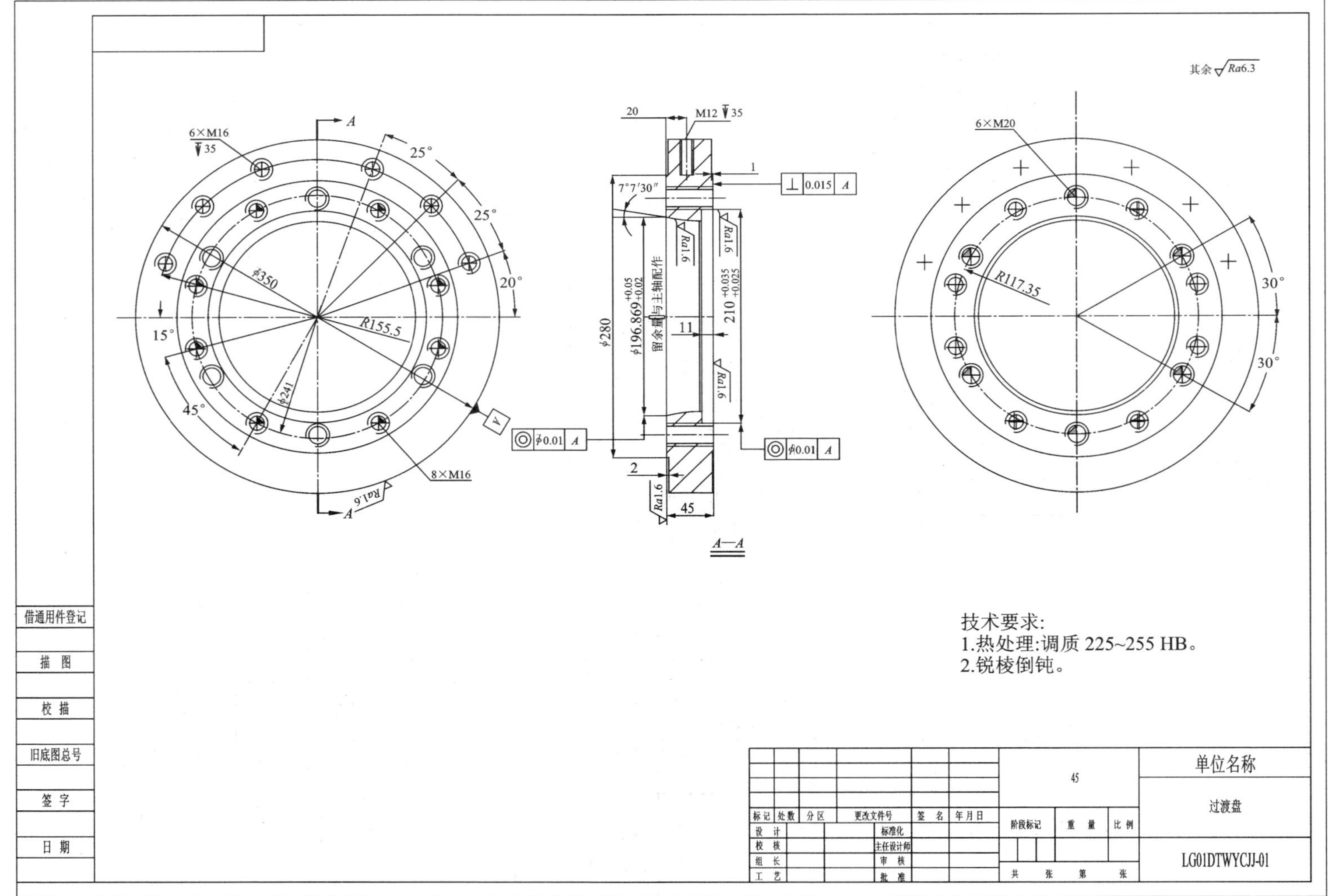
其余 Ra6.3
6×M16
35
A
25°
25°
20°
15°
45°
φ350
R155.5
φ241
8×M16
Ra1.6
20
M12 35
1
0.015 A
7°7′30″
Ra1.6
Ra1.6
φ280
φ196.869 +0.05 +0.02
留余量与主轴配作
11
210 +0.035 +0.025
Ra1.6
φ0.01 A
φ0.01 A
2
Ra1.6
45
A—A
6×M20
R117.35
30°
30°
技术要求:
1.热处理:调质 225~255 HB。
2.锐棱倒钝。
借通用件登记
描图
校描
旧底图总号
签字
日期
标记
处数
分区
更改文件号
签名
年月日
设计
校核
组长
工艺
标准化
主任设计师
审核
批准
45
阶段标记
重量
比例
共 张 第 张
单位名称
过渡盘
LG01DTWYCJJ-01

图 3.98 过渡盘零件图

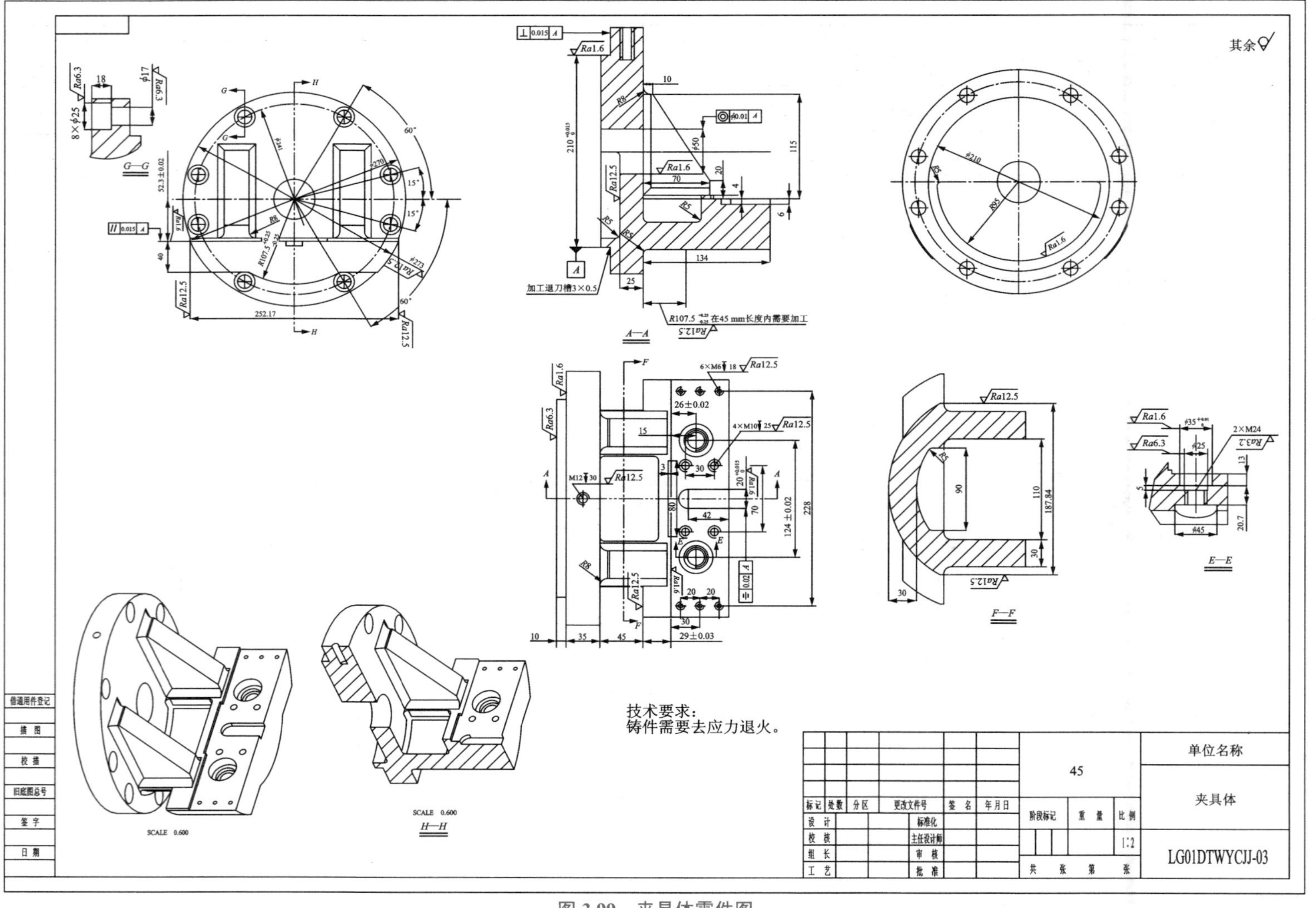
其余
G—G
A—A
加工退刀槽3×0.5
R107.5 在45 mm长度内需要加工
F—F
E—E
H—H
SCALE 0.600
技术要求：
铸件需要去应力退火。
45
单位名称
夹具体
LG01DTWYCJJ-03
1:2

图 3.99 夹具体零件图

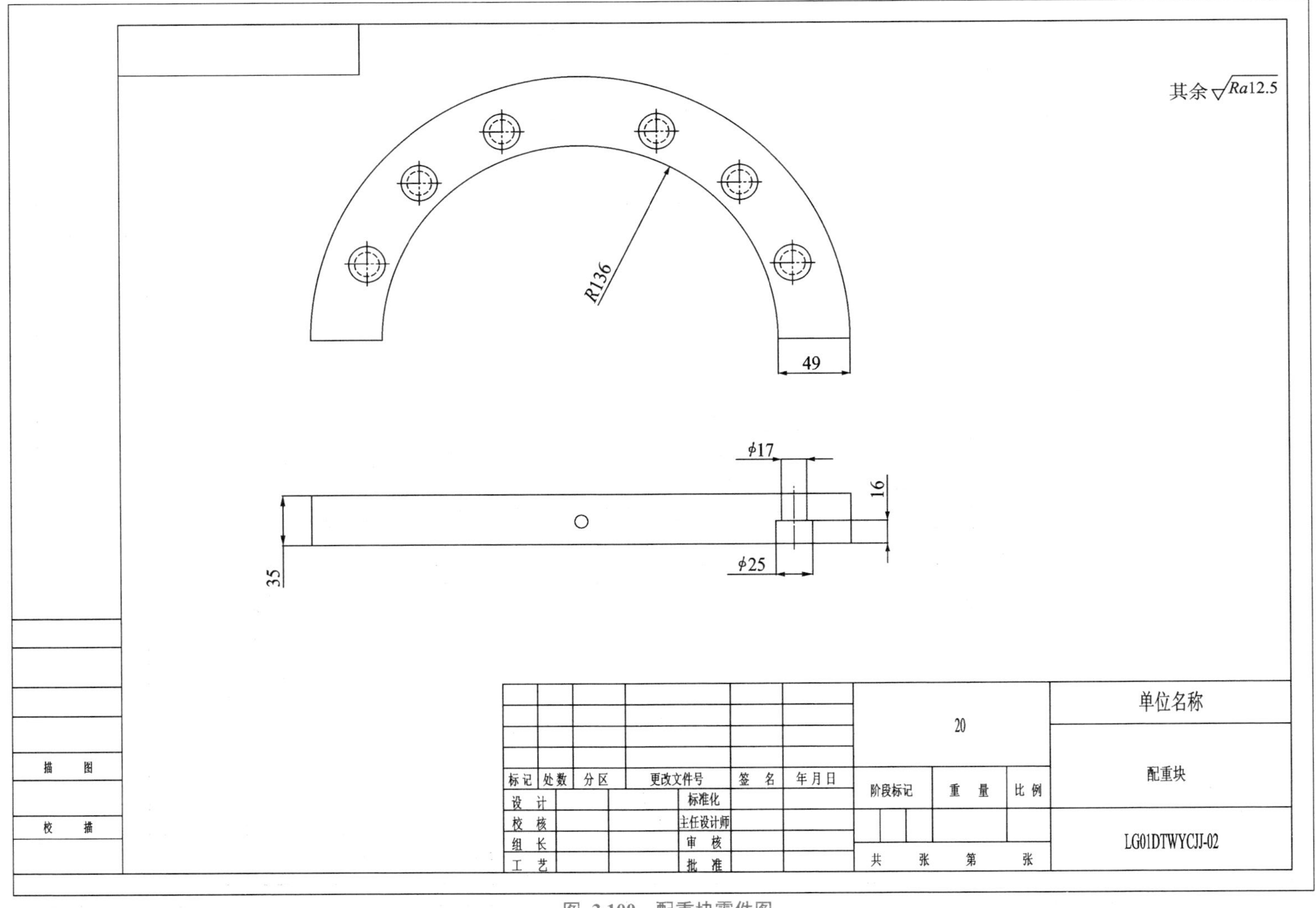
其余 $\sqrt{Ra12.5}$
R136
49
$\phi17$
16
35
$\phi25$
描 图
校 描
标记 处数 分区 更改文件号 签 名 年月日
设 计 标准化
校 核 主任设计师
组 长 审 核
工 艺 批 准
20
阶段标记 重 量 比 例
共 张 第 张
单位名称
配重块
LG01DTWYCJJ-02

图 3.100 配重块零件图

螺柱零件图如图 3.101 所示。

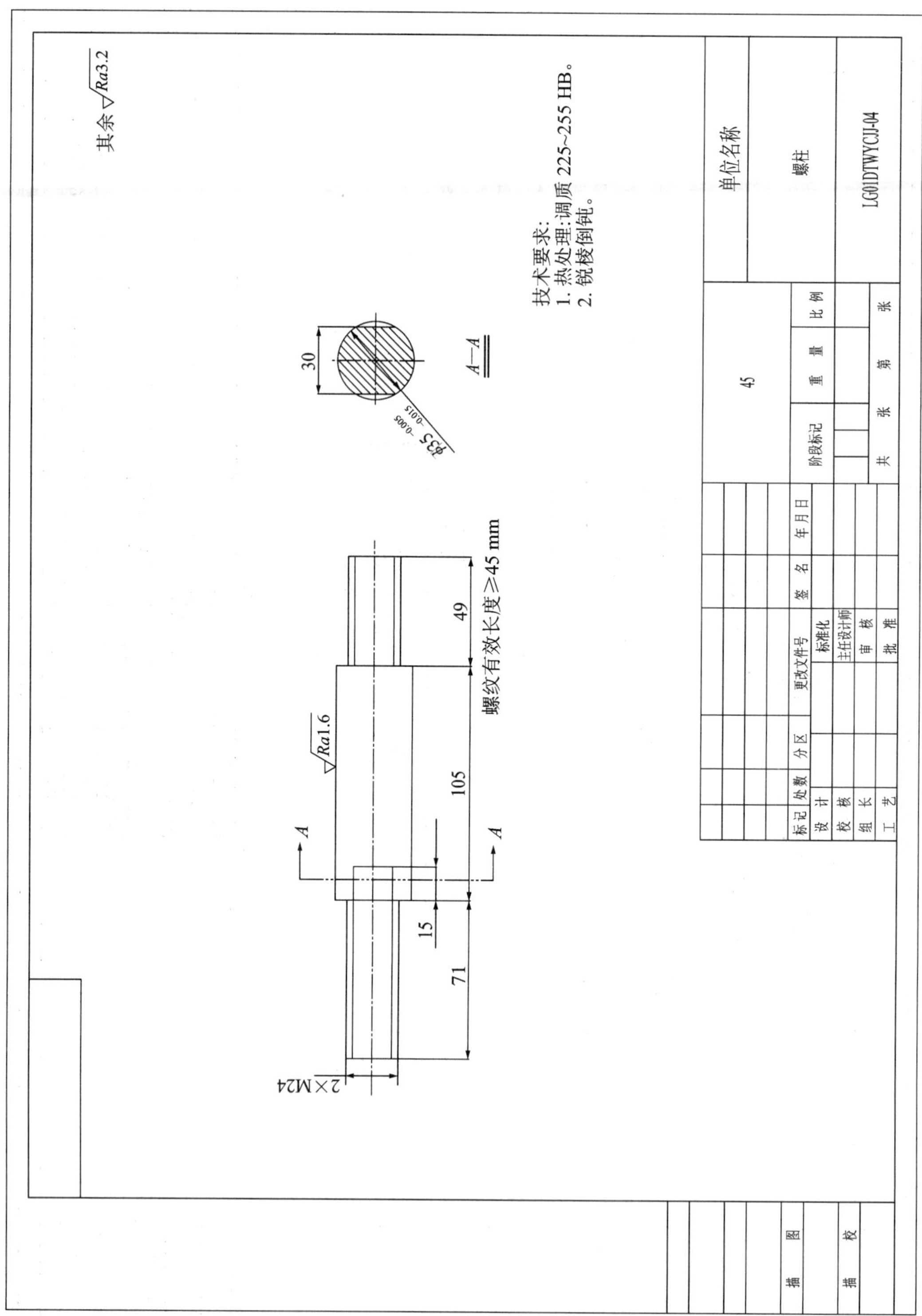

图 3.101　螺柱零件图

压板零件图如图 3.102 所示。

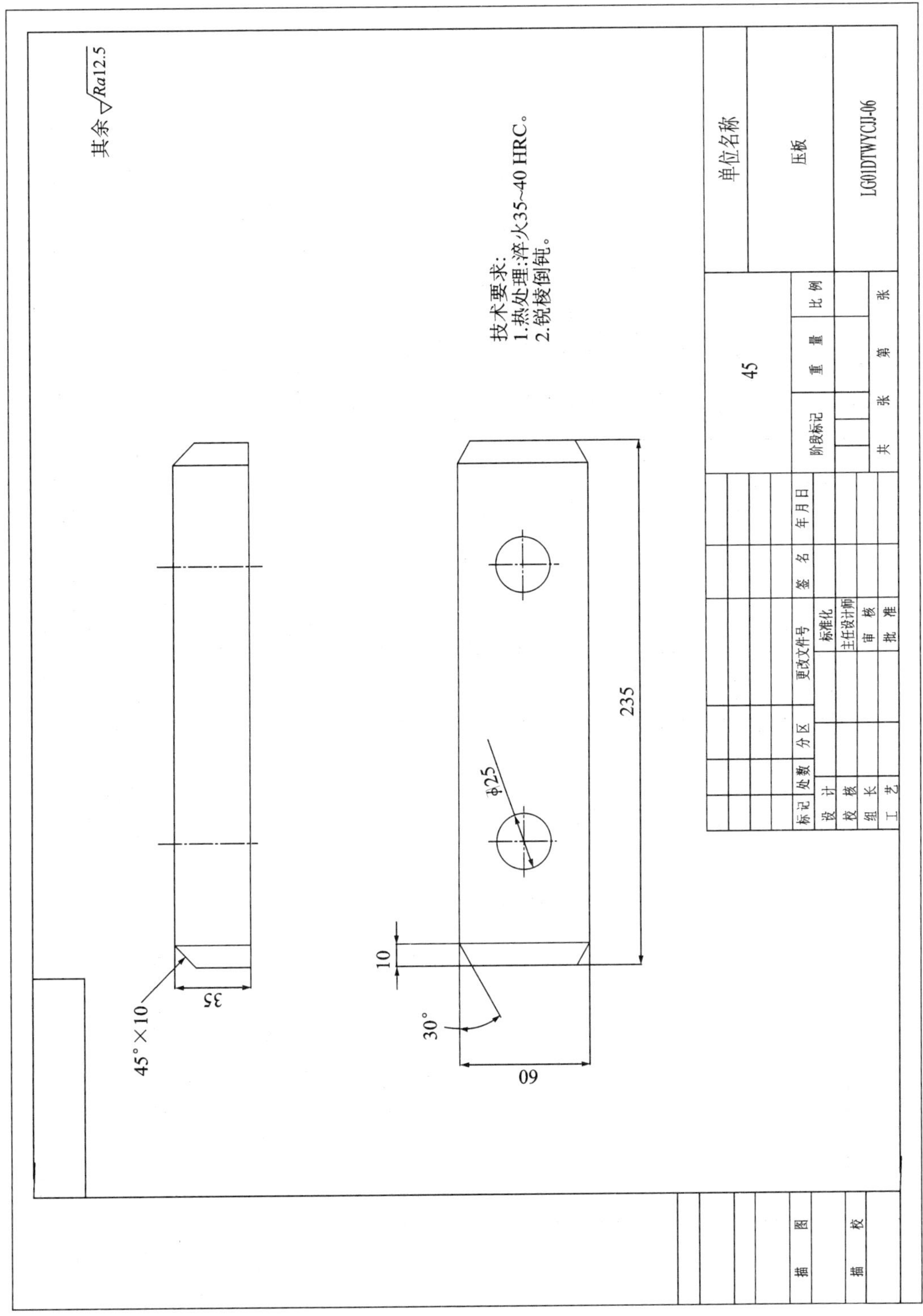

图 3.102 压板零件图

圆弧定位板零件图如图 3.103 所示。

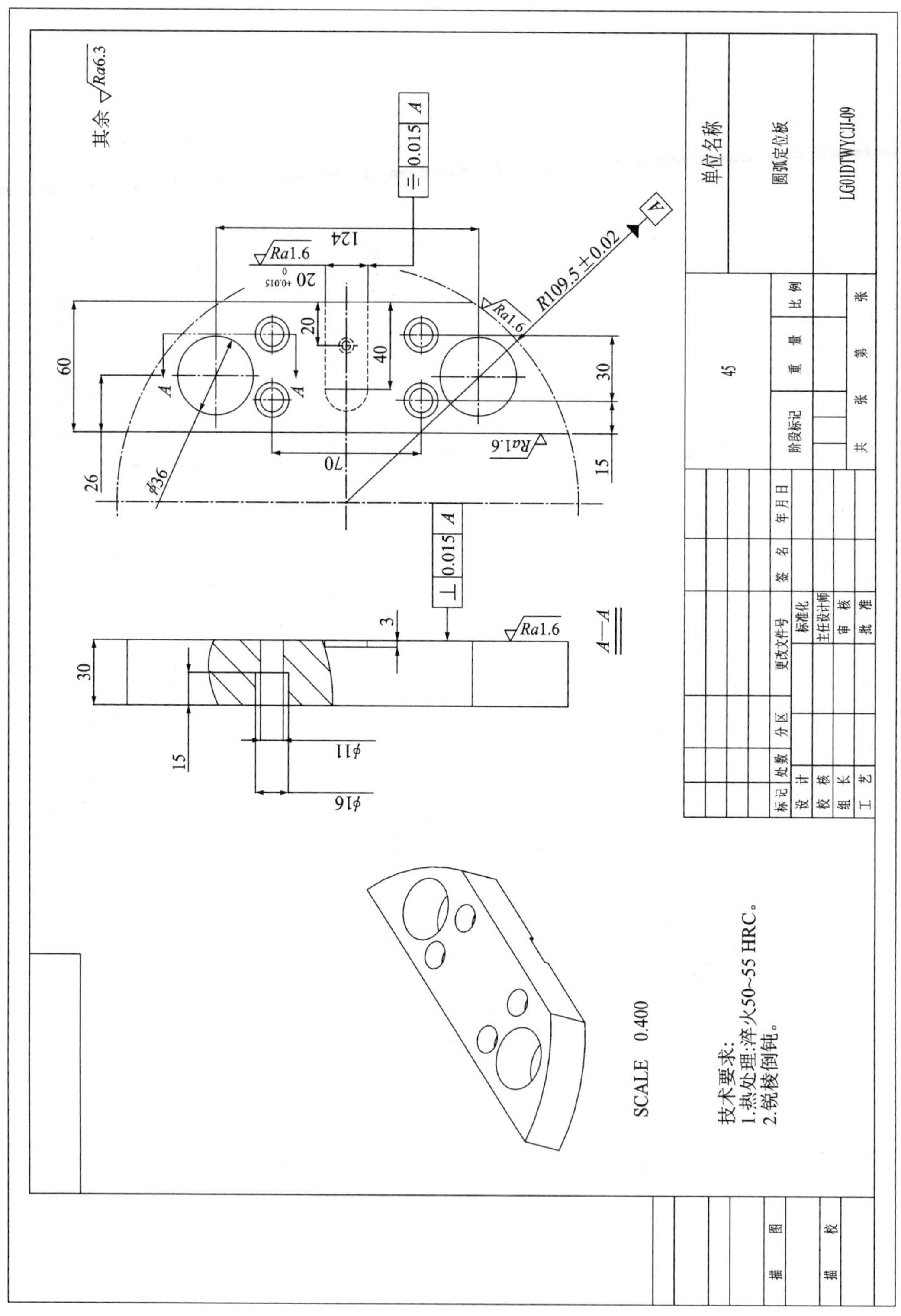

图 3.103　圆弧定位板零件图

带肩螺母零件图如图 3.104 所示。

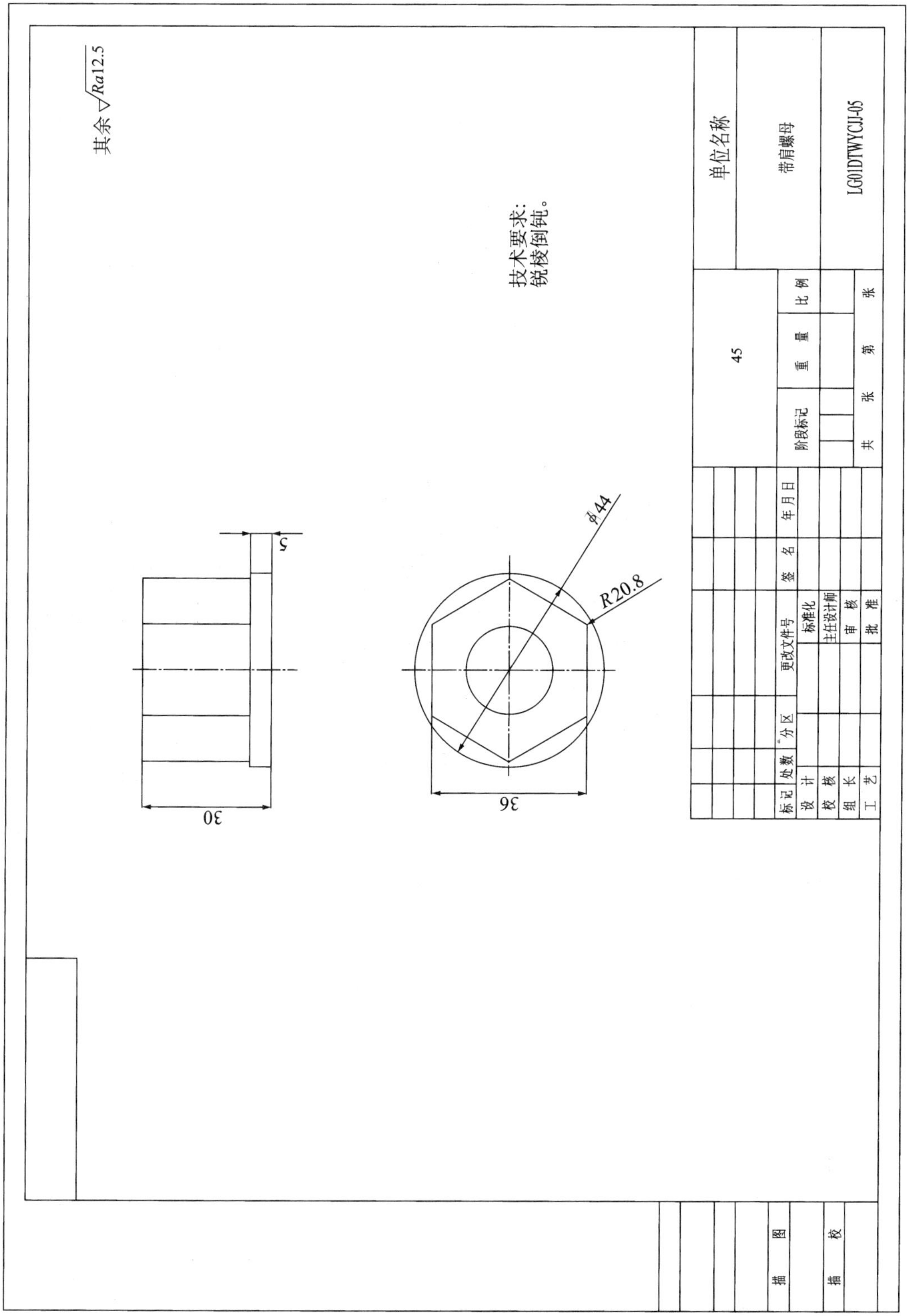

图 3.104 带肩螺母零件图

定位板零件图如图 3.105 所示。

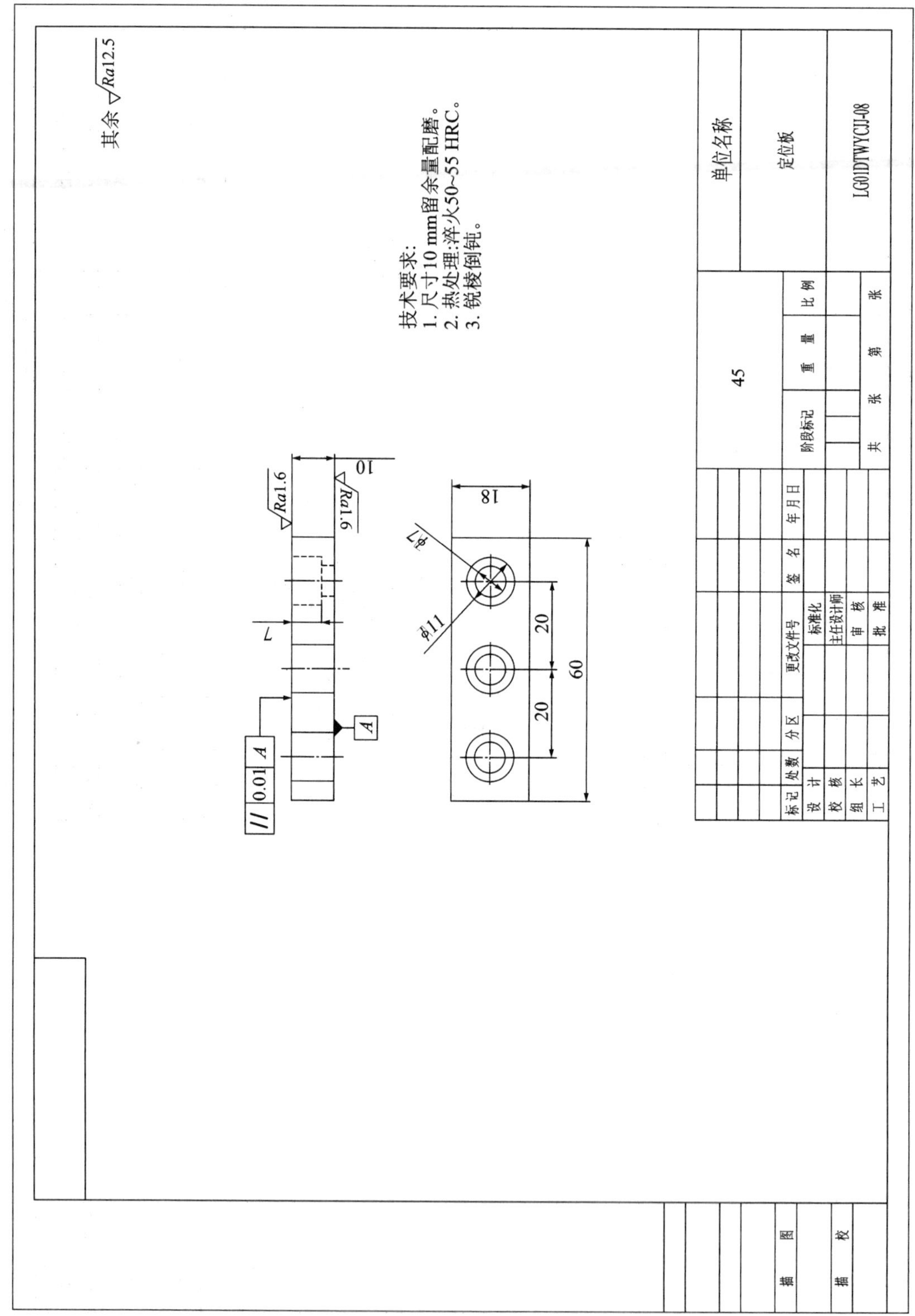

图 3.105　定位板零件图

键零件图如图 3.106 所示。

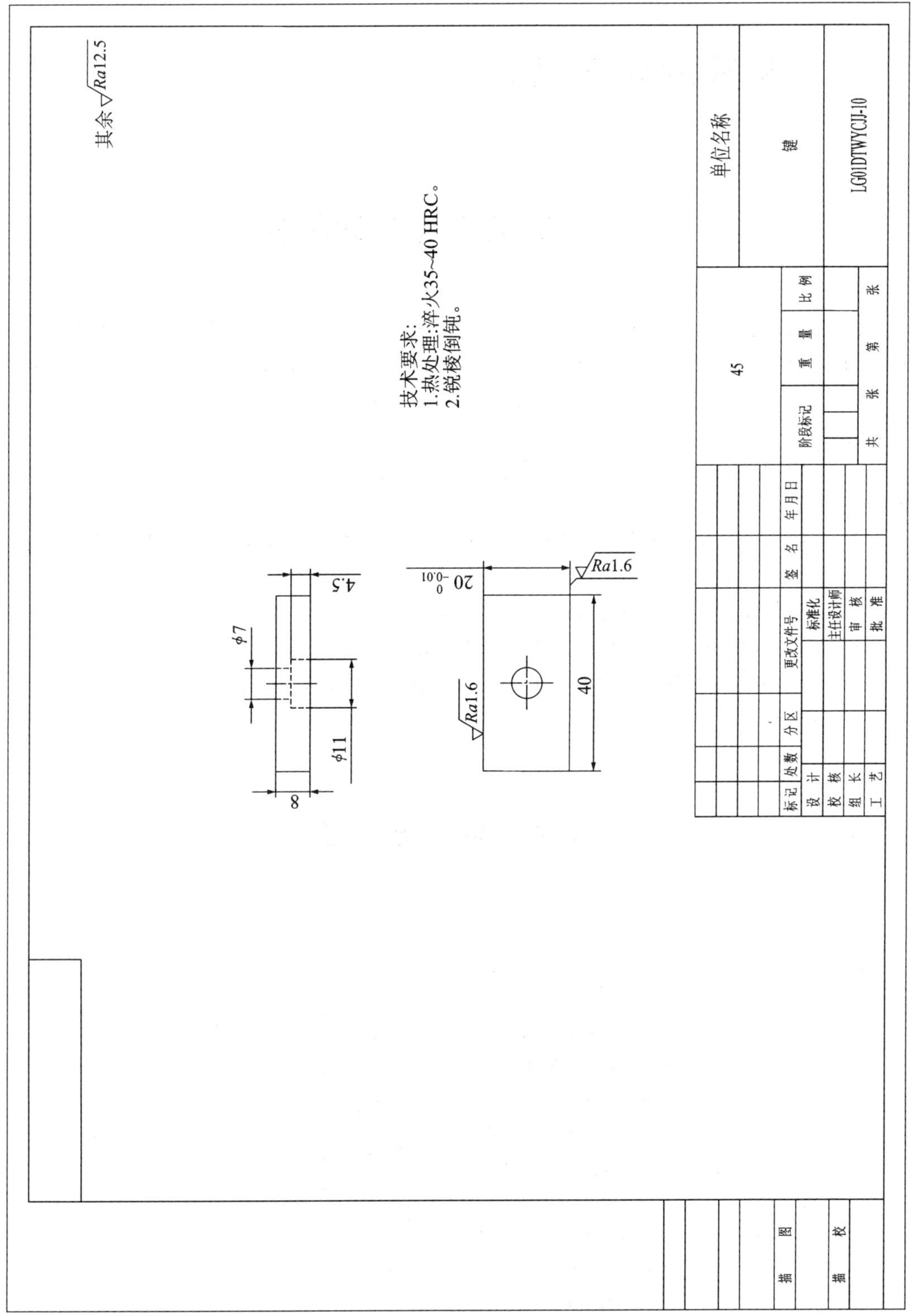

图 3.106 键零件图

模块4 任务评价与反思

4-1 夹具设计方案评估

根据连杆零件大头车床夹具装配总图，工件以大头圆弧孔、底平面及剖分面作为定位基面，在圆弧定位板15、定位圈、定位板13上定位，调整工件剖分面与夹具体5的右台阶面前后间隙均为3 mm，然后用压板9、带肩螺母8压紧工件。

夹具特点为：

(1) 结构紧凑，这是对车床夹具的共同要求，因为车床的回转空间有限，设计时最大回转半径不能超过所选车床中心高。

(2) 车床夹具是旋转夹具，因此安全最重要。该夹具采用螺旋压板夹紧机构，安全可靠。从装配图可以看出，工件由几个定位元件"管住"，压板不易松动。

(3) 该夹具设计有配重装置，消除了工件旋转时的离心力，使切削平衡。

(4) 该夹具的夹具体采用装配结构，因此有较高的装配精度。

(5) 该夹具的夹具体上设计有一工艺孔，给装配和测量夹具的相关尺寸提供了方便。

(6) 该夹具上没有超出夹具最大轮廓的元件，因此夹具旋转时不会对操作者的安全造成威胁。

4-2 评 分 表

夹具设计考核评分表

<table>
<tr><th>序号</th><th>项目</th><th>技术要求</th><th>评分标准</th><th>分值</th><th>得分</th></tr>
<tr><td rowspan="6">1</td><td rowspan="6">明确设计任务，收集设计资料(5分)</td><td rowspan="2">(1) 熟悉零件的图样、零件的加工表面和技术要求</td><td>熟悉零件的图样</td><td>1分</td><td rowspan="2"></td></tr>
<tr><td>熟悉零件的加工表面和技术要求</td><td>1分</td></tr>
<tr><td>(2) 熟悉零件的结构特点和在产品中的作用</td><td>熟悉零件的结构特点和在产品中的作用</td><td>1分</td><td></td></tr>
<tr><td>(3) 熟悉零件的材料、毛坯种类、特点、重量和外形尺寸</td><td>熟悉零件的材料、毛坯种类、特点、重量和外形尺寸</td><td>1分</td><td></td></tr>
<tr><td>(4) 熟悉零件的工序流程</td><td>熟悉零件的工序流程并分析、绘出零件的工序流程</td><td>1分</td><td></td></tr>
</table>

续表

序号	项目	技术要求	评分标准	分值	得分
2	制订夹具设计方案，绘制结构草图(65分)	(1) 分析自由度	合理、正确地分析自由度	5分	
		(2) 确定定位方案，设计定位装置	确定定位方案，合理设计定位装置	20分	
		(3) 确定夹紧方案，设计夹紧机构	确定夹紧方案，合理设计夹紧机构	15分	
		(4) 分析夹具定位误差	合理、正确地分析夹具定位误差	10分	
		(5) 分析定位夹紧力	合理、正确地分析定位夹紧力	5分	
		(6) 绘制结构草图	正确绘制结构草图	10分	
3	绘制夹具装配总图(15分)	绘制夹具装配总图	正确绘制夹具装配总图	15分	
4	绘制夹具零件图(15分)	绘制夹具零件图	正确绘制夹具零件图	15分	
设计质量评分：					

模块5 拓展提高与练习

5-1 拓展提高实践

一、任务发出：绘制发动机支架座工件图

如图3.107所示，加工发动机支架座零件，在本工序中需车ϕ32 mm孔以及两个端面，工件材料为铸铁，批量$N=2000$件。

设计一车床夹具，包括：(1)支架座零件车床夹具装配总图；(2)支架座零件车床夹具非标零件图。

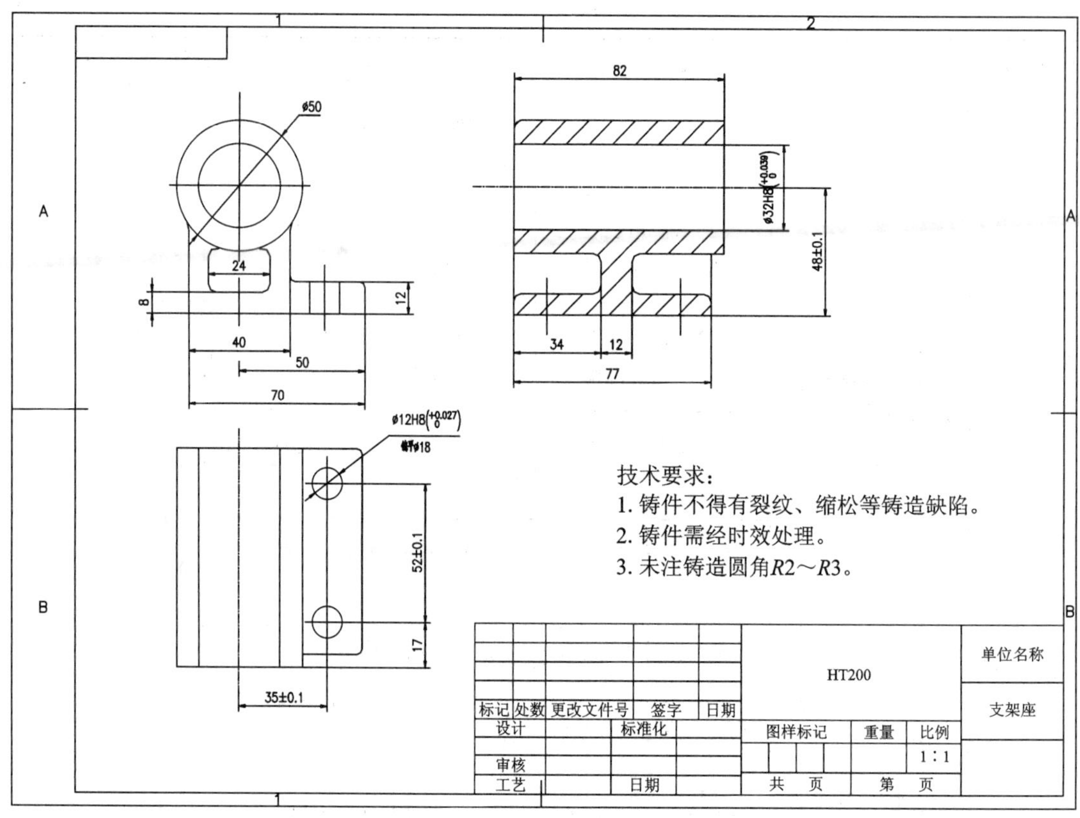

图 3.107 支架座零件

二、任务目标及描述

支架座零件车工艺过程卡片

常州机电职业技术学院		机械加工工艺过程卡片	产品型号		零件图号	02-01	共 1 页	
			产品名称		零件名称	支架座	第 1 页	
材料牌号		HT200 毛坯种类 铸铁	毛坯外形尺寸		毛坯件数	每台件数		
工序号	工序名称	工序内容	车间	设备	工艺装备		工时	
							准终	单件
1	铸造	铸造	铸造					
2	热处理	退火	热处理					
3	铣	粗、精铣底面到尺寸	机械	XA6132	0～200 mm 游标卡尺等			

续表

工序号	工序名称	工序内容	车间	设备	工艺装备	工时	
						准终	单件
4	磨	磨外圆到尺寸	机械	MG1050A	0～200 mm 外径千分尺等		
5	钳	钻 ϕ6 mm 孔尺寸，去毛刺	机械	Z516	专用钻床夹具、ϕ6 mm 钻头、0～125 mm 游标卡尺等		
6	检验	按照图纸检查各部尺寸及要求					
7	入库	清洗、加工表面涂防锈油					
编制		校对		标准	会签	审核	

三、任务实施

(1) 支架座零件车床夹具装配总图。

(2) 支架座零件车床夹具装配非标零件图。

支架座零件车床夹具装配总图

支架座零件车床夹具非标零件图

5-2 拓展练习

一、定位误差计算

(1) 图 3.108 所示为一设计图样的简图，A、B 两个平面已在上一工序中加工好，且保证了工序尺寸为 $50_{-0.16}^{\ 0}$ mm 的要求，本工序采用 B 面定位来加工 C 面，求加工尺寸 $20_{\ 0}^{+0.33}$ mm 的定位误差。

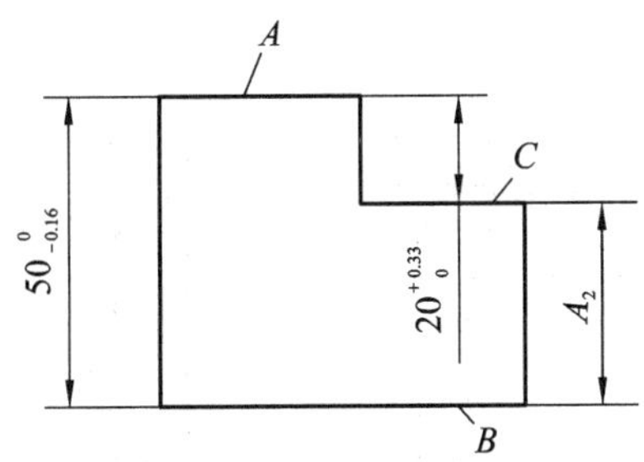

图 3.108　题(1)图

(2) 图 3.109 所示为钻 ϕ12 mm 孔的装夹图，试分析工序尺寸 $90_{-0.1}^{\ 0}$ mm 的定位误差。

(3) 如图 3.110 所示，铣平面时要保证尺寸 h，已知两圆的同轴度为 ϕ0.1 mm，其他已知条件如图所示，试分析工序尺寸 h 的定位误差。

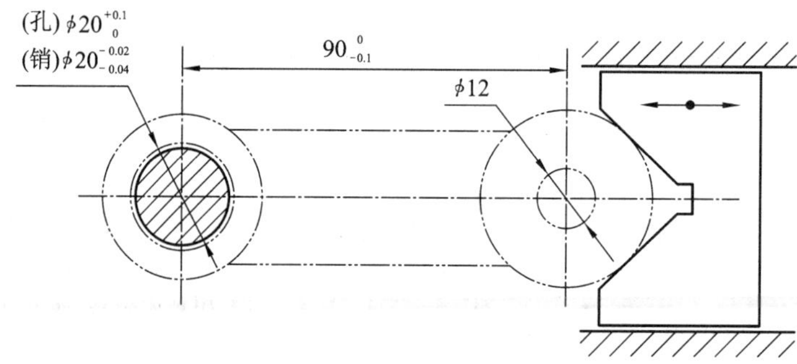

图 3.109　题(2)图

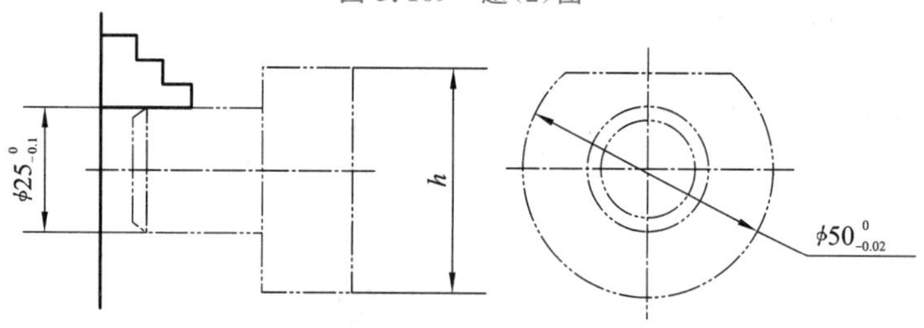

图 3.110　题(3)图

(4) 图 3.111 所示为钻孔装夹图，已知条件和加工要求如图所示，试分析(a)、(b)、(c)三种定位方案中工序尺寸 L 的定位误差($\phi40\text{H7/g6}=\phi40^{+0.025}_{0}/^{-0.009}_{-0.025}$)。

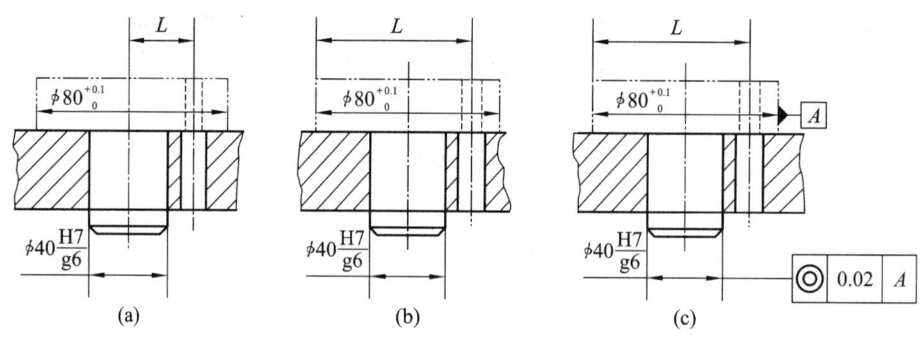

图 3.111　题(4)图

二、夹紧原理和结构改错(可直接在图 3.112 上改或用文字叙述)

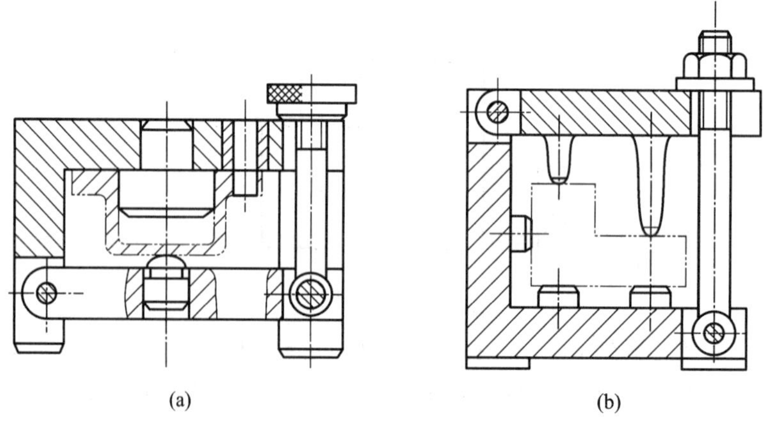

图 3.112　结构图

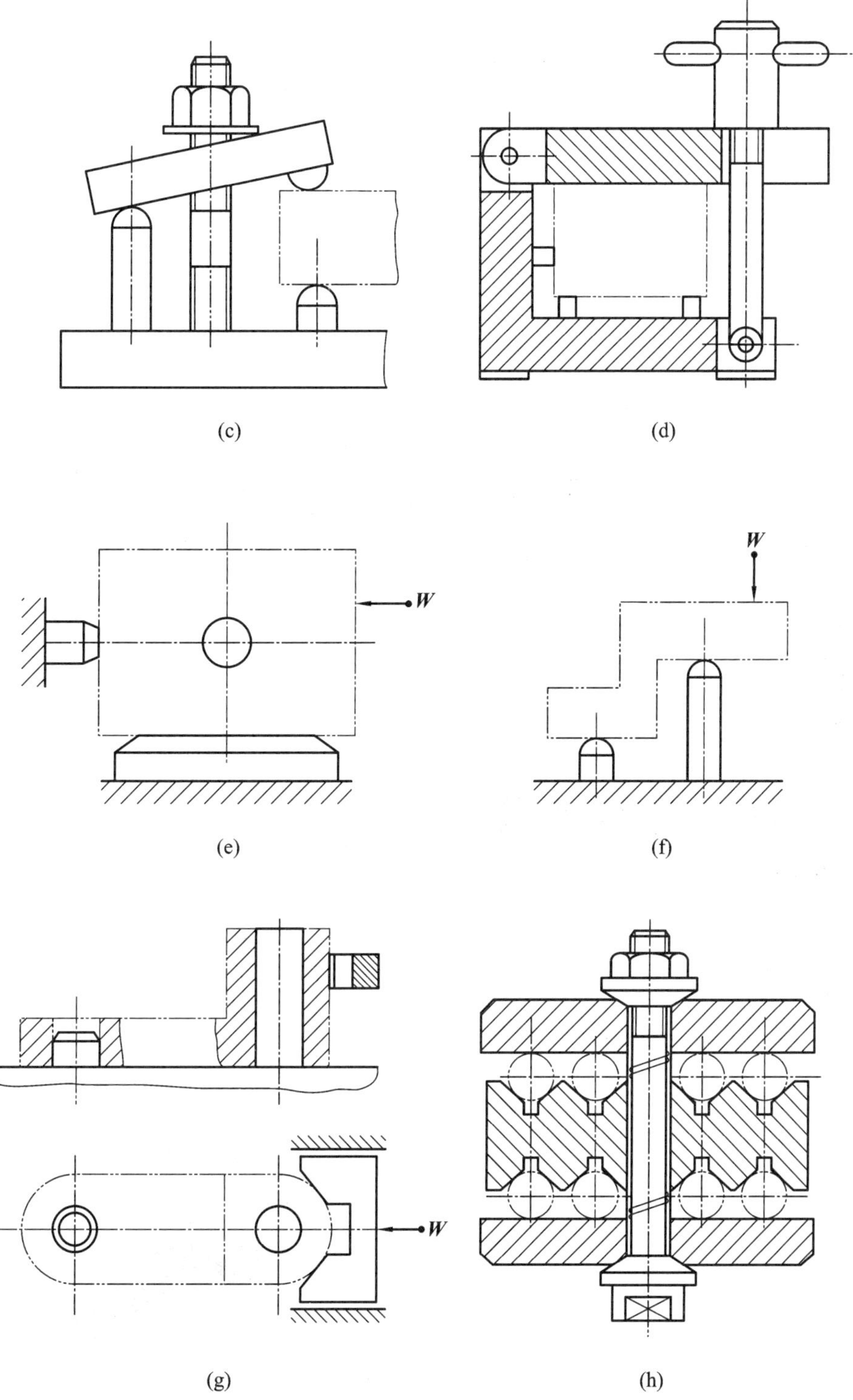

续图 3.112

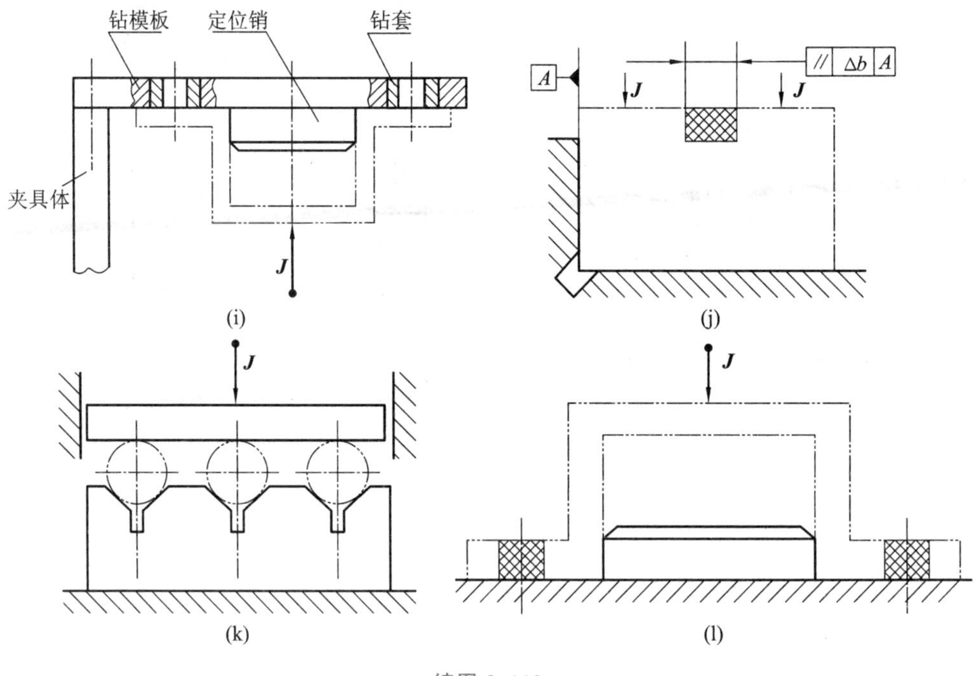

(i) (j) (k) (l)

续图 3.112

模块6 教学设计参考

项目：

每一位学生都必须完成一套车床夹具的设计。

说明：(1) 此部分为“完成连杆零件大头车床夹具设计”。

(2) 完整的单元包含：编制连杆零件加工工艺、设计连杆零件车床夹具、分析连杆零件车床夹具的精度、绘制连杆零件车床夹具装配图、绘制非标准件零件图、车床夹具方案评估。

学习项目3:设计连杆零件车床夹具			教学意图(训练职业行动能力)				
学习模块3.1:连杆零件分析			学习内容	跨专业能力		专业能力	
				方法/学习能力	社会/个人能力	理论	实践
行动学习阶段	教师和学生活动(具体实施)	课堂教学方法		学生能:	学生能:	学生能:	学生能:
导入	1. 任务发出 连杆零件加工工艺						
信息获取/分析	2. 任务分析 (1)学生观察零件图,分析解决这个项目应该考虑哪些问题。每人一张彩纸,先独立画出分析图(思维导图),经过讨论后将小组统一稿贴于白板上。 (2)请某一组学生讲述,其他组补充,教师可适当指导,让方案更明确,以便学生能较清晰地做后面的工作。不需指正,允许带着错误进行以后环节(目标内容:选择设备、夹具、刀具、量具,确定切削用量、加工工艺步骤,实施加工)	思维导图、小组讨论、组间互审	零件图纸	• 独立思考 • 能把信息清楚地传递给对方 • 能对零件进行描述和倾听别人的讲解 • 能发现有效的学习方法 • 能碰到问题查阅相关资料 • 会做笔记	• 能收集相关信息 • 能运用相关工具书 • 能够与他人协作并共同完成一项任务	会分析零件的特征	列出连杆零件工艺相关内容

续表

学习项目 3:设计连杆零件车床夹具			教学意图(训练职业行动能力)				
学习模块 3.1:连杆零件分析			学习内容	跨专业能力		专业能力	
				方法/学习能力	社会/个人能力	理论	实践
行动学习阶段	教师和学生活动 (具体实施)	课堂教学方法		学生能:	学生能:	学生能:	学生能:
计划	3. 根据分析内容制订详细的实施方案 (1) 学生利用已有的知识独立编制零件加工过程。 (2) 小组讨论、修改,达成共识。 (3) 学生根据整理的加工步骤选择加工方式、工具和量具。 (4) 每组用图画的形式将达成共识的加工步骤展示出来。 (5) 请学生离开座位,去其他组观看,自由交流	小组合作、自由交流、交流沟通、可视化	连杆零件加工工艺	• 能与他人协作完成计划的制订 • 能倾听他人的意见和建议 • 有学习新方法、新技术、新知识的能力 • 有运用新技术、新工艺的意识	• 能够与他人协作并共同完成一项任务 • 能够与他人交流沟通 • 能够应用可视化的方法	• 能按规定格式编制计划 • 能按照标准机械加工工艺卡片填写相关内容 • 能按零件的批量选择加工方式	• 分析加工工具、量具和加工方式 • 了解加工内容,掌握加工过程 • 编制零件加工工艺
决策	4. 学生评选方案 (1) 抽 2 组上台讲述本组的方案,时间为 3 分钟,其他组各抽 2 人,组成评审组,负责提问或提出建议。 (2) 需提前 5 分钟确定名单,以便同组人对其进行指导 (学生评选方案的过程中,教师不进行指正)	讨论法、组间互审	连杆零件加工工艺	• 会修改计划 • 能优化计划 • 能够用简单的语言或方式总结归纳	• 能够与他人协作并共同完成一项任务 • 能倾听他人的意见 • 能接受他人的批评	能合理设计连杆零件的加工工艺过程	能编写连杆零件的工艺过程卡片
实施、检查	5. 完善方案,并形成工艺过程卡片						

学习项目 3:设计连杆零件车床夹具			教学意图(训练职业行动能力)				
学习模块 3.2:连杆零件定位方案设计			学习内容	跨专业能力		专业能力	
				方法/学习能力	社会/个人能力	理论	实践
行动学习阶段	教师和学生活动 (具体实施)	课堂教学方法		学生能:	学生能:	学生能:	学生能:
导入	1. 任务发出 如何保证各工序的加工要求	提问					
信息获取/分析	2. 任务分析 (1) 学生独立思考。请学生分析车大头杆身外圆工序有哪些相关的加工要求。每人一张彩纸,先独立写出关键词,然后进行讨论,最后形成小组统一稿。 (2) 抽某一组学生讲述,其他组补充	单独工作、小组交流、关键词卡片	工序的加工要求	• 能专注投入工作 • 能和同学一起分工协作 • 可以根据要点写出关键词 • 可以合理利用时间	• 能认真执行计划 • 能规范、合理地执行加工操作方法	分析工序的加工要求	用关键词写出工序的加工要求
	3. 信息获取 (1) 学生独立学习。请学生根据定位原理分析连杆零件车大头杆身外圆工序必须限制哪些自由度。小组讨论,得出结论。 (2) 请某一组学生讲述,其他组补充,教师可适当指导,让方案更明确,以便学生能较清晰地做后面的工作。不需指正,允许带着错误进行以后环节。 (3) 学生独立学习。请学生根据定位原理分析连杆零件车大头杆身外圆工序的定位基准。小组讨论,得出结论。 (4) 请某一组学生讲述,其他组补充	独立学习、分析内容、做标记、理解、小组讨论	•根据加工要求分析工件应该限制的自由度 •根据加工要求选择定位基准	• 能够与他人协作并共同完成一项任务 • 能够倾听他人的意见 • 能够接受他人的批评 • 能够做出决定并说明理由 • 能够专注于任务并且目标明确地实施	• 能与他人协作完成计划的制订 • 独立思考 • 能把信息清楚地传递给对方 • 能够提出各种不同的建议并相互比较	• 掌握加工要求与限制自由度的关系 • 根据加工要求选择定位基准	• 能分析连杆零件车大头杆身外圆工序必须限制哪些自由度 • 能选择定位基准

续表

学习项目 3:设计连杆零件车床夹具			教学意图(训练职业行动能力)				
学习模块 3.2:连杆零件定位方案设计			学习内容	跨专业能力		专业能力	
				方法/学习能力	社会/个人能力	理论	实践
行动学习阶段	教师和学生活动 (具体实施)	课堂教学方法		学生能:	学生能:	学生能:	学生能:
信息获取/分析	4. 根据分析内容制订详细的实施方案 (1) 学生独立学习工件以内圆柱孔定位的定位元件,阅读、分析内容并做标记,写出关键词。 (2) 学生利用已有的知识独立设计连杆零件车大头杆身外圆的定位方案。 (3) 小组讨论、修改,达成共识。 (4) 每组用图画的形式将达成共识的定位方案展示出来。 (5) 请学生离开座位,去其他组观看,自由交流	提问、独立学习、分析内容、做标记、理解	•以平面定位的定位元件 •以外圆定位的定位元件	• 能专注投入工作 • 能和同学一起分工协作,完成计划的制订 • 可以合理利用时间	• 能收集相关信息 • 能够用简单的语言或方式总结归纳 • 能够与他人协作并共同完成一项任务 • 能够与他人交流沟通 • 能够应用可视化的方法	• 掌握以内圆柱孔定位的定位元件 • 会选择连杆零件车大头杆身外圆的定位元件	• 能查阅资料,选择定位元件 • 能设计连杆零件车大头杆身外圆的定位方案 • 能用图表示连杆零件车大头杆身外圆的定位方案
决策	5. 学生评选方案 (1) 抽 2 组上台讲述本组的方案,时间为 3 分钟,其他组各抽 2 人,组成评审组,负责提问或提出建议。 (2) 需提前 5 分钟确定名单,以便同组人对其进行指导 (学生评选方案的过程中,教师不进行指正)	讨论法、组间互审		• 会修改计划 • 能优化计划 • 能够用简单的语言或方式总结归纳			
实施、检查	6. 完善方案,并完成定位方案草图						
评价	7. 评价与反思 小组讨论,完成课堂记录表	小组讨论		能够与他人协作并共同完成一项任务	能进行合理的评价		

学习项目3:设计连杆零件车床夹具			教学意图(训练职业行动能力)				
学习模块3.3:连杆零件夹紧方案设计			学习内容	跨专业能力		专业能力	
				方法/学习能力	社会/个人能力	理论	实践
行动学习阶段	教师和学生活动 (具体实施)	课堂教学方法		学生能:	学生能:	学生能:	学生能:
导入	1. 任务发出 连杆零件车大头杆身外圆工序零件的安装	提问					
信息获取/分析	2. 任务分析 (1) 请学生根据定位方案和车削的特点,分析如何夹紧工件。小组讨论,得出结论。 (2) 请某一组学生讲述,其他组补充,教师可适当指导,让方案更明确,以便学生能较清晰地做后面的工作。不需指正,允许带着错误进行以后环节(目标内容:夹紧力的方向、位置、大小)	单独工作、小组交流、关键词卡片	根据定位方案和车削的特点,分析如何夹紧工件	• 能专注投入工作 • 能和同学一起分工协作 • 可以根据要点写出关键词 • 可以合理利用时间	• 能认真执行计划 • 能规范、合理地执行加工操作方法	熟悉夹紧力和夹紧装置	能确定夹紧力和夹紧装置
	3. 信息获取 (1) 学生根据已有知识,小组合作,完成连杆夹紧方案的设计。 (2) 每组讨论后将结论及依据写于彩纸上,并贴于白板上。 (3) 教师总结、讲解	提问、独立学习、分析内容、做标记、理解	夹紧力的确定	• 能专注投入工作 • 能和同学一起分工协作 • 可以合理利用时间	• 能收集相关信息 • 能够用简单的语言或方式总结归纳	能确定夹紧力	能确定连杆零件车大头杆身外圆的夹紧力

续表

学习项目3:设计连杆零件车床夹具				教学意图(训练职业行动能力)			
学习模块3.3:连杆零件夹紧方案设计			学习内容	跨专业能力		专业能力	
				方法/学习能力	社会/个人能力	理论	实践
行动学习阶段	教师和学生活动(具体实施)	课堂教学方法		学生能:	学生能:	学生能:	学生能:
计划	4. 根据分析内容制订详细的实施方案 (1) 小组讨论、修改夹紧方案,达成共识。 (2) 学生独立学习夹紧装置,阅读、分析内容并做标记,写出关键词。 (3) 每组用图画的形式将达成共识的夹紧方案展示出来。 (4) 请学生离开座位,去其他组观看,自由交流	小组合作、自由交流、交流沟通、可视化	典型夹紧装置	• 能与他人协作,完成计划的制订 • 能倾听他人的意见和建议 • 有学习新方法、新技术、新知识的能力 • 有运用新技术、新工艺的意识	• 能够与他人协作并共同完成一项任务 • 能够与他人交流沟通 • 能够应用可视化的方法	• 掌握基本夹紧装置的结构 • 掌握基本夹紧装置的自锁条件	能根据具体加工情况选择合适的夹紧装置
决策	5. 学生评选方案 (1) 抽2组上台讲述本组的方案,时间为3分钟,其他组各抽2人,组成评审组,负责提问或提出建议。 (2) 需提前5分钟确定名单,以便同组人对其进行指导 (学生评选方案的过程中,教师不进行指正)	讨论法、组间互审		• 会修改计划 • 能优化计划 • 能够用简单的语言或方式总结归纳	• 能够与他人协作并共同完成一项任务 • 能够倾听他人的意见 • 能够接受他人的批评		
实施、检查	6. 完善方案,并完成夹紧方案草图		连杆零件夹紧方案的设计			掌握夹紧方案的设计方法	能绘制夹紧方案草图
评价	7. 评价与反思 小组讨论,完成课堂记录表	小组讨论		能够与他人协作并共同完成一项任务	能进行合理的评价		

学习项目3:设计连杆零件车床夹具			教学意图(训练职业行动能力)				
学习模块3.4:连杆零件车大头杆身外圆工序的夹具体设计			学习内容	跨专业能力		专业能力	
				方法/学习能力	社会/个人能力	理论	实践
行动学习阶段	教师和学生活动(具体实施)	课堂教学方法		学生能:	学生能:	学生能:	学生能:
导入	1. 任务发出 连杆零件车大头杆身外圆工序的夹具体的设计	提问					
信息获取/分析	2. 任务分析 (1) 请学生根据定位、夹紧方案和导向装置,分析如何把以上装置组装成整体。小组讨论,得出结论。 (2) 请某一组学生讲述,其他组补充,教师可适当指导,让方案更明确,以便学生能较清晰地做后面的工作。不需指正,允许带着错误进行以后环节	单独工作、小组交流、关键词卡片		• 能专注投入工作 • 能和同学一起分工协作 • 可以根据要点写出关键词 • 可以合理利用时间	• 能认真执行计划 • 能规范、合理地执行加工操作方法	能掌握夹具的组成及夹具体的作用	
	3. 根据分析内容制订详细的实施方案 (1) 学生利用已有的知识独立设计夹具体。 (2) 小组讨论、修改,达成共识。 (3) 每组用图画的形式将达成共识的夹具体设计展示出来。 (4) 请学生离开座位,去其他组观看,自由交流	小组合作、自由交流、交流沟通、可视化	夹具体的设计	• 能与他人协作完成计划的制订 • 能倾听他人的意见和建议 • 有学习新方法、新技术、新知识的能力 • 有运用新技术、新工艺的意识	• 能够与他人协作并共同完成一项任务 • 能够与他人交流沟通 • 能够应用可视化的方法	• 能设计夹具体 • 能确定夹具体各部分尺寸 • 能确定夹具体与其他件的配合尺寸	• 能准确画出夹具体的各个视图 • 能确定夹具体各部分的尺寸 • 能确定配合尺寸和精度

续表

学习项目3:设计连杆零件车床夹具			教学意图(训练职业行动能力)				
学习模块3.4:连杆零件车大头杆身外圆工序的夹具体设计			学习内容	跨专业能力		专业能力	
				方法/学习能力	社会/个人能力	理论	实践
行动学习阶段	教师和学生活动 (具体实施)	课堂教学方法		学生能:	学生能:	学生能:	学生能:
决策	4. 学生评选方案 (1) 抽2组上台讲述本组的方案,时间为3分钟,其他组各抽2人,组成评审组,负责提问或提出建议。 (2) 需提前5分钟确定名单,以便同组人对其进行指导 (学生评选方案的过程中,教师不进行指正)	讨论法、组间互审		• 会修改计划 • 能优化计划 • 能够用简单的语言或方式总结归纳	• 能够与他人协作并共同完成一项任务 • 能够倾听他人的意见 • 能够接受他人的批评		
实施、检查	5. 完善方案,并完成导向装置草图		连杆零件导向装置设计			掌握车床夹具的设计方法	能绘制夹具体的各个视图
评价	6. 评价与反思 小组讨论,完成课堂记录表	小组讨论		能够与他人协作并共同完成一项任务	能进行合理的评价		

<table>
<tr><td colspan="3">学习项目3:设计连杆零件车床夹具</td><td colspan="5">教学意图(训练职业行动能力)</td></tr>
<tr><td colspan="3" rowspan="2">学习模块3.5:连杆零件车大头杆身外圆工序的夹具整体设计</td><td rowspan="3">学习内容</td><td colspan="2">跨专业能力</td><td colspan="2">专业能力</td></tr>
<tr><td>方法/学习能力</td><td>社会/个人能力</td><td>理论</td><td>实践</td></tr>
<tr><td>行动学习阶段</td><td>教师和学生活动
(具体实施)</td><td>课堂教学方法</td><td>学生能:</td><td>学生能:</td><td>学生能:</td><td>学生能:</td></tr>
<tr><td>导入</td><td>1. 任务发出
连杆零件车大头杆身外圆工序的夹具整体设计</td><td>提问</td><td></td><td></td><td></td><td></td><td></td></tr>
<tr><td rowspan="2">信息获取/分析</td><td>2. 任务分析
(1) 请学生根据以上各方案,分析如何整体设计夹具。小组讨论,得出结论。
(2) 请某一组学生讲述,其他组补充,教师可适当指导,让方案更明确,以便学生能较清晰地做后面的工作。不需指正,允许带着错误进行以后环节</td><td>单独工作、小组交流、关键词卡片</td><td></td><td>• 能专注投入工作
• 能和同学一起分工协作
• 可以根据要点写出关键词
• 可以合理利用时间</td><td>• 能认真执行计划
• 能规范、合理地执行加工操作方法</td><td>能掌握夹具的组成及夹具体的作用</td><td></td></tr>
<tr><td>3. 信息获取
(1) 学生独立学习车床夹具的设计要点,阅读、分析内容并做标记,写出关键词,自由地交流、复述。
(2) 小组讨论、确定连杆零件车大头杆身外圆工序的夹具的结构组成。
(3) 每组将达成共识的方案写在关键词卡片上,并贴于白板上。
(4) 请学生离开座位,去其他组观看,自由交流</td><td>小组合作、自由交流、交流沟通、可视化</td><td>车床夹具的结构</td><td>• 能与他人协作完成计划的制订
• 能倾听他人的意见和建议
• 有学习新方法、新技术、新知识的能力
• 有运用新技术、新工艺的意识</td><td>• 能够与他人协作并共同完成一项任务
• 能够与他人交流沟通
• 能够应用可视化的方法</td><td>能确定过渡盘的尺寸</td><td>能利用工具书查阅过渡盘各部分结构的尺寸</td></tr>
</table>

续表

学习项目 3:设计连杆零件车床夹具			教学意图(训练职业行动能力)				
学习模块 3.5:连杆零件车大头杆身外圆工序的夹具整体设计			学习内容	跨专业能力		专业能力	
				方法/学习能力	社会/个人能力	理论	实践
行动学习阶段	教师和学生活动(具体实施)	课堂教学方法		学生能:	学生能:	学生能:	学生能:
信息获取/分析	4. 根据分析内容制订详细的实施方案 (1) 学生利用已有的知识独立设计车床夹具。 (2) 小组讨论、修改,达成共识。 (3) 每组用图画的形式将达成共识的夹具设计展示出来。 (4) 请学生离开座位,去其他组观看,自由交流	小组合作、自由交流、交流沟通、可视化	夹具体的设计	• 能与他人协作完成计划的制订 • 能倾听他人的意见和建议 • 有学习新方法、新技术、新知识的能力 • 有运用新技术、新工艺的意识	• 能够与他人协作并共同完成一项任务 • 能够与他人交流沟通 • 能够应用可视化的方法	• 能设计夹具体 • 能确定夹具体各部分尺寸 • 能确定夹具体与其他件的配合尺寸	• 能准确画出夹具体的各个视图 • 能确定夹具体各部分的尺寸 • 能确定配合尺寸和精度
决策	5. 学生评选方案 (1) 抽 2 组上台讲述本组的方案,时间为 3 分钟,其他组各抽 2 人,组成评审组,负责提问或提出建议。 (2) 需提前 5 分钟确定名单,以便同组人对其进行指导 (学生评选方案的过程中,教师不进行指正)	讨论法、组间互审		• 会修改计划 • 能优化计划 • 能够用简单的语言或方式总结归纳	• 能够与他人协作并共同完成一项任务 • 能够倾听他人的意见 • 能够接受他人的批评		
实施、检查	6. 完善方案,并完成车床夹具设计草图		连杆零件导向装置设计			掌握车床夹具的设计方法	能绘制夹具的各个视图
评价	7. 评价与反思 小组讨论,完成课堂记录表	小组讨论		能够与他人协作并共同完成一项任务	能进行合理的评价		

学习项目3:设计连杆零件车床夹具			教学意图(训练职业行动能力)				
学习模块3.6:绘制连杆零件车大头杆身外圆工序的夹具图及夹具设计方案评估			学习内容	跨专业能力		专业能力	
				方法/学习能力	社会/个人能力	理论	实践
行动学习阶段	教师和学生活动(具体实施)	课堂教学方法		学生能:	学生能:	学生能:	学生能:
导入	1. 任务发出 绘制连杆零件车大头杆身外圆工序的夹具图	提问					
信息获取/分析	2. 信息获取 (1)小组讨论,查阅工具书,选择合适的标准件。 (2)小组讨论、确定连杆零件车大头杆身外圆工序的夹具的各非标准件的结构。 (3)教师指导	小组合作、自由交流、交流沟通、可视化、教师指导	标准件的选择和非标准件的设计	• 能与他人协作完成计划的制订 • 能倾听他人的意见和建议 • 有学习新方法、新技术、新知识的能力 • 有运用新技术、新工艺的意识	• 能够与他人协作并共同完成一项任务 • 能够与他人交流沟通 • 能够应用可视化的方法	• 能确定车床夹具的结构 • 能确定各非标准件的结构、尺寸	能利用工具书查阅各标准件的结构和尺寸
任务实施	3. 任务实施 (1)请学生根据以上各方案,绘制连杆零件车大头杆身外圆工序的夹具图及各非标准件的零件图。 (2)教师讲解难点、要点	讲课、单独工作	夹具装配图的绘制	• 能专注投入工作 • 可以合理利用时间	• 能认真执行计划 • 规范地操作	能掌握夹具装配图的绘制方法	
决策	4. 学生画图 (1)学生独立完成夹具装配图及非标准件零件图的绘制。 (2)教师指导	单独工作、教师指导		• 会修改计划 • 能优化计划	• 能认真执行计划 • 规范地操作		

续表

<table>
<tr><td colspan="3">学习项目 3:设计连杆零件车床夹具</td><td colspan="5">教学意图(训练职业行动能力)</td></tr>
<tr><td colspan="3" rowspan="2">学习模块 3.6:绘制连杆零件车大头杆身外圆工序的夹具图及夹具设计方案评估</td><td rowspan="3">学习内容</td><td colspan="2">跨专业能力</td><td colspan="2">专业能力</td></tr>
<tr><td>方法/学习能力</td><td>社会/个人能力</td><td>理论</td><td>实践</td></tr>
<tr><td>行动学习阶段</td><td>教师和学生活动
(具体实施)</td><td>课堂教学方法</td><td>学生能:</td><td>学生能:</td><td>学生能:</td><td>学生能:</td></tr>
<tr><td>实施、检查</td><td>5. 夹具设计方案评估
(1) 学生自我总结车床夹具设计过程中的得失。
(2) 小组讨论、交流。
(3) 以小组为单位画出车床夹具设计思维导图。
(4) 请学生离开座位,去其他组观看,自由交流。
(5) 教师总结</td><td>单独工作、小组合作、自由交流、交流沟通、思维导图</td><td>夹具设计方案评估</td><td>• 能够用简单的语言或方式总结归纳
• 能熟练应用思维导图
• 具有一定的分析能力</td><td>• 能够与他人协作并共同完成一项任务
• 能够倾听他人的意见
• 能够接受他人的批评</td><td>掌握车床夹具的设计方法</td><td>能绘制夹具的各个视图</td></tr>
<tr><td>评价</td><td>6. 评价与反思
小组讨论,完成课堂记录表</td><td>小组讨论</td><td></td><td>能够与他人协作并共同完成一项任务</td><td>能进行合理的评价</td><td></td><td></td></tr>
</table>

项目4

铣床夹具设计

教学目标

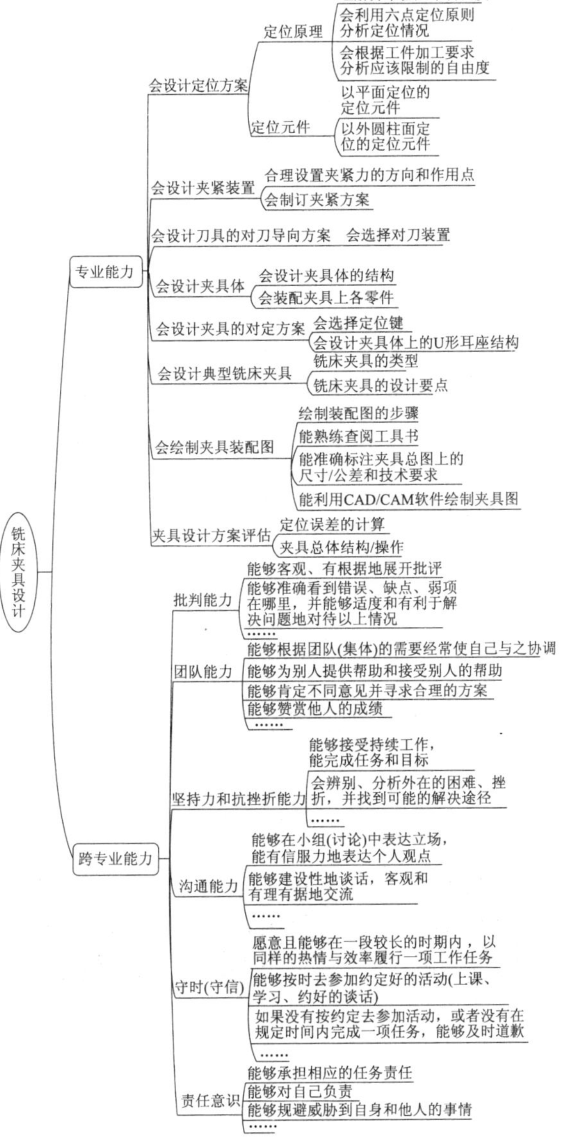
铣床夹具设计
专业能力
会设计定位方案
定位原理
理解并掌握六个自由度
会利用六点定位原则分析定位情况
会根据工件加工要求分析应该限制的自由度
定位元件
以平面定位的定位元件
以外圆柱面定位的定位元件
会设计夹紧装置
合理设置夹紧力的方向和作用点
会制订夹紧方案
会设计刀具的对刀导向方案
会选择对刀装置
会设计夹具体
会设计夹具体的结构
会装配夹具上各零件
会设计夹具的对定方案
会选择定位键
会设计夹具体上的U形耳座结构
会设计典型铣床夹具
铣床夹具的类型
铣床夹具的设计要点
会绘制夹具装配图
绘制装配图的步骤
能熟练查阅工具书
能准确标注夹具总图上的尺寸/公差和技术要求
能利用CAD/CAM软件绘制夹具图
夹具设计方案评估
定位误差的计算
夹具总体结构/操作
跨专业能力
批判能力
能够客观、有根据地展开批评
能够准确看到错误、缺点、弱项在哪里，并能够适度和有利于解决问题地对待以上情况
……
团队能力
能够根据团队(集体)的需要经常使自己与之协调
能够为别人提供帮助和接受别人的帮助
能够肯定不同意见并寻求合理的方案
能够赞赏他人的成绩
……
坚持力和抗挫折能力
能够接受持续工作，能完成任务和目标
会辨别、分析外在的困难、挫折，并找到可能的解决途径
……
沟通能力
能够在小组(讨论)中表达立场，能有信服力地表达个人观点
能够建设性地谈话，客观和有理有据地交流
……
守时(守信)
愿意且能够在一段较长的时期内，以同样的热情与效率履行一项工作任务
能够按时去参加约定好的活动(上课、学习、约好的谈话)
如果没有按约定去参加活动，或者没有在规定时间内完成一项任务，能够及时道歉
……
责任意识
能够承担相应的任务责任
能够对自己负责
能够规避威胁到自身和他人的事情
……

模块1 任务引入

1-1 任务发出：铣削工件图

加工滑架零件。在本工序中，需铣尺寸为 8 mm 的槽，工件材料为 HT200，批量 $N=2000$ 件。滑架零件图如图 4.1 所示。

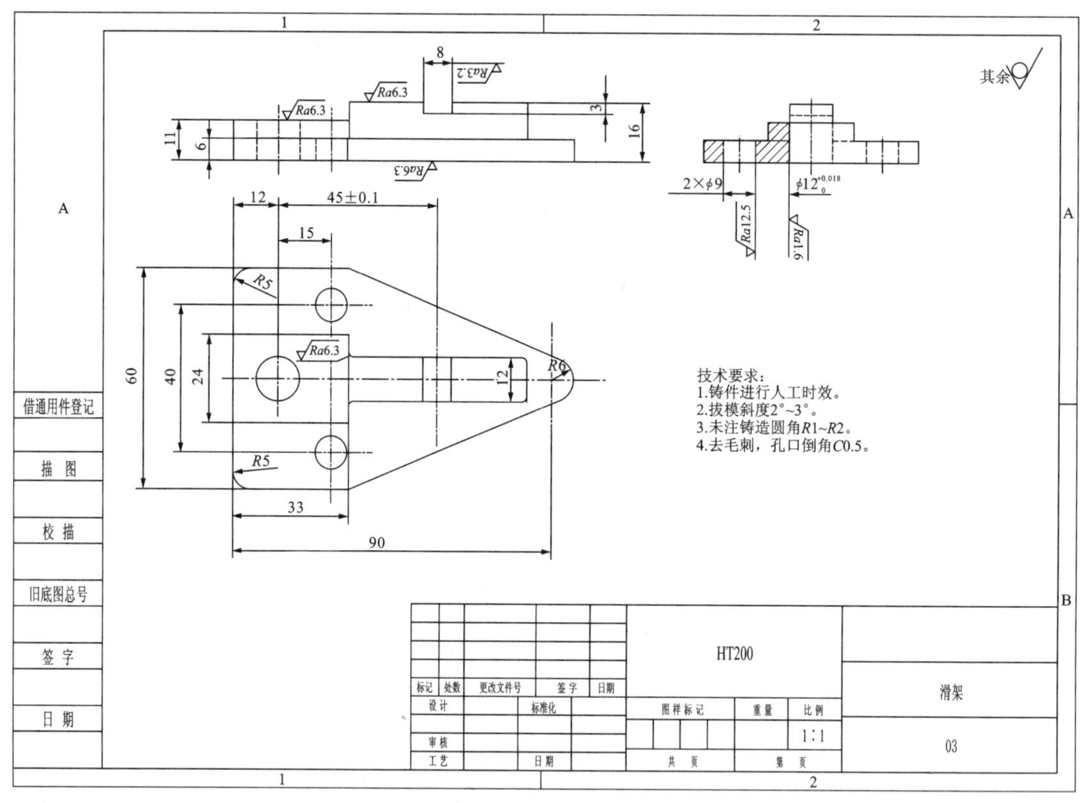

图 4.1 滑架零件图

动画：CA6140 拨叉夹具装配动画

动画：长 V 形块

动画：活动 V 形块

动画：加工壳体的铣床夹具 1

动画：加工壳体的铣床夹具 2

1-2 任务目标及描述（机械加工工艺过程卡片、机械加工工序卡片）

<table>
<tr><td colspan="3" rowspan="2">常州机电职业技术学院</td><td colspan="2" rowspan="2">机械加工工艺过程卡片</td><td>产品型号</td><td></td><td>零件图号</td><td>03</td><td colspan="2">共 1 页</td></tr>
<tr><td>产品名称</td><td></td><td>零件名称</td><td>滑架</td><td colspan="2">第 1 页</td></tr>
<tr><td colspan="2">材料牌号</td><td>HT200</td><td>毛坯种类</td><td>铸造</td><td>毛坯外形尺寸</td><td></td><td>毛坯件数</td><td></td><td>每台件数</td><td></td></tr>
<tr><td rowspan="2">工序号</td><td rowspan="2">工序名称</td><td colspan="3" rowspan="2">工序内容</td><td rowspan="2">车间</td><td rowspan="2">设备</td><td colspan="2" rowspan="2">工艺装备</td><td colspan="2">工时</td></tr>
<tr><td>准终</td><td>单件</td></tr>
<tr><td>1</td><td>铸造</td><td colspan="3">铸型</td><td>铸铁车间</td><td></td><td colspan="2"></td><td></td><td></td></tr>
<tr><td>2</td><td>热处理</td><td colspan="3">人工时效处理</td><td>铸铁车间</td><td></td><td colspan="2"></td><td></td><td></td></tr>
<tr><td>3</td><td>铣平面</td><td colspan="3">铣上、下面及台阶面到规定尺寸（注意尺寸为 6 mm）</td><td>机械</td><td>X5032</td><td colspan="2">0～125 mm 游标卡尺等</td><td></td><td></td></tr>
<tr><td>4</td><td>钳</td><td colspan="3">划 2×ϕ9 mm 孔及 ϕ12 mm 孔的加工线，钻 2×ϕ9 mm 孔到规定尺寸，钻、扩、铰 ϕ12 mm 孔到规定尺寸，去毛刺，孔口倒角 $C0.5$</td><td>机械</td><td>钳工平台
Z516</td><td colspan="2">0～125 mm 游标卡尺、150 mm 钢板尺、划针、ϕ9 mm 钻头、ϕ11.7 mm 扩孔钻、ϕ12H7 铰刀等</td><td></td><td></td></tr>
<tr><td>5</td><td>铣槽</td><td colspan="3">铣 8×3 mm 槽到规定尺寸，去毛刺</td><td>机械</td><td>X6025A</td><td colspan="2">专用铣床夹具、0～125 mm 游标卡尺、直齿三面刃铣刀等</td><td></td><td></td></tr>
<tr><td>6</td><td>检验</td><td colspan="3">按照图纸检查各部分尺寸及要求</td><td></td><td></td><td colspan="2"></td><td></td><td></td></tr>
<tr><td>7</td><td>入库</td><td colspan="3">清洗、加工表面涂防锈油</td><td></td><td></td><td colspan="2"></td><td></td><td></td></tr>
<tr><td>编制</td><td></td><td>校对</td><td colspan="2"></td><td>标准</td><td></td><td>会签</td><td></td><td>审核</td><td></td></tr>
</table>

常州机电职业技术学院	机械加工工序卡片	产品型号		零(部)件图号	03	
		产品名称		零(部)件名称	滑架	

施工车间	工序号	工序名称	
机械	05	铣槽	
材料牌号	同时加工件数	冷却液	
HT200		煤油	
设备名称	设备型号	设备编号	
卧铣	X6025A		
夹具编号	夹具名称	工序工时	
xcjj00	专用铣夹具	准终	单件
工位器编号	工位器名称		

工步号	工步内容	工艺装备			主轴转速/(r/min)	切削速度/(m/min)	走刀量/(mm/r)	吃刀深度/mm	走刀次数	工时定额	
		刃具	量具	辅具						机动	辅助
1	铣 8×3 mm 槽到规定尺寸，去毛刺	ϕ63 mm 直齿三面刃铣刀	0～125 mm 游标卡尺		118	23.34	0.1	3	1		

标志	处数	更改文件号	签字	日期	标志	处数	更改文件号	签字	日期	编制(日期)	审核(日期)	会签(日期)	标准化(日期)	

模块2 任务资讯

2-1 任务相关理论知识

一、机床夹具的设计方法及步骤

微课：专用夹具设计方法

机床夹具设计是工艺装备设计的一个重要组成部分。设计质量的高低，应以能稳定地保证工件的加工质量，生产效率高，成本低，排屑方便，操作安全，省力，制造、维护容易等为其衡量指标。

在专用夹具设计中，除工件的定位和夹紧外，还有一些问题需要解决，如专用夹具的设计步骤、夹具体的设计、夹具总图上尺寸/公差及技术要求的标注、工件在夹具中加工的精度分析、夹具的经济分析及机床夹具的计算机辅助设计等。

1. 对专用夹具的基本要求

1）保证工件的加工精度

专用夹具应有合理的定位方案，标注合适的尺寸、公差和技术要求，并进行必要的精度分析，确保夹具能满足工件的加工精度要求。

2）提高生产效率

应根据工件生产批量的大小设计不同复杂程度的高效夹具，以缩短辅助时间，提高生产效率。

3）工艺性好

专用夹具的结构应简单、合理，便于加工、装配、检验和维修。

专用夹具的制造属于单件生产。当最终精度由调整或修配保证时，夹具上应设置调整或修配结构，如设置适当的调整间隙、采用可修磨的垫片等。

4）使用性好

专用夹具的操作应简便、省力、安全可靠，排屑应方便，必要时可设置排屑机构。

5）经济性好

除考虑专用夹具本身结构简单、标准化程度高、成本低廉外，还应根据生产纲领对夹具方案进行必要的经济分析，以提高夹具在生产中的经济效益。

2. 夹具设计的方法

夹具设计主要是绘制所需的图样，同时制订有关的技术要求。夹具设计是一种相互关联的工作，它涉及的知识面很广。通常设计者在参阅有关典型夹具图样的基础上，按加工要求构思出设计方案，再经修改，最后确定夹具的结构。夹具设计的方法如图4.2所示。

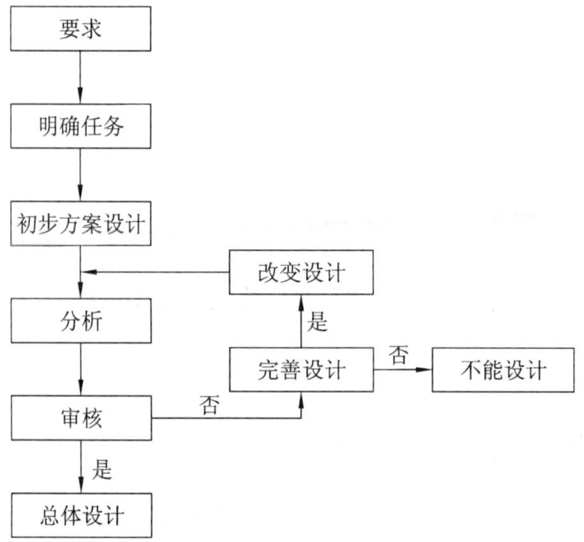

图 4.2　夹具设计的方法

显然，在夹具设计的过程中存在着许多重复劳动。近年来，迅速发展的机床夹具计算机辅助设计(CAD)为克服传统设计方法的缺点提供了新的途径。

3. 夹具设计的一般步骤

1) 研究原始资料，分析设计任务

工艺人员在编制零件的工艺规程时，提出了相应的夹具设计任务书，其中对定位基准、夹紧方案及有关要求做了说明。夹具设计人员根据任务书进行夹具的结构设计。为了使所设计的夹具能够满足上述基本要求，设计前要认真收集和研究下列资料。

(1) 生产纲领。

工件的生产纲领对工艺规程的制订及专用夹具的设计都有着十分重要的影响。夹具结构的合理性及经济性与生产纲领有着密切的关系。大批量生产时，多采用气动或其他机动夹具，自动化程度高，同时夹紧的工件数量多，结构也比较复杂；单件小批量生产时，宜采用结构简单、成本低廉的手动夹具，以及万能通用夹具或组合夹具，以便尽快投入使用。

(2) 零件图及工序图。

零件图是夹具设计的重要资料之一，它给出了工件在尺寸、位置等方面的精度要求；工序图则给出了所用夹具加工工件的工序尺寸、工序基准、已加工表面、待加工表面、工序精度要求等，它是设计夹具的主要依据。

(3) 零件工艺规程。

了解零件的工艺规程主要是指了解该工序所使用的机床、刀具、加工余量、切削用量、工步安排、工时定额、同时安装的工件数目等。关于机床、刀具方面，应了解机床的主要技术参数、规格，机床与夹具连接部分的结构与尺寸，刀具的主要结构尺寸、制造精度等。

(4) 夹具结构及标准。

收集有关夹具零、部件标准(国标、厂标等)，典型夹具结构图册，了解本厂制造、使用夹具的情况，以及收集国内外同类型夹具的资料，结合本厂实际情况，吸收先进经验，尽量采用国家标准。

2）确定夹具的结构方案

确定夹具的结构方案主要包括：

（1）根据工件的定位原理，确定工件的定位方式，选择定位元件。

（2）确定工件的夹紧方案，设计合适的夹紧装置，使夹紧力与切削力平衡，并注意缩短辅助时间。

（3）确定刀具的对准及引导方式，选择刀具的对准及引导元件。

（4）确定工件的夹紧方式，选择适宜的夹紧机构。

（5）确定其他元件或装置的结构形式，如定向元件、分度装置等。

（6）协调各装置、元件的布局，确定夹具的结构尺寸和总体结构。

（7）绘制夹具方案设计图，并标注尺寸、公差及技术要求。

（8）进行必要的分析计算。

在确定夹具结构方案的过程中，定位、夹紧、对定等各个部分的结构以及总体布局都会有几种不同的方案可供选择，应画出草图，经过分析比较，从中选取较为合理的方案。

4. 绘制夹具总图

微课：装配图的绘制及尺寸标注

一般夹具总图的绘制包括以下步骤。

（1）根据工件大小，选择恰当的图幅及绘图比例，一般情况下使用 1∶1 的比例，以便使图形有良好的直观性。

如工件尺寸过大，夹具总图可按 1∶2 或 1∶5 的比例绘制；如工件尺寸过小，夹具总图可按 2∶1 或 5∶1 的比例绘制。夹具总图中视图的布置也应符合国家制图标准，在清楚表达夹具内部结构及各装置、元件位置关系的情况下，视图的数目应尽量少。

绘制夹具总图时，主视图应取操作者实际工作时的位置，以便于夹具装配及使用时参考。

（2）用双点画线画出工件轮廓和本工序加工部位，并用网纹线表示出加工余量。

工件看作“透明体”，所画的工件轮廓线与夹具的任何线条彼此独立，不相互干涉。

注意：工件是假想地存在于夹具中的，它不影响装配图中夹具的正常投影，同样，夹具也不影响工件的投影。当工件投影线与夹具投影线重合或部分重合时，重合部分按夹具投影线画。

（3）画出定位元件。在确定定位元件的位置时，实际上整台夹具的结构已基本确定，因此，必须十分重视这一工作。

（4）绘制夹紧装置。值得注意的是，夹具总图画的是工件在夹具中被夹紧的状态。在绘制时要考虑夹紧机构在运行时的极限位置，必要时应画出，查看是否与其他装置产生干涉。同时还应标出尺寸，以供参考。

（5）画出刀具引导装置。刀具引导装置的位置应使对刀和测量方便，要确保刀具引导装置与其他元件或机构之间有足够空隙，因此这部分结构最好先用 1∶1 的比例绘出，确定尺寸后再正式绘制。

（6）绘出夹具与机床对定的装置。绘制时有时应把局部的机床的对定部分用双点画线画出。

（7）绘制其他装置。

（8）标注尺寸。

(9) 填写标题栏、明细表，拟订技术要求和夹具使用说明。

二、夹具总图上有关尺寸、配合和技术条件的标注

课程思政案例

1. 应标注的尺寸

(1) 最大外形轮廓尺寸(A类)：一般指夹具最大外形轮廓尺寸，当夹具上有可动部分时，应包括可动部分处于极限位置时所占的空间尺寸。例如，夹具体上有超出夹具体外的移动、旋转部分时，应标注出最大旋转半径；有升降部分时，应标注出最高及最低位置。标注出夹具的最大外形轮廓尺寸，就能知道夹具在空间上实际所占的位置和可能的活动范围，以便能够发现夹具是否会与机床、刀具发生干涉。

(2) 夹具装配尺寸(B类)：夹具与机床的联系尺寸，用于确定夹具在机床上的正确位置。对于车床、磨床夹具，夹具装配尺寸主要是指夹具与主轴端的连接尺寸；对于铣床、刨床夹具，夹具装配尺寸则是指夹具上的定向键与机床工作台上的T形槽的配合尺寸。标注尺寸时，还常以夹具上的定位元件作为位置尺寸的基准。

(3) 保证刀具导向精度或对刀精度的尺寸及其公差(C类)：用来确定夹具上对刀、引导元件位置的尺寸。对于铣床、刨床夹具而言，该尺寸是指对刀元件与定位元件的位置尺寸；对于钻床、镗床夹具来说，该尺寸是指钻(镗)套与定位元件间的位置尺寸、钻(镗)套之间的位置尺寸，以及钻(镗)套与刀具导向部分的配合尺寸。

(4) 定位尺寸及其精度：工件以孔在心轴或定位销上定位时，工件孔与上述定位元件间的配合尺寸及公差等级。

(5) 夹具内部的配合尺寸：与工件、机床、刀具无关，主要是为了保证夹具装配后能满足规定的使用要求。

上述尺寸的标注方法如图4.3所示。

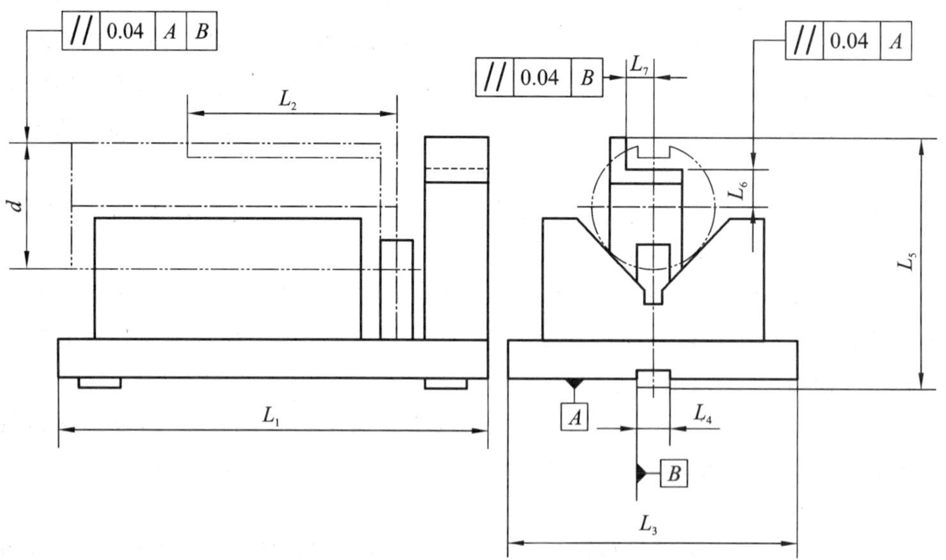

图4.3 加工键槽夹具总图尺寸标注示意图

L_1、L_3、L_5：A类轮廓尺寸；L_4：B类夹具元件配合尺寸；L_2、L_6、L_7：C类对刀尺寸

夹具上与工序尺寸有关的位置尺寸公差应做对称分布，其基本尺寸应为工件相应尺寸的平均值。如工件上某一距离尺寸为(75－0.12) mm，变为对称尺寸应记为(74.94±0.06) mm，夹具相应尺寸和公差应为(74.96±0.02) mm，而不能标注为(75±0.02) mm，因为 75.02 mm 超过了零件的最大极限尺寸 75 mm。

夹具的位置尺寸公差一般取工件对应尺寸公差的 1/2～1/5，角度公差及工作面的相互位置公差取工件相应公差的 1/2～1/3。

元件的基本尺寸、精度等级和配合性质根据实际需要确定。

2. 应标注的技术条件

在夹具总图上应标注的技术条件(位置精度要求)有如下几个方面。

(1) 定位元件之间或定位元件与夹具体底面间的位置要求，其作用是保证加工面与定位基面间的位置精度。

(2) 定位元件与连接元件(或找正基面)间的位置要求。例如，在图 4.4 中，为保证键槽与工件轴心线平行，定位元件——V 形块的中心线 Oy 必须与夹具定向键侧面平行。在实际测量时，可将检验心棒放在 V 形块上，用千分表测量心棒侧母线与定向键侧面的平行度。再如，用镗模加工主轴箱上的孔系时，要求镗模上的山形定位元件与镗模底座上的找正基面保持平行，如图 4.5 所示。镗套轴线必须与找正基面 C 保持平行，否则便无法保证所加工的孔系轴心线与山形导轨面的平行度要求。

(3) 对刀元件与连接元件(或找正基面)间的位置要求。在图 4.4 中，对刀块的侧对刀面相对于两定向键侧面的平行度要求，是为了保证所铣键槽与工件轴心线的平行度。

(4) 定位元件与引导元件间的位置要求。如图 4.6 所示，若要求所钻孔的轴心线与定位基面垂直，必须以钻套轴线与定位元件工作表面 A 垂直、定位元件工作表面 A 与夹具体底面 B 平行为前提。

上述技术条件是保证工件相应的加工要求所必需的，其数值应取工件相应技术要求所规定数值的 1/3～1/5。

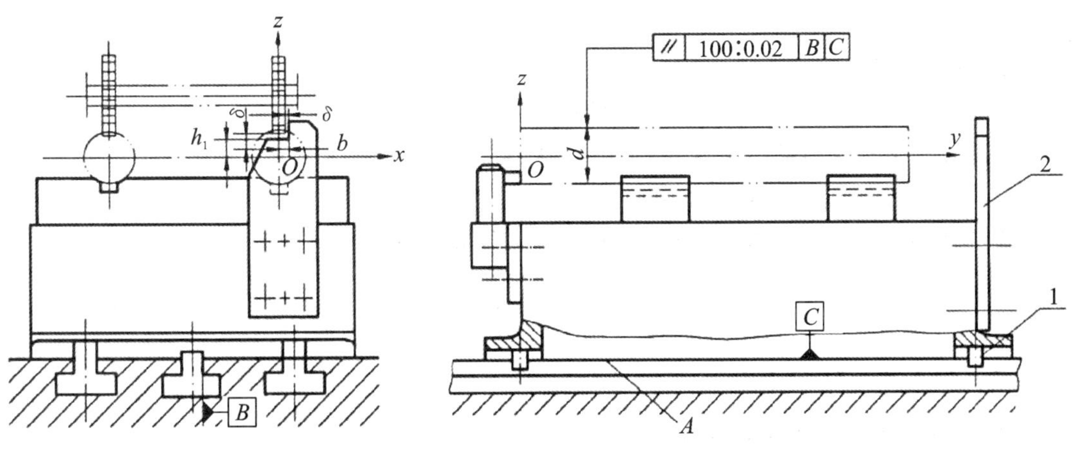

图 4.4 铣键槽夹具在机床上的定位简图

1—定向键；2—对刀块

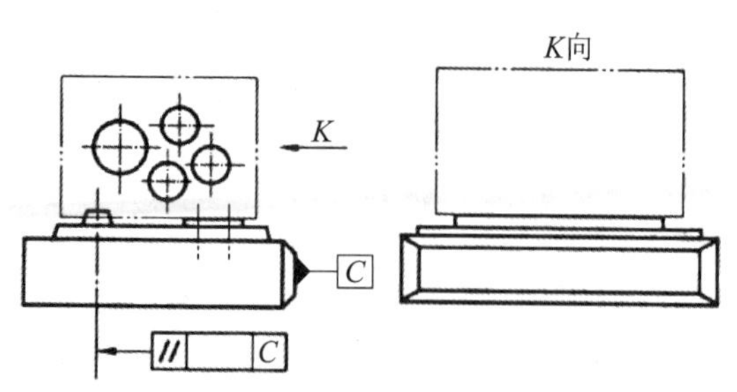

图 4.5　定位元件与找正基面间的位置要求

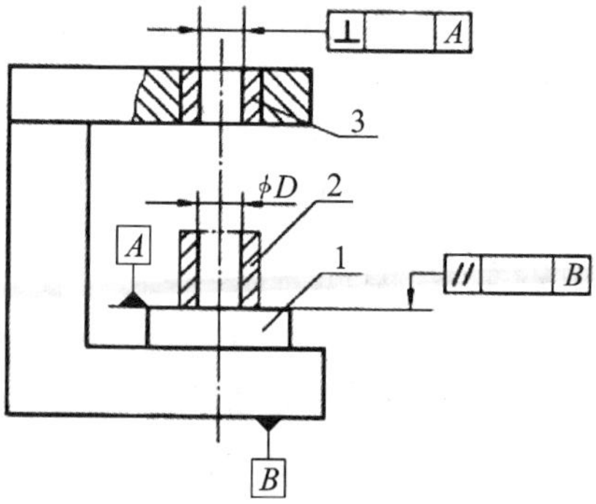

图 4.6　定位元件与引导元件间的位置要求

1—定位元件；2—工件；3—引导元件

3. 典型夹具的标注要求

1）车床夹具

（1）定位表面相对于夹具轴线（或找正基面）的跳动量要求。

（2）定位表面相对于顶尖孔或锥柄轴线的跳动量要求。

（3）定位表面相对于安装端面的平行度、垂直度要求。

（4）定位表面之间的平行度和垂直度要求。

（5）定位表面相对于夹具轴线的对称度要求。

2）钻床夹具

（1）钻套轴线相对于定位表面（或轴线）的平行度、垂直度、对称度要求。

（2）钻套轴线相对于夹具体底面的垂直度要求。

（3）同轴的双层钻套的同轴度要求。

（4）处于同一圆周位置的钻套所在的圆心相对于定位中心的同轴度或位置度要求。

（5）活动定位元件（如活动V形块）的中心相对于定位元件、钻套、夹具轴线的对称度要求。

3）铣床夹具

（1）定位表面（或轴线）相对于夹具体底面的垂直度、平行度要求。

（2）定位表面（或轴线）相对于定向键的平行度、垂直度要求。

（3）定位表面之间的垂直度、平行度要求。

（4）对刀块工作表面相对于定位表面的垂直度、平行度要求。

三、夹具在机床上的定位、对刀和分度

1. 夹具在机床上的定位

1）夹具在机床上定位的目的

为了保证工件的尺寸精度和位置精度，工艺系统各环节之间必须具有正确的几何关系。一批工件通过其定位基准面和夹具定位表面的接触或配合，占有一致的、确定的位置，这是满足上述要求的一个方面。夹具的定位表面相对于机床工作台和导轨或主轴轴线具有正确的位置关系，是满足上述要求的另一个极为重要的方面。只有同时满足这两个方面的要求，

才能使夹具定位表面以及工件加工表面相对于刀具及切削成形运动处于理想位置。

如图4.4所示，为保证键槽在垂直平面及水平面内与工件轴线平行，要求夹具在工作台上定位时，保证V形块中心线与刀具切削成形运动（工作台纵向走刀运动）方向平行。在垂直平面内，这种平行度要求是由V形块中心线相对于夹具体底平面的平行度，以及夹具体底平面（夹具安装面）与工作台上表面（机床装夹面）的良好接触来保证的。在水平面内的平行度要求，则是靠夹具上两个定向键1嵌在机床工作台T形槽内来保证的。因此，对于夹具来说，应保证V形块中心线与定向键1的中心线（或一侧）平行。对于机床来说，应保证T形槽中心（或侧面）相对于纵向走刀方向平行。另外，定向键应与T形槽有很好的配合。

由图4.4可知，夹具在机床上的定位，其本质是夹具定位元件相对于刀具切削成形运动的定位，因此应解决好夹具与机床的连接与配合问题，以及正确规定定位元件的定位面对夹具安装面的位置要求。

2）夹具在机床上的定位方式

夹具通过连接元件实现其在机床上的定位。根据机床的结构与加工特点，夹具在机床上的连接定位通常有两种方式：夹具连接定位在机床工作台面上（如铣床、刨床、镗床、钻床及平面磨床等）及夹具连接定位在机床主轴上（如车床，内、外圆磨床等）。

（1）夹具在机床工作台面上的连接定位。

夹具是用夹具安装面 A 及定向键1在机床工作台面上定位的（见图4.4）。为了保证夹具安装面与工作台面有良好的接触，夹具安装面的结构形式及加工精度都应有一定的要求。除夹具安装面 A 之外，一般还通过两个定向键或定位销与工作台上的T形槽相配合，以限制夹具在定位时应限制的自由度，并承受部分切削力矩，增强夹具在工作过程中的稳定性。

图4.7(a)所示为定向键的标准结构，图4.7(b)所示为与定向键相配合的零件的尺寸。

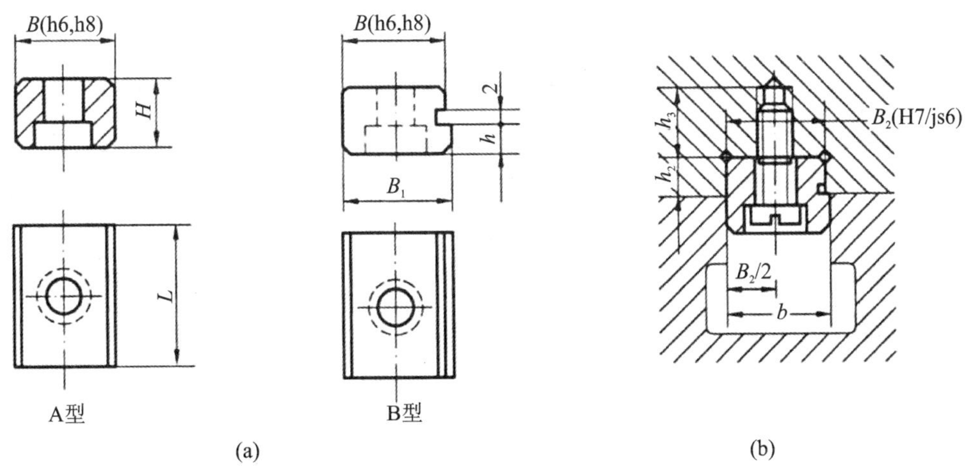

图4.7　定向键

在小型夹具中，为了制造简便，可用圆柱定位销代替定向键。图4.8(a)所示为圆柱定位销直接装配在夹具体的圆孔中（过盈配合），图4.8(b)、图4.8(c)所示为阶梯形圆柱定位销及其连接形式，其螺纹孔用于取出定位销。

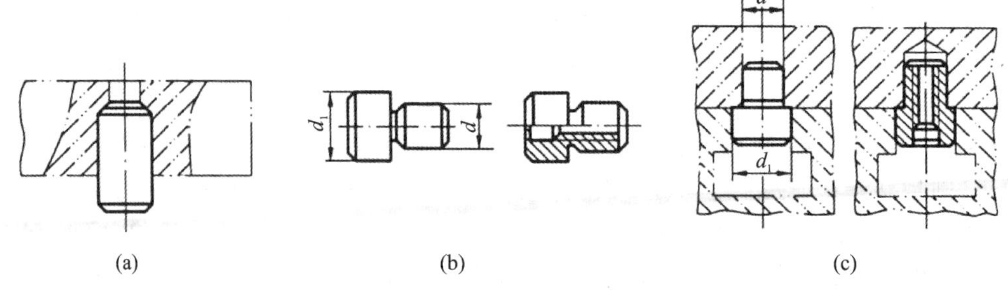

图 4.8 圆柱定位销

为了提高定向精度，定向键与 T 形槽应有良好的配合$\left(一般采用\frac{H7}{h6},\frac{H8}{h8}\right)$，必要时定向键的宽度可按机床工作台 T 形槽配作。在图 4.7(a)中，尺寸 B 的留磨量为 0.5 mm，按机床 T 形槽宽度配作。两定向键之间的距离，在夹具底座的允许范围内应尽可能远些。另外，在安装夹具时，应对 T 形槽的精度进行检测，选择精度高的(一般工作台中间处的 T 形槽的精度较高)，或使定向键靠向 T 形槽的一侧，以减小间隙造成的误差。定向键的材料常用 45 钢，经淬火使硬度达到 40～45 HRC。

图 4.9(a)所示为圆柱定向键的结构。上部圆柱体与夹具体的圆孔相配合，下部圆柱体切出与 T 形槽宽度 b 相等的两平面，这样可改善图 4.8 所示的结构中圆柱部分与 T 形槽配合时易磨损的缺点。

图 4.9(b)、图 4.9(c)所示为圆柱定向键与夹具体的固定方式。当用扳手 1 旋紧螺钉 2 时，借助摩擦力，月牙块 3 发生偏转外移，使定向键 4 卡紧在夹具体 5 的圆孔中。放松螺钉 2，便可取出定向键 4。

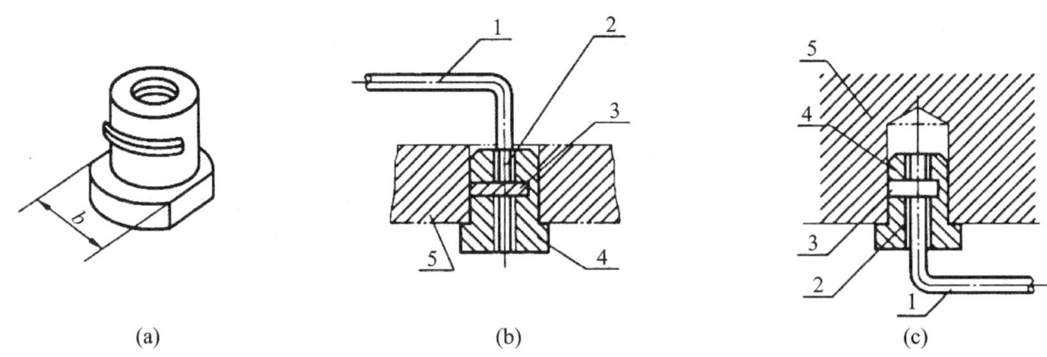

图 4.9 圆柱定向键

1—扳手；2—螺钉；3—月牙块；4—定向键；5—夹具体

通常在这类夹具的纵向两端底边上设计带 U 形槽的耳座，供紧固夹具体的螺栓穿过。图 4.10 所示为带 U 形槽的耳座的结构形式。

(2) 夹具在机床主轴上的连接定位。

夹具在机床主轴上的连接定位方式，取决于机床主轴端部结构。图 4.11 所示为常见的几种夹具在机床主轴上的连接定位方式。

在图 4.11(a)中，夹具以长锥柄装夹在主轴锥孔中，锥柄一般为莫氏锥度，根据需要可用拉

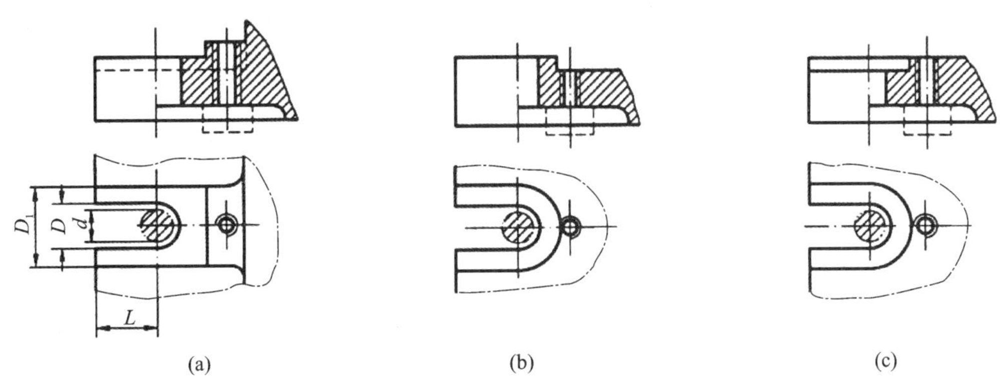

图 4.10 带U形槽的耳座的结构形式

杆从主轴尾部将夹具拉紧。这种连接定位迅速方便，由于没有配合间隙，因此定位精度较高，可以保证夹具的回转轴线与机床主轴轴心线有很高的同轴度。其缺点是刚度较低，故适用于轻切削的小型夹具。夹具轮廓直径 D 一般小于 140 mm，或 $D<(2\sim3)d_2$，d_2 为锥柄大端直径。为了保护主轴锥孔，夹具锥柄硬度应小于 45 HRC。当夹具悬伸量较大时，应加后座顶尖。

在图 4.11(b)中，夹具 1 以端面 B 和圆柱孔 D 在主轴上定位。圆柱孔与主轴轴颈的配合一般采用 H7/h6 或 H7/js6。这种结构制造容易，但定位精度较低。夹具的紧固依靠螺纹表面 M，两个压板 2 起防松作用。

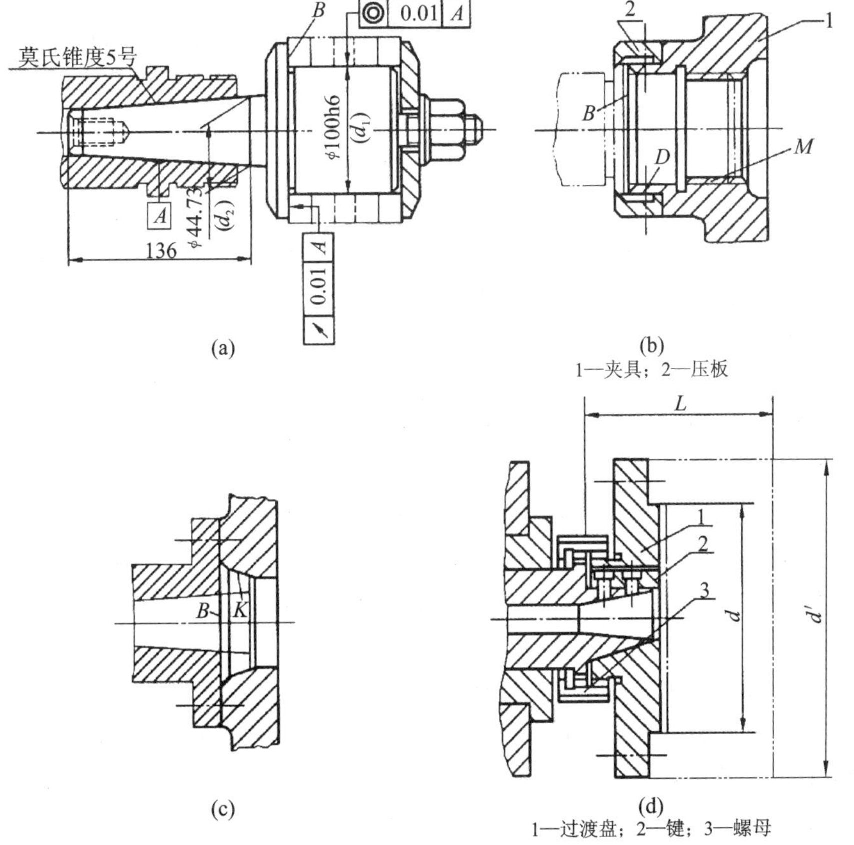

图 4.11 常见的几种夹具在机床主轴上的连接定位方式

在图4.11(c)中，夹具以短锥面 K 和端面 B 定位。这种连接定位方式因没有间隙而具有较高的定心精度，并且连接刚度也较高。制造夹具时，除要保证锥孔锥度外，还需要严格控制其尺寸以及锥孔与端面 B 的垂直度误差，以保证夹具安装后，其锥孔与端面能同时和主轴端的锥面与台肩面紧密接触，否则会降低定位精度，因此制造比较困难。

对于径向尺寸较大的夹具，一般通过过渡盘与机床主轴轴颈连接。过渡盘的一面与机床主轴连接，结构形式应满足所使用机床的主轴端部结构要求。过渡盘的另一面与夹具连接，通常设计成端面与短圆柱面定位的形式。图4.11(d)所示的过渡盘也是较常用的结构形式。夹具以其定位孔按H7/js6或H7/h6装配在过渡盘1的凸缘上，然后用螺钉紧固。此凸缘最好是将过渡盘装夹在所使用机床上以后再加工，以保证与机床主轴有较高的同轴度。过渡盘以锥孔定心，用主轴上的螺母3锁紧，扭转力矩由键2承受。

3）夹具在机床上的定位误差

夹具安装在机床上时，由于夹具定位元件相对于夹具体安装基面存在位置误差，夹具体安装基面本身有制造误差，夹具体安装基面与机床装夹面有连接误差，因此夹具定位元件相对于机床装夹面存在位置误差。为提高工件在夹具中加工时的加工精度，必须研究各类夹具定位误差的计算方法及减小这些误差的措施。

(1) 车床夹具的定位误差。

车床夹具可分为心轴和专用夹具两类。

① 心轴。

心轴的定位误差 δ' 是由心轴工作表面的轴心线相对于顶尖孔或心轴锥柄轴心线的同轴度误差造成的。有时心轴安装基面(如顶尖孔或锥面)本身的形状误差也会有所影响。

② 专用夹具。

如图4.12所示，由于这类夹具通常采用过渡盘和机床主轴轴颈连接，夹具的定位误差 δ'' 应由两部分组成，即夹具定位面 P 相对于过渡盘安装基面 E 的同轴度误差(包括定位面 P 相对于 B 面的同轴度误差)和过渡盘安装基面 E 与主轴轴颈的配合间隙。由于此配合间隙及 E 面相对于端面垂直度误差的存在，在过渡盘依靠螺纹表面紧固后，可能产生转角误差 $\Delta\beta$，其最大值为

$$\Delta\beta_{\max}=\arctan\Delta_{\max}/L$$

式中：L 为过渡盘安装基面与主轴轴颈的连接长度；$\Delta_{\max}$ 为过渡盘安装基面与主轴轴颈的最大配合间隙。

如果过渡盘 B 面就地加工，还可以进一步减小夹具的定位误差。

若车床夹具为角铁式夹具，当定位元件工作面与夹具回转轴线有位置尺寸要求时，夹具上尺寸 H 的公差 T_H，即为夹具在机床上的定位误差 δ'，如图4.13所示。

(2) 铣床夹具的定位误差。

铣床夹具依靠夹具体底面和定向键侧面与机床工作台上表面及T形槽相连接，以保证定位元件相对于工作台和导轨具有正确的相对位置。实际相对位置与正确相对位置的偏离程度即为夹具的定位误差，它会造成加工尺寸误差，如图4.14所示。x 方向的加工尺寸误差数值，可根据夹具安装时的偏斜角 $\Delta\beta$、定位元件相对于夹具定向键侧面的位置误差和加工面长度等有关参数加以计算。其中，铣床夹具安装时的偏斜角为

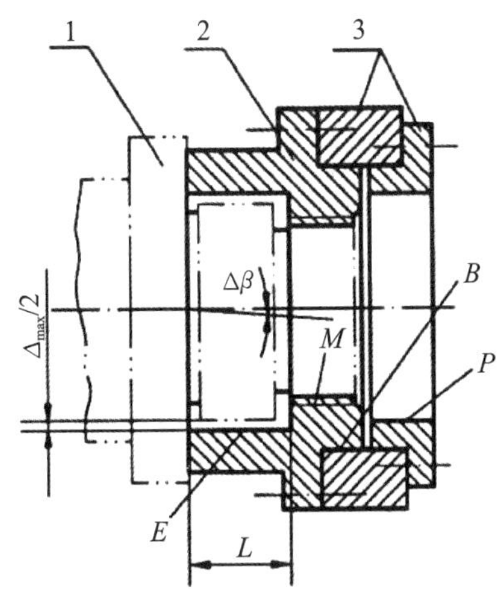

图 4.12 车床专用夹具的安装方式

1—主轴；2—过渡盘；3—夹具

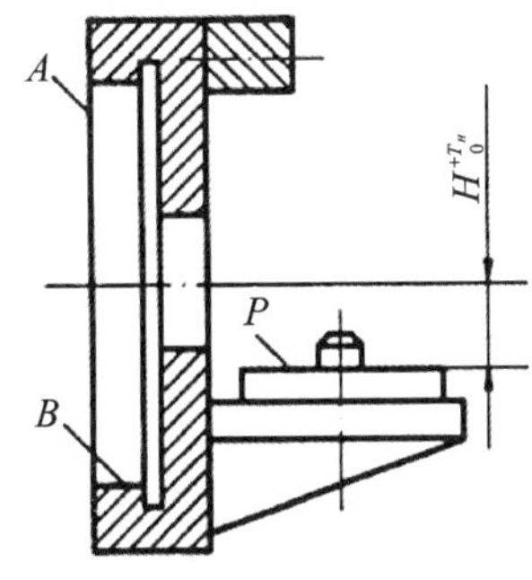

图 4.13 角铁式夹具的定位误差

$$\Delta\beta=\arctan\Delta_{max}/L$$

由此可知，为减小此项误差，安装定向键时应尽量靠向 T 形槽的同一侧。

(3) 钻床夹具的定位误差。

用夹具钻孔时，工件孔的位置尺寸取决于钻套距定位元件的位置尺寸，而加工表面位置误差则要受夹具本身定位误差的影响。若夹具定位面 P 相对于安装基准面 B 存在平行度误差，则由此产生的夹具倾斜角 $\Delta\beta$(见图 4.15)会造成加工孔轴线与工件基准面的垂直度误差。由图 4.15 可知

$$\Delta\beta=\arcsin\Delta Z/L$$

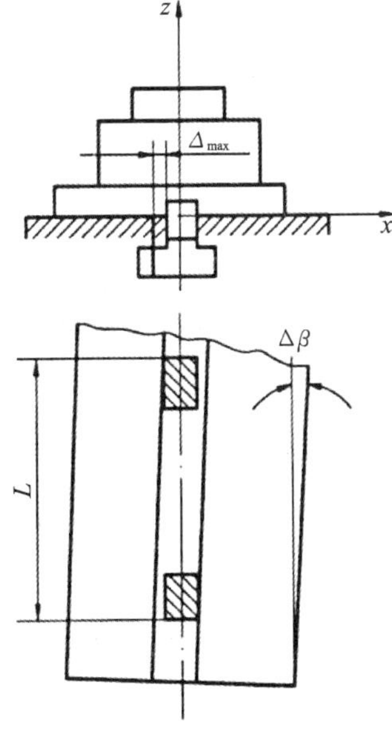

图 4.14 铣床夹具的偏斜角

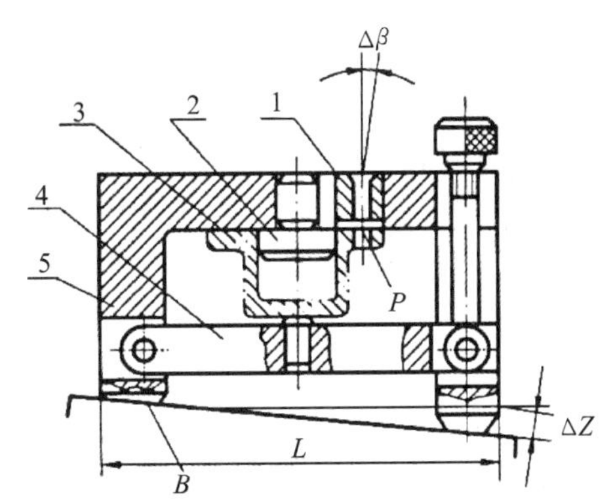

图 4.15 钻模的倾斜角

1—钻套；2—定位元件；3—工件；4—夹紧机构；5—夹具体

为减小夹具在机床上的定位误差，设计夹具时，定位元件定位面相对于夹具在机床上的安装基面的位置要求应在夹具装配图上标出，作为夹具验收标准之一。例如图4.4所示的铣床夹具，应规定定位元件V形块中心线（以标准心棒的中心线为代表）相对于底面C及定向键侧面B的平行度精度（图中均为100∶0.02）。在图4.11(a)所示的车床夹具中，应规定ϕ100h6圆柱面相对于锥柄锥面A轴心线的同轴度和台肩面B相对于锥柄锥面A轴心线的圆跳动精度（图中均为0.01 mm）。

表4.1所示为几种常见的夹具定位元件的定位面对夹具定位面的技术要求标注方法举例。各项要求的允许误差取决于工序的加工精度，总的原则是加工中各项误差造成的工件加工误差应小于或等于工件的工序公差，一般夹具的定位误差应取工序有关尺寸或位置公差的1/3～1/5。

表4.1　几种常见的夹具定位元件的定位面对夹具定位面的技术要求

图示	技术要求	图示	技术要求
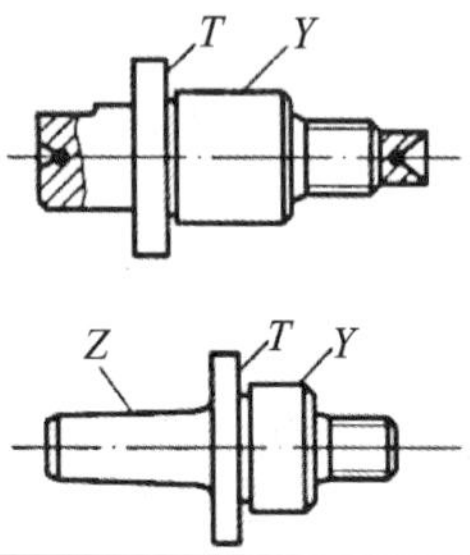 T Y Z T Y	(1) 表面Y相对于表面T(或顶针孔中心)的跳动误差为……； (2) 表面T相对于表面Z(或顶针孔中心)的跳动误差为……	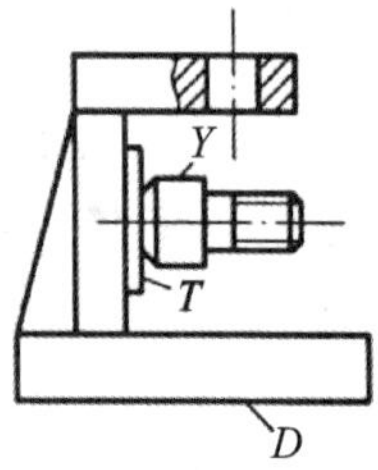 Y T D	(1) 表面T相对于表面D的垂直度误差为……； (2) 表面Y的中心线相对于表面D的平行度误差为……
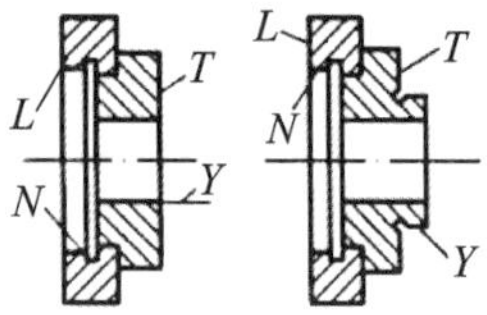 L T N Y L T N Y	(1) 表面T相对于表面L的平行度误差为……； (2) 表面Y相对于表面L的垂直度误差为……； (3) 表面Y相对于表面N的跳动误差为……	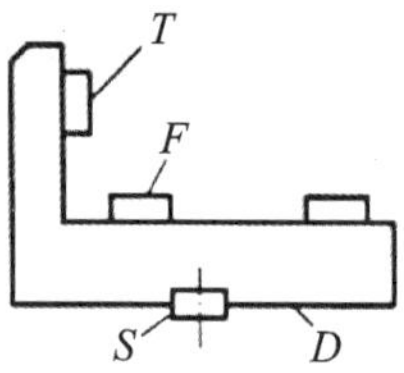 T F S D	(1) 表面F相对于表面D的平行度误差为……； (2) 表面T相对于表面S的平行度误差为……
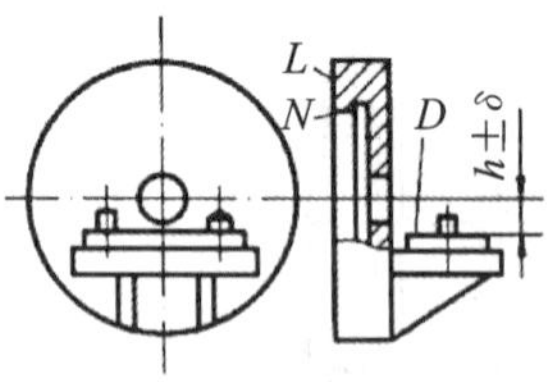 L N D $h\pm\delta$	(1) 表面D相对于表面L的垂直度误差为……； (2) 两定位销的中心连线相对于表面L的平行度误差为……	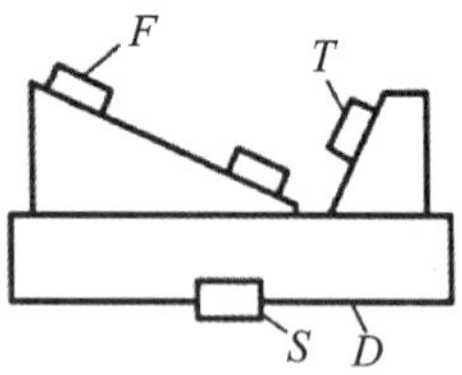 F T S D	(1) 平面T上平行于D的母线相对于表面S的平行度误差为……； (2) 平面F上平行于S的母线相对于表面D的平行度误差为……

4）提高夹具在机床上的定位精度的措施

当工序的加工精度要求很高时，夹具的制造精度及装配精度也要相应提高，有时会给夹具的加工和装配造成困难。这时可采用下述方法来保证定位元件定位面相对于切削成形运动的位置精度。

(1) 对夹具进行找正安装。

例如,在安装前述的铣键槽夹具时,在V形块内放入精密心棒2,用固定在床身或主轴上的量表1进行找正(见图4.16),这样就可以获得所需要的夹具准确位置。

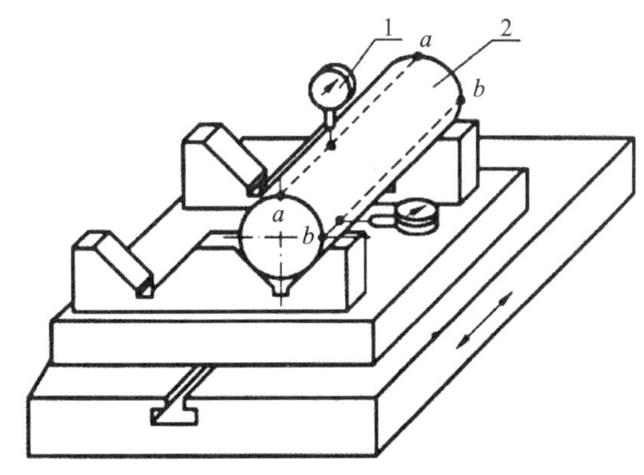

图4.16 夹具的找正安装

1—量表;2—精密心棒

找正夹具在水平面内的位置时,移动工作台,用量表沿心棒侧母线 bb 进行测量。根据表针示值,调整夹具在水平面内的位置,直至表针摆动在允许范围内。找正垂直平面内的位置时,用表沿心棒上母线 aa 测量,根据表针示值,在夹具底面与机床工作台面间加薄垫片,调整夹具高度,直至表针摆动在允许范围内。只要量表精度高,找正精心细致,就可以使夹具达到很高的位置精度。但夹具刚度可能较低,因此只能用于轻切削。

定向精度要求高的夹具和重型夹具,不宜采用定向键,只能在夹具体上加工出一条窄长平面作为找正基面,用来找正夹具的安装位置。

这种方法是直接按切削成形运动来确定定位元件定位面的位置的,避免了前述很多中间环节误差的影响,而且定位元件的定位面与夹具安装面的位置精度也不需过分严格要求,因而便于夹具的制造。但是该方法需要较长的找正时间,对操作人员的技术水平也有较高要求,因此适用于夹具很少更换以及用前述方法达不到夹具的定位精度要求的情况。

(2) 对定位元件定位面进行就地加工。

夹具初步在机床上找正好位置后,就可以对其定位元件的定位面进行加工,以"校准"其位置。如图4.17(a)所示,机床主轴装上三爪卡盘后,在未经淬硬的卡爪内夹上圆盘,在夹紧状态下把卡爪定位面按夹紧工件所需尺寸加工出来。这样,用切削成形运动来形成定位元件的定位面,便能准确地保证三爪卡盘的定位弧面 D 的中心线与主轴回转轴心线同轴,平面 B 与主轴回转轴心线垂直。

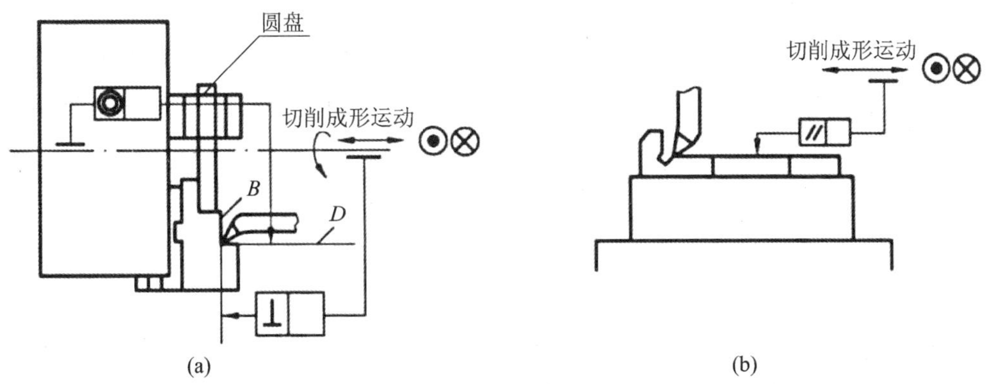

图4.17 对定位元件定位面进行就地加工

同样，在铣床、刨床、磨床上加工时，也可以在机床上对夹具定位元件的定位面进行就地加工。如图4.17(b)所示，用两个直线的切削成形运动形成定位元件的定位面，以达到它们对成形运动的平行度要求（铣床、刨床只限于加工不淬火的定位面）。

这种方法之所以能获得较高的夹具定位精度，也是因为避免了很多中间环节误差的影响。

在某些情况下，切削成形运动不是由机床提供的，这时夹具在机床上的定位精度可不做严格要求。如图4.18所示，用镗模镗孔时，加工的切削成形运动由镗刀的回转运动和工作台直线进给运动组成。由于镗杆与机床主轴是柔性连接的，切削成形运动的精度由镗套保证。这时，定位元件定位面（一面两销）不需要对机床有非常严格的位置要求，因而夹具的安装比较简单。

此外，如在铰孔、珩孔、研孔或拉孔等加工中，由于刀具与机床主轴成浮动连接（或工件浮动），以加工表面本身为定位基面，因而夹具相对于机床的位置也不需要严格要求。

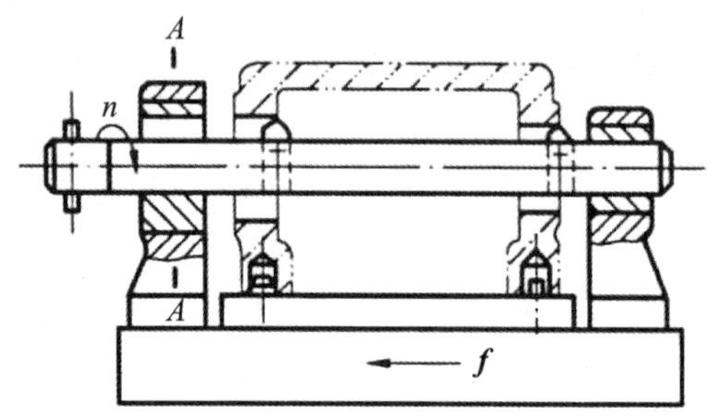

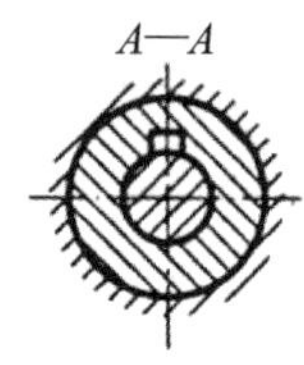

图4.18　用镗模镗孔

2. 夹具在机床上的对刀

夹具在机床上安装完毕，在进行加工之前，尚需进行对刀，使刀具相对于夹具定位元件处于正确位置。下面分别对铣床夹具和钻床夹具在机床上的对刀进行分析。

1）铣床夹具的对刀

如图4.4所示，在 x 方向应使铣刀对称中心面与夹具V形块中心面重合，在 z 方向应使铣刀的圆周刀刃最低点与标准心棒中心的距离为 $h_1+\delta$。

对刀的方法通常有三种：第一种方法为单件试切；第二种方法是，每加工一批工件即安装调整一次夹具，通过试切数个工件来对刀；第三种方法是用样件或对刀装置对刀，这时只是在制造样件或调整对刀装置时才需要试切一些工件，在每次安装使用夹具时不需再试切工件，这是最方便的方法。

图4.19所示是几种铣刀的对刀装置，最常用的是高度对刀块[见图4.19(a)]和直角对刀块[见图4.19(b)]。图4.19(c)和图4.19(d)所示是成形刀具对刀装置，图4.19(e)所示是组合刀具对刀装置。

图4.4中采用的是直角对刀块进行对刀。由于制造夹具时已经保证对刀块相对于定位元件定位面的位置尺寸 b 和 h_1，因此只要将刀具对准到距离对刀块表面 δ 时，即认为夹具相对于刀具的位置已准确。铣刀与对刀块表面之间留有间隙 δ，并用塞尺进行检查，其目的是避免刀具与对刀块直接接触而造成两者的擦伤，同时也便于观察接触情况、控制尺寸。间隙 δ 一般取1 mm、2 mm或3 mm。

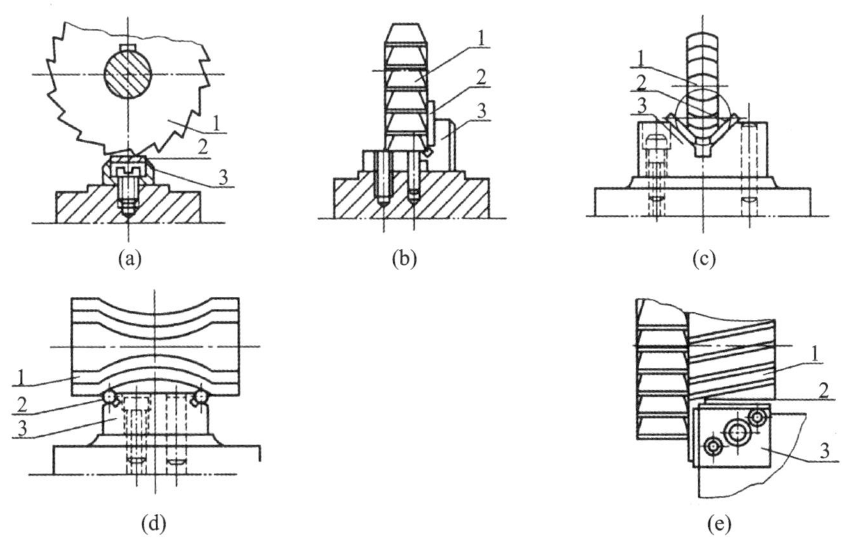

图 4.19 对刀装置

1—铣刀;2—塞尺(或圆柱);3—对刀块

采用对刀装置对刀时,影响对准精度的因素如下。

(1) 测量调整误差。如用塞尺检查铣刀与对刀块之间的距离 δ 时,会有测量误差。

(2) 定位元件定位面相对于对刀装置的位置误差。为减小这项误差,要正确确定对刀块对刀表面的位置尺寸及其公差。同时,这些位置尺寸都应以定位元件定位面为基准标注,以避免产生基准转换误差。

图 4.20(a)所示为工件的加工要求,图 4.20(b)所示为对刀块工作表面的位置尺寸标注示例。对刀块工作表面的位置尺寸从 V 形块的标准心棒中心处开始标注。对刀块顶面的位置尺寸 H_1 由工序尺寸平均值($H-T_H/2$)及塞尺厚度 δ 决定,即

$$H_1=H-T_H/2-\delta$$

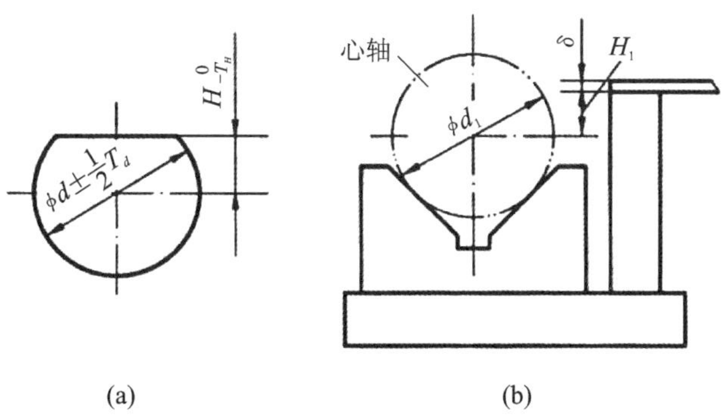

图 4.20 对刀块位置尺寸的标注

2) 钻床夹具中刀具的对准和引导

在钻床夹具中,通常用钻套来实现刀具的对准,如图 4.21 所示。加工时只要使钻头对准钻套,所钻孔的位置就能达到工序要求。当然,钻套和镗套还有增强刀具刚度的作用。

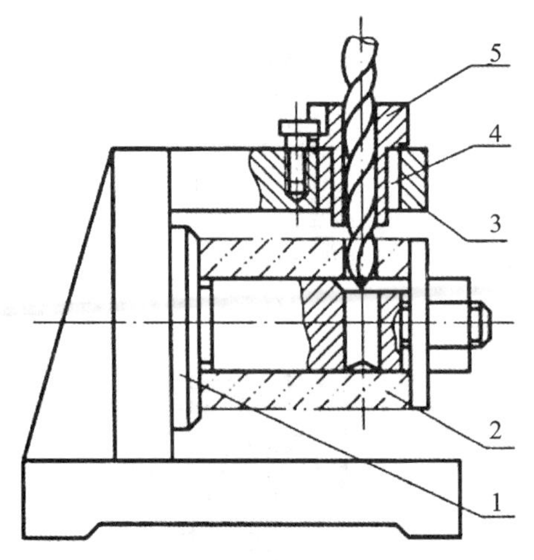

图 4.21　用钻套对刀

1—定位元件；2—工件；3—钻模板；4—固定钻套；5—快换钻套

(1) 钻套引导孔尺寸和公差的确定见项目二。

【例 4.1】　现欲加工 $\phi16H7$ 孔，分钻、扩、铰三个工步，先用 $\phi14.3$ mm 的麻花钻钻孔，再用 $\phi16$ mm 的 1 号扩孔钻扩孔，最后用 $\phi16H7$ 的铰刀铰孔，试求各工步所用快换钻套孔径的尺寸和公差。

解：$\phi14.3$ mm 的麻花钻的最大极限尺寸为 $\phi14.3$ mm，取规定的公差为 F8，即 $\phi14.3^{+0.040}_{+0.016}$ mm。

根据国家标准，选用 $\phi16$ mm 的 1 号扩孔钻进行扩孔，扩孔钻的尺寸为 $\phi16^{-0.21}_{-0.25}$ mm。扩孔钻的最大极限尺寸为 $\phi15.79$ mm，故扩孔时钻套孔径的尺寸与公差为 $\phi15.79F8$，即 $\phi15.79^{+0.040}_{+0.016}$ mm。

铰孔选用 GB/T 1139—2017 中的标准铰刀，其尺寸为 $\phi16^{+0.015}_{+0.007}$ mm，按规定取铰孔时钻套的尺寸与公差为 $\phi16.015G7$，即 $\phi16.015^{+0.025}_{+0.006}$ mm，圆整后可写成 $\phi16^{+0.040}_{+0.021}$ mm。

表 4.2 列出了常用的钻头、扩孔钻及铰刀的偏差数值，供设计时参考。

表 4.2　常用的钻头、扩孔钻、铰刀的偏差　　单位：mm

刀具名称	偏差极限	刀具公称尺寸						
		>1～3	>3～6	>6～10	>10～18	>18～30	>30～50	>50～80
麻花钻	上极限偏差	0	0	0	0	0	0	0
	下极限偏差	−0.025	−0.030	−0.036	−0.043	−0.052	−0.062	−0.074
1 号扩孔钻	上极限偏差	—	—	−0.17	−0.21	−0.25	−0.29	−0.35
	下极限偏差	—	—	−0.21	−0.25	−0.29	−0.34	−0.41
2 号扩孔钻	上极限偏差	—	—	+0.06	+0.07	+0.08	+0.10	+0.12
	下极限偏差	—	—	+0.02	+0.03	+0.04	+0.05	+0.06
H7 级铰刀	上极限偏差	+0.008	+0.010	+0.013	+0.015	+0.018	+0.022	+0.024
	下极限偏差	+0.004	+0.005	+0.006	+0.007	+0.009	+0.011	+0.012
H9 级铰刀	上极限偏差	+0.015	+0.019	+0.023	+0.026	+0.034	+0.038	+0.045
	下极限偏差	+0.008	+0.010	+0.013	+0.014	+0.018	+0.021	+0.024
H10 级铰刀（粗铰刀）	上极限偏差	+0.030	+0.036	+0.044	+0.053	+0.063	+0.075	+0.090
	下极限偏差	+0.021	+0.024	+0.029	+0.035	+0.042	+0.050	+0.060

注：(1)1 号扩孔钻用于铰孔前扩孔，2 号扩孔钻用于 H11 级精度孔的最后加工。
(2)铰刀是指手用铰刀、直柄机用铰刀、锥柄机用铰刀、套式机用铰刀，不包括带刃倾角锥柄机用铰刀。

(2) 钻套高度和钻套与工件距离。

① 钻套高度。

钻套高度由孔距精度、工件材料、孔加工深度、刀具耐用度、工件表面形状等因素决定，一般当材料强度高、钻头刚度低（钻头悬伸长度与直径之比大于 15）和在斜面上钻孔时，采用长钻套。

钻一般的螺钉孔、销子孔，工件孔距精度为±0.25 mm 或为自由尺寸公差时，钻套的高度取 $H=(1.5\sim2)d$，如图 4.22 所示。钻套内径采用基轴制 F8 的公差。

加工 IT6、IT7 级精度，孔径在 $\phi2$ mm 以上的孔或加工工件孔距精度要求为±(0.10～0.15) mm 时，钻套的高度取 $H=(2.5\sim3.5)d$，钻套内径采用基轴制 G7 的公差。

加工 IT7、IT8 级精度的孔和加工工件孔距精度要求为±(0.06～0.10) mm 时，钻套的高度取 $H=(1.25\sim1.5)(h+B)$。

② 钻套与工件的距离。

钻套与工件间留有一定的距离 h，如图 4.23(a)所示。如果 h 太大，会增大钻头的倾斜量，使钻套不能很好地导向；如果 h 过小，切屑排出困难（特别是钢件），不仅会增大工件加工表面的粗糙度，有时还可能将钻头折断。

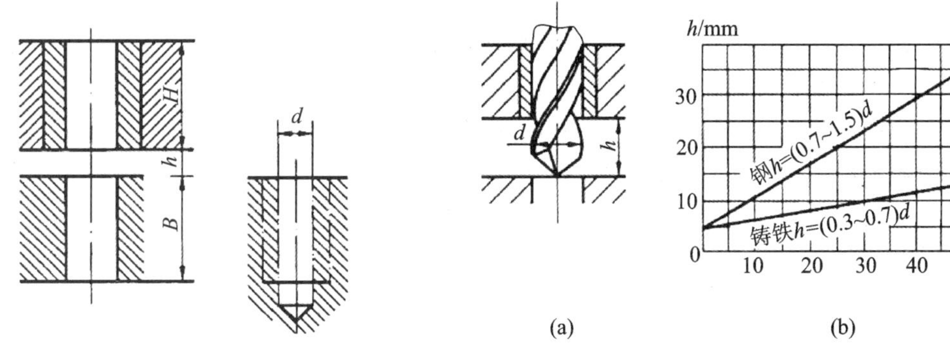

图 4.22 钻套高度 H

图 4.23 钻套与工件的距离

h 值可按下面的经验公式选取：

a. 加工铸铁、黄铜时，$h=(0.3\sim0.7)d$；

b. 加工钢件时，$h=(0.7\sim1.5)d$。

图 4.23(b)给出了加工钢和铸铁时 h 与 d 的关系。材料越硬，则式中的系数应越小；钻头直径越小，即钻头刚性越差，则式中的系数应越大，以免切屑堵塞而使钻头折断。但是下面几种特殊情况需另外考虑。

a. 在斜面上钻孔（或钻斜孔）时，钻头最易引偏，为保证起钻良好，h 应尽可能小一些（$h=0.3d$）。

b. 孔的位置精度要求高时，可取 $h=0$，以保证钻套有较好的引导作用，从而使切屑从钻头的螺旋槽中排出。这样，排屑条件反而比 h 取很小值的要好，但此时钻套磨损严重。

c. 钻深孔（孔的长径比 $B/d>5$）时，要求排屑快，可取 $h=1.5d$。

此外，各种钻套内孔和外圆的同轴度应不大于 0.005 mm。

(3) 钻床夹具导套位置尺寸的标注。

图 4.24(b)所示为钻床夹具导套位置尺寸的标注示例。导套轴心线与定位元件定位面的距离尺寸为 $L_{夹}$，按图 4.24(a)所示的工件工序尺寸 L 的平均值确定，即

$$L_{夹}=L+T_L/2$$

对刀元件位置尺寸公差 $T_{L_{夹}}$ 一般取相应工序尺寸公差的 1/3～1/5。

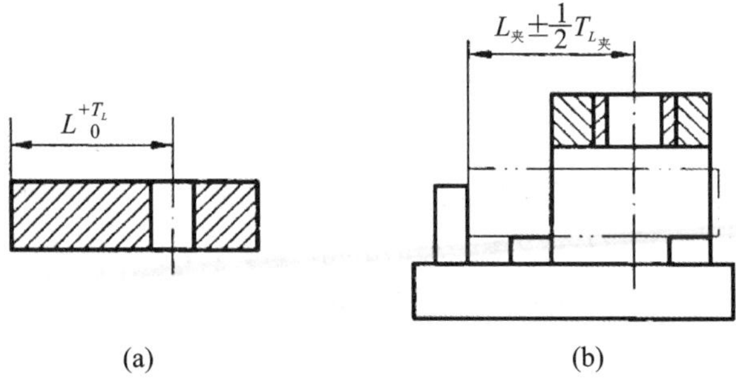

图 4.24　钻床夹具导套位置尺寸的标注

（4）影响对刀精度的因素。

对于钻床夹具，影响对刀精度的因素有很多，如图 4.25 所示。其中，直接影响因素如下。

① $T_{L_夹}$ 为钻模板底孔轴心线到定位表面距离的公差，单位为 mm。

② Δ_1 为钻头与快换钻套的最大配合间隙，单位为 mm。

③ e_1 为快换钻套内、外圆的同轴度公差，单位为 mm。

④ e_2 为固定衬套内、外圆的同轴度公差，单位为 mm。

⑤ Δ_2 为固定衬套与快换衬套的最大配合间隙，即 $\Delta_2 = D_{max} - d_{min}$。

⑥ E 为快换钻套中钻头末端的偏斜量，单位为 mm。

$$E = \Delta_1 \cdot \frac{B + h + \frac{H}{2}}{H}$$

式中：B 为工件的加工厚度，单位为 mm；h 为快换钻套与工件间的距离，单位为 mm；H 为快换钻套高度，单位为 mm。

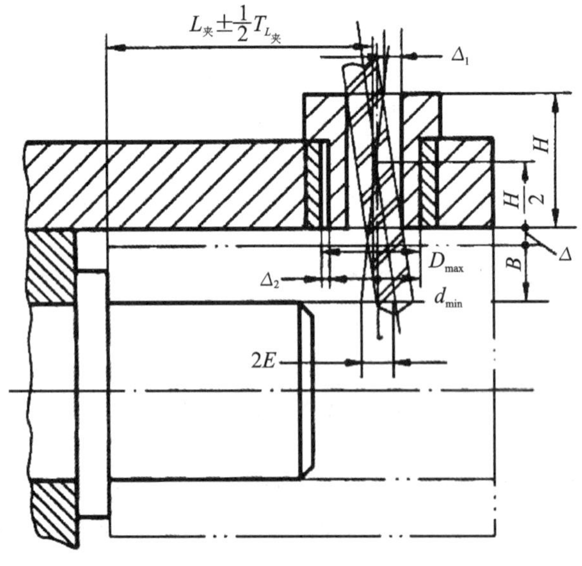

图 4.25　钻模对刀误差

由于误差因素有很多，且具有独立随机的性质，故对刀误差 $\delta_{对刀}$ 应按概率法合成，即

$$\delta_{对刀}=\sqrt{T_{L_{夹}}^2+\Delta_2^2+e_1^2+e_2^2+(2E)^2}$$

通常将与夹具相对刀具及切削成形运动位置有关的加工误差，称为夹具的对定误差，以 $\delta_{对定}$ 表示，其中包括与夹具相对刀具位置有关的加工误差 $\delta_{对刀}$ 和与夹具切削成形运动的位置有关的加工误差 $\delta_{对机}$，即

$$\delta_{对定}=\delta_{对刀}+\delta_{对机}$$

3. 夹具的转位和分度装置

在机械加工中，经常会遇到一些工件要求在夹具中一次装夹来加工一组表面，如孔系、槽系、多面体等的问题。由于这些表面是按一定角度或一定距离分布的，因而要求夹具在工件加工过程中能进行分度，即当工件加工完一个表面后，夹具的某些部分应能连同工件转过一定角度或移动一定距离。可实现上述要求的装置叫作分度装置。

分度装置能使工件的加工工序集中、装夹次数减少，从而可提高加工表面间的位置精度，减轻劳动强度和提高生产效率，因此广泛应用于钻、铣、镗等加工中。

分度装置可分为两大类：回转分度装置及直线分度装置。由于这两类分度装置的结构原理与设计方法基本相同，而生产中又以回转分度装置的应用为多，故本节主要分析和介绍回转分度装置。

1）分度装置的基本形式

分度装置按其工作原理可分为机械、光学、电磁等形式，按其回转轴的位置又可分为立轴式、卧轴式、斜轴式三种。

图 4.26 所示为带五个等分孔的机械式分度装置。工件以短圆柱凸台和平面在转轴 4 及分度盘 3 上定位，以小孔在菱形销 1 上周向定位，由两个压板 9 夹紧。分度销 8 装在夹具体 5 上，并借助弹簧的作用插入分度盘 3 相应的孔中，以确定工件与钻套 2 间的相对位置。分度盘 3 的孔座数与工件被加工孔数相等，分度时松开锁紧手柄 6，利用拔销手柄 7 拔出分度销 8，转动分度盘 3，直至分度销 8 插入第二个孔座，然后转动锁紧手柄 6，轴向锁紧分度盘 3，这样便完成了一次分度。当加工完一个孔后，继续依次分度，直至加工完工件上的全部孔。

综上可知，机械式分度装置上必须有两个主要部分，即分度盘和分度定位机构。一般分度盘与转轴相连，并带动工件一起转动，用以改变工件被加工面的位置；分度定位机构则装在固定不动的分度夹具的底座上。此外，为了防止切削过程中产生振动以及避免分度销受力而影响分度精度，还需要有锁紧机构，用来把分度后的分度盘锁紧在夹具体上。

根据分度盘和分度定位机构相互位置的配置方式，分度装置又可分为轴向分度装置和径向分度装置。

（1）轴向分度装置。

分度与定位是沿着与分度盘回转轴线相平行的方向进行的，如图 4.27 所示。

（2）径向分度装置。

分度和定位是沿着分度盘的半径方向进行的，如图 4.28 所示。

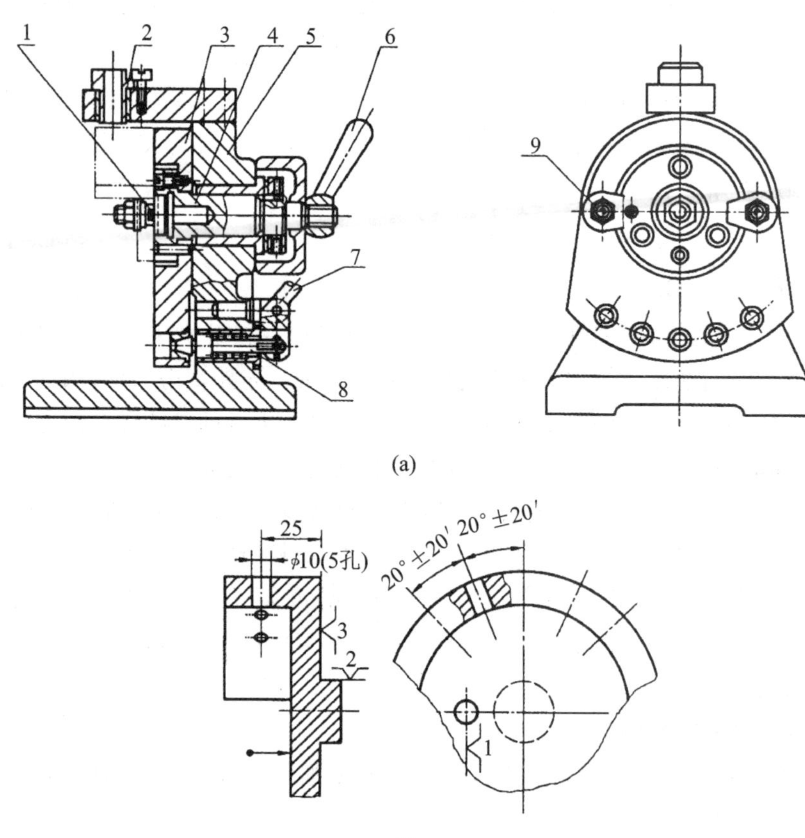

图 4.26　带 5 个等分孔的机械式分度装置

1—菱形销；2—钻套；3—分度盘；4—转轴；5—夹具体；
6—锁紧手柄；7—拔销手柄；8—分度销；9—压板

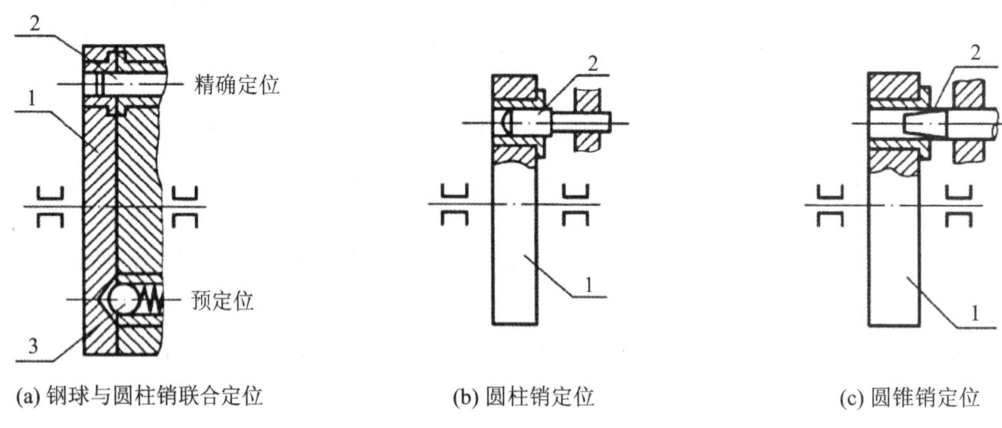

(a) 钢球与圆柱销联合定位　　(b) 圆柱销定位　　(c) 圆锥销定位

图 4.27　轴向分度装置

1—分度盘；2—对定元件；3—钢球

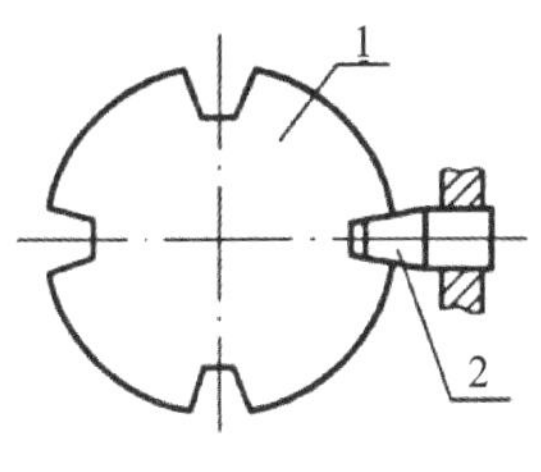

(a) 双面斜楔定位

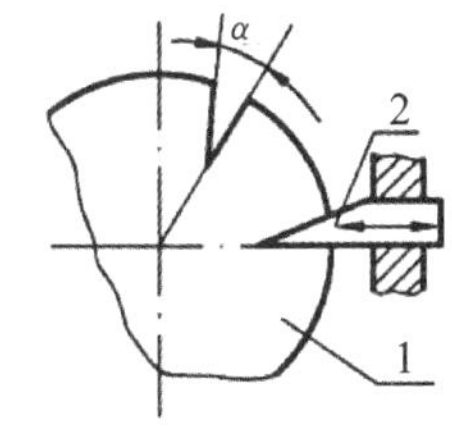

(b) 单面斜楔定位

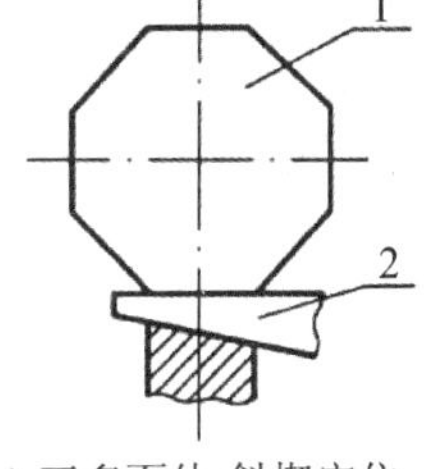

(c) 正多面体-斜楔定位

图 4.28 径向分度装置

1—分度盘；2—对定元件

2) 分度装置的对定机构

用分度或转位夹具加工工件时，各工位加工获得的表面之间的位置精度与分度装置的分度定位精度有关。分度定位精度与分度装置的结构形式和制造精度有关。分度装置的关键部分是对定机构，它是专门用来完成分度、对准、定位的机构。

当分度盘直径相同时，分度盘上的分度孔(槽)相距分度盘的回转轴线越远，因对定机构存在某种间隙而引起的分度转角误差就越小。因此，径向分度的精度要比轴向分度的精度高，这是目前高精度分度装置常采用径向分度方式的原因之一。

图 4.29 所示为常见的对定机构。图 4.29(a)、图 4.29(b)所示是最简单的对定机构，这种机构靠弹簧将钢球或球头销压入分度盘锥孔内来实现定位。分度转位时，分度盘 1 自动将钢球或球头销压回，不需要拔销。由于分度盘上所加工的锥坑较浅，其深度不大于钢球半径，因此定位不可靠。如果分度盘锁紧不牢固，则当受到很小的外部转矩的作用时，分度盘便会转动，并有将钢球从锥坑中顶出的可能。这种对定机构仅用于切削负荷很小而分度精度要求不高的场合，或者用作某些精密对定机构的预定位。

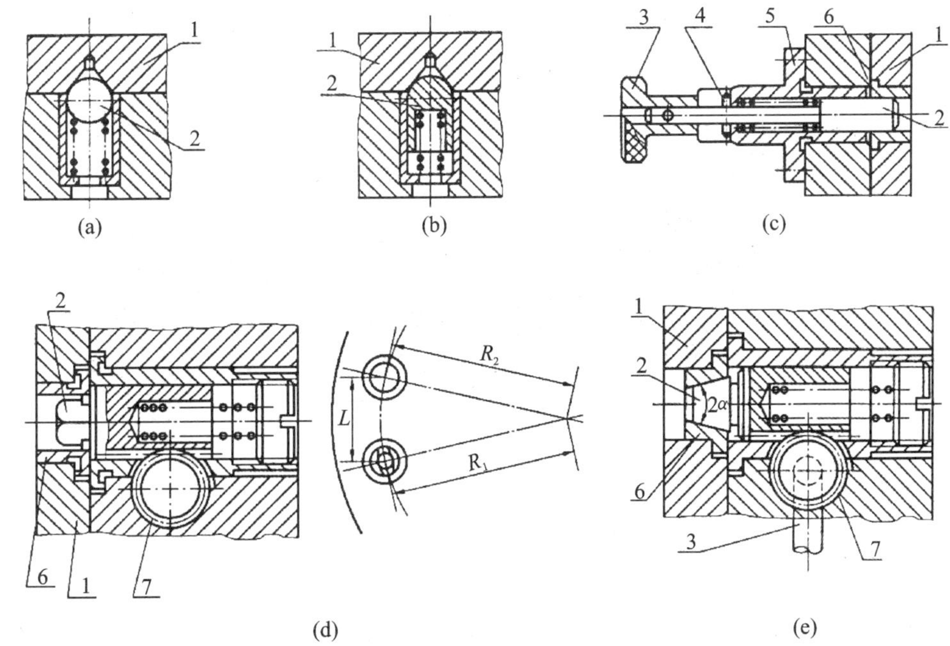

图 4.29 常见的对定机构

1—分度盘；2—对定销；3—手柄；4—横销；5—导套；6—定位套；7—齿轮

图 4.29(c)所示为圆柱销对定机构，它主要用于轴向分度。这种对定机构结构简单、制造容易。当对定机构间有污物或碎屑黏附时，圆柱销的插入会将污物刮掉，并不影响对定元件的接触，但无法补偿由对定元件间的配合间隙所造成的分度误差，故分度精度不高，主要用于中等精度的钻、铣床夹具中。

图 4.29(d)所示的对定机构采用菱形销，其目的是避免对定销至分度盘回转中心距离 R_1 与衬套孔中心至其回转中心距离 R_2 误差较大时，对定销插不进衬套孔内。

由于分度盘两相邻孔的孔距存在误差，分度盘所镶衬套的内孔、外圆间有同轴度误差，对定销与分度盘衬套孔之间有间隙，对定销与基体衬套孔之间也存在间隙，因此在一次分度时会产生两种极端情况，它们与理想情况的差别即为分度误差。

为了减小分度误差，应合理地制订对定机构各元件的制造公差，选择配合种类。一般对定销与衬套孔的配合选用 H7/g6，分度盘相邻孔距公差 $T_L \leqslant 0.06$ mm；精密分度夹具相应精度为 H6/h5，$T_L \leqslant 0.04$ mm；特别精密的分度装置应保证 $\Delta_1 = \Delta_2 \leqslant 0.01$ mm。

为了减小和消除配合间隙，提高分度精度，可以采用锥面对定销，如图 4.29(e)所示。这种对定方法理论上有 $\Delta_1 = 0$，因为圆锥销与分度孔接触时，能消除两者的配合间隙，所以分度精度比圆柱销的高。但如果圆锥销表面粘有污物，将会影响对定元件的良好接触，从而影响分度精度。

图 4.30 所示为单斜面分度装置，其特点是能将分度的转角误差始终分布在有斜面的一侧。这是因为即使因对定元件粘有污物等原因而引起对定销轴向位置发生变化，但分度槽的直边始终与对定销的直边保持接触，所以不影响分度精度。故该装置常用作精密分度装置。

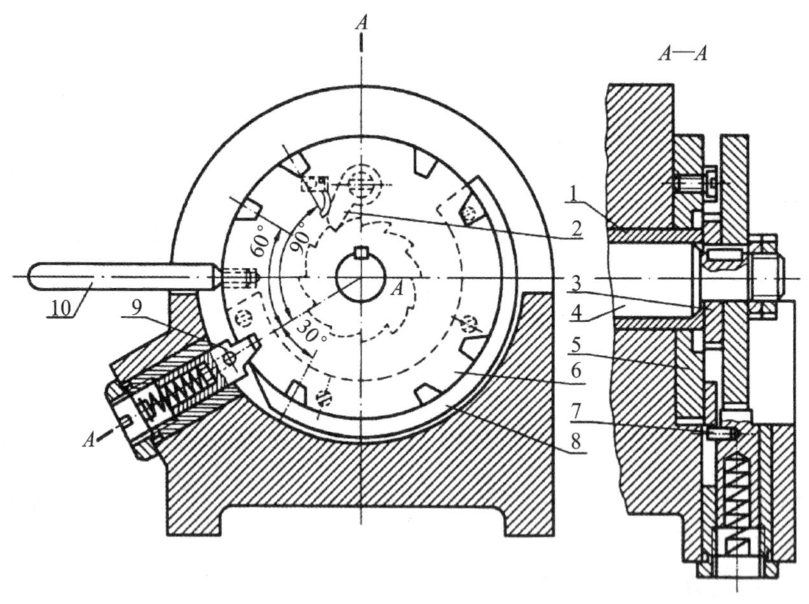

图 4.30 单斜面分度装置

1—固定套；2—棘爪；3—棘轮；4—轴；5—盘；
6—分度盘；7—销；8—凸轮；9—斜面销；10—手柄

在图 4.31 所示的对定机构中，销子为开口可胀开的，除了能消除 Δ_1 外，还能消除对定销与导向套之间的间隙，使 $\Delta_2 = 0$。斜角 α 常取 15°。

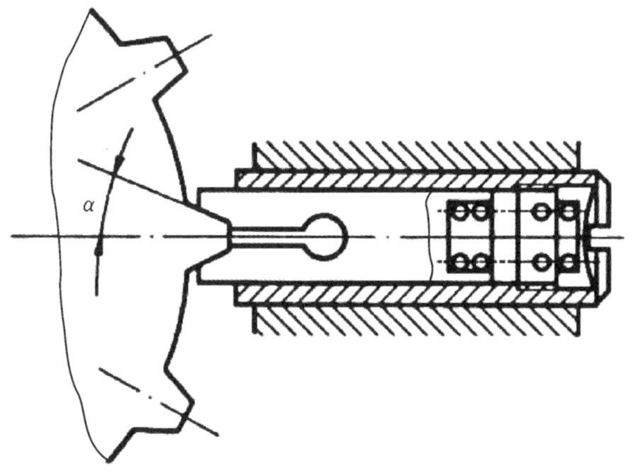

图 4.31 消除间隙的对定机构

3) 分度装置的拔销及锁紧机构

(1) 手拉式拔销机构。

如图 4.29(c)所示,向外拉手柄 3 时,将与它固定在一起的对定销 2 从定位套 6 中拉出,横销 4 从导套 5 右端的窄槽中通过。将手柄 3 转过 90°,横销 4 便搁置在导套 5 的端面上。将分度盘 1 转过预定的角度后,将手柄 3 重新转回 90°。当继续转动分度盘 1,使分度孔对准对定销 2 时,对定销 2 便插入定位套 6 中。

(2) 旋转式拔销机构。

如图 4.32 所示,转动手柄 7 时,轴 3 通过销 4 带动对定销 1 旋转。由于对定销 1 上有曲线槽(螺钉 8 的圆柱头卡在其间),故一面旋转一面右移,从而退出定位孔。

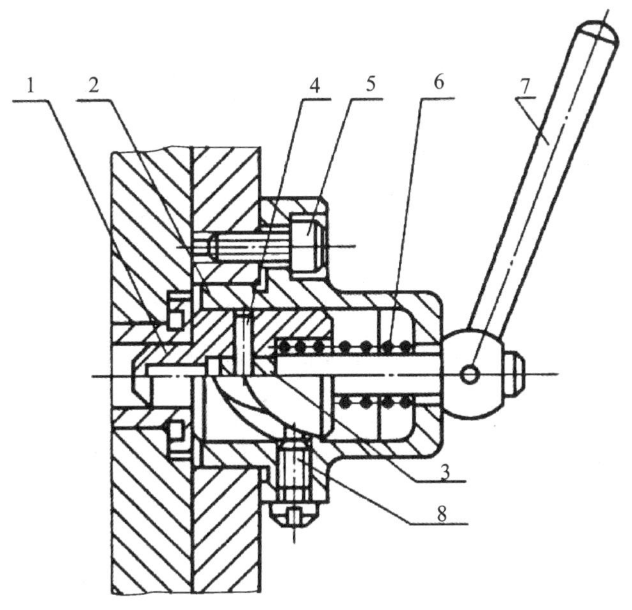

图 4.32 旋转式拔销机构

1—对定销;2—固定套;3—轴;4—销;5—螺钉;6—弹簧;7—手柄;8—紧定螺钉

(3) 齿轮齿条式拔销机构。

如图4.29(d)、图4.29(e)所示，对定销2上的齿条与手柄3转轴上的齿轮7相啮合。顺时针转动手柄3，齿轮带动齿条右移，拔出对定销2。对定销2依靠弹簧的压力插入定位套6中。

(4) 凸轮式拔销机构。

如图4.30所示，分度盘6的圆周面上开有单斜面分度槽，分度盘6和棘轮3用键与主轴右端相连接。棘爪2和半环形凸轮8装在盘5上，盘5空套在固定套1上。顺时针转动装在盘5上的手柄10时，棘爪2在棘轮3上打滑，主轴不转动，凸轮8通过销7将对定销退出。反转手柄10，棘爪2带动棘轮3，主轴与分度盘6一起转动。当对定销对准第二格时，对定销在弹簧的作用下自动推入，完成分度。

(5) 锁紧机构。

为了增强分度装置工作时的刚性及稳定性，防止加工时因切削力引起振动，当分度装置经分度对定后，应将转动部分锁紧在固定的基座上，这对铣削加工等尤为重要。当加工中产生的切削力不大且振动较小时，也可不设置锁紧机构。

图4.33所示为简单的锁紧机构。图4.33(a)所示为旋转螺杆时左右压块向中心移动的锁紧机构，图4.33(b)所示为旋转螺杆时压板向下偏转的锁紧机构，图4.33(c)所示为旋转螺杆时压块右移的锁紧机构，图4.33(d)所示为旋转螺杆时压块上移的锁紧机构。

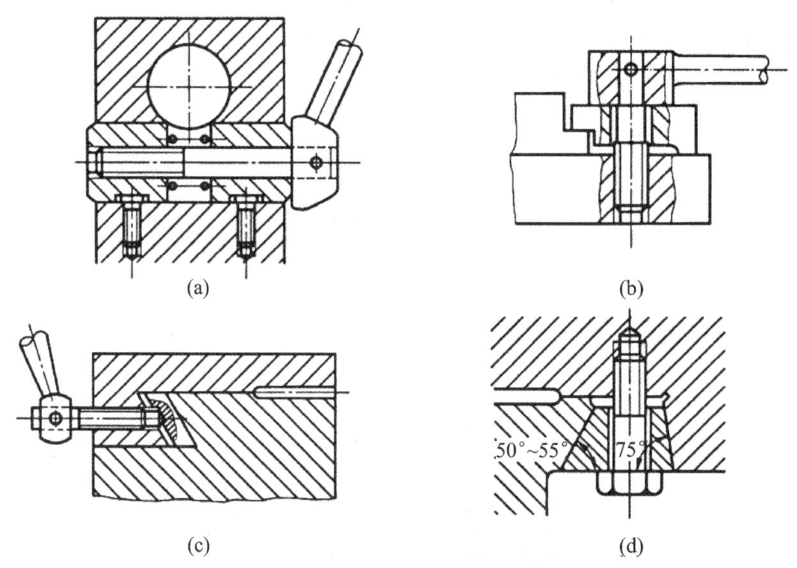

图4.33 简单的锁紧机构

图4.34所示为立轴式转台中常用的锁紧环式锁紧机构，其工作原理是：转动带有螺纹的转轴1，压紧带有内锥面的开口锁紧环2，迫使锥形环3向下移动，锥形环3通过立轴4与转盘5连成一体，这样就使转盘5与转台体6紧密接触，达到锁紧的目的。

4）精密分度装置

上述分度装置都是以一个对定销依次对准分度盘上的销孔或槽口来实现分度定位的。它们的分度精度受分度盘上销孔或槽口的等分误差的影响，很难达到高精度。近年来出现的高精度分度装置，其分度原理与上述分度装置的不同，即利用误差平均效应原理设计分度装置，分度精度可以不受分度盘上销孔或槽口的等分误差的影响，能达到很高的分度精度。

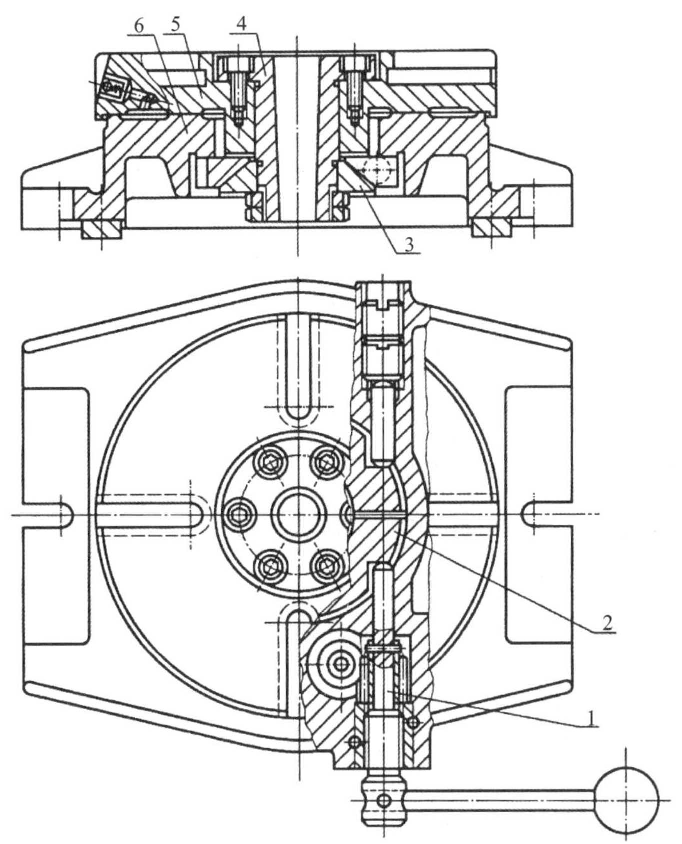

图 4.34 锁紧环式锁紧机构

1—转轴;2—锁紧环;3—锥形环;4—立轴;5—转盘;6—转台体

四、夹具体的设计

夹具体一般是夹具上最大和最复杂的基础元件。在夹具体上,要安放组成该夹具所需要的各种元件、机构、装置,还要考虑便于装卸工件以及在机床上的固定。因此,夹具体的形状和尺寸应满足一定的要求,它主要取决于工件的外轮廓尺寸和各类元件与装置的布置情况以及加工性质等。所以,在专用夹具中,夹具体的形状和尺寸很多是非标准的。

微课:夹具体的设计要求

课程思政案例

1. 夹具体设计时应满足的基本要求

1) 有足够的强度和刚度

在加工过程中,夹具体要承受切削力、夹紧力、惯性力,以及切削过程中产生的冲击和振动,所以夹具体应有足够的刚度和强度。为此,夹具体要有足够的壁厚,并根据受力情况适当布置加强筋或采用框式结构。一般加强筋的直径取壁厚的 0.7~0.9,加强筋的高度不大于壁厚的 5 倍。

2) 减轻重量,便于操作

在保证一定的强度和刚度的情况下,应尽可能使夹具体体积小、重量轻。在不影响刚度和强度的地方，应开窗口、凹槽，以便减轻夹具体的重量。特别是对于手动、移动或翻转夹具，通常要求夹具总重量不超过 10 kg，以便于操作。

3）安放稳定、可靠

夹具体在机床上的安放应稳定。对于固定在机床上的夹具，应使其重心尽量低；对于不固定在机床上的夹具，其重心和切削力作用点应落在夹具体在机床上的支承面范围内。夹具越高，支承面面积应越大。为了使接触面接触紧密，夹具体底面中部一般应挖空。对于较大的夹具体，应采用周边接触[见图 4.35(a)]、两端接触[见图 4.35(b)]、四脚接触[见图 4.35(c)]等方式。各接触部位应在夹具体的一次安装中同时磨出或刮研出。

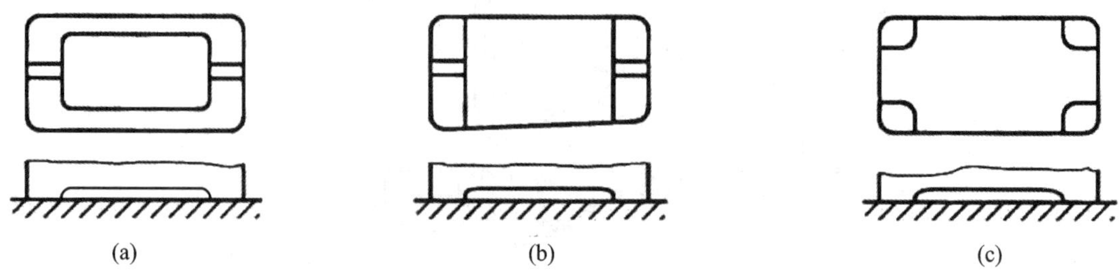

图 4.35　夹具安装面的接触形式

4）结构紧凑，工艺性好

夹具体结构应尽量紧凑，工艺性好，便于制造、装配。夹具体上最重要的加工表面有三组：夹具体在机床上定位部分的表面、安放定位元件的表面、安放对刀和导向装置或元件的表面。夹具体的结构应便于这些表面的加工。设计夹具体时应考虑以夹具体在机床上定位部分的表面作为加工其他表面的定位基准，各加工表面最好位于同一平面或同一旋转表面上。夹具体上安装元件的表面一般应铸出 3～5 mm 的凸台，以减少加工面积。夹具体上不加工的毛面与工件表面之间应保证有一定的空隙，以免工件与夹具体间发生干涉。当工件为毛面时，间隙取 8～15 mm；当工件为光面时，间隙取 4～10 mm。对于铸件，还应注意拔模斜度对工件安装的影响。

5）尺寸稳定，有一定的精度

夹具体制造后应避免发生日久变形。为此，对于铸造夹具体，要进行时效处理；对于焊接夹具体，要进行退火处理。铸造夹具体的壁厚过渡要和缓、均匀，以免产生过大的铸造残余应力。

夹具体各主要表面要有一定的精度和表面粗糙度要求，特别是位置精度要求。这是保证工件在夹具中的加工精度的必要条件。

6）排屑方便

在加工过程中所产生的切屑，一部分要落在夹具体上。若切屑积聚过多，将影响工件安装的可靠性，因此，设计夹具体结构时应保证清除切屑方便。

(1) 增加容纳切屑的空间，使落在定位元件上的少量切屑排入容屑空间中。图 4.36(a)所示是在夹具体上增设容屑沟，图 4.36(b)所示是通过增大定位元件工作表面与夹具体之间的距离来形成容屑空间。这两种方法由于受到夹具体和定位元件结构强度和刚度的限制，实际所增加的容屑空间是有限的，故适用于加工时产生的切屑不多的场合。

(2) 采用可自动排屑结构，如在夹具体上设计排屑用的斜面和缺口，使切屑自动从斜面处

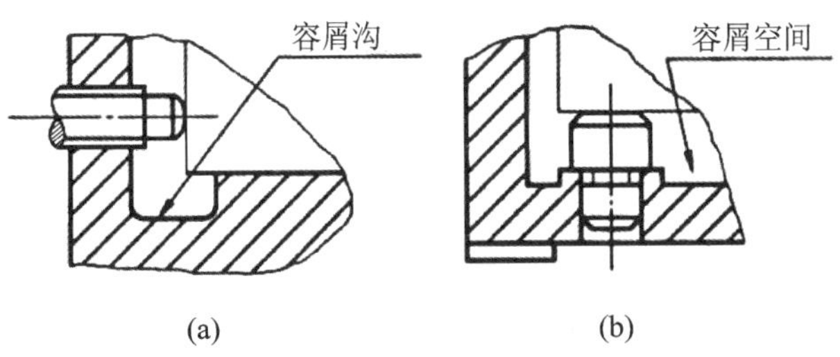

图 4.36 增加夹具体上的容屑空间

滑下，排出夹具体外。图 4.37(a)所示是在钻床夹具体上开出排屑用的斜弧面，使切屑沿斜弧面排出；图 4.37(b)所示是在铣床夹具体上设计排屑腔，切屑沿倾斜角为 α(一般 $\alpha=10^\circ\sim15^\circ$)的斜面排出。设计夹具体结构时，还应考虑切削液流通便利。

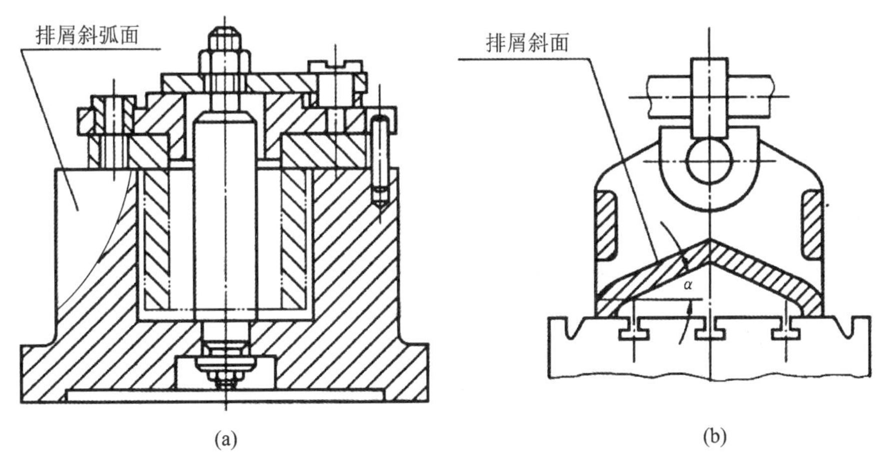

图 4.37 自动排屑结构示例

7) 应吊装方便、使用安全

夹具体的设计应使夹具吊装方便、使用安全。对于在加工过程中要翻转或移动的夹具，通常要在夹具体上设置手柄或手扶部位，以便于操作；对于大型夹具，为便于吊运，在夹具体上应设有起吊孔、起吊环或起重螺栓；对于旋转类的夹具体，要尽量避免凸出部分或装上安全罩，并考虑平衡。

2. 夹具体毛坯的制造方法

夹具体毛坯的制造方法有多种，应根据制造周期、经济性、结构工艺性等方面的要求，结合工厂的具体条件加以选定。

微课：夹具体的毛坯结构

1) 铸造夹具体

如图 4.38(a)所示，常用的夹具体毛坯制造方式的突出优点是制造工艺性好，可以铸出各种复杂的外形。铸件的抗压强度、刚度和抗振性都较好，且采用适当的时效方式可以消除铸造的残余应力，长期保持尺寸的稳定性。其缺点是制造周期较长，生产成本较高。

课程思政案例

铸造夹具体的材料可根据夹具的具体要求加以选择，通常为 HT15～HT33 或 HT20～

HT40 灰铸铁；强度要求高时，也可采用铸钢件，如 ZGX35Ⅱ等；在小型夹具或切削力很小的夹具中，夹具体也可考虑采用铸铝件，如 ZL110 等。

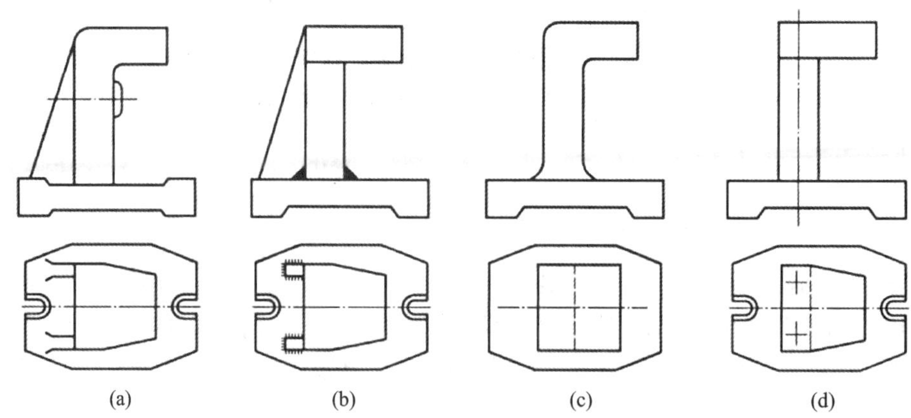

图 4.38　夹具体毛坯的种类

2）焊接夹具体

如图 4.38(b)所示，焊接夹具体和铸造夹具体相比，制造容易，生产周期短，成本低（比铸造夹具体的成本低 30%～35%）。焊接夹具体所采用的材料为钢板、型材等，故其重量与同体积的铸造夹具体相比要轻很多。焊接夹具体在其制造过程中要产生热变形和残余应力，对其精度影响很大，故制造完成后要进行退火处理。焊接夹具体很难得到铸造夹具体那样复杂的外形。

3）锻造夹具体

如图 4.38(c)所示，用锻造的方法制造夹具体的毛坯，只有在形状比较简单、尺寸不大的情况下才有可能，一般很少采用。

4）装配夹具体

如图 4.38(d)所示，装配夹具体是选用标准毛坯件或零件根据使用要求组装而成的。由于标准件可组织专门的工厂进行专业化成批生产，因而不仅可大大缩短夹具体的制造周期，也可以降低生产成本。为使装配夹具体能在生产中得到广泛应用，必须实现其结构的系列化及组成元件的标准化。

五、夹具结构的工艺性

微课：夹具的制造及工艺性

夹具制造过程与单件工件的相同，而其精度又比加工工件的高，故一般用调整、修配、装配后组合加工，总装后在使用机床上就地进行最终加工等方法，保证夹具的工作精度。在设计夹具时必须认识到夹具制造的这一工艺特点，否则很难在结构设计、技术条件制订等方面做到恰当、合理，以至于给制造、检验、装配、维修带来困难。为了使所设计的夹具在制造、检验、装配、调试、维修等方面消耗的劳动量最少、花费的费用最低，应做到在整个夹具中广泛采用各种标准件和通用件，减少专用件。各种专用件的结构应易于加工、测量，各种专用部件的结构应易于装配、调试、维护。

1. 夹具的结构应便于用调整法、修配法来保证装配精度

用调整法、修配法保证装配精度，是指通过移动夹具某一元件或部件、在元件或部件间

加入垫片、对某一元件进行修磨加工等方法来达到装配精度。因此，要求夹具中的某些元件、部件具有调节的可能性，补偿元件应留有一定的余量。此外，还要求在夹具装配基准位置保持不变的情况下，有对其他元件进行调整或修配的可能性。

对于图 4.39(a)所示的钻模，装配时要求保证的精度为：定位销 2 和 3 的轴线与钻套 5 的轴线间的距离为(88.85±0.015) mm，两定位销的同轴度为 ϕ0.02 mm，定位销轴线与支承板 7 的距离为(58.5±0.01) mm。

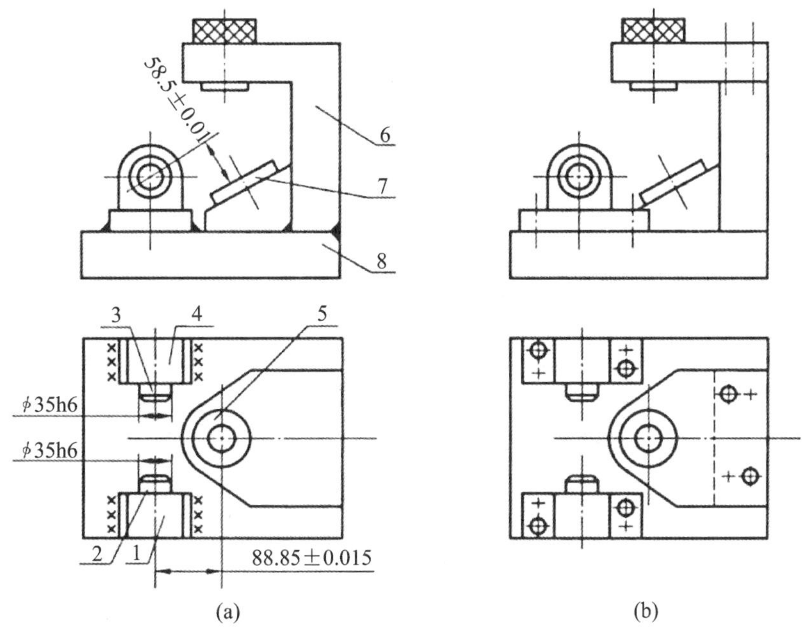

图 4.39 钻模技术要求及结构形式

1,4—定位销座；2,3—定位销；5—钻套；6—支架；7—支承板；8—夹具底座

若该钻模采用整体焊接结构，则两定位销座 1 和 4 以及钻模板支架 6 都要焊接在夹具底座 8 上。为了保证上述两轴线间的距离(88.85±0.015) mm，必须首先保证两定位销的同轴度 ϕ0.02 mm。但是考虑到机床精度、镗杆刚度及两孔轴向距离，所镗孔的同轴度只能达到 0.03～0.04 mm，故无法保证两轴线间距公差±0.015 mm 的要求。

若将两定位销座与夹具体的连接方式改为销钉定位、螺钉紧固的可移动式结构形式[见图 4.39(b)]，就可以通过精细调整来保证上述技术要求。即先用螺钉将定位销座初步固定在夹具底座上，在镗床上镗出两销孔；然后通过精确的测量和调整使两销孔达到 ϕ0.02 mm 的同轴度要求。钻模板与支座的连接也改为销钉、螺钉定位紧固方式，用调整法达到中心距的精度要求。这时虽然增加了装配时的调整和配铰销钉孔的工作量，但夹具装配精度却得以保证。此外，也可对用螺钉固定在夹具体上的支承板进行修磨，以保证距离尺寸(58.5±0.01) mm。

2. 夹具的结构应便于测量与检验

在规定夹具的某些位置精度要求时，必须同时考虑相应的测量方法，否则技术要求有时无法实现，而应用工艺孔常是解决测量问题的有效方法。

装配夹具时，对于钻套轴心线与圆柱定位销轴心线成 21°这一要求，因无法测量而不能保证。此时，可在夹具体上加工出一工艺孔 ϕ10H7，使它的轴心线与所钻孔的轴心线正交，并和夹具上定位平面的距离为任一选定值 a，如图 4.40(a)所示，则尺寸 x 的数值可由图 4.40(b)所示的几何图形求得，即

$$x=AC-BC=l_2-(a+H)\tan 21°$$

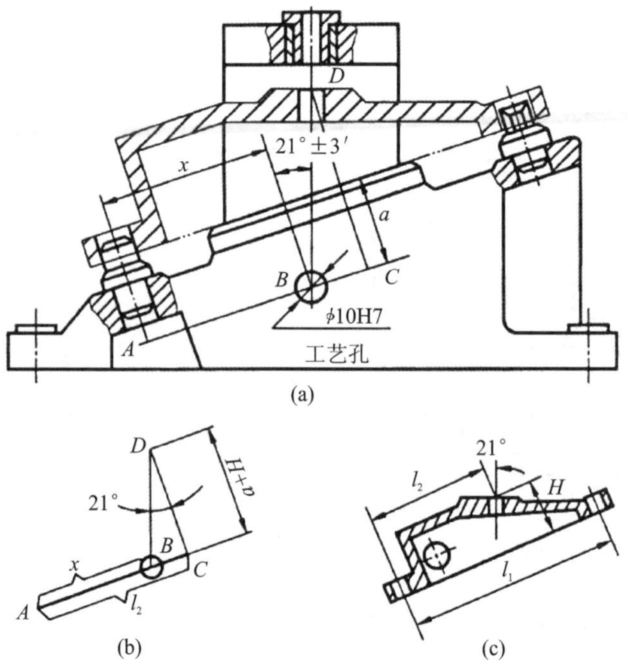

图 4.40　应用工艺孔解决测量问题

如图 4.40(c)所示，工件上被加工孔与基准孔的倾斜角为 21°，被加工孔与作为第二定位基准的基准孔间的距离为 l_2，与定位平面的距离为 H。因此，夹具上钻套的轴心线与圆柱定位销的轴心线也成同样的角度。

在夹具总图上应标注的检验尺寸为 x 和 a，夹具装配后只要保证 x 这一尺寸，就可以间接保证装配的角度要求。在工艺孔中穿入测量心棒，x 与 a 均可准确测量，故可保证较高的角度精度。

应用工艺孔时应注意：工艺孔的位置应便于加工和测量，并尽可能做在夹具体上。为简化计算，工艺孔一般做在工件的对称轴线上，或使其轴心线通过所钻孔或定位元件的轴线。为便于制造和使用，工艺孔尽可能采用 ϕ6H7、ϕ8H7 或 ϕ10H7 等标准尺寸。

3. 夹具结构应便于拆卸、维修和加工

夹具上很多重要零部件的连接采用螺钉或销钉。为了方便拆卸、维修，销钉孔尽可能做成贯穿的通孔，拆卸时可从孔底将销钉打出，如图 4.41(a)所示；也可在销钉孔侧面加工出推销钉的横孔，如图 4.41(b)所示；或采用头部带螺孔的销钉，以便拧入用于拔出销钉的工具，如图 4.41(c)所示。

当无凸缘衬套的零件压入不通孔时，为方便取出零件，可在其底部钻孔攻丝，做成螺纹孔；或在其底部端面上铣出径向槽，如图 4.42 所示。

当从夹具上拆去某零件时，应不受其他零件的影响。如图 4.43 所示，为了卸下螺母 2，则必须拆出零件 1，如图 4.43(a)所示。为了解决这一问题，可在零件 1 上预先加工出一用于拧出螺母 2 的孔，如图 4.43(b)所示。

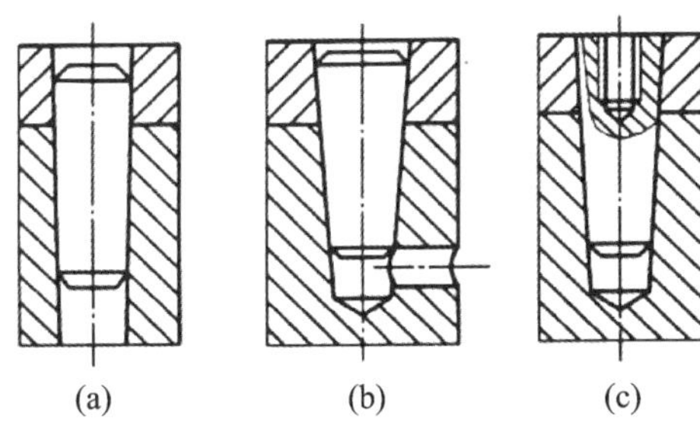

图 4.41 销钉连接工艺

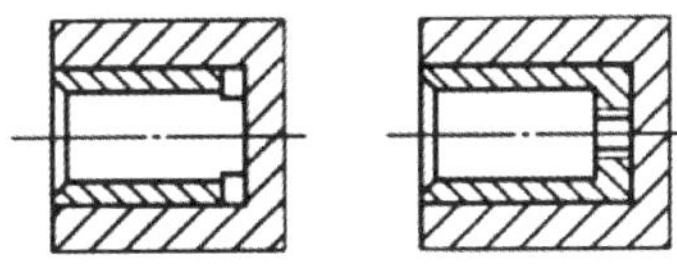

图 4.42 无凸缘衬套零件的端部结构形式

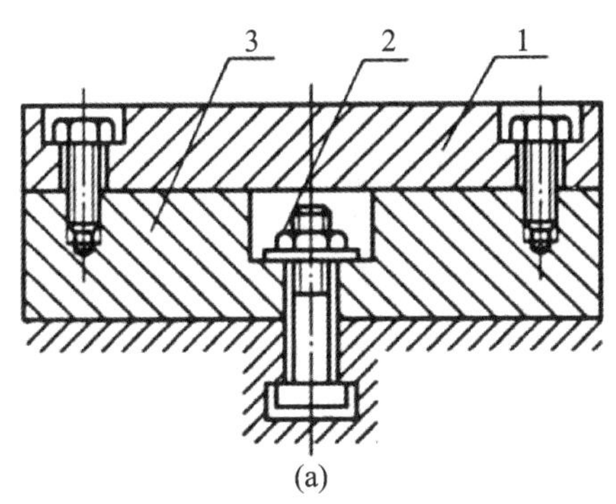

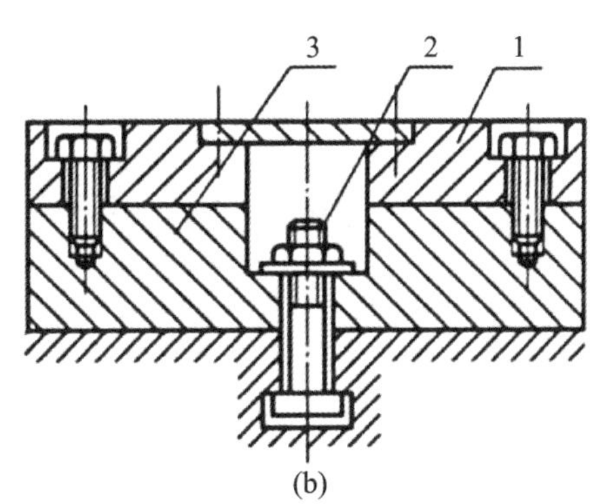

图 4.43 为便于拆卸的结构改进

此外，设计夹具结构时应注意加工的工艺性，如留出必要的空刀槽，留出加工时刀具的引进位置，减小加工面积，避免在斜面上钻孔等。

六、铣床夹具的设计要点

1. 铣床夹具的主要类型及其适用范围

铣床夹具主要用于加工平面、键槽、缺口、花键、齿轮及成形表面等，在生产中用得比较广泛。由于在铣削过程中多数情况是夹具随工作台一起做直线进给运动，有时也做圆周进给运动，因此铣床夹具的结构按不同的进给方式分为直线进给式、圆周进给式和靠模进给式三种类型。

1）直线进给式铣床夹具

这类铣床夹具在实际生产中普遍使用，按照在夹具中安装工件的数目和工位分为单件加工夹具、多件加工夹具和多工位加工夹具。

微课：直线进给式铣床夹具

（1）单件加工的直线进给式铣床夹具。

图 4.44 所示是单件加工的直线进给式铣床夹具。这类夹具多用于中小批量生产或加工大型工件，或加工定位夹紧方式较特殊的中小型工件。图 4.44 中是加工叉形件（见右下图）的手动夹紧铣床夹具，每次安装一个工件。工件以内孔及其端面和颈部定位，限制六个自由度。转动手柄 6，通过压板 8、柱销 10、角形压板 3、螺杆 5、压板 4，将工件从孔端面夹紧；同时螺杆 7 上移，带动压板 9 绕支点转动，将工件从颈部夹紧。这种结构的优点是定位可靠，采用联动夹紧装置时夹紧迅速、牢固。

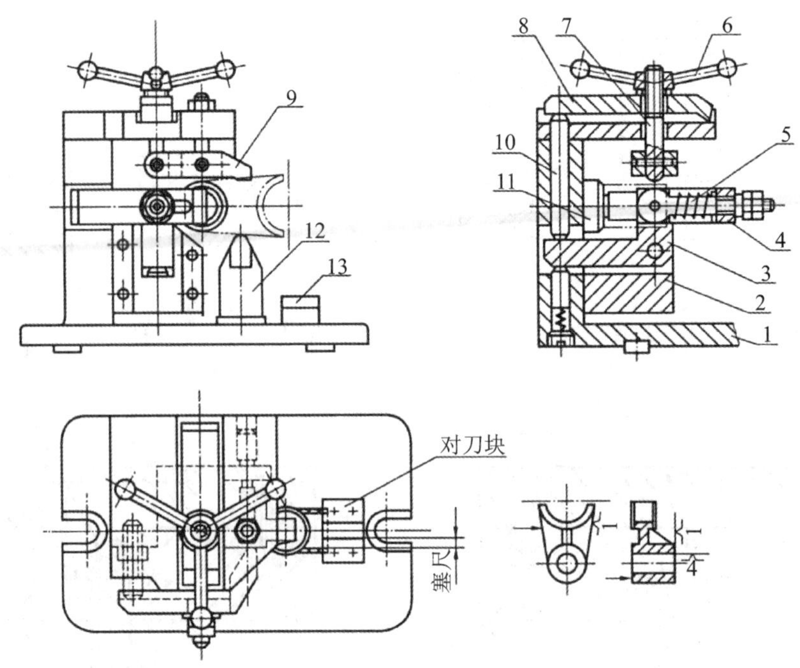

图 4.44　单件加工的直线进给式铣床夹具

1—夹具体；2—支架；3—角形压板；4,8,9—压板；5,7—螺杆；6—手柄；10—柱销；11—定位圆柱销；12—支承；13—对刀块

(2) 多件加工的直线进给式铣床夹具。

多件加工的直线进给式铣床夹具常用于成批或大量生产中。图 4.45 所示是铣削连杆小头两个端面的多件加工的直线进给式铣床夹具。工件以大头孔及大头孔端面为定位基准在定位销 2 上定位，每次装夹六个工件，用铰链螺栓 7 与装有六个滑柱 3 的长压板 6 将六个工件分别同时夹紧。六个滑柱 3 之间充满液性塑料，用以实现各个滑柱的滑动而产生均匀压力。为了使夹紧力的作用点接近被加工表面，提高工件的刚度，用螺母 4 借助压板 5 与浮动板 1 从两面将两组工件(每组三个工件)同时压向止动键 8 而实现多件依次连续夹紧。操作时，先在端面略微施力预紧，再从侧面夹紧，最后从端面夹紧，对刀块 9 用来调整铣刀的位置。此夹具的优点是夹紧可靠，但操作较复杂。

(3) 多工位加工的直线进给式铣床夹具。

这种夹具上设有多个工位，在不同的工位上加工同一工件的不同表面。图 4.46 所示是一个简单的双工位加工的直线进给式铣床夹具。在轴的两端面铣削互相平行的横向槽，每次安装两个工件，其中一个工件以已加工的一端面的横向槽在定位块 1 上定向，来加工另一端面的横向槽，小销 2 用以防止压板转动，3 为对刀块。

多件多工位的铣削加工能够充分利用机床工作台的工作行程，减少铣刀切入和切出的空行程时间，从而提高夹具的工作效率。

(4) 利用机动时间装卸工件的直线进给式铣床夹具。

单件铣削加工和多件多工位铣削加工的夹具均可采用气动、液压等机械传动装置来减少辅助时间和减轻体力劳动。但是，从提高生产率的角度来看，最好是利用机动时间来装卸工件。

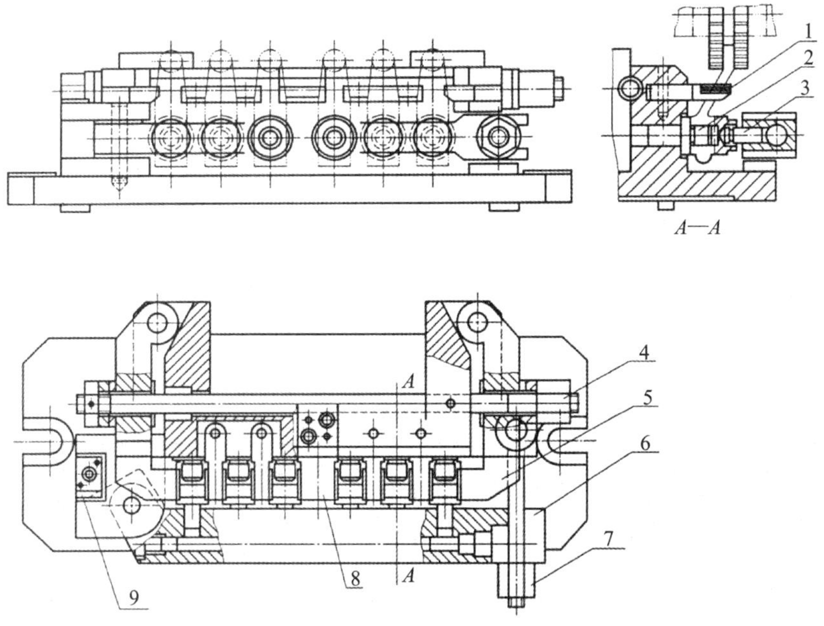

图 4.45　多件加工的直线进给式铣床夹具

1—浮动板；2—定位销；3—滑柱；4—螺母；

5,6—压板；7—铰链螺栓；8—止动键；9—对刀块

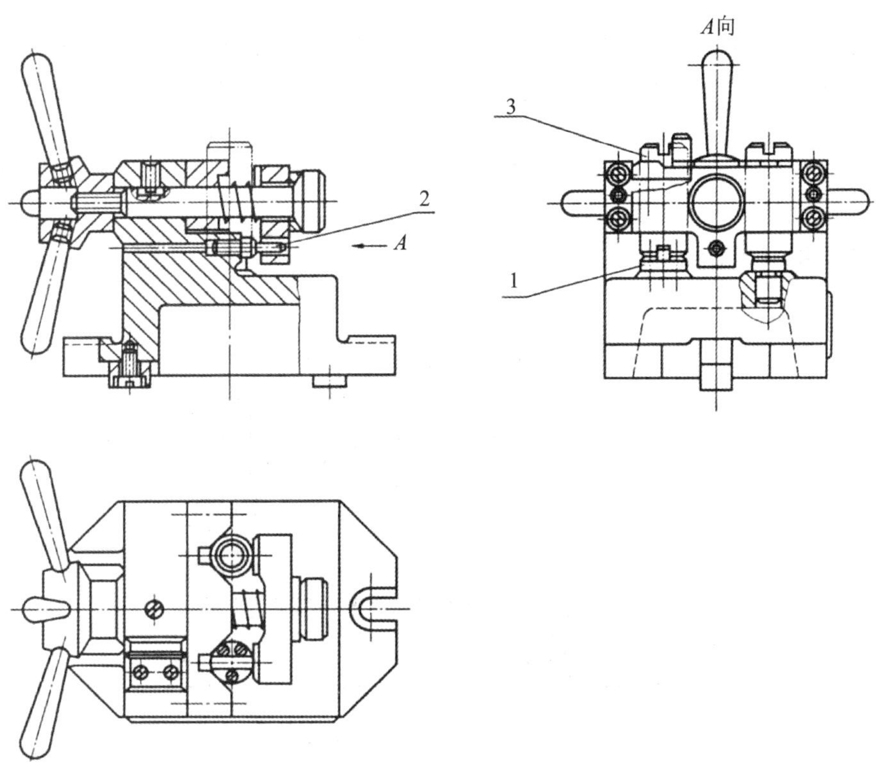

图 4.46　双工位加工的直线进给式铣床夹具

1—定位块；2—小销；3—对刀块

利用机动时间装卸工件的直线进给式铣床夹具有以下三种类型。

图4.47所示为双向进给式铣床夹具，它在铣床工作台上装有两个相同的夹具1和3，每个夹具都可以分别装夹五个工件，铣刀2安放在两个夹具的中间位置。当工作台4向左直线进给时，铣刀2便可铣削装在夹具3中的工件，与此同时，工人便可装卸夹具1中的工件。待夹具3中的工件铣削完毕后，工作台4快速退回至中间的原位，然后向右直线进给，铣削夹具1中的工件，这时工人便可装卸夹具3中的工件，如此不断进行。这种双向进给的铣削方法，使辅助时间与机动时间完全重合，提高了生产率。但两个夹具中间安放铣刀的位置要留得足够大，防止在装卸工件时碰手，也要注意工人的劳动强度，不要过于紧张。

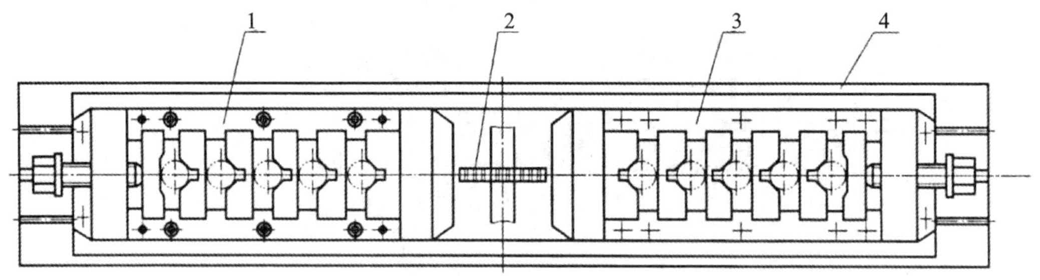

图4.47　双向进给式铣床夹具

1,3—夹具；2—铣刀；4—工作台

这种双向进给式铣床夹具，一边是顺铣，一边是逆铣，因此铣床工作台的纵向进给运动中必须有消除间隙机构。

图4.48所示为双工位回转式直线进给铣床夹具，它也是利用机动时间装卸工件。图中1是工件，装在夹具2的互成180°的两个工位上。当铣刀4直线进给加工第一个工位上的工件时，可在第二个工位上装卸工件。第一个工位上的工件加工完毕后，铣刀4快速退出，将双工位夹具随回转工作台3回转180°，即可对第二个工位上的工件进行加工，同时更换第一个工位上的工件。

这种铣削方法的优点是，加工过程中没有空行程损失，只增加了很少的回转工作台的回转时间。

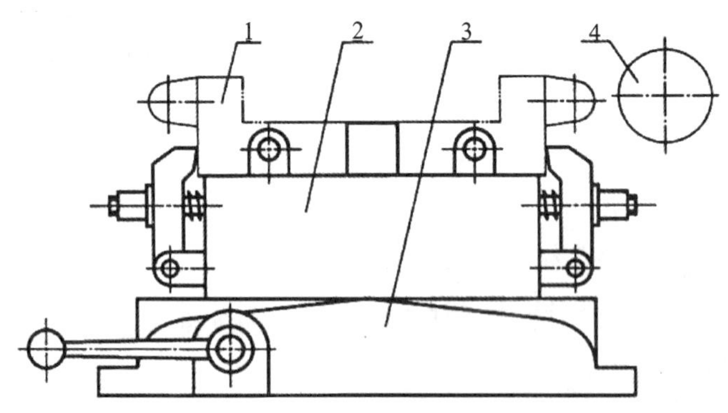

图4.48　双工位回转式直线进给铣床夹具

1—工件；2—夹具；3—回转工作台；4—铣刀

图 4.49 所示为盒式铣床夹具，它由两部分组成：一部分是固定部分，包括夹具体、夹紧装置等，它们通过定向键和螺钉安装在铣床工作台上，是固定不动的；另一部分是装工件的盒子部分，包括定位元件和盒子本身在夹具中的定位元件，工件就装在盒子中的定位元件上。图中装料盒子 3 内装有六个能沿纵向移动的活动 V 形块 4，先将工件放进装料盒子 3 中的 V 形块 4 的中间进行初定位，然后将整个装料盒子 3 由一端装入夹具中，放下轭形压板 2，拧紧夹紧螺钉 1，使工件连同 V 形块 4 一起推向止动件 5，将工件夹紧。

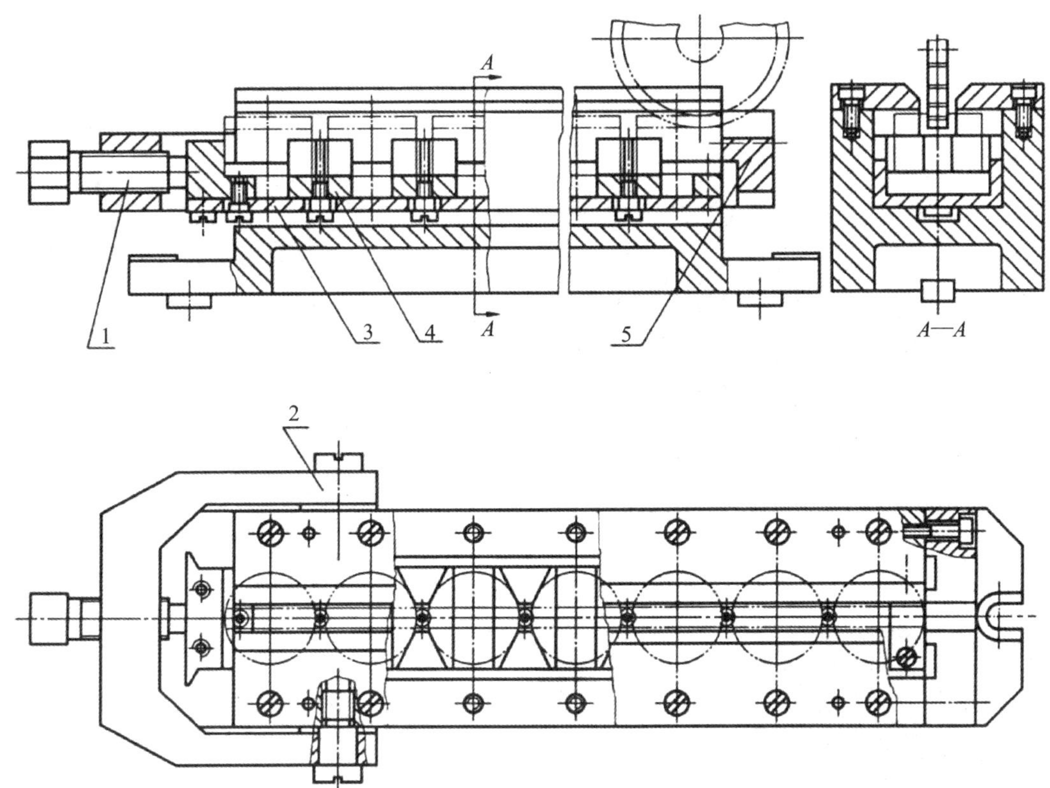

图 4.49 盒式铣床夹具

1—夹紧螺钉；2—轭形压板；3—装料盒子；4—V 形块；5—止动件

这类夹具能够提高生产率。工件预先装入装料盒子中，停车后只需更换整个装料盒子，因此可使装卸工件的辅助时间与机动时间重合的比例增大。装卸装料盒子的时间很少，分到每一个工件上的时间就更少。由于需要经常更换装料盒子，故工件不能太重，因而这类夹具主要适用于小型零件的成批生产。

2) 圆周进给式铣床夹具

此类夹具的圆周进给运动是连续不断的，能在不停车的情况下装卸工件，因此是一种生产率很高的夹具，适用于较大批量的生产。

微课：其他类型的铣床夹具

图 4.50(a)所示是在双轴立式铣床上圆周进给连续铣削进气管支座底平面的夹具，图 4.50(b)所示为工件的工序简图。夹具安装在连续回转的圆形工作台上，一共安装四个相同的夹具，每一个夹具上安装四个工件。夹具采用三个支承钉和侧平面作为定位元件，以摆式压板和气缸为夹紧装置，来对工件进行夹紧的。在回转工作台的中央安装一个

气动分配转阀，如图 4.50(c)所示。压缩空气在切削区域内进入三个气缸的中间腔，推动活塞，将工件自动夹紧，夹紧装置在装卸工件区域内自动松开。这样，装卸工件的辅助时间与机动时间重合，提高了生产率。双轴立式铣床上安装两把端铣刀，同时对工件进行粗铣和半精铣。

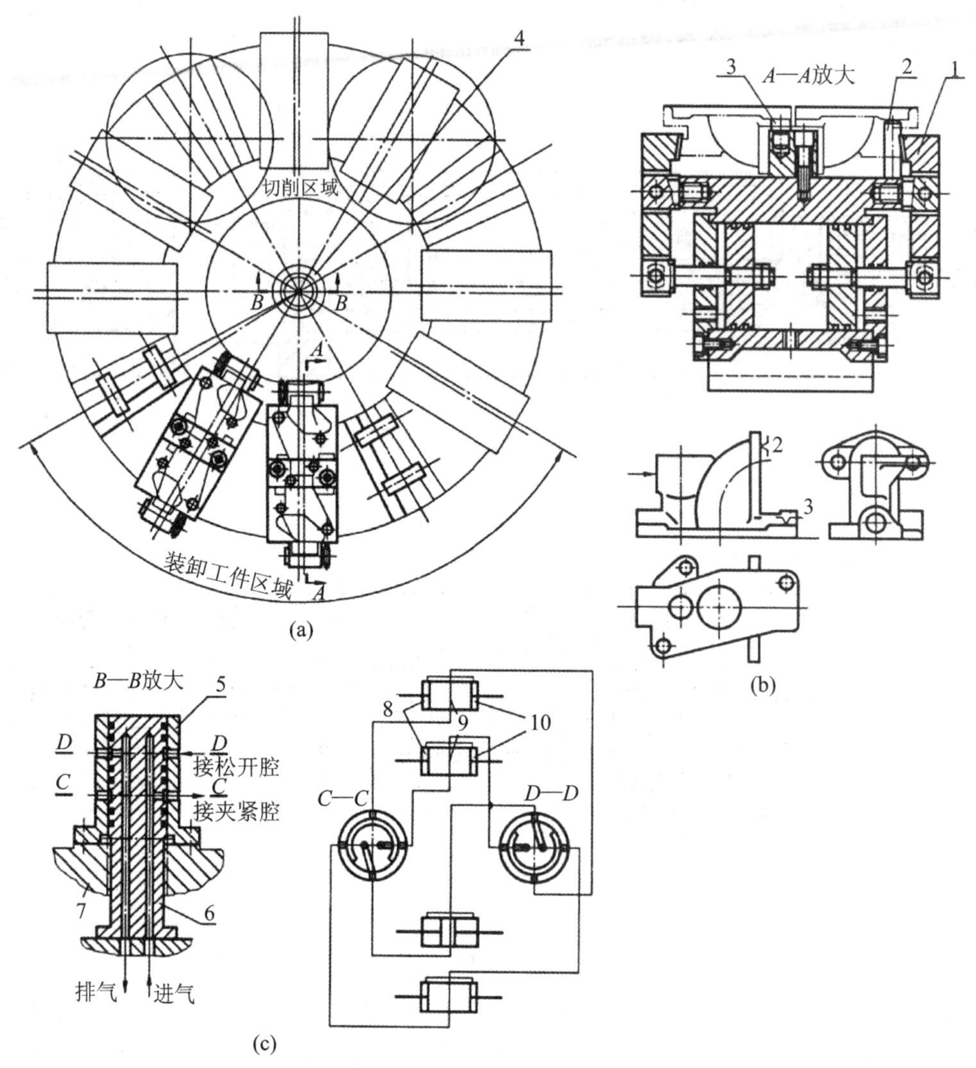

图 4.50　圆周进给式铣床夹具

1—压板；2，3—支承钉；4—气动分配转阀；5—回转阀套；6—固定阀芯；7—回转工作台；8，10—松开腔；9—夹紧腔

3）靠模进给式铣床夹具

在一般万能铣床上，利用靠模夹具来加工各种成形表面，能扩大机床的工艺范围。靠模的作用是，在机床做基本进给运动的同时，由靠模获得一个辅助的进给运动，通过这两个运动的合成，加工出所要求的成形表面。这种辅助进给的方式一般都采用机械靠模装置。

因此，按照进给运动的方式，把用于加工二维空间的平面靠模铣床夹具分为直线进给式和圆周进给式两种。

（1）直线进给式靠模铣床夹具。

图 4.51 所示为在立式铣床上使用的直线进给式靠模铣床夹具的结构原理图。夹具安装在铣床工作台上，靠模板 8 和工件 4 分别装在夹具的上部横向溜板 3 上，靠模板 8 调整好后紧固，工件 4 也需定位夹紧。支架 6 装在铣床立柱的燕尾导轨上予以紧定。滚子 7 的轴线和铣刀 5 的轴线的距离 L 应始终保持不变。横向溜板 3 装在夹具体 1 的导轨中，在强力弹簧 2 的作用下，使靠模板 8 与滚子 7 始终紧靠。当铣床工作台做纵向移动时，工件 4 随夹具一起移动，这时滚子 7 推动靠模板 8 带动横向溜板 3 作辅助的横向进给运动，从而能加工出与靠模形状相似的成形表面来。

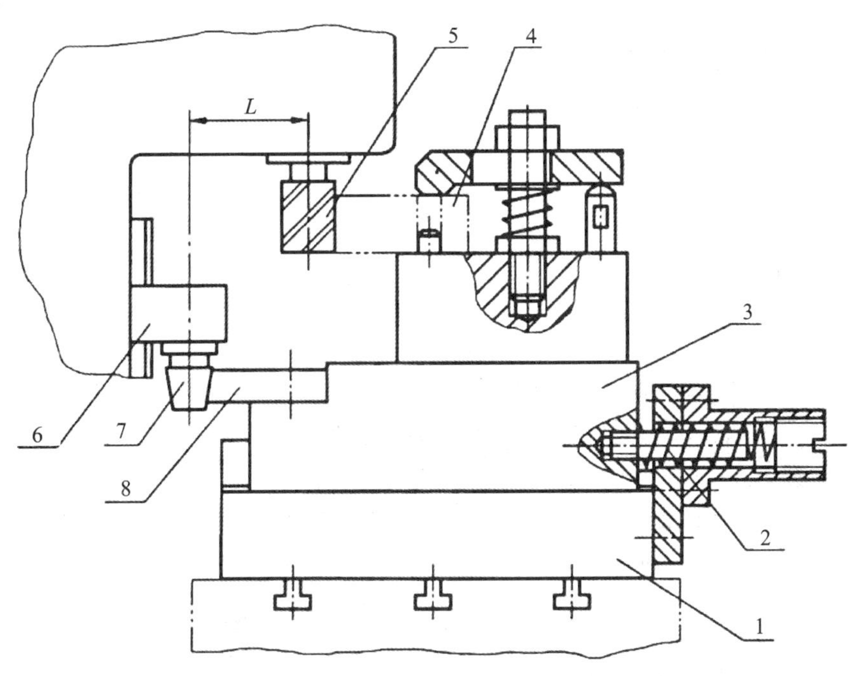

图 4.51　直线进给式靠模铣床夹具的结构原理图

1—夹具体；2—弹簧；3—横向溜板；4—工件；5—铣刀；6—支架；7—滚子；8—靠模板

（2）圆周进给式靠模铣床夹具。

图 4.52 所示为立式铣床上使用的圆周进给式靠模铣床夹具的结构原理图。工件 2 和靠模板 3 同轴安装在回转工作台 4 上，回转工作台 4 安装在滑座 5 上，滑座 5 可以在夹具体 6 的导轨上做横向移动，在重锤 9 的作用下，保证靠模板 3 与滚子 8 可靠接触。加工时，机床的进给机构带动回转工作台 4、靠模板 3 和工件 2 一起转动，产生工件 2 相对于刀具的圆周进给运动。在回转工作台 4 转动的同时，由于靠模板 3 型面曲线的起伏，滑座 5 随之产生横向的进给运动，从而加工出与靠模板 3 的型面曲线相似的成形表面。回转工作台 4 的回转运动由蜗轮副传递，而工件的自动圆周进给由机床工作台纵向丝杠通过挂轮架齿轮传动提供，或通过手轮进行手动进给。具体结构如图 4.53 所示。

2. 设计靠模铣床夹具时需要注意的问题

设计靠模铣床夹具时的主要问题是如何设计靠模板、如何选择滚子和刀具的直径尺寸等，现分述如下。

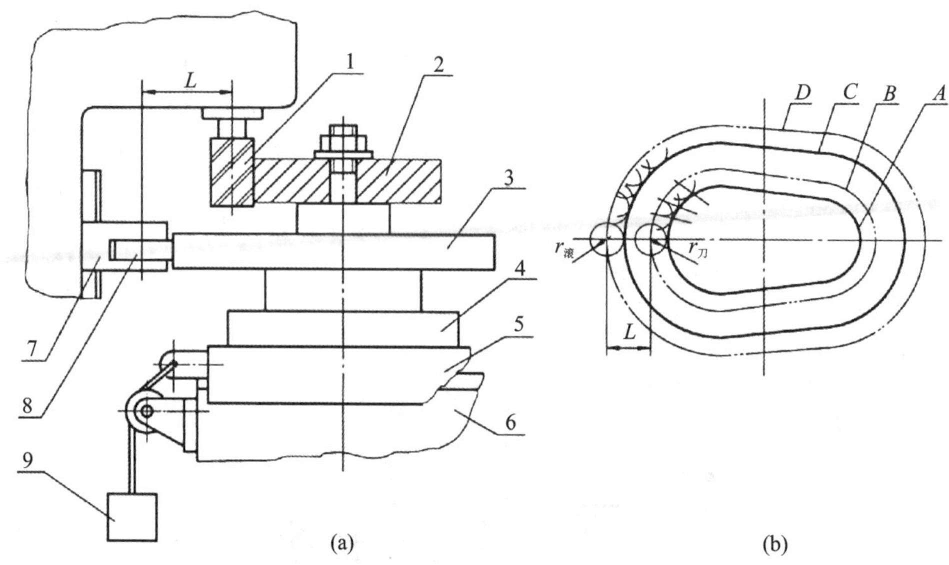

图 4.52　圆周进给式靠模铣床夹具的结构原理图

1—铣刀；2—工件；3—靠模板；4—回转工作台；5—滑座；6—夹具体；7—支架；8—滚子；9—重锤

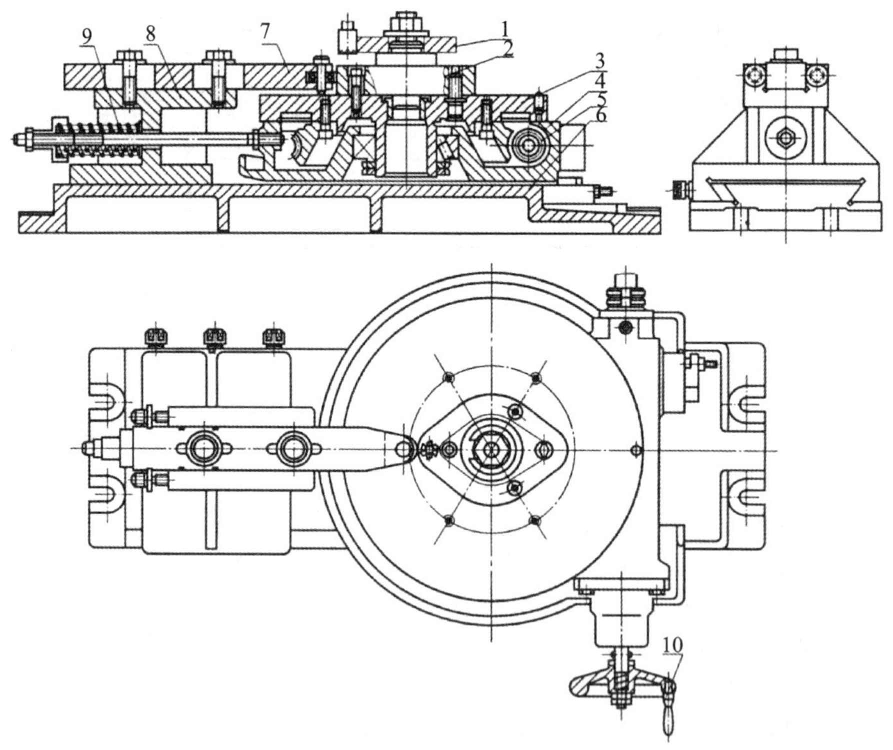

图 4.53　立式铣床上使用的回转式靠模铣床夹具

1—工件；2—靠模板；3—转台；4—溜板箱；5—蜗杆；6—滑座；7—可调滚子；8—支座；9—弹簧；10—手轮

1）靠模板轮廓曲线的绘制方法

靠模板轮廓曲线如图 4.52(b)所示，其绘制步骤如下。

(1) 选择铣刀和滚子的直径尺寸。

(2) 准确绘出工件加工表面的外形(可放大比例),如图 4.52(b)中的曲线 A 所示。

(3) 在工件外形等分线或等分角线(针对圆周进给)上取一点,以铣刀半径 $r_{刀}$ 为半径,作与工件外形相切的圆,将各圆的中心连成光滑曲线,该曲线即为铣刀轴心线轨迹,如图 4.52(b)中的曲线 B 所示。

(4) 以铣刀轴心为起点,沿各等分线或等分角线(针对圆周进给)上截取长度为 L 的线段的点,再以这些点为中心,以滚子半径 $r_{滚}$ 为半径作圆,将这些圆的中心连接成光滑的曲线,该曲线即为滚子轴心的运动轨迹,如图 4.52(b)中的曲线 D 所示;将相切于以滚子半径 $r_{滚}$ 为半径所作的各圆的切点连接成光滑的曲线(包络线),该曲线即为这一靠模板的工作型面,如图 4.52(b)中的曲线 C 所示。

2) 铣刀半径和滚子半径的选择

如图 4.54 所示,铣刀半径 $r_{刀}$ 应根据工件轮廓中的凹面的最小曲率半径 $R_{工\min}$ 来选择。为了保证凹面全部都能切去,应该使铣刀半径 $r_{刀}$ 小于工件凹面的最小曲率半径 $R_{工\min}$,如图 4.54(a)所示,即

$$r_{刀} < R_{工\min}$$

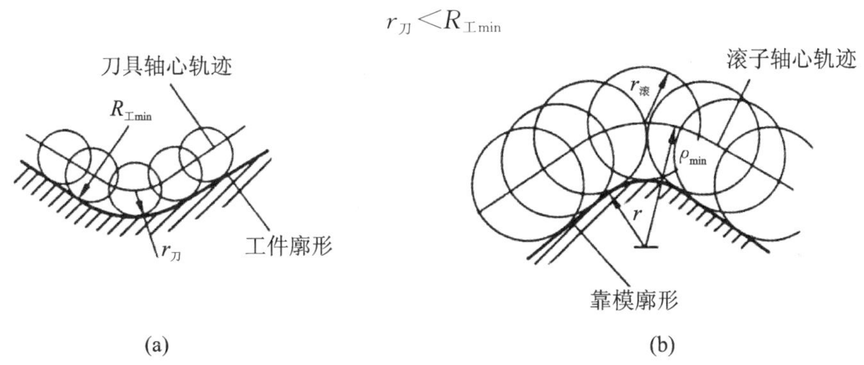

图 4.54 铣刀半径和滚子半径的选择

滚子半径 $r_{滚}$ 必须小于滚子轴心运动轨迹的最小曲率半径 $\rho_{\min}$,这样才能得出准确的光滑连接的靠模凸型面,如图 4.54(b)所示,即

$$r_{滚} < \rho_{\min}$$

由于铣刀刃磨后直径会变小,为保证滚子直径和铣刀直径相同(或保持一定的比值),通常将靠模型面和滚子都做成 10°~15°的斜面,使其获得必要的调整。

3) 靠模板成形表面的升角

靠模板成形表面的升角(或称压力角),就是指成形表面上某一点的切线与进给运动方向之间的夹角。若进给运动是圆周进给运动,则某点的升角即是成形面上该点切线与通过该点的回转进给圆周的切线之间的夹角 α。

升角过大,机构运动不灵活,甚至产生卡死现象;升角减小,可使靠模板运动轻便。一般需使升角 $\alpha < 45°$。靠模板上各点的升角不要变化太大,升角的变化主要取决于工件的轮廓曲线,但在设计靠模板时,可以通过其他适当措施予以控制。

4) 靠模板材料及其制造精度

靠模板和滚子之间的接触压力很大,材料的强度和耐磨性要求高,一般常用 T8A 钢、T10A 钢或 20 号钢、20Cr 钢制造,渗碳淬硬 58~62 HRC。

靠模板工作面的精度由工件成形表面的精度要求决定。当工件成形表面精度要求不高时，靠模板的尺寸公差一般为±0.05 mm，角度公差为±15′；当工件成形表面精度要求较高时，靠模板的尺寸公差一般取±(0.03～0.04) mm，角度公差为±5′。工作面的表面粗糙度 Ra 为 1.6～3.2。

3. 铣床夹具的结构特点

微课：铣床夹具的设计特点

铣削加工的切削用量和切削力一般较大，切削力的大小和方向也是变化的，而且又是断续切削，因此加工时的冲击和振动较严重。设计铣床夹具时，要特别注意工件定位的稳定性和夹紧的可靠性；夹紧装置要能产生足够的夹紧力，手动夹紧时要有良好的自锁性能；夹具上各组成元件的强度和刚度要高。为此，要求铣床夹具比较粗壮低矮，以降低夹具重心，增加刚度、强度，夹具体的高度 H 和宽度 B 之比取 $H/B=1～1.25$ 为宜，并应合理布置加强筋和耳槽。夹具体较宽时，可在同一侧布置两个耳槽，这两个耳槽的距离要与所选的铣床工作台两 T 形槽之间的距离相同，耳槽的大小要与 T 形槽的宽度一致。

铣削的切屑较多，夹具上应有足够的排屑空间，应尽量避免切屑堆积在定位支承面上。因此，定位支承面应高出周围的平面，而且在夹具体内尽可能做出便于清除切屑和排出冷却液的出口。

粗铣时振动较大，不宜采用偏心夹紧方式，因为振动时偏心夹紧易松开。

在侧面夹紧工件（如加工薄而大的平面）时，压板的着力点应低于工件侧面的定位支承点，并使夹紧力有一垂直分力，将工件压向主要定位支承面，以免工件向上抬起；对于毛坯件，压板与工件接触处应开有尖齿纹，以增大摩擦系数。

七、机床夹具设计举例

微课：铣床夹具设计示例

1. 夹具设计例一

图 4.55 所示为连杆铣槽工序图。该零件是中批量生产，现要求设计加工该零件上尺寸为 $10^{+0.2}_{0}$ mm 的槽口所用的铣床夹具，具体步骤如下。

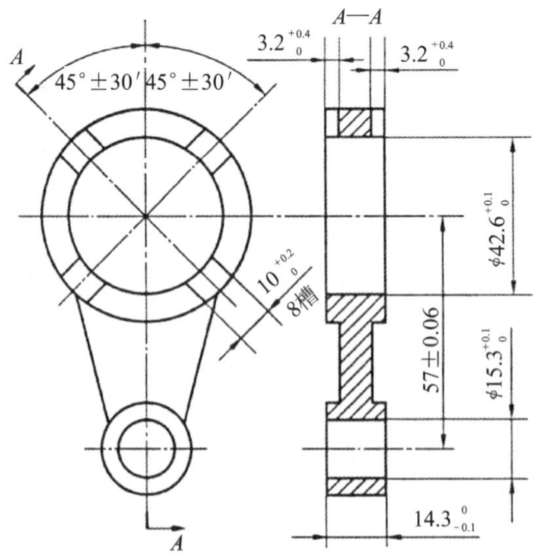

图 4.55　连杆铣槽工序图

1）工件的加工工艺分析

工件已加工的大、小头孔径分别为 $\phi42.6^{+0.1}_{0}$ mm 和 $\phi15.3^{+0.1}_{0}$ mm，两孔中心距为 (57 ± 0.06) mm，大、小头孔厚度均为 $14.3_{-0.1}^{0}$ mm。

在加工槽口时，槽口的宽度由刀具直接保证，槽口的深度和位置则和设计的夹具有关。槽口的位置包括两个方面的要求：

（1）槽口的中心面应通过 $\phi42.6^{+0.1}_{0}$ mm 的中心线，但没有在工序图上标出，说明此项精度要求较低，因此可以不做重点考虑。

（2）要求槽口的中心面和两孔中心线所在平面的夹角为 $45°\pm30'$。为保证槽口的深度 $3.2^{+0.4}_{0}$ mm 和夹角 $45°\pm30'$，需要分析与这两个要求有关的夹具精度。

2）确定夹具的结构方案

（1）确定定位方案，设计定位元件。

在槽口深度方面的工序基准是工件的相应端面。从基准重合的要求出发，定位基准最好选择此端面。由于要在此端面上开槽，开槽时此面必须朝上，相应的夹具定位面势必要设计成朝下，这对定位、夹紧和加工等操作都不方便。因此，定位基准选在与槽相对的那个端面（此面限制三个自由度）比较合适。由于槽深的尺寸公差较大（0.4 mm），而基准不重合造成的误差仅为 0.1 mm，因此这样选择定位基准是可以的。当然，如果槽深的尺寸公差不大，基准不重合误差又较大，则可以在工艺上采取相应措施，比如在加工两端面时缩小厚度的尺寸公差值等。当槽深尺寸公差要求很严格时，也可采取基准重合的方案。

在保证夹角 $45°\pm30'$ 方面，工序基准是双孔中心线所在平面，所以定位元件采用一圆柱销和一菱形销最为简便。根据双孔定位的分析可知，圆柱销和孔的定位精度总是比菱形销和孔的定位精度高。由于槽开在大头端面上，槽的中心面应通过孔 $\phi42.6^{+0.1}_{0}$ mm 的中心线，这说明大头孔还是槽口对称中心面的工序基准。因此，应选择大头孔 $\phi42.6^{+0.1}_{0}$ mm 的中心线作为主要定位基准，定位元件选择圆柱销（限制两个自由度）；而小头孔 $\phi15.3^{+0.1}_{0}$ mm 的中心线作为次要定位基准，定位元件选择菱形销（限制一个自由度），如图 4.56(a)所示。

在每个工件上铣八个槽，除正反两面分别装卸加工外，在同一面上的四个槽的加工可采用两种方案：一是采用分度机构在一次装夹中加工，虽然不能夹紧大头端面，且夹具结构比较复杂，但可获得较高的槽与槽间的位置精度；另一方案是采用两次装夹工件，通过两个菱形定位销分别定位，如图 4.56(b)所示，由于受两次装夹定位误差的影响，因此获得的槽与槽的位置精度较低。鉴于本例中槽与槽间的位置精度要求不高（夹角为 $45°\pm30'$），故可采用后一种方案。

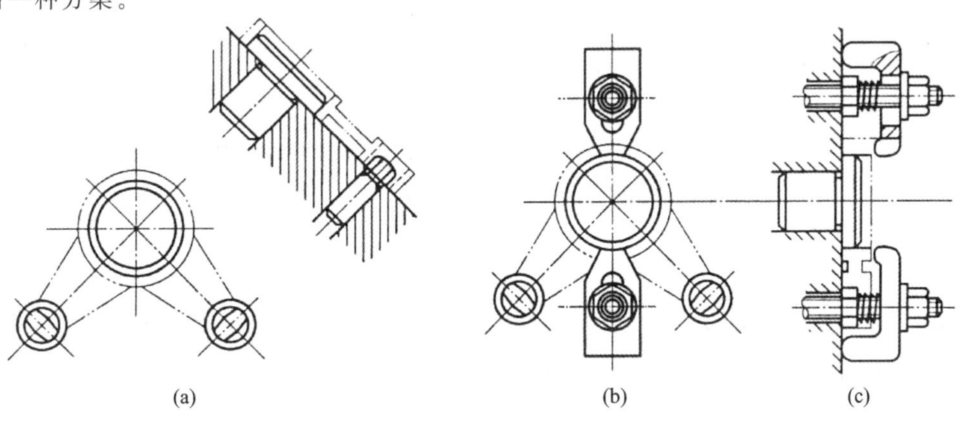

图 4.56 连杆铣槽夹具的定位夹紧方案

(2) 选择夹紧方案,设计夹紧机构。

当生产批量较小时,夹紧机构采用螺钉压板较为合适;当生产批量较大时,可采用手动联动夹紧机构或液动、气动夹紧机构。可供选择的夹紧方案有两种:一是压在大端上,需用两个压板(避开加工位置);二是压在杆身上,此时只需用一个压板。前者的缺点是夹紧两次,后者的缺点是夹紧点距离加工面较远,而且压在杆身中部可能引起工件变形。考虑到铣削力较大,故采用第一种方案。但当杆身截面较大,加工的槽也不深时,后一种方案也是可以采用的。

(3) 确定夹具对定方案。

夹具的设计除了考虑工件在夹具上的定位外,还要考虑夹具如何在机床上定位,以及刀具相对于夹具的位置如何确定。

对于本例中的铣床夹具,夹具在机床上的定位是以夹具体的底面放在铣床工作台面上,再通过两个定向键与机床工作台的T形槽相连接来实现的,两定向键之间的距离应尽可能远些,如图4.56(c)所示。刀具相对于夹具的位置采用直角对刀块及厚度为3 mm的塞尺来确定,以保证加工槽面的对称度及深度要求。

3) 绘制夹具总图

工件装夹方案确定以后,要进行切削力、夹紧力及定位误差的计算,以确定夹紧机构的结构形式和尺寸以及定位元件的结构尺寸和精度。另外,还要根据定位元件及夹紧机构所形成的空间范围及机床工作台的尺寸,确定夹具体的结构尺寸,然后绘制夹具总图。先用双点画线画出工件外形,然后依次画出定位元件[见图4.57(a)]、夹紧机构[见图4.57(b)]及其他元件,最后用夹具体把各种元件连成一体,这样便形成连杆铣槽夹具总图,如图4.57(c)所示。

4) 确定夹具的主要尺寸、公差和技术要求

如图4.57(c)所示,在连杆铣槽夹具总图中需标注有关尺寸、公差及技术要求。

(1) 夹具总图上应标注的尺寸、公差如下。

① 夹具的最大轮廓尺寸180 mm×140 mm×70 mm。

② 定位元件的定位面尺寸及各定位元件间的位置尺寸$\phi42.6_{-0.025}^{-0.009}$ mm、$\phi15.3_{-0.034}^{-0.016}$ mm及(57±0.02) mm。

③ 对刀元件的工作面与定位元件的定位面间的位置尺寸(7.85±0.02) mm及(8±0.02) mm。

④ 夹具定向槽与夹具定向键的配合10H7/n6或10H7/r6。

⑤ 夹具体与定位元件的配合ϕ25H7/n6及ϕ10H7/n6。

(2) 夹具总图上应标注的技术条件。

① 上定位面N相对于夹具体底面M的平行度公差0.03 mm/100 mm。

② 定位元件间的位置尺寸$\phi42.6_{-0.025}^{-0.009}$ mm及$\phi15.3_{-0.034}^{-0.016}$ mm,相对于夹具体底面的垂直度公差0.03 mm。

2. 夹具设计例二

图4.58所示为一铸铁拨叉零件简图,零件质量为2 kg,中批量生产,需要设计在摇臂钻床上加工ϕ12H7和ϕ25H7两孔的钻床夹具。

为此,需要解决如下问题。

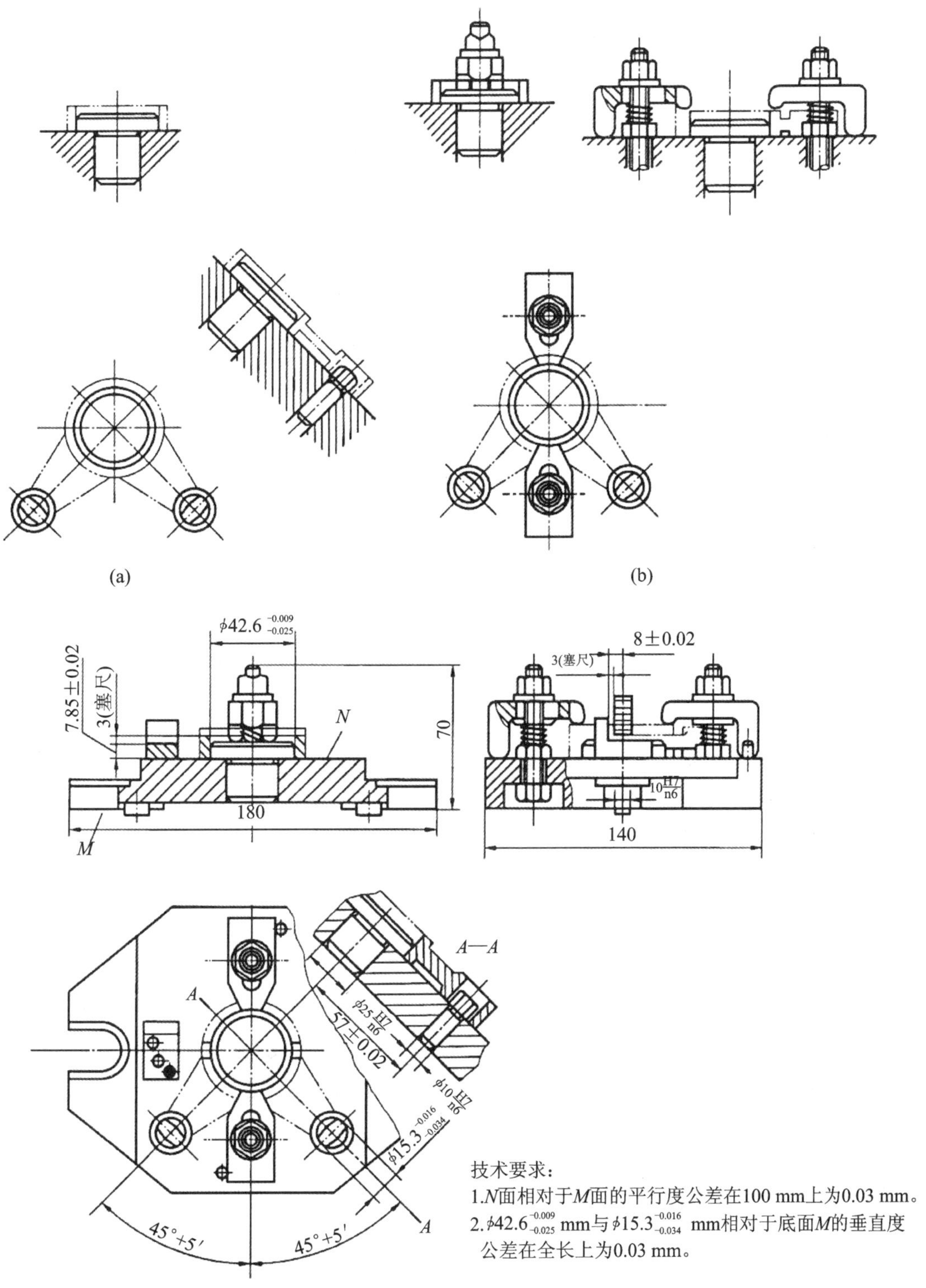

图 4.57 连杆铣槽夹具总图

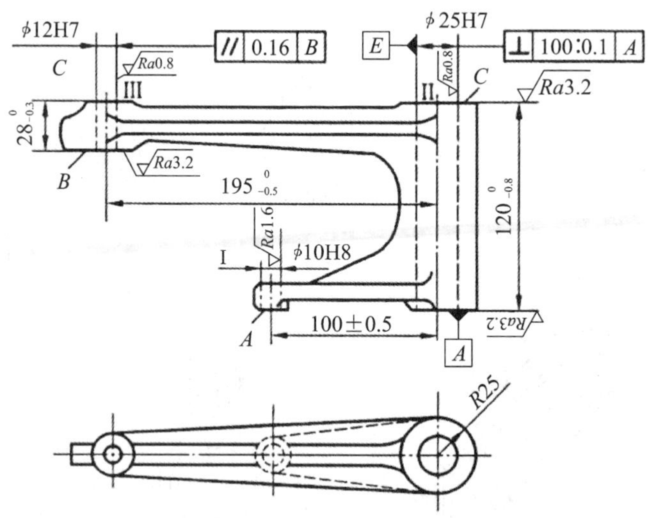

图 4.58　拨叉零件简图

1）工件的加工工艺分析

工件的结构形状比较不规则，臂部刚性较差，需加工的两孔的直径精度和表面粗糙度均有较高要求，且孔 ϕ25H7 为深孔（$L/D\approx5$），故在工艺规程中分钻、扩、粗铰、精铰四个工步进行加工。通过所设计的夹具来保证加工表面的下列位置精度：

（1）待加工孔 ϕ25H7 和已加工孔 ϕ10H8 的距离尺寸（100±0.5）mm。

（2）两待加工孔的中心距 $195_{-0.5}^{\ 0}$ mm［也可用（194.75±0.25）mm 来表示］。

（3）孔 ϕ25H7 和端面的垂直度公差 100∶0.1。

（4）两待加工孔轴线的平行度公差 0.16 mm。

（5）孔的壁厚均匀。

综上可知，加工位置精度要求不高，但臂部刚性较差，给工件的装夹带来困难，设计夹具时对此应予以注意。

2）确定夹具的结构方案

（1）确定定位方案，设计定位元件。

如图 4.59 所示，工件上的两个加工孔为通孔，沿 z 轴方向的自由度可不予以限制。但实际上，以工件的端面定位时，必定限制该方向的自由度，故应按完全定位方案设计夹具，并力求遵循基准重合原则，以减小定位误差对加工精度的影响。

由于工件臂部刚性较差，定位方式着重考虑两种可能方案。

① 从保证工件定位稳定方面出发，以已加工过的平面 C、孔 ϕ25H7 外廓的半圆周和孔 ϕ12H7 外廓的一侧为定位基准，在夹具平面、V 形块和挡销上定位，限制工件的六个自由度，从 A、B 面钻孔。其优点是工件安装稳定，能保证 ϕ25H7 孔壁的对中性，但违背了基准重合原则，不利于保证加工要求，且钻模板不可能在同一平面上，夹具结构较复杂。

② 遵循基准重合原则。如图 4.59(c)所示，以加工过的平面 A、内孔 ϕ10H8 和孔 ϕ25H7 外廓的半圆周定位。但在钻削孔 ϕ12H7 时，工件处于悬臂状态，需要设置相应的支承件。如采用固定支承，则出现重复定位，因此可采用辅助支承来保证定位的稳定性，但这样会增加夹具的复杂程度。

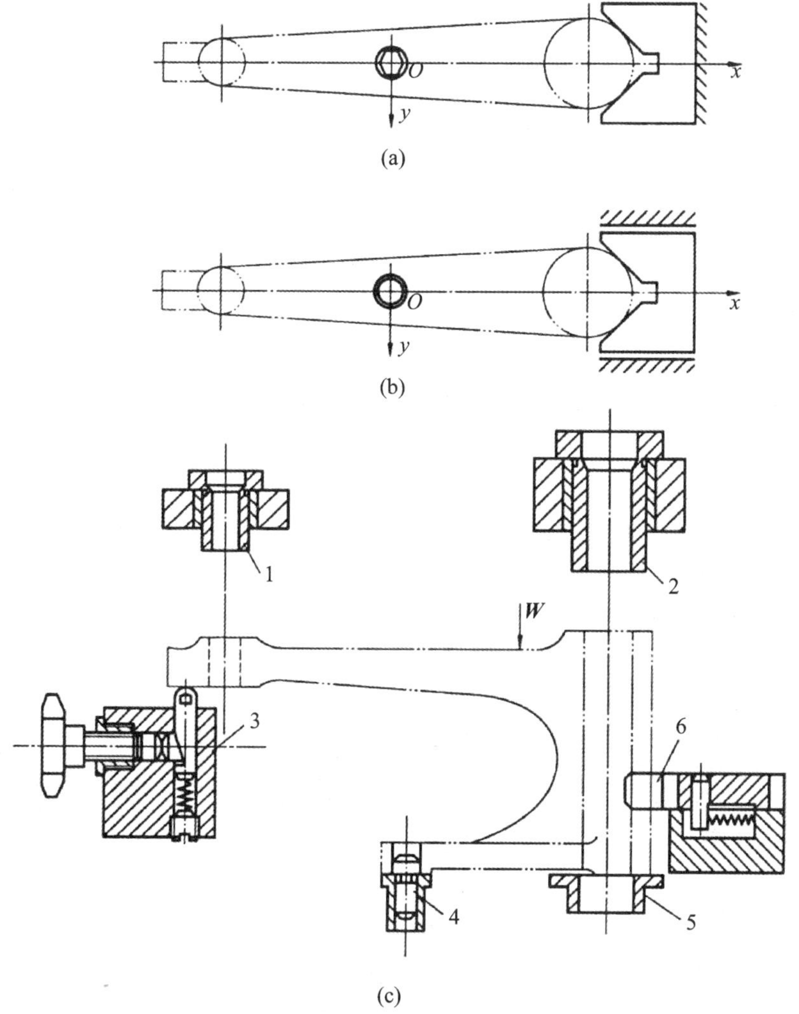

图 4.59 定位方案和定位元件的设计

1,2—钻套;3—自位辅助支承;4—定位销;5—带肩短套;6—活动 V 形块

从保证加工要求和夹具结构的复杂程度两方面进行综合分析比较,按第二种方案设计夹具比较合理。

为实现第二种方案,所使用的定位元件又有两种情况。

一是用夹具平面、短削边销、固定 V 形块实现工件的定位,如图 4.59(a)所示。采用这种定位方式时,在 x 轴方向上的定位误差较大,不利于保证尺寸(100±0.5) mm,装夹工件也不方便。

二是用夹具平面、短圆柱销、活动 V 形块实现工件的定位,如图 4.59(b)所示。采用这种定位方式时,在 x 轴方向上的定位误差取决于圆柱销和定位基准孔的配合精度。活动 V 形块兼有对中和夹紧作用,装卸工件也较方便,故应采用此种定位方式。

如图 4.59(c)所示,定位元件为装在带肩衬套中的定位销 4、带肩短套 5 和活动 V 形块 6。在工件的平面 B 下设置自位辅助支承 3。

(2) 确定夹紧方式,设计夹紧机构。

由于活动 V 形块 6 中的弹簧的作用,工件沿 x 轴方向被压紧在定位销 4 上,这两个定位元件共同承受钻削时的钻削扭矩,因此,只需对工件施加向下的夹紧力即可。为便于操作和提高机构效率，采用支承点在中央的螺旋压板机构。力的作用点落在靠近加工孔 ϕ25H7 的加强筋上。在钻削孔 ϕ12H7 时，由于孔径较小，钻削扭矩和轴向切削力较小，且已有辅助支承承受轴向切削力，故可不另施加夹紧力。

(3) 设计钻套、钻模板。

为进行钻、扩、铰加工，采用加长的快换式钻套，其孔径尺寸和公差按前面所介绍的方法确定，结构尺寸可查阅有关夹具设计手册。

两待加工孔的中心相距较远[(194.75±0.25) mm]，故采用固定式钻模板，并设置加强筋，以提高其刚度。钻模板上的两个钻套孔的中心距公差要严格按工件的公差进行缩小。在设计和装配夹具时还要保证：定位元件 4、5、6 的轴线在同一平面上，两带肩套的端面与本体底面平行，钻套孔轴线与 A 面垂直，以及加工孔 ϕ25H7 的钻套与定位销 4 的位置尺寸有足够的精度等。

3) 绘制总图，确定主要尺寸、公差和技术要求

当上述各种元件的结构和布置方式确定后，基本上就确定了夹具体和夹具的整体结构形式，如图 4.60 所示，夹具形成框式结构，刚性较好。

最后绘制夹具总图(见图 4.60)，并按要求标注夹具有关尺寸、公差和技术条件。

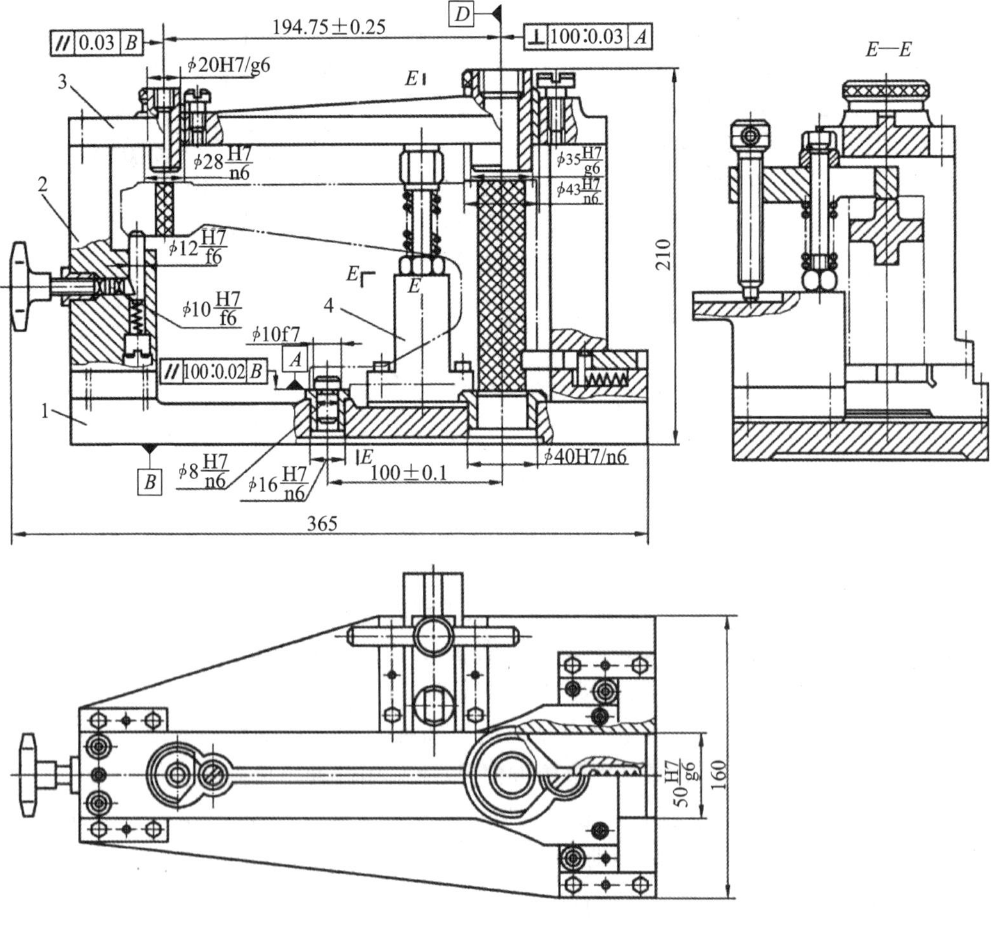

图 4.60　双孔钻床夹具总图

1—夹具体；2—支座；3—钻模板；4—夹紧装置

2-2 任务相关实践知识

一、工序详解

1. 工序图

图 4.61 所示为滑架铣槽的加工工序图。

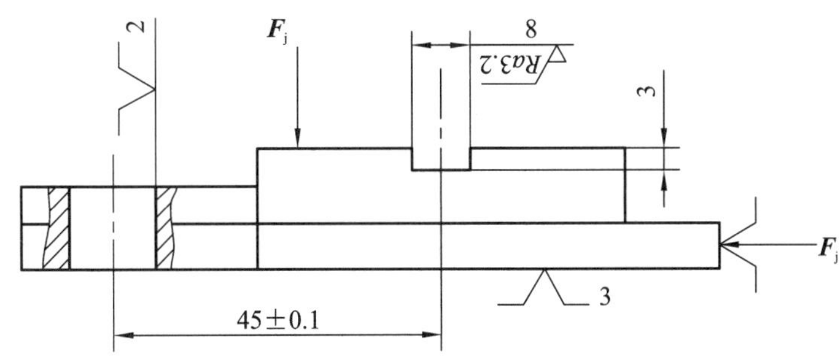

图 4.61　滑架铣槽的加工工序图

2. 工序的加工装夹位置

本工序为滑架铣槽工序，工件以底面、孔及右侧圆弧面实现六点定位，用压板压住上表面，用活动 V 形块水平夹紧。

二、夹具设计方案

1. 定位方案及定位元件

工件底面与夹具体上表面限制 3 个自由度，孔与短圆柱销限制 2 个自由度，右侧圆弧面与活动 V 形块限制 1 个自由度。

2. 夹紧方案及夹紧元件

用移动压板压住工件上表面，用活动 V 形块水平夹紧。

3. 对刀导向装置

用 L 形对刀块实现槽深与槽宽两个方向的对刀。

4. 夹具与机床的对定

将两个 A14h6 的定位键放于铣床工作台的 T 形槽中。T 形螺栓穿过夹具体左、右两侧的 U 形耳座，从而将夹具固定在机床上。

5. 夹具体设计要点

(1) 夹具的装配部位应铸出凸台，以减小加工面积。

(2) 夹具体底部尺寸较大时，其安装基面中部应悬空，一是为了减小加工面积，二是便于在机床上平稳安装。本夹具体底部尺寸较小，故未做此处理。

(3) 夹具体壁不宜过厚，以便在满足强度的条件下尽量轻巧。

(4) 夹具体一般用铸铁制造，一是易于获得复杂几何形状，二是铸铁尺寸稳定，不易变形。

(5) 制作精度要求不高的夹具时，可以选用焊接夹具体，但应进行必要的热处理，以消除焊接应力。

(6) 夹具体相关部位应提出必要的尺寸精度和几何公差要求，以保证装配质量，满足加工要求。

(7) 夹具体的高度在满足功能的前提下应尽量低，以降低重心。

(8) 夹具体应满足强度和刚度的要求，必要时可增加筋板。

2-3 拓展性知识

一、镗床夹具设计要点

1. 镗床夹具的主要类型及其适用范围

镗床夹具(简称镗模)是孔加工时所用的夹具，其加工精度比钻床夹具的加工精度要高，主要用于箱体、支架等类型的工件的精密孔系加工，其位置精度一般可达±(0.02～0.05) mm。镗模和钻模一样，被加工孔系的位置精度是靠专门的引导元件(镗套)引导镗杆来保证的，所以采用镗模以后，镗孔的精度不受机床精度的影响。这样，在缺乏镗床的情况下，可以通过使用专用镗模来扩大车床、钻床的工艺范围，进行镗孔加工。因此，镗模在不同类型的生产中被广泛使用。

为了便于确定镗床夹具相对于工作台进给方向的相对位置，可以使用定向键或按底座侧面的找正基面用百分表找正。

根据镗套的布置形式，镗模可分为单支承导向镗模和双支承导向镗模两类。

1) 单支承导向镗模

只用一个镗套做导向元件的镗模称为单支承导向镗模。根据镗孔直径 D 和孔的长度 L，单支承导向镗模又可分为单支承前导向镗模和单支承后导向镗模两种。

(1) 单支承前导向镗模。

如图 4.62(a)所示，镗套位于刀具进给方向的前方，镗杆与机床主轴为刚性连接，机床主轴轴心线必须调整到与镗套中心线重合，机床主轴的回转精度将会影响镗孔精度。

这种镗模的优点是：

① 镗套处于刀具的前方，加工过程中便于观察、测量，特别适合于锪平面和攻丝工序。

② 加工孔径 D 根据工件要求可以不同，但镗杆的导柱直径 d 最好统一为同一尺寸，便于在同一镗套中使用多种刀具，有利于组织多工位或多工步的加工。

③ 镗杆上导向柱的直径比镗孔的小，镗套可以做得小，故能镗削孔间距小的孔系。

这种镗模的缺点是：

① 立镗时，切屑容易落入镗套中，使镗杆与镗套过早磨损或发热咬死。

② 装卸工件时，刀具引进、退出的距离较长。

为了方便排屑和装卸工件，一般取 $h=(0.5\sim1.0)D$，其值需在 20～80 mm 之间。

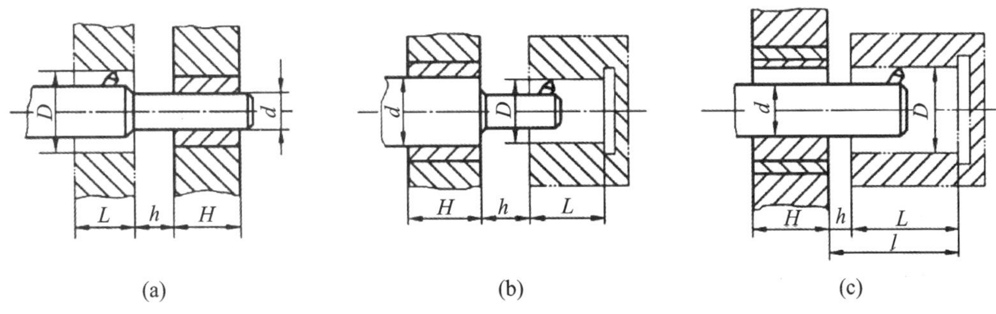

图 4.62　单支承导向镗模

(2) 单支承后导向镗模。

如图 4.62(b)、图 4.62(c)所示，镗套布置在刀具进给方向的后方，即介于工件和机床主轴之间，主要用于镗削直径 $D<60$ mm 的通孔和盲孔，镗杆与机床主轴仍为刚性连接。根据镗孔 L/D 的比值，单支承后导向镗模分为以下两种类型。

一种类型是，当所镗孔 $L/D<1$（即镗削短孔）时，采用导向柱直径大于所镗孔径（$d>D$）的结构形式，如图 4.62(b)所示。其特点是：①镗孔长度小，导向柱直径大，刀具悬伸长度短，故镗杆刚性好，加工精度高；②与前述的单支承前导向镗模一样，这种布置形式也可利用同一尺寸的后镗套，进行多工位多工步的加工；③镗杆引进、退出长度缩短，装卸工件和更换刀具方便；④用于立镗时无切屑落入镗套的顾虑。

另一种类型是，当所镗孔 $L/D>1$ 时，镗杆仍为悬臂式，应采用导向柱直径 $d<D$ 的结构形式，如图 4.62(c)所示，以便缩短距离尺寸 h 和镗杆的悬伸长度 l。因为，如仍采用 $d>D$ 的结构形式，则加工这类长孔（$L>D$）时，刀具悬伸长度必然很大（$l=h+L$），这样就降低了镗杆的刚度，使镗杆易于变形或振动，进而影响加工精度。但是，在采用单刃刀具的单支承后导向镗模镗孔时，镗套上需开有引刀槽，此时 h 值可减至最小。h 值的大小应考虑加工时便于测量、调整、更换刀头、装卸工件和清除切屑等。

2）双支承导向镗模

双支承导向镗模分为两种形式：图 4.63 所示为前后引导的双支承导向镗模，工件处于两个镗套的中间；图 4.64 所示为后引导的双支承导向镗模，在刀具的后方布置两个镗套。无论何种布置形式，镗杆与机床主轴均为浮动连接，且两镗套必须严格同轴。因此，所镗孔的位置精度完全取决于镗模支架上镗套的位置精度，而与机床精度无关，故能使用低精度的机床加工出高精度的孔系。现就它们各自的特点分述如下。

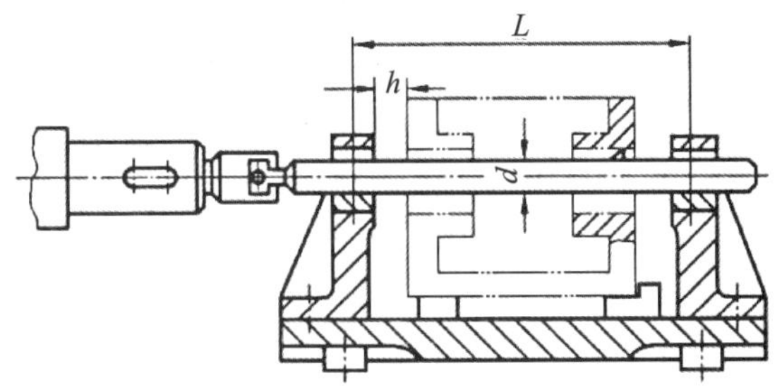

图 4.63　前后引导的双支承导向镗模

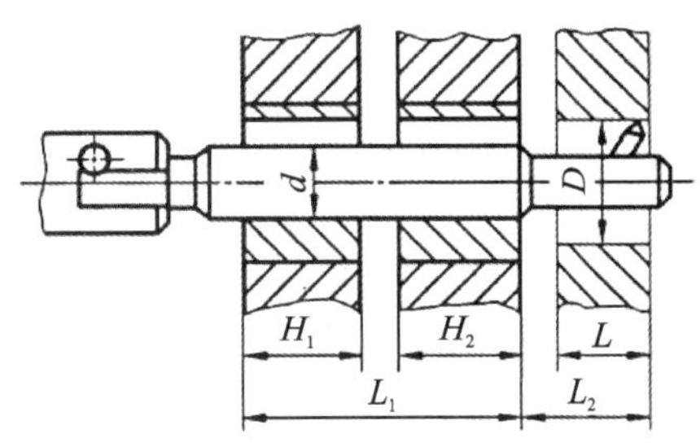

图 4.64　后引导的双支承导向镗模

（1）前后引导的双支承导向镗模。

这种镗模应用较广泛，主要用于加工 $L/D>1.5$ 的孔，或排列在同一轴线上的一组通孔，而且孔本身和孔间距精度要求较高的场合。由于镗杆较长、刚度低，更换刀具不甚方便，因此设计这种镗模时应注意以下两点。

① 当工件的前后孔相距较远，即 $L>10d$（d 为镗杆直径）时，应设置中间引导支承，以提高镗杆的刚度。

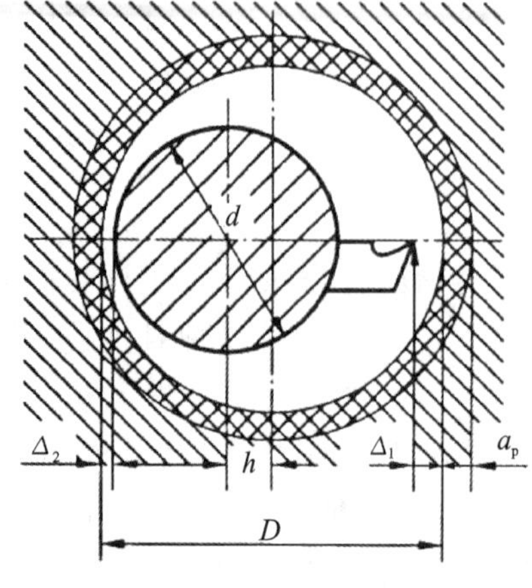

图 4.65　使镗刀便于通过的让刀偏移量

② 当预先调整好几把单刃刀具镗削同一轴线上直径相同的一组通孔时，镗模上应设置有让刀机构，使工件相对于镗杆能偏移或抬高一定的距离，待刀具通过以后，再回到原位，如图 4.65 所示，可求得所需要的最小让刀偏移量 $h_{\min}$ 为

$$h_{\min}=a_p+\Delta_1$$

这时允许的镗杆的最大直径 $D_{\max}$ 应为

$$D_{\max}=D-2(h_{\min}+\Delta_2)$$

式中：a_p 为镗孔时的切削深度；Δ_1 为刀尖通过镗孔前孔壁时所需的间隙；Δ_2 为镗孔前孔壁与镗杆之间的间隙；D 为镗孔前孔的直径。

（2）后引导的双支承导向镗模。

在某些情况下，因条件限制，不能采用前后引导的双支承导向镗模时，可采用后引导的双支承导向镗模。其优点是装卸工件方便，装卸刀具容易，加工过程中便于观察、测量。但是，由于镗杆受切削力时呈悬臂梁状态，为了提高镗杆刚度，保证导向精度，应取导向长度 $L_1>(1.25\sim1.5)L_2$。为了避免镗杆悬伸过长，应使 $L_2<5d$，且取 $H_1=H_2=(1\sim2)d$（d 为镗杆导向部分直径）。

2. 镗床夹具的结构特点及其设计

镗模除了有定位元件和夹紧装置外，还有镗套、镗杆和支架底座等特殊元件，下面分别介绍它们的结构和设计问题。

1）镗套的选择和设计

常用的镗套结构有固定式和回转式两种，设计时可根据工件的不同加工要求和加工条件合理选择。

（1）固定式镗套。

在镗孔过程中不随镗杆转动的镗套，称为固定式镗套。如图 4.66 所示，镗杆在镗套中有相对转动和轴向移动，因而存在磨损，不利于长期保持精度，只适合在低速情况下工作。

图 4.66(a)所示的镗套无衬套，不带油杯，需在镗杆上滴油润滑；图 4.66(b)所示的镗套有衬套，并自带注油装置，镗套或镗杆上必须开有螺旋形或杯形油槽。固定式镗套与钻模上的可换钻套、快换钻套基本相同，只是结构尺寸大一些。固定式镗套都已标准化，选用时可参考《机床夹具设计手册》。

固定式镗套具有下列优点：

① 结构紧凑，外形尺寸小；

② 制造简单；

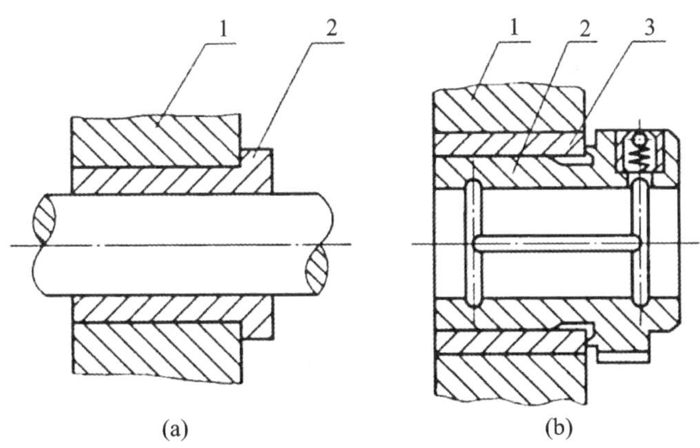

图 4.66 固定式镗套

1—夹具体;2—固定镗套;3—衬套

③ 容易准确保证镗套的中心位置,从而具有较高的孔系位置精度。

固定式镗套的缺点是:

① 容易磨损;

② 当切屑落入镗杆与镗套之间时易发热,甚至咬死。

(2) 回转式镗套。

回转式镗套在镗孔过程中随镗杆一起转动,与镗杆有相对的轴向移动(进给运动),如图 4.67所示,适合在高速情况下工作(摩擦表面的线速度 $v>24$ m/min)。

图 4.67(a)所示为装有滑动轴承的回转式镗套,其内孔带有键槽(或键),以便由镗杆上的键(或键槽)带动镗套回转。这种镗套的径向尺寸较小,有较高的回转精度和抗振性,但滑动轴承间隙的调整比较困难,且不易长期保持其精度,使用时要特别注意保证轴承的充分润滑和防屑,因此仅在结构尺寸受到限制和转速不高的半精加工时采用。

图 4.67(b)所示为装有滚珠轴承的回转式镗套,用于卧式镗孔,其径向尺寸较大,加工精度与轴承精度及其配合状况有关,通常用于粗加工和半精加工,在选择高精度轴承和较紧密配合的情况下,也可用于精加工。如需减小径向尺寸,可采用滚针轴承来代替滚珠轴承。

图 4.67(c)所示为装有滚锥轴承的回转式镗套,用于立式镗孔,它有较高的刚度,但回转精度较低,常用于切削负荷较重、切削厚度不均的粗加工中。

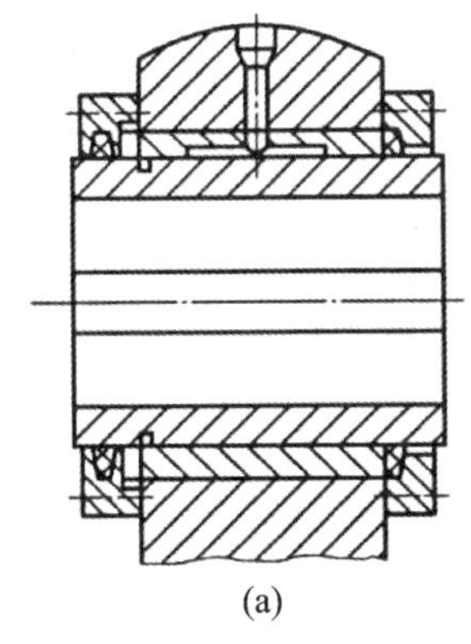
(a)

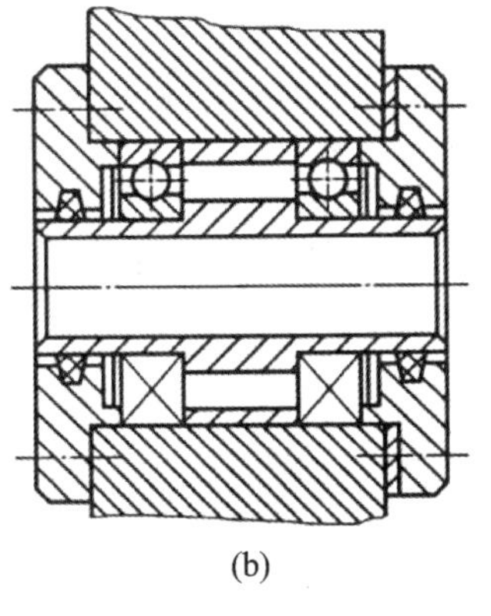
(b)

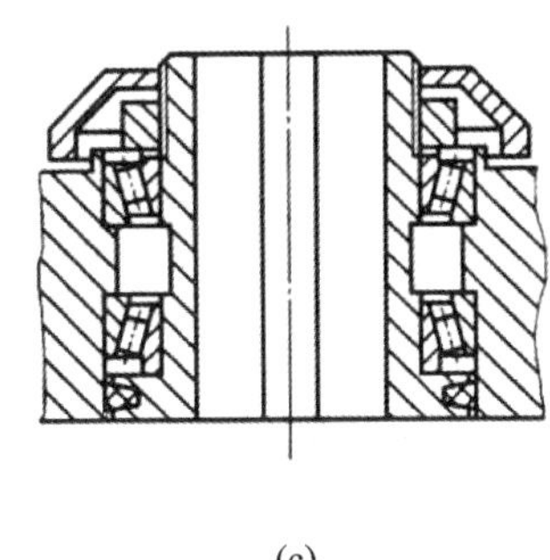
(c)

图 4.67 回转式镗套

采用回转式镗套进行镗孔，大多数都是镗孔直径大于镗套孔直径，如果在工作过程中镗刀需要通过回转式镗套，就必须在回转式镗套上开有引刀槽。为了使镗刀能顺利地进入引刀槽中而不发生碰撞，必须具备两个条件：一是镗杆引进或退出时，必须停止旋转，使镗刀以固定的方位进入或退出镗套，为满足这一条件，可采用主轴定位法，即镗刀随主轴旋转到固定的角度位置停止，正好对准镗套的引刀槽而引进或退出；二是在镗杆与回转镗套间设置定向键，以保证工作过程中镗刀与引刀槽的位置关系正确。此定向键也有保证加工精度稳定的作用。

带定向键的回转式镗套，其定向键的形式有两种。

图4.68(a)所示为带尖头键的回转式镗套，尖头键5的安装部位应在回转式镗套的前端，以保证当镗杆启动旋转并工作进给时，尖头键5已进入镗杆的键槽中。

图4.68(b)所示为带钩头键的回转式镗套，定向键借助镗套1上的钩头键3同镗杆相连接，并以此保证镗刀与镗套引刀槽的相对位置关系。在固定法兰盘4的端面上开有槽N，在原始状态下，钩头键3在弹簧2的作用下进入槽N中，使镗套1固定在预定的位置上。当镗杆在主轴定位(即保证镗杆上的键槽对准钩头键3)的情况下进入镗套时，镗杆上的键槽底面压下钩头键3而使其脱离槽N，这样镗套1便可以随镗杆一起回转。加工完后镗杆退回时，主轴定位并保持原有的方位，使钩头键3对准槽N；当镗杆退出镗套后，钩头键3又重新落入槽N中，使镗套1定位。此种结构形式的镗套，工作可靠，应用较广，但结构尺寸较大，有时受孔间距的限制而不能采用。

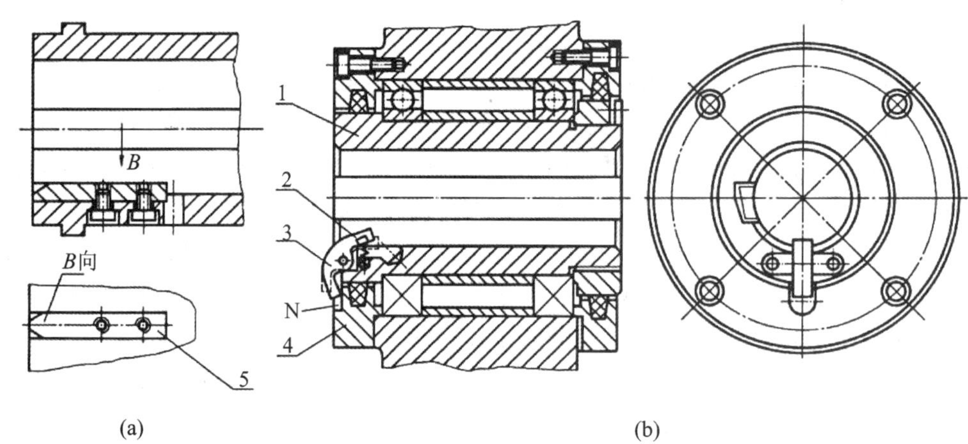

图4.68　带定向键的回转式镗套

1—镗套；2—弹簧；3—钩头键；4—法兰盘；5—尖头键

在设计镗套时，除了合理选择结构外，为了保证导向可靠，还应注意下面两个问题。

① 镗套的长度影响导向性能，根据镗套的类型和布置方式，若采用前后引导的双支承导向镗模时，一般取：

固定式镗套：　　$H=(1.5\sim2)d$

滑动回转式镗套：　　$H=(1.5\sim3)d$

滚动回转式镗套：　　$H=0.75d$

对于单支承的镗套，或者当加工精度要求较高时，上述各式应取上限值。

② 镗套与镗杆以及衬套的配合必须恰当，过紧易研磨坏或咬死，过松则不能保证工序

的加工精度，设计时可参考表 4.3。

表 4.3 镗套与镗杆、衬套的配合

配合表面	镗杆与镗套	镗套与衬套	衬套与支架
配合性质	$\frac{H7}{g6}\left(\frac{H7}{h6}\right)$，$\frac{H6}{g5}\left(\frac{H6}{h5}\right)$	$\frac{H7}{h6}\left(\frac{H7}{js6}\right)$，$\frac{H6}{h5}\left(\frac{H6}{js5}\right)$	$\frac{H7}{n6}$，$\frac{H6}{n5}$

加工孔的精度低于 IT8 级或粗镗时，镗杆选用 IT6 级精度；加工孔的精度为 IT7 级时，镗杆选用 IT5 级精度；加工孔的精度等于或高于 IT6 级时，镗杆与镗套采用研配法，配合间隙不大于 0.01 mm，但此时应用低速加工。

对于回转式镗套，镗杆与镗套的配合选用 H7/h6 或 H6/h5。

镗套内孔与外圆的同轴度公差为 0.005 mm，内孔的粗糙度 Ra 为 3.2～0.08 mm，外圆的粗糙度 Ra 为 6.3～3.2 mm。

(3) 镗套的材料与热处理。

镗套的材料可选用铸铁(HT20～HT40)、青铜、粉末冶金材料或钢。镗套的硬度一般低于镗杆的硬度，因为镗套磨损后比镗杆容易更换。当生产批量不大时，多采用铸铁；当负荷大时，采用 50 号钢或 20 号钢渗碳淬火，淬硬达到 55～60 HRC，工作时还要有良好的润滑条件。我国的铜产量少，价格贵，故只在生产批量较大时采用铜镗套。

工作时为保持镗套和镗杆之间的清洁，可采用密封防屑装置，防止灰尘及细屑进入，以免加速镗套与镗杆的磨损或发生咬死现象。

2) 镗杆的设计

(1) 镗杆的结构。

在设计镗套时，必须同时考虑镗杆的结构。镗杆的结构有整体式和镶条式两种，如图 4.69 所示。当镗杆直径小于 50 mm 时，镗杆做成整体式，并在外圆柱表面开螺旋槽[见图 4.69(a)、图 4.69(c)]或直槽[见图 4.69(b)]。开槽后，虽具有能减小镗杆与镗套的接触面积，能储存润滑油、细屑、切屑等优点，但仍不能完全避免产生咬死现象。这种结构的镗杆，其摩擦面的线速度不宜超过 20 m/min。为了提高切削速度，便于磨损后修理，可采用在导向部分安装镶条的结构，如图 4.69(d)所示。镶条的数量一般为 4～6 条。最好用铜制造，因为铜的摩擦系数小、耐磨，可提高摩擦面的线速度。磨损后可在镶条下面加垫片，再修磨外圆，以保持原来的直径。但需注意，为了保持镗杆的强度，镶条和固定镶条的螺钉孔宜错开布置。

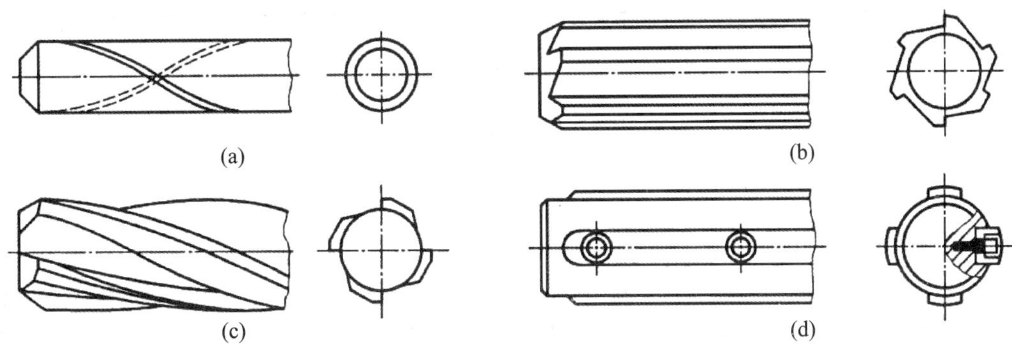

图 4.69 镗杆导向部分的结构

若镗套内开有键槽，则镗杆的导向部分应带平键。一般在平键下装有压缩弹簧，如图4.70(a)所示，引进镗杆时，平键压缩弹簧后伸入镗套内，这样便可使平键在回转过程中自动进入键槽。

若镗套内装有尖头键，则镗杆上应铣出与之配合的长键槽。镗杆的前端做成螺旋引导结构，如图4.70(b)所示，引导螺旋角一般为45°，这样便于镗杆引进后使键顺利地进入槽内。

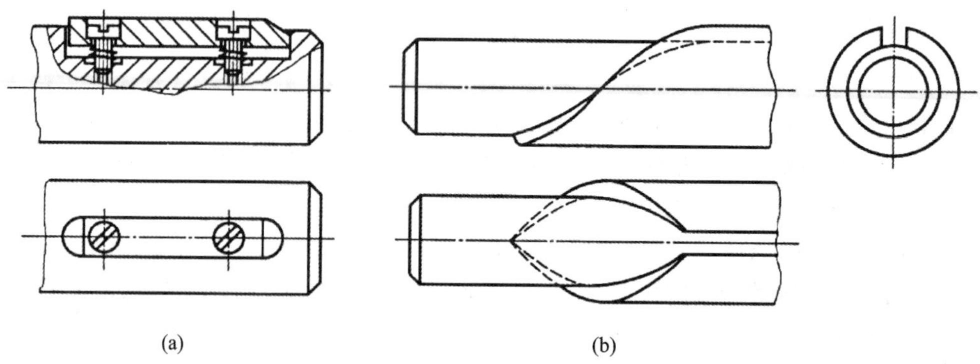

图4.70　镗杆引进部分的结构

镗杆上装刀孔开设的位置必须根据工件镗孔加工工序图上的有关加工尺寸来确定，加工工序由工艺人员在编制镗孔工艺时绘制好，装刀孔的形状与所选镗刀的结构有关。单刃刀头装刀孔的断面形状有圆形和方形两种，在镗杆上可直开或斜开。斜开的装刀孔用于小直径镗杆或镗削不通孔的镗杆。小直径镗杆采用斜开，可以提高刀头的刚度；镗不通孔时采用斜开，可使刀尖露出镗杆端面，避免镗杆端面与孔底相碰。

双刃镗刀块用的装刀孔都是长方形，而且只能直开。

采用多刀同时镗孔时，安装刀头或镗刀块的孔宜错开布置，以免降低镗杆的强度，引起较大的变形。

(2) 镗杆的尺寸。

确定镗杆直径时，应考虑到镗杆的刚度以及镗孔时镗杆与工件孔之间应留有足够的容屑空间，一般按下列经验公式选取

$$d=(0.7\sim0.8)D$$

式中：d 为镗杆直径，mm；D 为被镗孔直径，mm。

镗杆直径也可参考表4.4来选取。

表4.4　被镗孔直径 D、镗杆直径 d 和镗刀截面之间的尺寸关系　单位：mm

D	30～40	<40～50	<50～70	<70～90	<90～140	<140～190
d	20～30	30～40	40～50	50～65	65～80	80～120
镗刀截面 $B\times H$	8×8	10×10	12×12	16×16	16×16 20×20	20×20 25×25
圆形刀头直径	8	10	12	16	20	24

说明：

① 在应用经验公式或选用经验数据时，需要做具体分析。例如，当要求在不卸下镗杆的情况下能测量孔径时，镗杆的直径宜选用下限值；如镗杆较长，为提高镗杆的刚性，则应取上限值。

② 若镗杆直径太小，则刚性差；若镗杆直径太大，则使用不便。一般情况下，镗杆直径不小于 ϕ25 mm，特殊情况下不小于 ϕ15 mm。当镗杆直径大于 ϕ80 mm 时，应做成空心的，以减轻重量。

③ 对于同一镗杆，直径尽量一致，以便于制造。

④ 单支承镗杆，其悬伸长度 L 与导向直径 d 之比，以 $L/d<4$ 为佳。

(3) 镗杆的材料。

镗杆的表面硬度比镗套的要高，而内部要有较好的韧性，故一般都采用 45 号钢、40Cr 钢进行淬火，硬度为 40～45 HRC；也可采用 20 号钢、20Cr 钢渗碳淬火，渗碳层深度为 0.8～1.2 mm，硬度为 61～63 HRC。

(4) 镗杆与机床主轴的连接方法。

在采用双支承导向时，镗杆与机床主轴都是浮动连接。常用的浮动接头的结构形式很多，图 4.71 所示的浮动接头是其中最普通的一种结构。对浮动接头的基本要求是，应能自动调节补偿镗杆轴线和机床主轴轴线的角度偏差和位移量，否则就会失去浮动作用，从而影响镗孔精度。

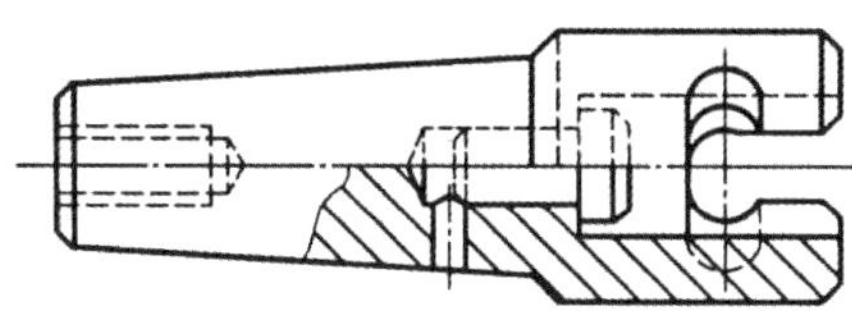

图 4.71　镗杆与机床主轴连接的浮动接头

3) 支架和底座的设计

支架和底座是镗模上的关键元件，要求有足够的强度和刚度、较高的精度，以及精度的长期稳定性，其材料多为铸件（一般为 HT20～HT40），二者多分开制造，以方便加工、装配和时效处理。

镗模支架是供安装镗套和承受切削力用的，不允许安装夹紧机构或承受夹紧力。如图 4.72(a)所示，夹紧力作用在镗模支架上，会引起支架变形，从而影响镗套的位置精度，进而影响镗孔精度。图 4.72(b)中，夹紧力直接作用在底座上，这样有利于保证镗孔的精度。

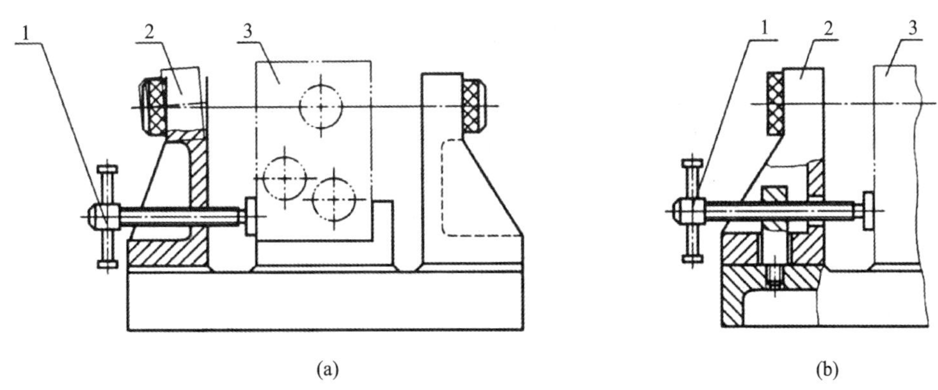

图 4.72　使镗模支架不承受夹紧力的结构

1—夹紧螺钉；2—支架；3—工件

镗模支架的典型结构及其尺寸可参考表 4.5。

表 4.5　镗模支架的典型结构及其尺寸　　单位:mm

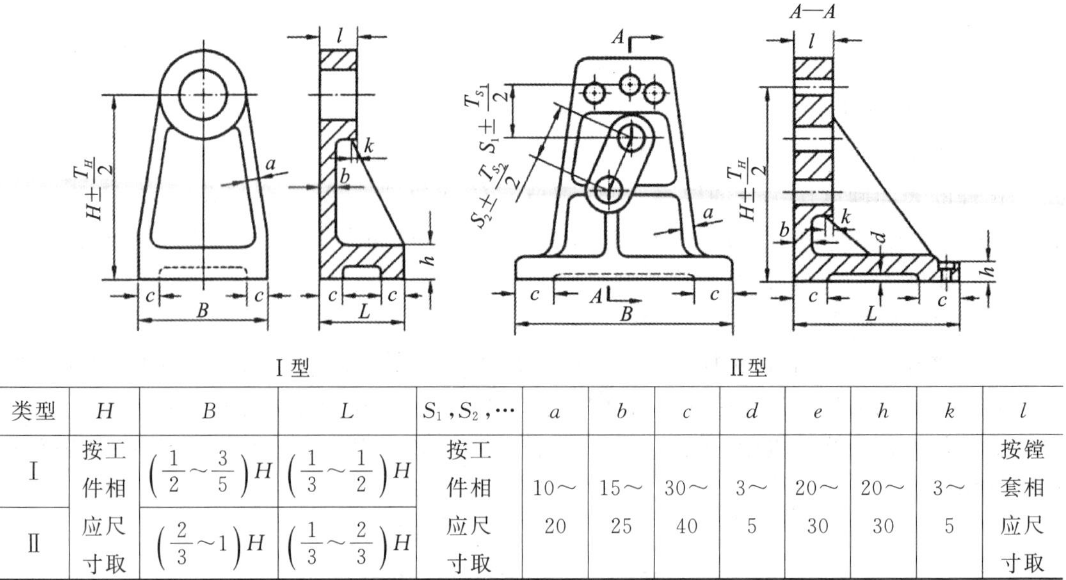

类型	H	B	L	$S_1,S_2,\cdots$	a	b	c	d	e	h	k	l
Ⅰ	按工件相应尺寸取	$\left(\frac{1}{2}\sim\frac{3}{5}\right)H$	$\left(\frac{1}{3}\sim\frac{1}{2}\right)H$	按工件相应尺寸取	10～20	15～25	30～40	3～5	20～30	20～30	3～5	按镗套相应尺寸取
Ⅱ		$\left(\frac{2}{3}\sim1\right)H$	$\left(\frac{1}{3}\sim\frac{2}{3}\right)H$									

镗模底座要承受夹具上所有元件的重量以及加工过程中的切削力，为了提高其刚度，除了选取适当的壁厚外，还要合理布置加强筋，以减小变形。加强筋常采用十字形，并使加强筋与加强筋之间的距离相等，以易于铸造。底座的高度可适当增加，一般与夹具总高度之比推荐为1/7(其他夹具的此值为1/10)，其最小高度应大于160 mm。底座的典型结构和尺寸如表4.6所示。

表 4.6　底座的典型结构和尺寸

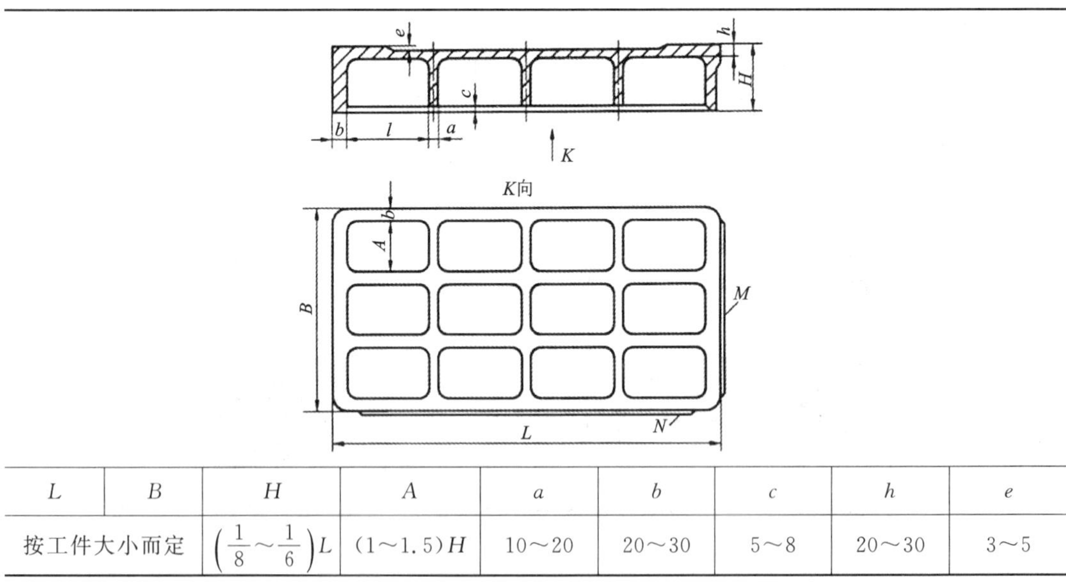

L	B	H	A	a	b	c	h	e
按工件大小而定		$\left(\frac{1}{8}\sim\frac{1}{6}\right)L$	$(1\sim1.5)H$	10～20	20～30	5～8	20～30	3～5

设计镗模底座时，还需注意下面几点：(1) 在镗模底座上设置找正基面N，供镗模在机床上找正用。找正基面与镗套中心线的平行度一般为300∶0.01。(2) 镗模底座的上平面，应按所要安装的各元件的位置，做出与之相配合的凸台表面，以减少刮研工作量。(3) 为便于起吊

搬运,应在底座的适当位置设置起吊孔。(4) 铸件毛坯在粗加工后,需进行时效处理。

二、齿轮加工机床夹具

齿轮的齿形加工方法中使用最广泛的是滚齿和插齿,所以,这里主要介绍滚齿机床夹具和插齿机床夹具。

1. 滚齿机床夹具

在滚齿机上滚切齿轮时,为了充分利用滚刀架的最大行程和提高生产率,应尽量采用多件加工,只有在受到工件结构上的限制,或在单件小批量生产和工件较大、较重的情况下,才采用单件加工。

图 4.73 所示为单件加工用的滚齿机床夹具,底座 1 紧固在机床工作台上,利用千分表校正夹具轴线与工作台轴线的重合精度。

工件以圆柱校孔和其端面定位,采用支承垫圈 3 和中间套筒 4 作为定位元件。采用中间套筒 4 的目的是,可以利用同一根心轴来安装内孔直径大小不同的齿轮。6 是夹紧垫圈,通过球面垫圈和螺帽 7 对工件轴向施力,从而夹紧工件。心轴 5 安装在底座中间 1∶10 的锥孔中,锥孔楔紧后能自锁,心轴 5 不致发生转动。心轴 5 的上端由机床上的固定扶架 8 来支承,以增加心轴 5 的刚性。

图 4.74 所示为多件加工用的滚齿机床夹具,工件[见图 4.74(b)]以花键孔和端面定位,采用花键心轴 3 和中间垫圈 4 作为定位元件。由于齿轮的轮毂偏向一边凸出,因此每两个齿轮并靠在一起,使轮毂凸出部分都向外,这样可以少用几个中间垫圈。如果齿轮两侧都有凸出的轮毂,则所有的相对平面上都要放置垫圈。垫圈两侧面必须平行,而且其厚度必须使两个轮毂不相碰。夹具结构和相互位置精度要求如图 4.74(a)所示。

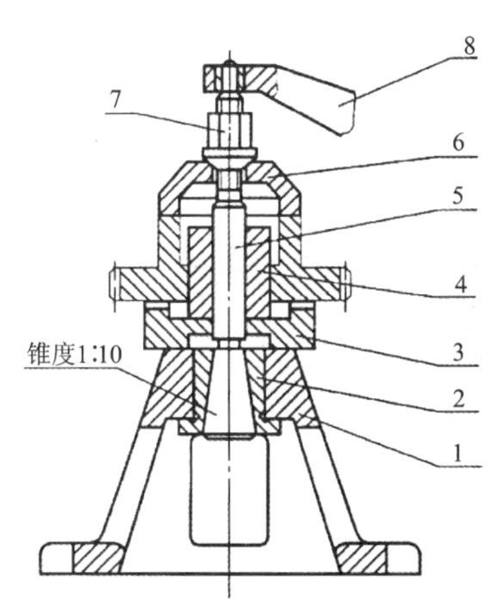

图 4.73 单件加工用的滚齿机床夹具

1—底座;2—衬套;3—支承垫圈;4—中间套筒;5—心轴;6—夹紧垫圈;7—螺帽;8—固定扶架

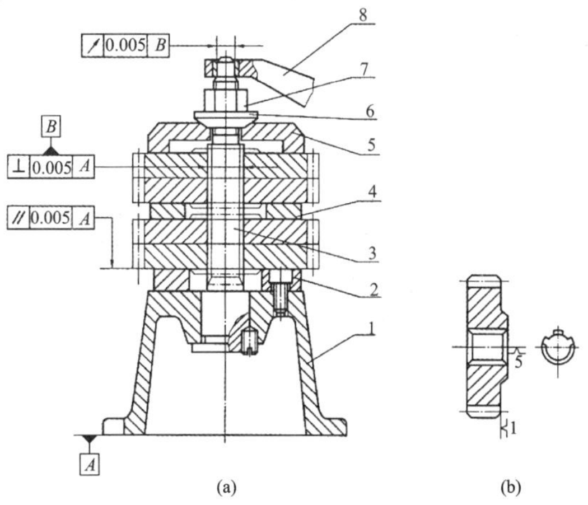

图 4.74 多件加工用的滚齿机床夹具

1—底座;2—支承垫圈;3—花键心轴;4—中间垫圈;5—夹紧垫圈;6—球面垫圈;7—螺帽;8—固定扶架

2. 插齿机床夹具

多联齿轮或内齿轮的齿形加工需要采用插齿的方法。图 4.75(a)所示为双联齿轮的插齿机床夹具。心轴 1 安装在机床回转工作台上的锥孔中,工件以内孔及端面定位,采用支承垫圈 2 和定位套筒 3 作为定位元件,定位套筒 3 安装在夹紧垫圈 4 上,装卸工件时,随夹紧垫圈4一起装上或卸下。

图4.75(b)所示为插内齿轮的插齿机床夹具。工件以内孔和端面放在定位套3和支承垫圈2上定位，定位套3在心轴4上定位，心轴4的锥柄在机床工作台的锥孔中定位，用螺旋压板5、6夹紧工件。

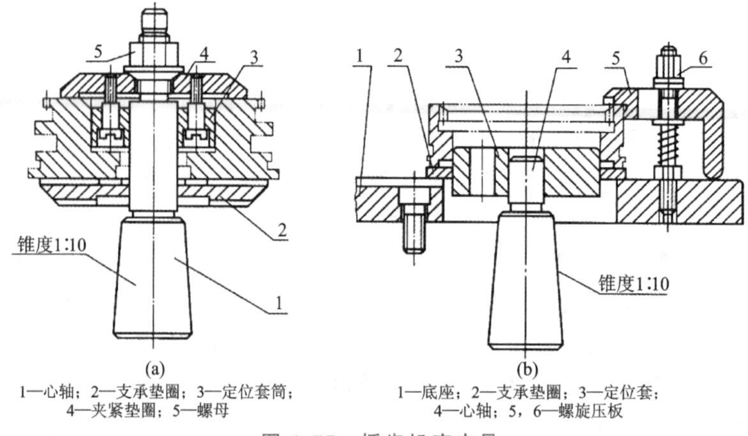

图4.75 插齿机床夹具

2-4 课程思政案例

智能制造有什么意义？

智能制造推动工具革命和决策革命。工具革命，使生产更加高效、低成本；决策革命，渗透到从需求到生产的各个环节，可以提高决策的精确性和科学性，缩短决策周期，并有效降低由决策的不确定性所带来的试错成本。

同时，智能制造也是以“智能＋”为代表的新经济的“基石”，已成为当今世界各国技术创新和经济发展竞争的焦点。中国正处于发展模式转型升级的关键阶段，推动制造业高质量发展具有尤其重要的意义。

课程思政案例

动画：铣变速器上盖夹具

动画：铣端面通槽夹具

动画：铣孔夹具

模块3 任务实施

3-1 滑架零件铣床夹具装配总图

滑架零件铣床夹具装配总图如图4.76所示。

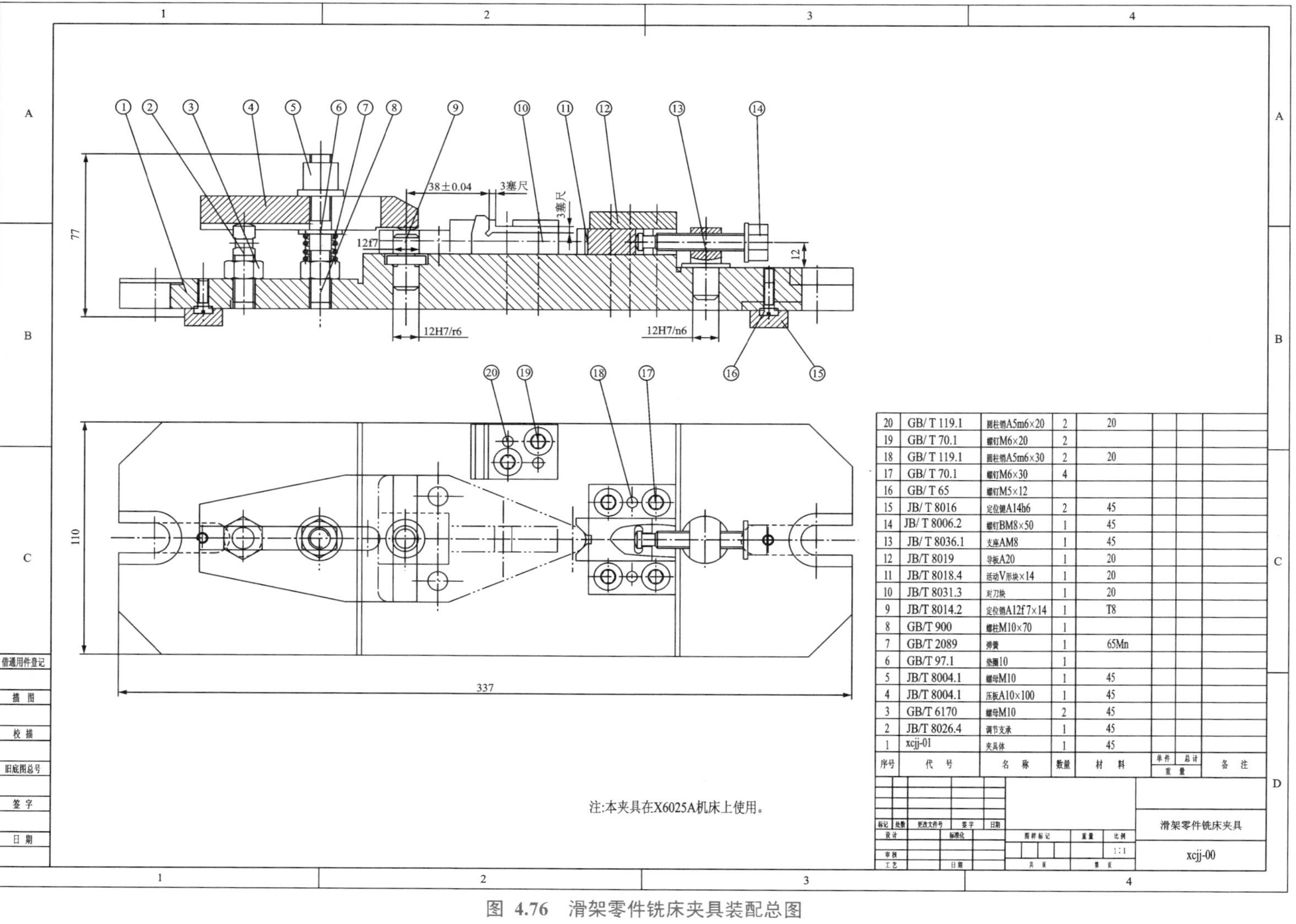

20 GB/T 119.1 圆柱销A5m6×20 2 20
19 GB/T 70.1 螺钉M6×20 2
18 GB/T 119.1 圆柱销A5m6×30 2 20
17 GB/T 70.1 螺钉M6×30 4
16 GB/T 65 螺钉M5×12
15 JB/T 8016 定位键A14h6 2 45
14 JB/T 8006.2 螺钉BM8×50 1 45
13 JB/T 8036.1 支座AM8 1 45
12 JB/T 8019 导板A20 1 20
11 JB/T 8018.4 活动V形块×14 1 20
10 JB/T 8031.3 对刀块 1 20
9 JB/T 8014.2 定位销A12f7×14 1 T8
8 GB/T 900 螺柱M10×70 1
7 GB/T 2089 弹簧 1 65Mn
6 GB/T 97.1 垫圈10 1
5 JB/T 8004.1 螺母M10 1 45
4 JB/T 8004.1 压板A10×100 1 45
3 GB/T 6170 螺母M10 2 45
2 JB/T 8026.4 调节支承 1 45
1 xcjj-01 夹具体 1 45
序号 代号 名称 数量 材料 单件 总计 重量 备注
注:本夹具在X6025A机床上使用。
滑架零件铣床夹具
xcjj-00
1:1
38±0.04
3塞尺
12f7
12
12H7/r6
12H7/n6
77
110
337
借通用件登记
描图
校描
旧底图总号
签字
日期

图 4.76 滑架零件铣床夹具装配总图

3-2 滑架零件铣床夹具非标准零件图

夹具体零件图如图 4.77 所示。

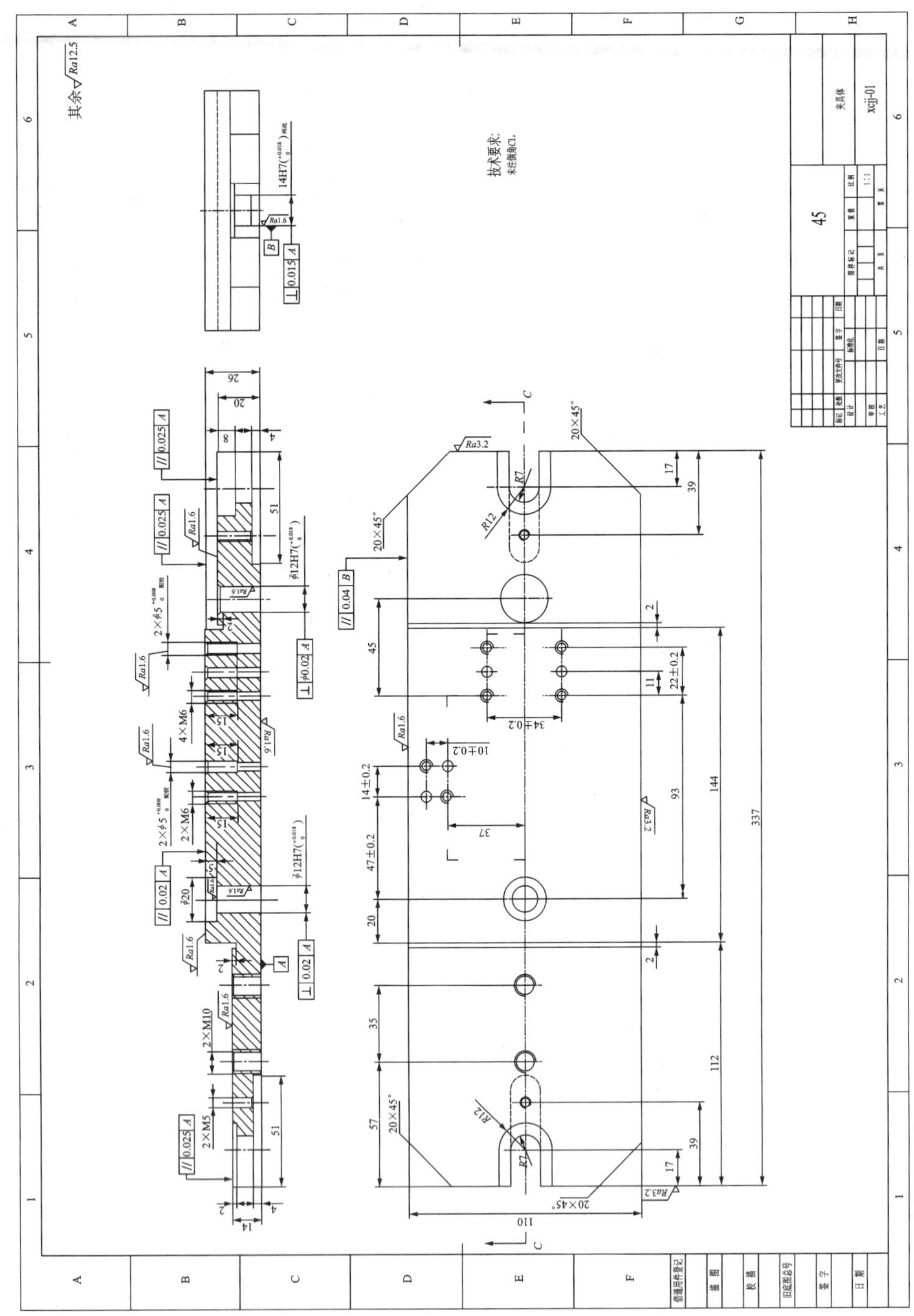

图 4.77 夹具体零件图

模块4 任务评价与反思

4-1 夹具设计方案评估

夹具设计要点如下：

(1) 本工序尺寸槽宽 8 mm 由铣刀保证，其余工序尺寸均为自由公差，故夹具定位方案能保证加工精度。

(2) 该夹具共有 20 个零件，其中标准件 19 个，标准化率为 95%，有利于组织生产，并且夹具设计、生产周期短，易于更换零部件。

4-2 评分表

夹具设计考核评分表

序号	项目	技术要求	评分标准	分值	得分
1	明确设计任务，收集设计资料(5分)	(1) 熟悉零件的图样、零件的加工表面和技术要求	熟悉零件的图样	1分	
			熟悉零件的加工表面和技术要求	1分	
		(2) 熟悉零件的结构特点和在产品中的作用	熟悉零件的结构特点和在产品中的作用	1分	
		(3) 熟悉零件的材料、毛坯种类、特点、重量和外形尺寸	熟悉零件的材料、毛坯种类、特点、重量和外形尺寸	1分	
		(4) 熟悉零件的工序流程	熟悉零件的工序流程，并分析、绘出零件的工序流程	1分	

续表

序号	项目	技术要求	评分标准	分值	得分
2	制订夹具设计方案，绘制结构草图(65分)	(1) 分析自由度	合理、正确地分析自由度	5分	
		(2) 确定定位方案，设计定位装置	确定定位方案，合理设计定位装置	20分	
		(3) 确定夹紧方案，设计夹紧机构	确定夹紧方案，合理设计夹紧机构	15分	
		(4) 分析夹具定位误差	合理、正确地分析夹具定位误差	10分	
		(5) 分析定位夹紧力	合理、正确地分析定位夹紧力	5分	
		(6) 绘制结构草图	正确绘制结构草图	10分	
3	绘制夹具装配总图(15分)	绘制夹具装配总图	正确绘制夹具装配总图	15分	
4	绘制夹具零件图(15分)	绘制夹具零件图	正确绘制夹具零件图	15分	
设计质量评分：					

模块5 拓展提高与练习

5-1 拓展提高实践

一、任务发出：绘制操作手柄联板工件图

如图4.78所示，加工操作手柄联板零件，在本工序中需铣8 mm直槽，工件材料为45钢，批量$N=5000$件。

设计一铣床夹具，包括：(1)操作手柄联板铣床夹具装配总图；(2)操作手柄联板铣床夹具非标零件图。

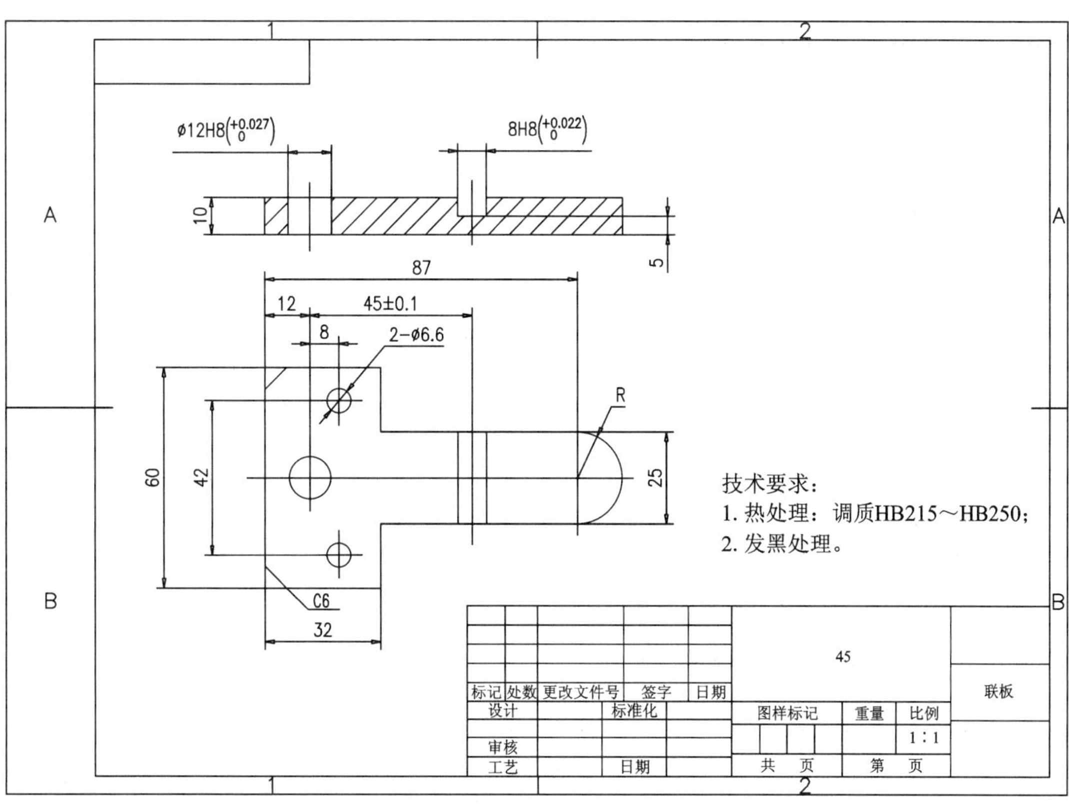

图 4.78 操作手柄联板零件

二、任务目标及描述

操作手柄联板零件车工艺过程卡片

<table>
<tr><td colspan="2" rowspan="2">常州机电职业技术学院</td><td colspan="3" rowspan="2">机械加工工艺程卡片</td><td>产品型号</td><td></td><td>零件图号</td><td colspan="2">03-01</td><td colspan="2">共 1 页</td></tr>
<tr><td>产品名称</td><td></td><td>零件名称</td><td colspan="2">联板</td><td colspan="2">第 1 页</td></tr>
<tr><td colspan="2">材料牌号</td><td>45</td><td>毛坯种类</td><td>15 mm 板材</td><td>毛坯外形尺寸</td><td>见毛坯图</td><td>毛坯件数</td><td></td><td>每台件数</td><td></td><td></td></tr>
<tr><td rowspan="2">工序号</td><td rowspan="2">工序名称</td><td colspan="3" rowspan="2">工序内容</td><td rowspan="2">车间</td><td rowspan="2">设备</td><td colspan="3" rowspan="2">工艺装备</td><td colspan="2">工时</td></tr>
<tr><td>准终</td><td>单件</td></tr>
<tr><td>1</td><td>落料</td><td colspan="3">线切割,周边到尺寸</td><td>机械</td><td></td><td colspan="3"></td><td></td><td></td></tr>
<tr><td>2</td><td>热处理</td><td colspan="3">调质处理至 215～250 HB</td><td>热处理</td><td></td><td colspan="3"></td><td></td><td></td></tr>
<tr><td>3</td><td>铣平面</td><td colspan="3">铣上、下面到尺寸</td><td>机械</td><td>X5032</td><td colspan="3">0～125 mm 游标卡尺等</td><td></td><td></td></tr>
</table>

续表

工序号	工序名称	工序内容		车间	设备	工艺装备		工时	
								准终	单件
4	钳1	划 2×ϕ6.6 mm 及 ϕ12 mm 孔加工线，钻 2×ϕ6.6 mm 孔到尺寸		机械	钳工平台	0～125 mm 游标卡尺、150 mm 钢板尺、划针			
5	钳2	钻、扩、铰 ϕ12 mm 孔到尺寸。去毛刺，孔口倒角 C0.5 mm		机械	Z516	ϕ9 mm 钻头、ϕ11.7 mm 扩孔钻、ϕ12H7 铰刀等			
6	铣槽	铣 8 mm 直槽到尺寸		机械	X6132A	专用铣床夹具、0～125 mm 游标卡尺、直齿三面刃铣刀等			
7	钳3	周边修整，去毛刺		机械	钳工平台	0～125 mm 游标卡尺等			
8	检验	按照图纸检查各部尺寸及要求							
9	入库	清洗、加工表面涂防锈油							
编制		校对		标准	会签		审核		

三、任务实施

(1) 绘制操作手柄联板铣床夹具装配总图。

(2) 绘制操作手柄联板铣床夹具非标零件图。

联板铣床夹具非标零件图

联板铣床夹具装配总图

5-2 拓展练习

一、对刀尺寸标注

(1) 如图 4.79 所示，确定并标注对刀块位置尺寸，塞尺厚度取 3 mm。

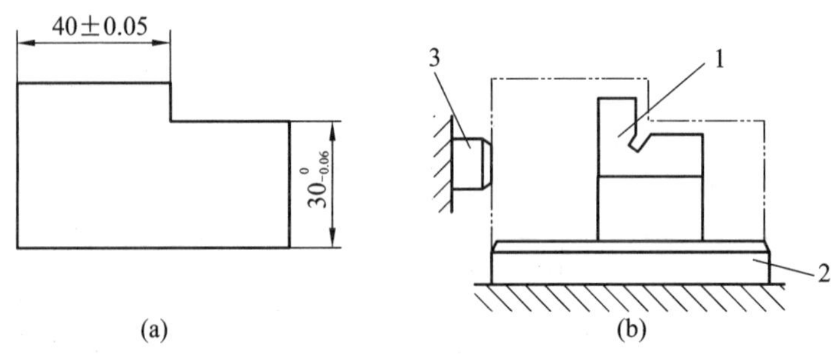

图 4.79 题(1)图

1—对刀块；2—支承板；3—支承钉

(2) 如图 4.80 所示,确定并标注对刀块位置尺寸,塞尺厚度取 3 mm。

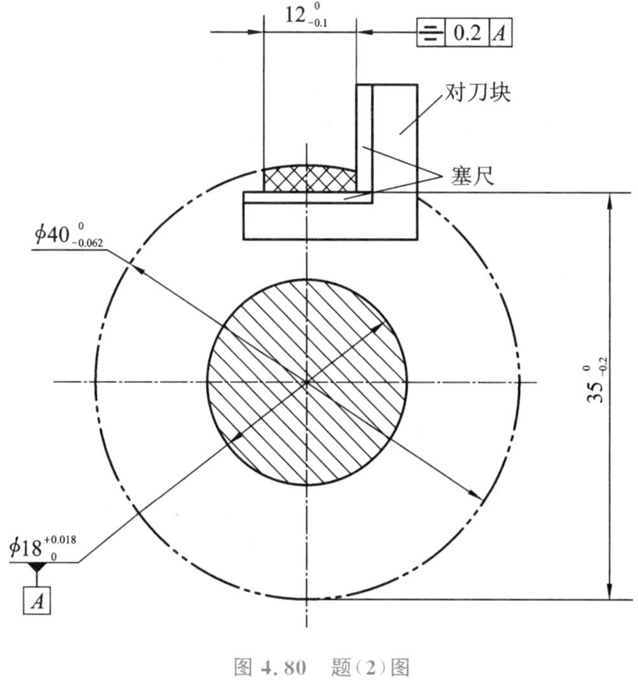

图 4.80 题(2)图

(3) 如图 4.81 所示,计算并标注钻套位置尺寸,已知工件两孔中心距为(112±0.15) mm。

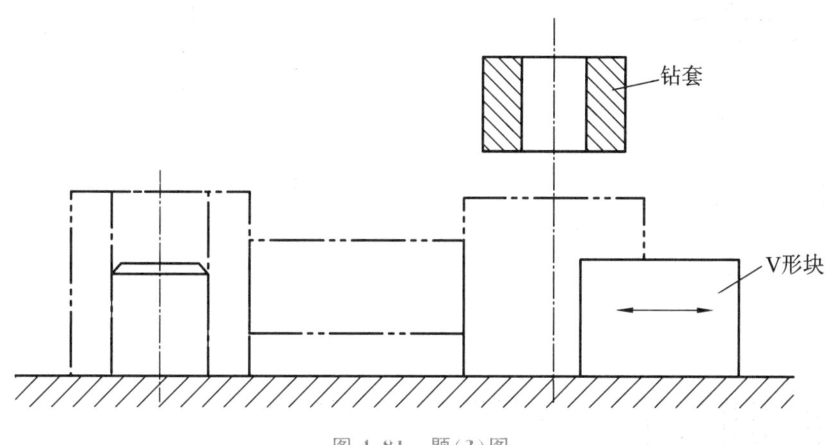

图 4.81 题(3)图

(4) 如图 4.82 所示,确定并标注对刀块位置尺寸,塞尺厚度取 3 mm。

(5) 如图 4.83 所示,确定并标注对刀块位置尺寸,塞尺厚度取 3 mm。

(6) 如图 4.84 所示,确定并标注对刀块位置尺寸。

二、钻套内孔尺寸确定

用钻模加工一批工件的 ϕ20H7 孔,其工步为:(1)用 ϕ18 mm 麻花钻钻孔;(2)用 ϕ20 mm 扩孔钻扩孔;(3)用 ϕ19.93 mm 铰刀粗铰孔;(4)用 ϕ20 mm 铰刀精铰孔,达到尺寸要求。试确定各工步所用钻套内孔直径及极限偏差。

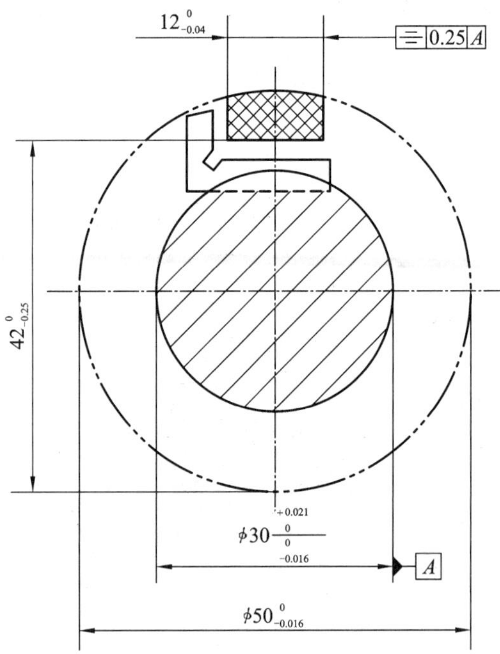

图 4.82　题(4)图

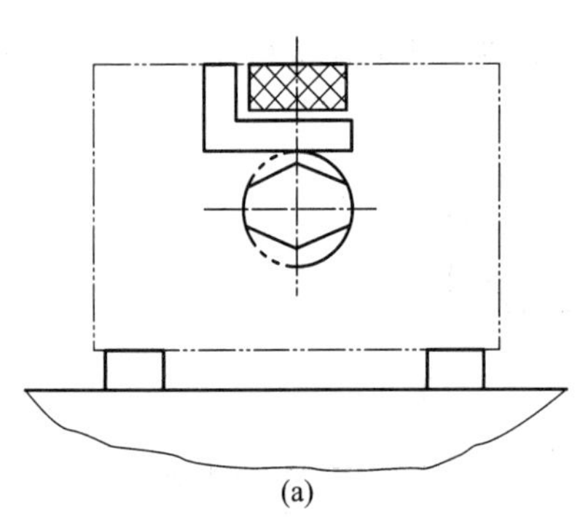

(a)

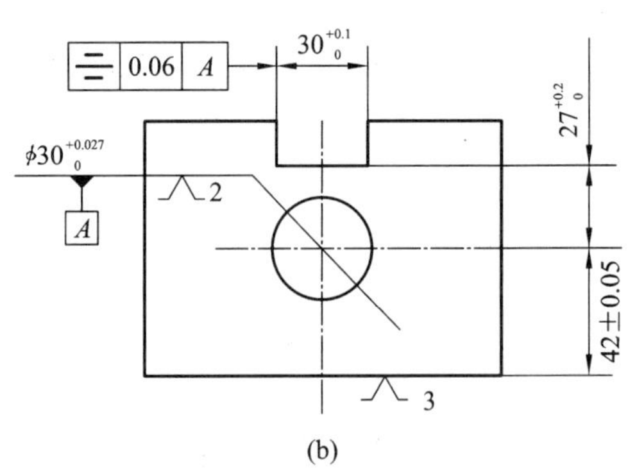

(b)

图 4.83　题(5)图

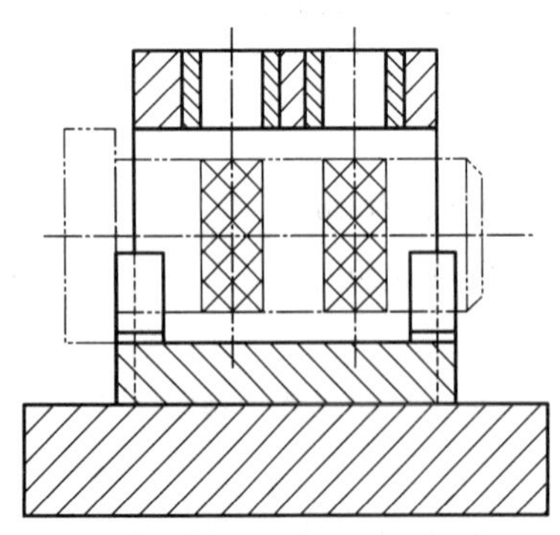

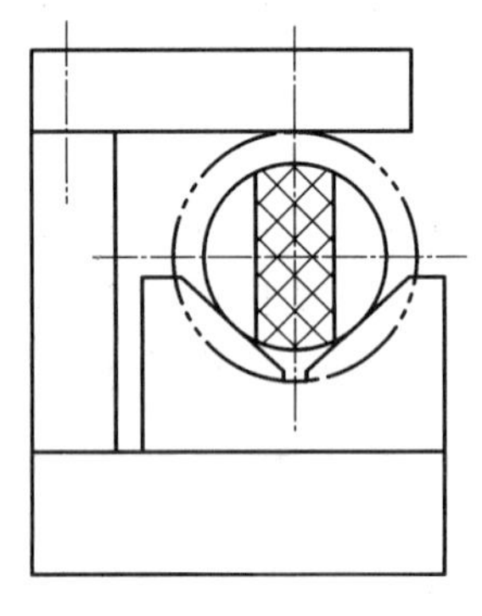

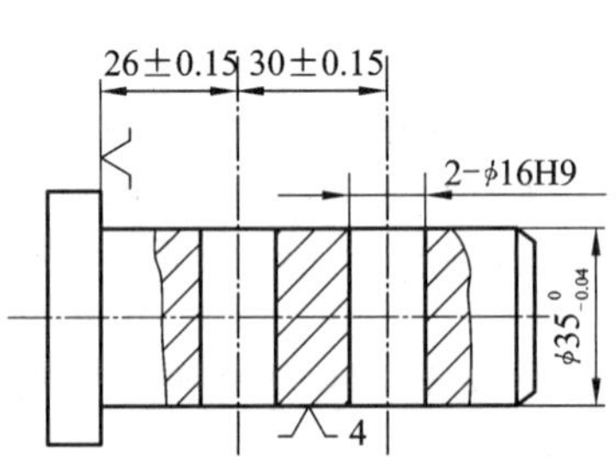

图 4.84　题(6)图

三、夹具总图上的尺寸、技术条件标注

(1) 图 4.85 所示为铣槽工艺,已知塞尺厚度为 3 mm,标注尺寸及技术条件。

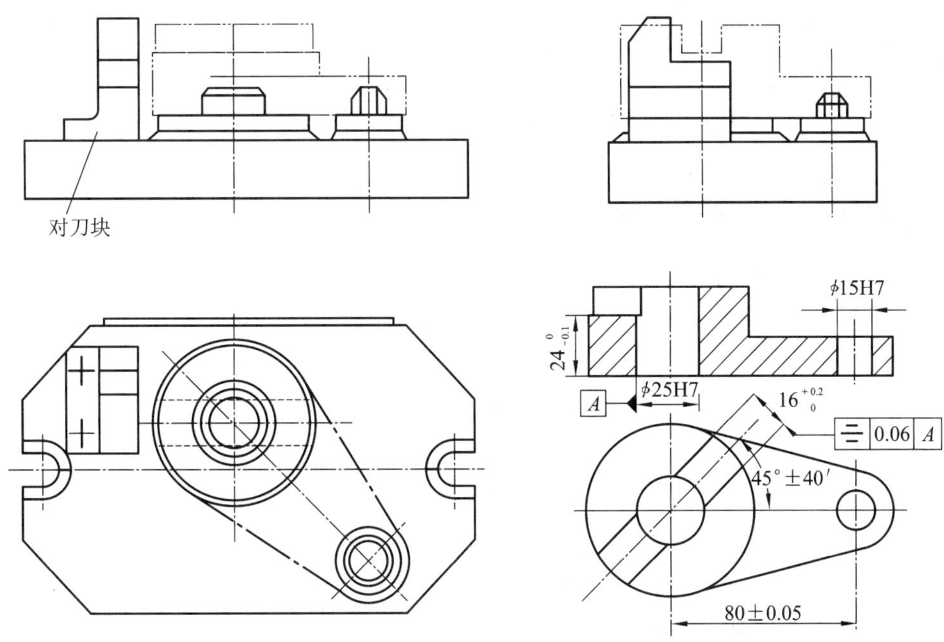

图 4.85 题(1)图

(2) 图 4.86 所示为钻孔工艺,标注尺寸及技术条件。

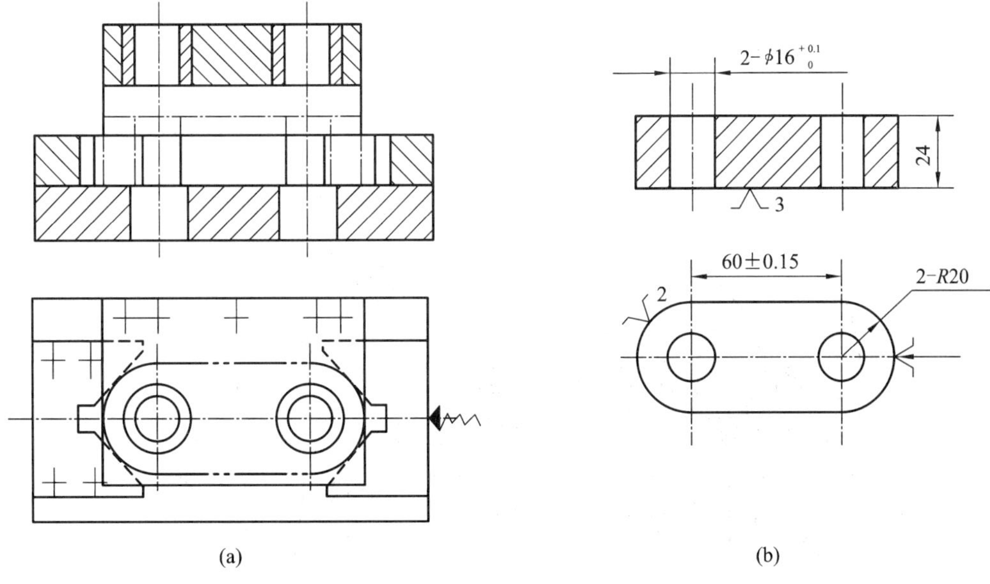

图 4.86 题(2)图

(3) 图 4.87 所示为钻孔工艺,标注尺寸及技术条件。

(4) 如图 4.88 所示,标注尺寸和技术条件(不能确定具体值的尺寸用 A、B、C、D、E 标注,能确定具体值的尺寸要标出具体值)。

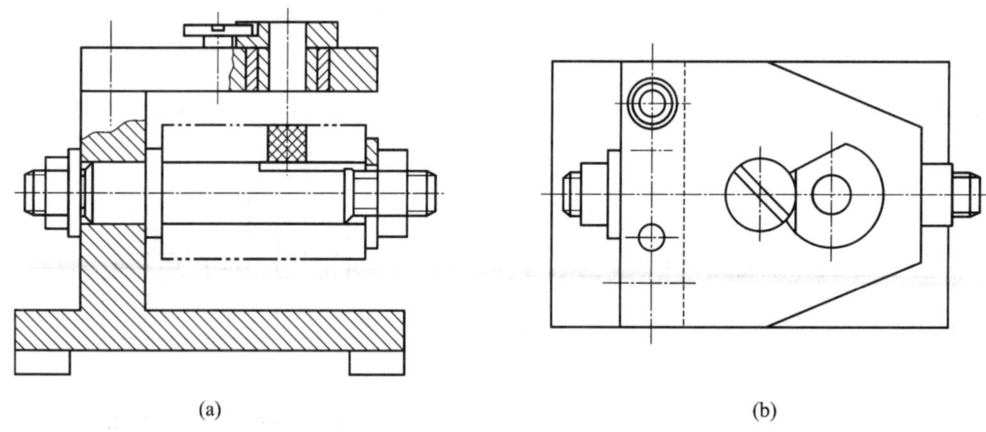

图 4.87　题(3)图

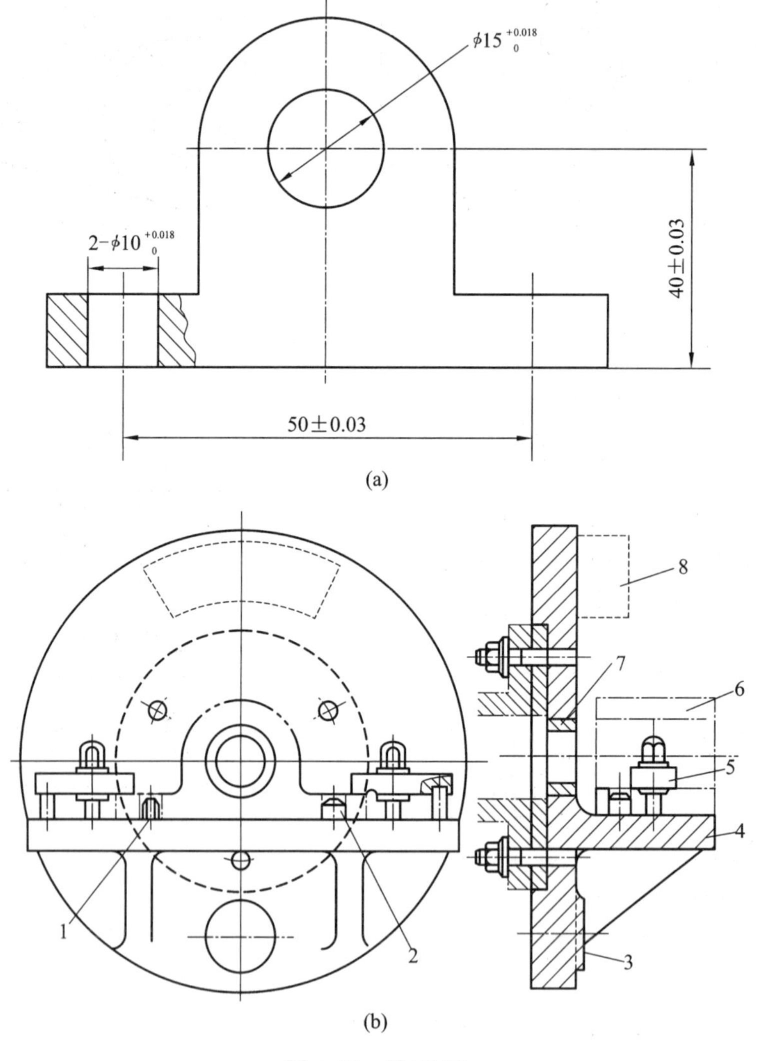

图 4.88　题(4)图

1—削边定位销；2—固定定位销；3—轴向定程基面；4—夹具体；5—压板；6—工件；7—导向套；8—平衡配重

(5) 如图 4.89 所示,标注尺寸和技术条件(不能确定具体值的尺寸用 A、B、C、D、E 标注,能确定具体值的尺寸要标出具体值)。

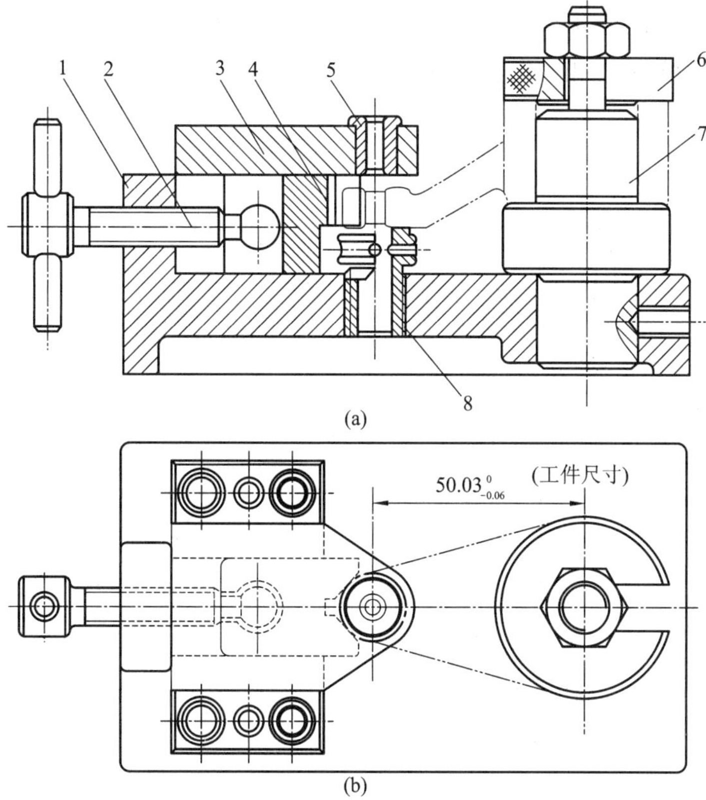

图 4.89 题(5)图

1—夹具体;2—固定手柄压紧螺钉;3—钻模板;4—移动 V 形块;
5—钻套;6—开口垫圈;7—定位销;8—辅助支承

四、工艺孔设计

图 4.90 所示为铣平面工序图,试设计确定对刀块位置尺寸的工艺孔。

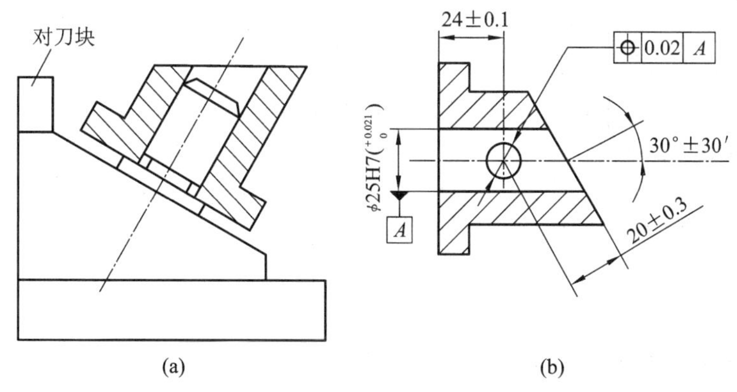

图 4.90 铣平面工序图

五、夹具设计

(1) 如图 4.91 所示，在支架上钻 ϕ9H7 孔，工件的其他表面均已加工好，试对工件进行工艺分析，设计钻模，标注相关尺寸，并进行精度分析。

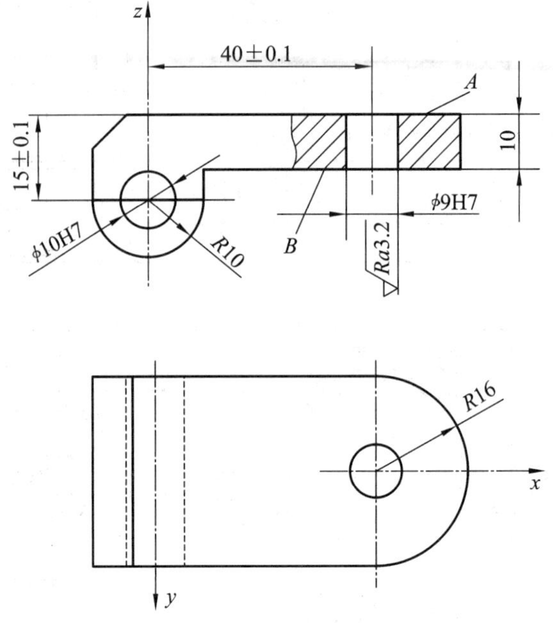

图 4.91 支架上钻孔工序图

(2) 如图 4.92 所示，在零件上铣槽，其他表面已加工好，试对工件进行工艺分析，设计铣床夹具，标注相关尺寸，并进行精度分析。

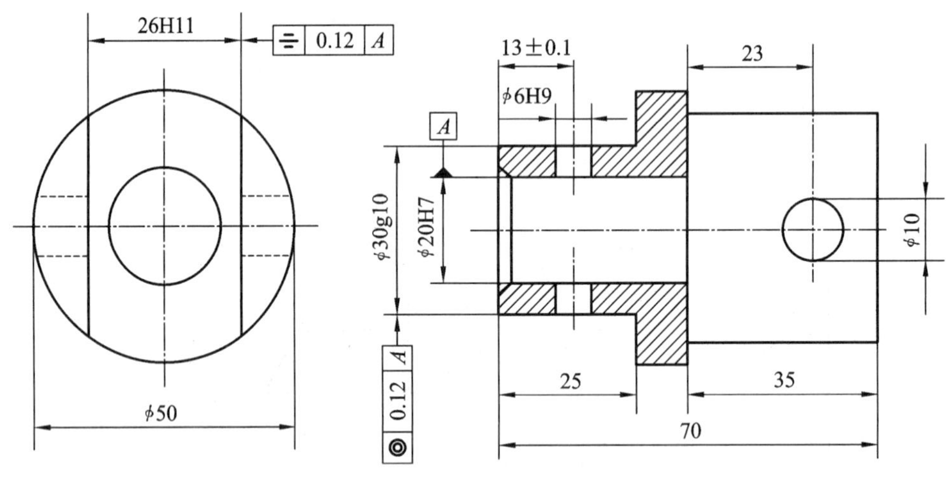

图 4.92 零件上铣槽工序图

(3) 在车床上镗如图 4.93 所示的轴承座孔 ϕ32K7，A 面和两个 ϕ9H7 孔已加工好，试对工件进行工艺分析，设计车床夹具，标注相关尺寸，并进行精度分析。

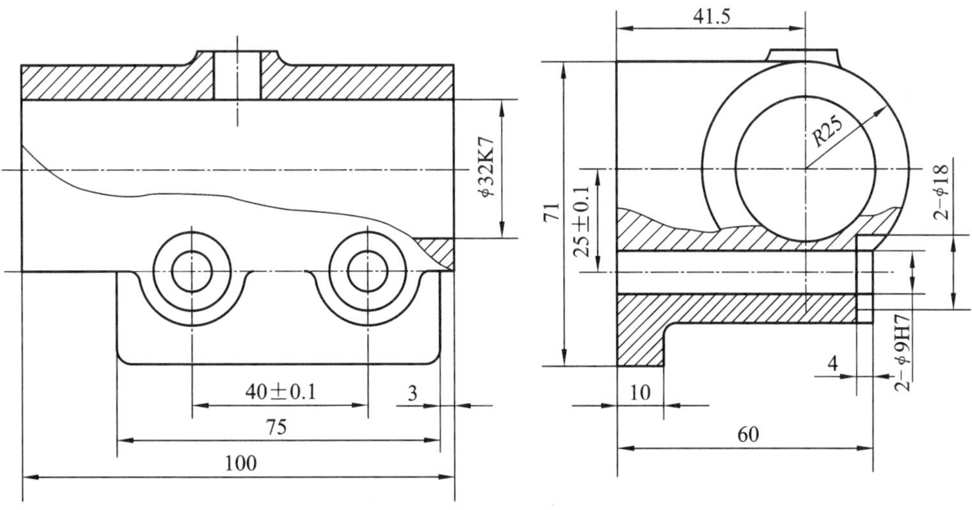

题 4.93 镗轴承座孔工序图

模块6 教学设计参考

项目：

每一位学生都必须完成一套铣床夹具的设计。

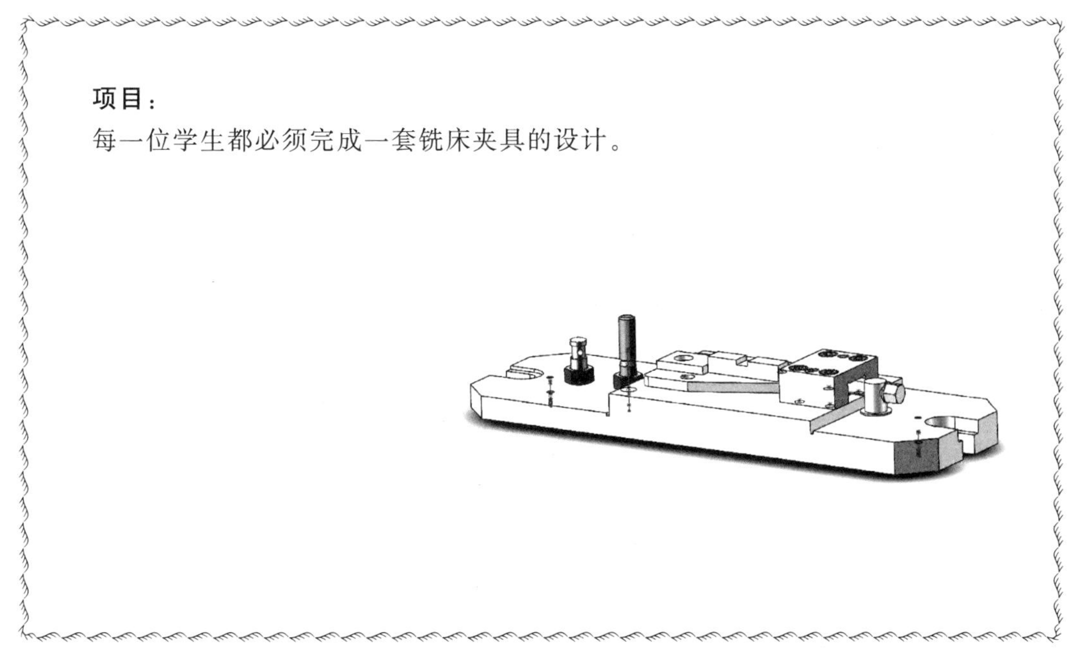

说明：(1) 此部分为“完成滑架零件铣床夹具设计”。

(2) 完整的单元包含：编制滑架零件加工工艺、设计滑架零件铣床夹具、分析滑架零件铣床夹具的精度、绘制滑架零件铣床夹具装配图、绘制非标准件零件图、铣床夹具方案评估。

学习项目 4:设计滑架零件铣床夹具			教学意图(训练职业行动能力)				
学习模块 4.1:滑架零件分析			学习内容	跨专业能力		专业能力	
				方法/学习能力	社会/个人能力	理论	实践
行动学习阶段	教师和学生活动 (具体实施)	课堂教学方法		学生能:	学生能:	学生能:	学生能:
导入	1. 任务发出 滑架零件加工工艺						
信息获取/分析	2. 任务分析 (1) 学生观察零件图,分析解决这个项目应该考虑哪些问题。每人一张彩纸,先独立画出分析图(思维导图),经过讨论后将小组统一稿贴于白板上。 (2) 请某一组学生讲述,其他组补充。教师可适当指导,让方案更明确,以便学生能较清晰地做后面的工作。不需指正,允许带着错误进行以后环节(目标内容:选择设备、夹具、刀具、量具,确定切削用量、加工工艺步骤,实施加工)	思维导图、小组讨论、组间互审	零件图纸	• 独立思考 • 能把信息清楚地传递给对方 • 能对零件进行描述和倾听别人的讲解 • 能发现有效的学习方法 • 能碰到问题查阅相关资料 • 会做笔记	• 能收集相关信息 • 能运用相关工具书 • 能够与他人协作并共同完成一项任务	会分析零件的特征	列出滑架零件工艺相关内容

续表

学习项目4:设计滑架零件铣床夹具			教学意图(训练职业行动能力)				
学习模块4.1:滑架零件分析			学习内容	跨专业能力		专业能力	
				方法/学习能力	社会/个人能力	理论	实践
行动学习阶段	教师和学生活动 (具体实施)	课堂教学方法		学生能:	学生能:	学生能:	学生能:
计划	3. 根据分析内容制订详细的实施方案 (1)学生利用已有的知识独立编制零件加工过程。 (2)小组讨论、修改,达成共识。 (3)学生根据整理的加工步骤选择加工方式、工具和量具。 (4)每组用图画的形式将达成共识的加工步骤展示出来。 (5)请学生离开座位,去其他组观看,自由交流	小组合作、自由交流、交流沟通、可视化	滑架零件加工工艺	• 能与他人协作完成计划的制订 • 能倾听他人的意见和建议 • 有学习新方法、新技术、新知识的能力 • 有运用新技术、新工艺的意识	• 能够与他人协作并共同完成一项任务 • 能够与他人交流沟通 • 能够应用可视化的方法	• 能按规定格式编制计划 • 能按照标准机械加工工艺卡片填写相关内容 • 能按零件的批量选择加工方式	• 分析加工工具、量具和加工方式 • 了解加工内容,掌握加工过程 • 编制零件加工工艺
决策	4. 学生评选方案 (1)抽2组上台讲述本组的方案,时间为3分钟,其他组各抽2人,组成评审组,负责提问或提出建议。 (2)需提前5分钟确定名单,以便同组人对其进行指导。 (学生评选方案的过程中,教师不进行指正)	讨论法、组间互审	滑架零件加工工艺	• 会修改计划 • 能优化计划 • 能够用简单的语言或方式总结归纳	• 能够与他人协作并共同完成一项任务 • 能倾听他人的意见 • 能接受他人的批评	能合理设计滑架零件的加工工艺过程	能编写滑架零件的工艺过程卡片
实施、检查	5. 完善方案,并形成工艺过程卡片						

学习项目4:设计滑架零件铣床夹具			教学意图(训练职业行动能力)				
学习模块4.2:滑架零件定位方案设计			学习内容	跨专业能力		专业能力	
				方法/学习能力	社会/个人能力	理论	实践
行动学习阶段	教师和学生活动 (具体实施)	课堂教学方法		学生能:	学生能:	学生能:	学生能:
导入	1. 任务发出 如何保证各工序的加工要求	提问					
信息获取/分析	2. 任务分析 (1)学生独立思考。请学生分析铣槽工序有哪些相关的加工要求。每人一张彩纸,先独立写出关键词,然后进行讨论,最后形成小组统一稿。 (2)抽某一组学生讲述,其他组补充	单独工作、小组交流、关键词卡片	工序的加工要求	• 能专注投入工作 • 能和同学一起分工协作 • 可以根据要点写出关键词 • 可以合理利用时间	• 能认真执行计划 • 能规范、合理地执行加工操作方法	分析工序的加工要求	用关键词写出工序的加工要求
	3. 信息获取 (1)学生独立学习。请学生根据定位原理分析滑架零件铣槽工序必须限制哪些自由度。小组讨论,得出结论。 (2)请某一组学生讲述,其他组补充。教师可适当指导,让方案更明确,以便学生能较清晰地做后面的工作。不需指正,允许带着错误进行以后环节。 (3)学生独立学习。请学生根据定位原理分析滑架零件铣槽工序的定位基准。小组讨论,得出结论。 (4)请某一组学生讲述,其他组补充	独立学习、分析内容、做标记、理解、小组讨论	• 根据加工要求分析工件应该限制的自由度 • 根据加工要求选择定位基准	• 能够与他人协作并共同完成一项任务 • 能够倾听他人的意见 • 能够接受他人的批评 • 能够做出决定并说明理由 • 能够专注于任务并且目标明确地实施	• 能与他人协作完成计划的制订 • 独立思考 • 能把信息清楚地传递给对方 • 能够提出各种不同的建议并相互比较	• 掌握加工要求与限制自由度的关系 • 根据加工要求选择定位基准	• 能分析滑架零件铣槽工序必须限制哪些自由度 • 能选择定位基准

续表

学习项目4:设计滑架零件铣床夹具			教学意图(训练职业行动能力)				
学习模块4.2:滑架零件定位方案设计			学习内容	跨专业能力		专业能力	
				方法/学习能力	社会/个人能力	理论	实践
行动学习阶段	教师和学生活动(具体实施)	课堂教学方法		学生能:	学生能:	学生能:	学生能:
信息获取/分析	4. 根据分析内容制订详细的实施方案 (1) 学生利用已有的知识独立设计滑架零件铣槽的定位方案。 (2) 小组讨论、修改,达成共识。 (3) 每组用图画的形式将达成共识的定位方案展示出来。 (4) 请学生离开座位,去其他组观看,自由交流	提问、独立学习、分析内容、做标记、理解	• 以平面定位的定位元件 • 以外圆定位的定位元件	• 能专注投入工作 • 能和同学一起分工协作,完成计划的制订 • 可以合理利用时间	• 能收集相关信息 • 能够用简单的语言或方式总结归纳 • 能够与他人协作并共同完成一项任务 • 能够与他人交流沟通 • 能够应用可视化的方法	• 掌握以平面定位的定位元件 • 选择滑架零件铣槽的定位元件	• 能查阅资料,选择定位元件 • 能设计滑架零件铣槽的定位方案
决策	5. 学生评选方案 (1) 抽2组上台讲述本组的方案,时间为3分钟,其他组各抽2人,组成评审组,负责提问或提出建议。 (2) 需提前5分钟确定名单,以便同组人对其进行指导 (学生评选方案的过程中,教师不进行指正)	讨论法、组间互审		• 会修改计划 • 能优化计划 • 能够用简单的语言或方式总结归纳	• 能够与他人协作并共同完成一项任务 • 能够倾听他人的意见 • 能够接受他人的批评	能合理设计滑架零件的定位方案	能用图表示滑架零件铣槽的定位方案
实施、检查	6. 完善方案,并完成定位方案草图						
评价	7. 评价与反思 小组讨论,完成课堂记录表	小组讨论		能够与他人协作并共同完成一项任务	能进行合理的评价		

学习项目 4:设计滑架零件铣床夹具			教学意图(训练职业行动能力)				
学习模块 4.3:滑架零件夹紧方案设计			学习内容	跨专业能力		专业能力	
				方法/学习能力	社会/个人能力	理论	实践
行动学习阶段	教师和学生活动（具体实施）	课堂教学方法		学生能:	学生能:	学生能:	学生能:
导入	1. 任务发出 滑架零件铣槽工序零件的安装	提问					
信息获取/分析	2. 任务分析 (1) 请学生根据定位方案和铣削的特点,分析如何夹紧工件。小组讨论,得出结论。 (2) 请某一组学生讲述,其他组补充。教师可适当指导,让方案更明确,以便学生能较清晰地做后面的工作。不需指正,允许带着错误进行以后环节(目标内容:夹紧力的方向、位置、大小)	单独工作、小组交流、关键词卡片	根据定位方案和铣削的特点,分析如何夹紧工件	• 能专注投入工作 • 能和同学一起分工协作 • 可以根据要点写出关键词 • 可以合理利用时间	• 能认真执行计划 • 能规范、合理地执行加工操作方法	熟悉夹紧力和夹紧装置	能确定夹紧力和夹紧装置
	3. 信息获取 (1) 学生根据已有的知识,小组合作,完成滑架夹紧方案的设计。 (2) 每组讨论后将结论及依据写于彩纸上,并贴于白板上。 (3) 教师总结、讲解	提问、独立学习、分析内容、做标记、理解	夹紧力的确定	• 能专注投入工作 • 能和同学一起分工协作 • 可以合理利用时间	• 能收集相关信息 • 能够用简单的语言或方式总结归纳	能确定夹紧力	能确定滑架零件铣槽的夹紧力

续表

学习项目4:设计滑架零件铣床夹具			教学意图(训练职业行动能力)				
学习模块4.3:滑架零件夹紧方案设计			学习内容	跨专业能力		专业能力	
				方法/学习能力	社会/个人能力	理论	实践
行动学习阶段	教师和学生活动 (具体实施)	课堂教学方法		学生能:	学生能:	学生能:	学生能:
计划	4. 根据分析内容制订详细的实施方案 (1) 小组讨论、修改夹紧方案,达成共识。 (2) 学生独立学习夹紧装置,阅读、分析内容并做标记,写出关键词。 (3) 每组用图画的形式将达成共识的夹紧方案展示出来。 (4) 请学生离开座位,去其他组观看,自由交流	小组合作、自由交流、交流沟通、可视化	典型夹紧装置	• 能与他人协作,完成计划的制订 • 能倾听他人的意见和建议 • 有学习新方法、新技术、新知识的能力 • 有运用新技术、新工艺的意识	• 能够与他人协作并共同完成一项任务 • 能够与他人交流沟通 • 能够应用可视化的方法	• 掌握基本夹紧装置的结构 • 掌握基本夹紧装置的自锁条件	能根据具体加工情况选择合适的夹紧装置
决策	5. 学生评选方案 (1) 抽2组上台讲述本组的方案,时间为3分钟,其他组各抽2人,组成评审组,负责提问或提出建议。 (2) 需提前5分钟确定名单,以便同组人对其进行指导 (学生评选方案的过程中,教师不进行指正)	讨论法、组间互审		• 会修改计划 • 能优化计划 • 能够用简单的语言或方式总结归纳	• 能够与他人协作并共同完成一项任务 • 能够倾听他人的意见 • 能够接受他人的批评		
实施、检查	6. 完善方案,并完成夹紧方案草图		滑架零件夹紧方案的设计			掌握夹紧方案的设计方法	能绘制夹紧方案草图
评价	7. 评价与反思 小组讨论,完成课堂记录表	小组讨论		能够与他人协作并共同完成一项任务	能进行合理的评价		

学习项目4:设计滑架零件铣床夹具			教学意图(训练职业行动能力)				
学习模块4.4:滑架零件铣床夹具对刀方案设计			学习内容	跨专业能力		专业能力	
				方法/学习能力	社会/个人能力	理论	实践
行动学习阶段	教师和学生活动(具体实施)	课堂教学方法		学生能:	学生能:	学生能:	学生能:
导入	1. 任务发出 滑架零件铣床夹具对刀方案的设计	提问					
信息获取/分析	2. 任务分析 (1) 请学生根据定位方案和铣削的特点,分析如何对刀。小组讨论,得出结论。 (2) 请某一组学生讲述,其他组补充,教师可适当指导,让方案更明确,以便学生能较清晰地做后面的工作。不需指正,允许带着错误进行以后环节	单独工作、小组交流、关键词卡片		• 能专注投入工作 • 能和同学一起分工协作 • 可以根据要点写出关键词 • 可以合理利用时间	• 能认真执行计划 • 能规范、合理地执行加工操作方法	能确定在钻床上钻孔的对刀方式	
	3. 信息获取 (1) 学生独立学习对刀装置,阅读、分析内容并做标记,写出关键词,自由地交流、复述。 (2) 小组讨论、确定滑架零件铣床夹具对刀块的类型及尺寸。 (3) 每组将达成共识的方案写在关键词卡片上,并贴于白板上。 (4) 请学生离开座位,去其他组观看,自由交流	提问、独立学习、分析内容、做标记、理解	钻套类型的选择	• 能专注投入工作 • 能和同学一起分工协作 • 可以合理利用时间	• 能收集相关信息 • 能够用简单的语言或方式总结归纳 • 能够与他人协作并共同完成一项任务 • 能够与他人交流沟通 • 能够应用可视化的方法	能根据加工要求选择定位键的类型	能利用工具书查阅定位键的类型
实施、检查	4. 完善方案,并完成导向装置草图		销轴零件导向装置的设计			掌握导向装置的设计方法	能绘制导向装置草图
评价	5. 评价与反思 小组讨论,完成课堂记录表	小组讨论		能够与他人协作并共同完成一项任务	能进行合理的评价		

学习项目 4:设计滑架零件铣床夹具			教学意图(训练职业行动能力)				
学习模块 4.5:滑架零件铣床夹具对定方案设计			学习内容	跨专业能力		专业能力	
				方法/学习能力	社会/个人能力	理论	实践
行动学习阶段	教师和学生活动(具体实施)	课堂教学方法		学生能:	学生能:	学生能:	学生能:
导入	1. 任务发出 滑架零件铣床夹具对定方案和夹具体的设计	提问					
信息获取/分析	2. 任务分析 (1) 请学生根据定位方案和铣削的特点,分析铣床夹具在机床上如何对定。小组讨论,得出结论。 (2) 请某一组学生讲述,其他组补充,教师可适当指导,让方案更明确,以便学生能较清晰地做后面的工作。不需指正,允许带着错误进行以后环节	单独工作、小组交流、关键词卡片		• 能专注投入工作 • 能和同学一起分工协作 • 可以根据要点写出关键词 • 可以合理利用时间	• 能认真执行计划 • 能规范、合理地执行加工操作方法	能确定在铣床上铣槽的对刀方式	
	3. 信息获取 (1) 学生独立学习定位键的选择,阅读、分析内容并做标记,写出关键词,自由地交流、复述。 (2) 小组讨论、确定滑架零件铣床夹具定位键的类型及尺寸。 (3) 每组将达成共识的方案写在关键词卡片上,并贴于白板上。 (4) 请学生离开座位,去其他组观看,自由交流	提问、独立学习、分析内容、做标记、理解	定位键类型的选择	• 能专注投入工作 • 能和同学一起分工协作 • 可以合理利用时间	• 能收集相关信息 • 能够用简单的语言或方式总结归纳 • 能够与他人协作并共同完成一项任务 • 能够与他人交流沟通 • 能够应用可视化的方法	能根据加工要求选择定位键的类型	能利用工具书查阅定位键的类型

续表

学习项目4：设计滑架零件铣床夹具			教学意图（训练职业行动能力）				
学习模块4.5：滑架零件铣床夹具对定方案设计			学习内容	跨专业能力		专业能力	
				方法/学习能力	社会/个人能力	理论	实践
行动学习阶段	教师和学生活动（具体实施）	课堂教学方法		学生能：	学生能：	学生能：	学生能：
信息获取/分析	4. 任务分析 （1）请学生根据定位、夹紧方案和对定方案，分析如何把以上装置组装成整体。小组讨论，得出结论。 （2）请某一组学生讲述，其他组补充，教师可适当指导，让方案更明确，以便学生能较清晰地做后面的工作。不需指正，允许带着错误进行以后环节	单独工作、小组交流、关键词卡片	夹具体的组成及其作用	• 能专注投入工作 • 能和同学一起分工协作 • 可以根据要点写出关键词 • 可以合理利用时间	• 能认真执行计划 • 能规范、合理地执行加工操作方法	能掌握夹具体的组成及夹具体的作用	
	5. 根据分析内容制订详细的实施方案 （1）学生利用已有的知识独立设计夹具体。 （2）小组讨论、修改，达成共识。 （3）每组将达成共识的夹具体设计用图画的形式展示出来。 （4）请学生离开座位，去其他组观看，自由交流	小组合作、自由交流、交流沟通、可视化	夹具体的设计	• 能与他人协作完成计划的制订 • 能倾听他人的意见和建议 • 有学习新方法、新技术、新知识的能力 • 有运用新技术、新工艺的意识	• 能够与他人协作并共同完成一项任务 • 能够与他人交流沟通 • 能够应用可视化的方法	• 能设计夹具体 • 能确定夹具体各部分尺寸 • 能确定夹具体与其他件的配合尺寸	• 能准确画出夹具体的各个视图 • 能确定夹具体各部分的尺寸 • 能确定配合尺寸和精度

续表

学习项目4:设计滑架零件铣床夹具			教学意图(训练职业行动能力)				
学习模块4.5:滑架零件铣床夹具对定方案设计			学习内容	跨专业能力		专业能力	
				方法/学习能力	社会/个人能力	理论	实践
行动学习阶段	教师和学生活动 (具体实施)	课堂教学方法		学生能:	学生能:	学生能:	学生能:
决策	6. 学生评选方案 (1)抽2组上台讲述本组的方案,时间为3分钟,其他组各抽2人,组成评审组,负责提问或提出建议。 (2)需提前5分钟确定名单,以便同组人对其进行指导 (学生评选方案的过程中,教师不进行指正)	讨论法、组间互审		• 会修改计划 • 能优化计划 • 能够用简单的语言或方式总结归纳	• 能够与他人协作并共同完成一项任务 • 能够倾听他人的意见 • 能够接受他人的批评		
实施、检查	7. 完善方案,并完成导向装置草图		滑架零件导向装置设计			掌握夹具体的设计方法	能绘制夹具体的各个视图
评价	8. 评价与反思 小组讨论,完成课堂记录表	小组讨论		能够与他人协作并共同完成一项任务	能进行合理的评价		

学习项目4:设计滑架零件铣床夹具			教学意图（训练职业行动能力）				
学习模块4.6:滑架零件铣床夹具整体设计			学习内容	跨专业能力		专业能力	
				方法/学习能力	社会/个人能力	理论	实践
行动学习阶段	教师和学生活动（具体实施）	课堂教学方法		学生能：	学生能：	学生能：	学生能：
导入	1. 任务发出 滑架零件铣床夹具整体设计	提问					
信息获取/分析	2. 任务分析 （1）请学生根据以上各方案，分析如何整体设计夹具。小组讨论，得出结论。 （2）请某一组学生讲述，其他组补充。教师可适当指导，让方案更明确，以便学生能较清晰地做后面的工作。不需指正，允许带着错误进行以后环节	单独工作、小组交流、关键词卡片		• 能专注投入工作 • 能和同学一起分工协作 • 可以根据要点写出关键词 • 可以合理利用时间	• 能认真执行计划 • 能规范、合理地执行加工操作方法	能掌握夹具体的组成及夹具体的作用	
	3. 信息获取 （1）学生独立学习铣床夹具的设计要点，阅读、分析内容并做标记，写出关键词，自由地交流、复述。 （2）小组讨论、确定滑架零件铣床夹具的结构组成。 （3）每组将达成共识的方案写在关键词卡片上，并贴于白板上。 （4）请学生离开座位，去其他组观看，自由交流	小组合作、自由交流、交流沟通、可视化	铣床夹具的结构	• 能与他人协作完成计划的制订 • 能倾听他人的意见和建议 • 有学习新方法、新技术、新知识的能力 • 有运用新技术、新工艺的意识	• 能够与他人协作并共同完成一项任务 • 能够与他人交流沟通 • 能够应用可视化的方法	能确定定位键的尺寸	能利用工具书查阅定位键各部分结构的尺寸

续表

学习项目 4:设计滑架零件铣床夹具			教学意图(训练职业行动能力)				
学习模块 4.6:滑架零件铣床夹具整体设计			学习内容	跨专业能力		专业能力	
				方法/学习能力	社会/个人能力	理论	实践
行动学习阶段	教师和学生活动 (具体实施)	课堂教学方法		学生能:	学生能:	学生能:	学生能:
信息获取/分析	4. 根据分析内容制订详细的实施方案 (1) 学生利用已有的知识独立设计铣床夹具。 (2) 小组讨论、修改,达成共识。 (3) 每组用图画的形式将达成共识的夹具设计方案展示出来。 (4) 请学生离开座位,去其他组观看,自由交流	小组合作、自由交流、交流沟通、可视化	夹具体的设计	• 能与他人协作完成计划的制订 • 能倾听他人的意见和建议 • 有学习新方法、新技术、新知识的能力 • 有运用新技术、新工艺的意识	• 能够与他人协作并共同完成一项任务 • 能够与他人交流沟通 • 能够应用可视化的方法	• 能设计夹具体 • 能确定夹具体各部分尺寸 • 能确定夹具体与其他件的配合尺寸	• 能准确画出夹具体的各个视图 • 能确定夹具体各部分的尺寸 • 能确定配合尺寸和精度
决策	5. 学生评选方案 (1) 抽 2 组上台讲述本组的方案,时间为 3 分钟,其他组各抽 2 人,组成评审组,负责提问或提出建议。 (2) 需提前 5 分钟确定名单,以便同组人对其进行指导 (学生评选方案的过程中,教师不进行指正)	讨论法、组间互审		• 会修改计划 • 能优化计划 • 能够用简单的语言或方式总结归纳	• 能够与他人协作并共同完成一项任务 • 能够倾听他人的意见 • 能够接受他人的批评		
实施、检查	6. 完善方案,并完成铣床夹具草图		滑架零件导向装置设计			掌握铣床夹具的设计方法	能绘制夹具的各个视图
评价	7. 评价与反思 小组讨论,完成课堂记录表	小组讨论		能够与他人协作并共同完成一项任务	能进行合理的评价		

学习项目4:设计滑架零件铣床夹具			教学意图(训练职业行动能力)				
学习模块4.7:绘制滑架零件铣床夹具图及夹具设计方案评估			学习内容	跨专业能力		专业能力	
				方法/学习能力	社会/个人能力	理论	实践
行动学习阶段	教师和学生活动（具体实施）	课堂教学方法		学生能:	学生能:	学生能:	学生能:
导入	1. 任务发出 绘制滑架零件铣床夹具图	提问					
信息获取/分析	2. 信息获取 (1) 小组讨论,查阅工具书,选择合适的标准件。 (2) 小组讨论、确定滑架零件铣床夹具的各非标准件的结构。 (3) 教师指导	小组合作、自由交流、交流沟通、可视化、教师指导	• 标准件的选择 • 非标准件的设计	• 能与他人协作完成计划的制订 • 能倾听他人的意见和建议 • 有学习新方法、新技术、新知识的能力 • 有运用新技术、新工艺的意识	• 能够与他人协作并共同完成一项任务 • 能够与他人交流沟通 • 能够应用可视化的方法	• 能确定铣床夹具的结构 • 能确定各非标准件的结构、尺寸	能利用工具书查阅各标准件的结构和尺寸
任务实施	3. 任务实施 (1) 请学生根据以上各方案,绘制滑架零件铣床夹具图及各非标准件的零件图。 (2) 教师讲解难点、要点	讲课、单独工作	夹具装配图的绘制	• 能专注投入工作 • 可以合理利用时间	• 能认真执行计划 • 能规范地操作	能掌握夹具装配图的绘制方法	
决策	4. 学生画图 (1) 学生独立完成夹具装配图及非标准件的零件图的绘制。 (2) 教师指导	单独工作、教师指导		• 会修改计划 • 能优化计划	• 能认真执行计划 • 能规范地操作		

续表

<table>
<tr><td colspan="3">学习项目 4:设计滑架零件铣床夹具</td><td colspan="5">教学意图(训练职业行动能力)</td></tr>
<tr><td colspan="3" rowspan="2">学习模块 4.7:绘制滑架零件铣床夹具图及夹具设计方案评估</td><td rowspan="3">学习内容</td><td colspan="2">跨专业能力</td><td colspan="2">专业能力</td></tr>
<tr><td>方法/学习能力</td><td>社会/个人能力</td><td>理论</td><td>实践</td></tr>
<tr><td>行动学习阶段</td><td>教师和学生活动
(具体实施)</td><td>课堂教学方法</td><td>学生能:</td><td>学生能:</td><td>学生能:</td><td>学生能:</td></tr>
<tr><td>实施、检查</td><td>5. 夹具设计方案评估
(1) 学生自我总结铣床夹具设计过程中的得失。
(2) 小组讨论、交流。
(3) 以小组为单位画出铣床夹具设计思维导图。
(4) 请学生离开座位,去其他组观看,自由交流。
(5) 教师总结</td><td>单独工作、小组合作、自由交流、交流沟通、思维导图</td><td>夹具设计方案评估</td><td>• 能够用简单的语言或方式总结归纳
• 能熟练应用思维导图
• 具有一定的分析能力</td><td>• 能够与他人协作并共同完成一项任务
• 能够倾听他人的意见
• 能够接受他人的批评</td><td>掌握铣床夹具的设计方法</td><td>能绘制夹具的各个视图</td></tr>
<tr><td>评价</td><td>6. 评价与反思
小组讨论,完成课堂记录表</td><td>小组讨论</td><td></td><td>能够与他人协作并共同完成一项任务</td><td>能进行合理的评价</td><td></td><td></td></tr>
</table>

参考文献 CANKAOWENXIAN

[1] 晋其纯,张秀珍.机床夹具设计[M].北京:北京大学出版社,2009.

[2] 肖继德,陈宁平.机床夹具设计[M].2版.北京:机械工业出版社,2011.

[3] 刘守勇.机械制造工艺与机床夹具[M].2版.北京:机械工业出版社,2011.

[4] 陈旭东.机床夹具设计[M].2版.北京:清华大学出版社,2014.